U0159951

设计的理论 在地与远方

湖南大学建筑与规划学院优秀研究论文汇编

2015—2021

Compilation of Excellent Research Papers of School of
Architecture and Planning, Hunan University

湖南大学建筑与规划学院教学成果编写组　编

中国建筑工业出版社

图书在版编目（CIP）数据

设计的理论 在地与远方：湖南大学建筑与规划学院优秀研究论文汇编：2015-2021 = Compilation of Excellent Research Papers of School of Architecture and Planning, Hunan University / 湖南大学建筑与规划学院教学成果编写组编. -- 北京：中国建筑工业出版社，2022.11
（湖南大学建筑与规划学院教学成果丛书）
ISBN 978-7-112-27758-2

Ⅰ．①设… Ⅱ．①湖… Ⅲ．①建筑设计－文集 Ⅳ．①TU2-53

中国版本图书馆CIP数据核字(2022)第147485号

责任编辑：陈夕涛 李东 徐昌强
责任校对：王烨

湖南大学建筑与规划学院教学成果丛书
设计的理论 在地与远方
湖南大学建筑与规划学院优秀研究论文汇编
2015-2021
Compilation of Excellent Research Papers of School of
Architecture and Planning, Hunan University

湖南大学建筑与规划学院教学成果编写组 编

*

中国建筑工业出版社出版、发行（北京海淀三里河路9号）
各地新华书店、建筑书店经销
北京富诚彩色印刷有限公司印刷

*

开本：787毫米×1092毫米 1/16 印张：17½ 字数：547千字
2022年11月第一版 2022年11月第一次印刷
定价：68.00元
ISBN 978-7-112-27758-2
(39020)

湖南大学建筑与规划学院教学成果丛书编委会

顾　问：魏春雨
主　编：徐　峰
副主编：袁朝晖　焦　胜　卢健松　叶　强　陈　翚　周　恺

设计的起点　认知与启蒙
湖南大学建筑与规划学院优秀基础教学成果汇编 2015-2021
执行主编：钟力力
参与编辑：胡梦倩　陈瑞琦　林煜芸　亓宣雯

设计的生成　过程与教学
湖南大学建筑与规划学院优秀课程设计汇编 2015-2021
执行主编：许昊皓
参与编辑：李　理　齐　靖　向　辉　邢书舟　王　蕾　刘　晴　刘　骞　杨赛尔　高美祥
　　　　　王　文　陆秋伶　谭依婷　燕良峰　尹兆升　吕潇洋

设计的检验　理性与创新
湖南大学建筑与规划学院优秀毕业设计汇编 2015-2021
执行主编：杨　涛　姜　敏
参与编辑：王小雨　黄龙颜　王　慧　李金株　张书瑜　闫志佳　叶　天　胡彭年

设计的实践　转译与传承
湖南大学建筑与规划学院优秀实践案例汇编 2015-2021
执行主编：沈　瑶
参与编辑：张　光　陈　娜　黎璟玉　廖静雯　林煜芸　陈瑞琦　陈偌晰　刘　颖　欧阳璐

设计的理论　在地与远方
湖南大学建筑与规划学院优秀研究论文汇编 2015-2021
执行主编：沈　瑶
参与编辑：何　成　冉　静　成逸凡　张源林　廖土杰　王禹廷

序言

　　在快速发展的知识经济时代，除培养高层次人才之外，大学还肩负着科学研究的重大使命。建筑学和城乡规划学作为我院两大支撑学科，长期以来秉承着优秀的历史传统和深厚的文化底蕴，既重视理论研究，出版发表了大量论文专著；又重视城乡设计实践，落地建成了大批优秀设计作品。

　　近年来应对国家发展战略需求，结合地域特色，我院进一步强化了科学研究对设计实践的支撑作用，尤其在乡村振兴和城市更新等领域取得了一系列国家和地方的重大科研成果。这些以论文为主要形式之一的研究成果，一方面有力地引领、支撑了新时期的国土空间规划、高质量建筑设计的落地，另一方面也是我院师生积极、持续开展新设计实践和社会活动的理论源泉。

　　我院师生将继续秉承实事求是、敢为人先的优良传统，以理论指导实践，在国家战略需求的绿建与低碳发展、城市有机更新、乡村振兴与建设、建筑遗产与文物科技、国土空间规划等领域持续开拓，贡献出更多、更好的理论成果，促进社会的可持续、高质量发展。

湖南大学建筑与规划学院院长
徐峰

总体介绍

学校概况

湖南大学办学历史悠久、教育传统优良，是教育部直属全国重点大学，国家"211工程""985工程"重点建设高校，国家"世界一流大学"建设高校。湖南大学办学起源于公元976年创建的岳麓书院，始终保持着文化教育教学的连续性。1903年改制为湖南高等学堂，1926年定名为湖南大学。目前，学校建有5个国家级人才培养基地、4个国家级实验教学示范中心、1个国家级虚拟仿真实验教学中心、拥有8个国家级教学团队、6个人才培养模式创新实验区；拥有国家重点实验室2个、国家工程技术研究中心2个、国家级国际合作基地3个、国家工程实验室1个；入选全国首批深化创新创业教育改革示范高校、全国创新创业典型经验高校、全国高校实践育人创新创业基地。

学院概况

湖南大学建筑与规划学院的办学历史可追溯到1929年，著名建筑学家刘敦桢、柳士英在湖南大学土木系中创办建筑组。90余年以来，学院一直是我国建筑学专业高端人才培养基地。学院下设两个系、三个研究中心和两个省级科研平台，即建筑系、城乡规划系、地方建筑研究中心、建筑节能绿色建筑研究中心、建筑遗产保护研究中心、丘陵地区城乡人居环境科学湖南省重点实验室、湖南省地方建筑科学与技术国际科技创新合作基地。

办学历程

1929年，著名建筑学家刘敦桢在湖南大学土木系中创办建筑组。

1934年，中国第一个建筑学专业——苏州工业专门学校建筑科的创始人柳士英来湖南大学主持建筑学专业。柳士英在兼任土木系主任的同时坚持建筑学专业教育。

1953年，全国院系调整，湖南大学合并了中南地区各院校的土木、建筑方面的学科专业，改名"中南土木建筑学院"，下设营建系。柳士英担任中南土建学院院长。

1962年，柳士英先生开始招收建筑学专业研究生，湖南大学成为国务院授权的国内第一批建筑学研究生招生院校之一。

1978年，在土木系中恢复"文革"中停办的建筑学专业，1984年独立为建筑系。

1986年，开始招收城市规划方向硕士研究生。

1995年，在湖南省内第一个设立五年制城市规划本科专业。

1996年至2004年间，三次通过建设部组织的建筑学专业本科及研究生教育评估。

2005年，学校改建筑系为建筑学院，下设建筑、城市规划、环境艺术3个系，建筑历史与理论、建筑技术2个研究中心和1个实验中心。2005年，申报建筑设计及其理论博士点，获得批准。同年获得建筑学一级学科硕士点授予权。

2006年设立景观设计系，2006年成立湖南大学城市建筑研究所，2007年成立湖南大学村落文化研究所。

2008年，城市规划本科专业在湖南省内率先通过全国高等学校城市规划专业教育评估。

2010年12月，获得建筑学一级学科博士点授予权，下设建筑设计及理论、城市规划与理论、建筑历史及理论、建筑技术及理论、生态城市与绿色建筑五个二级学科方向。

2010年，将"城市规划系"改为"城乡规划系"。

2011年，建筑学一级学科对应调整，申报并获得城乡规划学一级学科博士点授予权。

2012年，城乡规划学本科（五年制）、硕士研究生教育通过专业教育评估。

2012年，获得城市规划专业硕士授权点。

2012年，教育部公布的全国一级学科排名中，湖南大学城乡规划学一级学科为第15位。

2014年，设立建筑学博士后流动站。

2016年，城乡规划学硕士研究生教育专业评估复评通过，有效期6年。

2017年，在第四轮学科评估中为B类（并列11位）。

2019年，建筑学专业获批国家级一流本科专业建设点，建成湖南省地方建筑科学与技术国际科技创新合作基地；

2020年，城乡规划专业获评国家级一流本科专业建设点。

2020年，建成丘陵地区城乡人居环境科学湖南省重点实验室。

2021年，"建筑学院"更名为"建筑与规划学院"。

建筑学专业介绍

一、学科基本情况

本学科办学 90 余年以来，一直是我国建筑学专业的高端人才培养基地。1929 年，著名建筑学家刘敦桢、柳士英在湖南大学土木系中创办建筑组；1953 年改为"中南土木建筑学院"，成为江南最强的土建类学科；1962 年成为国务院授权第一批建筑学专业硕士研究生招生单位；1996 年首次通过专业评估以来，本科及硕士研究生培养多次获"优秀"通过；2011 年获批建筑学一级学科博士授予权；2014 年获批建筑学博士后流动站；2019 年获批国家级一流本科专业建设点。

二、学科方向与优势特色

下设建筑设计及理论、建筑历史与理论、建筑技术科学、城市设计理论与方法 4 个主要方向，通过科研项目和社会实践，实现前沿领域对接，已形成了"地方建筑创作""可持续建筑技术""绿色宜居村镇""建筑遗产数字保护技术"等特色与优势方向。

三、人才培养目标

承岳麓书院千年文脉，续中南土木建筑学院学科基础，依湖南大学综合性学科背景，适应全球化趋势及技术变革特点，着力培养创新意识、文化内涵、工程实践能力兼融的建筑学行业领军人才。

城乡规划专业介绍

一、学科基本情况

本学科是全国较早开展规划教育的大学之一，具有完备的人才培养体系（本科、学术型 / 专业型硕士研究生、学术型 / 工程类博士、博士后），湖南省"双一流"建设重点学科。本科和研究生教育均已通过专业评估，有效期 6 年。

二、学科方向与优势特色

学位点下设城乡规划与设计、住房与社区建设规划、城乡生态环境与基础设施规划、城乡发展历史与遗产保护规划、区域发展与空间规划 5 个主要方向，通过科研项目和社会实践，实现前沿领域对接，已形成了城市空间结构、城市公共安全与健康、丘陵城市规划与设计、乡村规划、城市更新与社区营造等特色与优势方向。学科建有湖南省重点实验室"丘陵地区城乡人居环境科学"、与湖南省自然资源厅共建"湖南省国土空间规划研究中心"、与住房与城乡建设部合办"中国城乡建设与社区治理研究院"。

三、人才培养目标

学科聚焦世界前沿理论，面向国家重大需求，面向人民生命健康，服务国家和地方经济战略，承担国家级科研任务，产出高水平学术成果，提供高品质规划设计和咨询服务，在地方精准扶贫与乡村振兴工作中发挥作用，引领地方建设标准编制，推动专业学术组织发展。致力于培养基础扎实、视野开阔、德才兼备，具有良好人文素养、创新思维和探索精神的复合型高素质人才。

General introduction

Introduction to Hunan University

Hunan University is an old and prestigious school with an excellent educational tradition. It is considered a National Key University by the Ministry of education, is integral to the national "211 Project" and "985 Project", and has been named a national "world-class university". Hunan University as it is today, originally known as Yuelu Academy, was founded in 976 and has continued to maintained the culture, education, and teaching for which it was so well known in the past. It was restructured into the university of higher education that exists today in 1903 and officially renamed Hunan University in 1926. The university has five national talent training bases, four national experimental teaching demonstration centers, one national virtual simulation experimental teaching center, eight national teaching teams, and six talent training mode innovation experimental areas. The school is also well equipped in terms of facilities, as it has two national key laboratories, two national engineering technology research centers, three national international cooperation bases, and one national engineering laboratory. It has also received many honors, as it is considered one of the top national demonstration universities for deepening innovation and entrepreneurship education reform, one of the top national universities with opportunities in innovation and entrepreneurship, and one of the top national universities' for practical education, innovation, and entrepreneurship.

School overview

The origin of the School of Architecture and Planning at Hunan University can be traced back to 1929, when famous architects Liu Dunzhen and Liu Shiying founded the architecture group as part of the Department of Civil Engineering. For more than 90 years, it has been a high-level talent training base for architecture in China. The school has two departments, three research centers, and two provincial scientific research platforms, namely, the Department of Architecture, the Department of Urban and Rural Planning, the Local Building Research Center, the Energy-saving Green Building Research Center, the Building Heritage Protection Research Center, the Hunan Provincial Key Laboratory of Urban and Rural Human Settlements and Environmental Science in Hilly Aeas, and the Hunan Provincial Local Science and Technology, International Scientific and Technological Innovation Cooperation Base.

Timeline of the University of Hunan's development

In 1929, the famous architect Liu Dunzhen founded the construction group within the Department of Civil Engineering at Hunan University. In 1934, Liu Shiying, the founder of the Architecture Department of the Suzhou Institute of Technology, which was the first one to provide major in architecture in China, came to Hunan University to preside over architecture major. Liu Shiying insisted on architectural education while concurrently serving as the director of the Department of Civil Engineering.

In 1953, with the adjustment of national colleges and departments, Hunan University merged their disciplines of civil engineering and architecture with various colleges and universities in central and southern China, forming a new institution that was renamed "Central and Southern Institute of Civil Engineering and Architecture". At this new institution, they set up a Department of Construction. Liu Shiying served as president of the Central South Civil Engineering College.

In 1962, Liu Shiying began to recruit postgraduates majoring in architecture. Hunan University became one of the first institutions authorized by the State Council to recruit postgraduates in architecture in China.

In 1978, Liu Shiying resumed providing the architecture major in the Department of Civil Engineering, which had been suspended during the Cultural Revolution. The Department of Architecture became independent in 1984.

In 1986, the University of Hunan began to recruit master's students to study urban planning.

In 1995, the first five-year official undergraduate major in urban planning was established in Hunan Province.

From 1996 to 2004, the university passed the undergraduate and graduate education evaluation of architecture organized by the

Ministry of Construction three times.

In 2005, the school changed its architecture department into an Architecture College, which included the three departments of architecture, urban planning, and environmental art design, two research centers for architectural history, theory, and architectural technology respectively, and one experimental center.In 2005, the university applied to provide a doctoral program of architectural design and theory, which was approved. In the same year, it was also granted the right to provide a master's degree in architecture.

In 2006, the Department of Landscape Design and the Institute of Urban Architecture at Hunan University were established.In 2007, the Institute of Village Culture at Hunan University was established.

In 2008, the undergraduate major of urban planning took the lead in passing the education evaluation for urban planning majors in national colleges and universities in Hunan Province.

In December 2010, Hunan University was granted the right to provide a doctoral program in the first-class discipline of architecture, with five second-class discipline directions, including: Architectural Design and Theory, Urban Planning and Theory, Architectural History and Theory, Architectural Technology and Theory, and Ecological City and Green Building Design.

In 2010, the "Urban Planning Department" was changed to the "Urban and Rural Planning Department".

In 2011, the university applied for and obtained the ability to transform the first-class discipline of architecture to provide the right to grant the doctoral program of the first-class discipline of urban and rural planning.

In 2012, the undergraduate (five-year) and master's degree in education in urban and rural planning passed the professional education evaluation.

In 2012, it obtained the authorization to provide a master's in urban planning.

In the national first-class discipline ranking released by the Ministry of Education in 2012, the first-class discipline of urban and rural planning of Hunan University ranked 15th overall.

In 2014, a post-doctoral mobile station for architecture was established.

In 2016, the degree program for a Master of Urban and Rural Planning was given a professional re-evaluation and passed, which is valid for another 6 years.

In 2017, the university was classified as Class B and tied for 11th place in the fourth round of discipline evaluation.

In 2019, the architecture specialty was approved as a National First-Class Undergraduate Specialty Construction Site and built into an international scientific and technological innovation and cooperation base of local building science and technology in Hunan Province.

In 2020, the major of urban and rural planning was rated as a national first-class undergraduate major construction point.

In 2020, the school began construction on the Hunan Key Laboratory of Urban and Rural Human Settlements and Environmental Science in Hilly Areas.

In 2021, the "School of Architecture" was renamed the "School of Architecture and Planning".

Introduction to architecture

1. Discipline overview

This university has provided a high-level talent training base for architecture in China for more than 90 years. In 1929, famous architects Liu Dunzhen and Liu Shiying founded the construction group in the Department of Civil Engineering of Hunan University. In 1953, the department was transformed into the Central South Institute of Civil Engineering and Architecture, becoming the leading institute in the Southern Yangzi River (Jiangnan). In 1962, the program was among the first graduate enrollment units of architecture authorized by the State Council. Since passing the professional evaluation for the first time in 1996, the cultivation of undergraduate and postgraduate students has maintained the grade of "excellent" in the many following evaluations. In 2011, the university was granted the right to provide a doctorate degree of the first-class discipline of architecture. The department was approved as a post-doctoral mobile station in architecture in 2014. In 2019, it was approved as a national first-class undergraduate professional construction site.

2. Discipline orientation and features

The degree of Architecture at Hunan Uni versity has four main academic directions: Architectural Design and Theory, Architectural History and Theory, Architectural Technology Science, and Urban Design Theory and Methods. Through scientific research projects and social practice, school has established a serial of featured fields, which include "Local Architectural Creation and Praxis", "Sustainable Architectural Technology", "Green Livable Villages and Towns", and "Digital Protection Technology Of Architectural Heritage".

3. Objectives of professional training

The program of degree strives to inherit the thousand-year history of Yuelu Academy, continue the discipline foundations of the Central South Institute of Civil Engineering and Architecture, follow the comprehensive discipline background of Hunan University, adapt to the trend of globalization and the characteristics of technological change, and strive to cultivate high-level leading talents of architecture for the industry with innovative thinking, high humanistic intuition, solid and broad engineering practice ability.

Introduction to urban and rural planning

1. Discipline overview

The degree program at Hunan University is among the earliest ones in China to provide planning education. It has a complete professional training system, from undergraduate, academic, and professional postgraduate programs to academic and engineering doctoral and postdoctoral programs, and it is considered a double first-class key department in Hunan Province. Both the undergraduate and graduate education tracks have passed professional evaluation and are valid for 6 years.

2. Discipline orientation and features

This degree program includes five academic areas: Urban and Rural Planning and Design, Housing and Community Construction Planning, Urban and Rural Ecological Environment and Infrastructure Planning, Urban and Rural Development History and Heritage Protection Planning, and Regional Development and Spatial Planning. Through scientific research projects and social practice, the program has established a serial of featured fields, and provides curriculums for urban spatial structure, urban public safety and health, hilly urban planning and design, rural planning, urban renewal, and community construction. The program provides access to the Hunan Key Laboratory on the Science of Urban and Rural Human Settlements in Hilly Areas, the Hunan Provincial Land and Space Planning Research Center that was jointly built with Hunan Provincial Department of Natural Resources, and the China Academy of Urban and Rural Construction and Social Governance which was jointly organized with the Ministry of Housing and Urban Rural Development.

3. Objectives of professional training

The program focuses on the cutting-edge theories, tackles major national needs and the problems surrounding individual quality of life, serves national and local economic strategies, undertakes national scientific research tasks, produces high-level academic achievements, provides high-quality planning, design, and consulting services, plays a role in local targeted poverty alleviation and rural revitalization, leads the preparation of local construction standards, and promotes the development of professional academic organizations. We are committed to cultivating high-caliber talents with a solid educational foundation, broad vision, political integrity and talent, high moral compass, innovative thinking abilities, and exploratory spirit.

目录

专题三： 丘陵地区城市设计与乡村建设
Topic 3: Urban Design and Rural Construction in Hilly Areas

专题四：地方建筑遗产保护与活化的理论与方法
Topic 4: Theory and Method of Protection and Activation of Local Architectural Heritage

规划部分 / Urban Planning
专题一：可持续发展的城市空间结构
Topic 1: Sustainable Urban Spatial Structure

专题二：城市公共安全与健康
Topic 2: Urban Public Security and Health

专题三：乡村规划
Topic 3: Rural Planning

专题四：城市更新与社区营造
Topic 4: Urban Renewal and Community Construction

专题五：丘陵地区规划技术方法
Topic 5: Technical Methods for Planning in Hilly Area

附件——英文摘要与关键词
Annex —— English Abstract and Key Words
建筑部分 / Architecture

规划部分 / Urban Planning

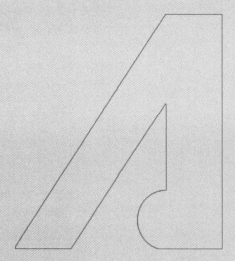

湖南大学建筑与规划学院
School of Architecture and Planning, Hunan University

「地方建筑学」理论体系及创作方法
The Theoretical System and Practice of 『Local Architecture』

教师团队
Teacher team

魏春雨	袁朝晖	陈翚	杨涛	王蔚	许昊皓	李理
Wei Chunyu	Yuan Zhaohui	Chen Hui	Yang Tao	Wang Wei	Xu Haohao	Li Li

专题介绍
Presentations

　　从建筑类型学的角度切入，以建筑的空间界面研究为基础，建立地域建筑类型学理论框架；并通过系统分析，提出原型与类型、类型转换、地域界面原型、地形形构、分形转换、适应性思维图式、认知图式等设计理论与策略；构建具有"当代意识的""在地性"的地方建筑理论体系与设计创作观，有效地推动新型城市化和城镇发展理论与设计实践。

诗意的在地——田汉文化园设计

Poetic Indigenization ——On the Design of Tian Han Cultural Park

魏春雨[1]　顾紫薇[2]　黄斌[3]

1 湖南大学建筑与规划学院，博士生导师，教授，wcy1963@126.com
2 湖南大学建筑与规划学院，博士，78063413@qq.com
3 湖南大学建筑与规划学院，博士，152602838@qq.com

本文发表于《建筑学报》2018 年第 9 期

田汉是国歌的词作者，我国现代戏剧艺术发展的开拓者和主要奠基人。适逢田汉先生 120 周年诞辰，地方政府在其家乡长沙县果园镇建设一处集陈列展示、戏剧演出和地方戏剧培训于一体的文化园区，以纪念田汉先生伟大的艺术成就和不屈之精神风骨。

田汉的家乡位于山岭起伏中的一片方圆数里的"平阳之地"，捞刀河在此处蜿蜒而过，风光旖旎，是湘剧、花鼓戏、影子戏盛行的地方，基地周边水田环绕，阡陌交通，属典型的湘北地区山水田园类型。田汉曾自诩为"田中的汉子"，文化园的选址恰好契合了此意象。正如海德格尔所说："正是诗意首先使人进入大地，使人属于大地。"我们希望通过设计使田中的基地成为诗意的"在地"。

1 制约与适应

规划设计根植于田野与村落原生自然的空间关系，借用散点透视的建构方法积极回应场地的不利因素，并将各具意义的功能体依据其分解的零散地块的地点要素做适应性的嵌入。总体布局以田汉故居为依托，将艺术陈列馆、艺术学院、戏曲艺术街等功能体相互关联同构，略呈环状的游园路径将其有机串联，单体建筑自成体系，或与田地肌理顺应对接，或与村庄聚落对仗呼应，和周边环境保持着某种持续的关联，产生了具有丰富趣味性和多向性的游览体验。同时，为体现抗争和不屈的"田汉风骨"，建筑形态强调"水平性"和"抓地性"两个空间特征，建筑锚固于大地，以青砖、混凝土、水泥瓦、木材等传统材料建造，清灰绵长的体量匍匐于原野之中，有力度的仪式性连续弧形墙面承载着光的律动，悬浮的折形和厚重的反弧拱形屋顶展现厚朴、苍劲之感，仿佛将建筑置于时间的长轴之上，呈现出纪念性建筑的岁月留痕与历史积淀（图 1～图 3）。

图 1 游客服务中心入口

图 2 半圆筒排水天沟

图 3 戏曲艺术街外景

2 原型与在地

设计的开始首先是对地方文脉进行梳理，找寻地点的原生要素，形成一个整体不可分割的"此在"之地，并通过地点特性和空间原型互相激发博弈，创造出新的在地价值。

田汉艺术学院设计寻求的原型是湖南的书院建筑，尤其是岳麓书院的"斋"空间。其最显著的特征："斋"是均质的，"斋"与"斋"之间呈平行线性关系，它们由公共连廊连接，分割生成的庭院、天井满足采光通风、集雨排水的功能。设计中将艺术学院所包含的艺术教室、艺术沙龙和小型实验剧场延承"斋"的空间格局，三列均质体量平行并置形成空间序列，并依据空间需求水平向错动，超大尺度的檐廊和天井由此产生，檐廊遮蔽下的巨型灰空间可遮阳避雨，与环境自然渗透，并形成建筑的入口前导空间。设计将传统人字形的双坡屋顶从中间剖切，两侧屋面由屋脊对接转换为檐口对接，组合为U形断面，生成潜藏在传统屋顶表层形态之下的屋顶构筑——反拱形屋顶结构。屋面由木模板清水混凝土浇筑而成，其厚重、粗犷的气质和"斋"的大屋顶有异曲同工之妙，并成为艺术学院最显著的空间特征。

3 仪式与日常

设计思路始终贯穿"日常性"与"仪式性"二元关系的转换与平衡：日常性转换为仪式性，而仪式性又回归日常融入大地。将仪式性空间蝶变并衍生出一种更具地方性认同感的建筑语言，从而取代了浅表的符号堆砌以及正统崇高的纪念性语言，而使其充满一种可以为之共鸣的"人性"。如同田汉先生的话剧，在一个固定而有限的场景之中，用一些道具去表达无限的可能。设计将文化园比拟为一个戏剧舞台，场景设置强调了它们之间的关系，其间充满了源于日常的仪式感，而仪式感中又充满着日常性。建筑除基本功能以外更强调一种环境、空间与时间的微妙关系，人在其中产生某种共鸣和感知。虽然建筑的形式——表层结构可能呈现异化过程，与环境中的其他客体形式产生差异，在超越物质层面的深层结构上却协调了整个系统中各要素之间的关系。

艺术陈列馆为文化园的核心建筑，是展示田汉先生生平和主要事迹的纪念性空间。建筑主体正面的连续弧形墙身与屋顶脱离并独立存在，呈交错状通透的围合墙体与建筑主体外墙形成狭长的前导空间，光从墙的尽头一侧倾洒向地面，制造出一种略显不可捉摸的深景透视关系；山墙面与屋顶分离消解了传统构筑的简单承载和

粘连关系，在传统双坡屋面的基础上，屋顶拓扑连续转换至墙体，另一部分则向上翻起，引入高侧自然光。

艺术学院的沙龙方体游离于主体建筑一端，双向拉开形成巨型檐下空间，而留白的内天井自然成为场所的核心，入口方向的巨柱伞形空间和侧向水平檐廊的视觉焦点汇聚于此，交互并产生具有透明性的深景空间。另外，这处充盈着阳光和风雨的具有地方传统建筑基因的内天井和围廊空间，亦是作为开放式实验剧场的一种延展的观演之处。

戏曲艺术街是向当地聚落的致礼，以当地民居小合院为原型，各个单元保持相对独立性，又构成街与巷的意象，呈现一种自由的散点透视的景象；界面以及街巷转角刻意呈现出戏剧化的布景效果，为将来实景话剧的演出做预设，是满足现代教育功能的日常性营造。游客服务接待中心是当代窨子屋的组合，含有一个内庭院，通过底层架空与服务中心切开的半个透空的窨子屋相联系，朝向西面主入口，浑厚的半圆筒排水天沟承接三面架空大屋顶的雨水，塑造出具有仪式感的轴线对位的空间秩序。

4 结构与围护

设计始终关注结构体系与围护体系的建构关系，屋顶与墙体之间由窄缝轻轻托开，多重连续的水平向拱顶有如薄雾覆盖其上。

艺术学院的拱顶是以传统建筑双坡屋顶的排水起翘转换而来的，并结合弧形摆线修正生成，每跨拱顶通过两侧后退的双柱顶起，跨与跨之间平行并置，形成类似多米诺的结构体系；反拱形屋顶在入口端则结合空间需求异化为独立巨柱承载，反拱与功能体脱离，弧形的底面在阳光下呈现出曼妙的光影渐变；建筑的横断面清晰地呈现出连续的伞形基本空间，结构体系与围护体系在此处清晰地剥离，墙体顶部和拱顶的侧翼有意断开，或以镂空或弱连接横向长窗强化空间的结构逻辑。

艺术陈列馆的西北端朝田野和远山方向打开，为保证空间的通透性，室内腔体嵌入通高的双层混凝土竖筒以承载近20m出挑的屋顶，替代通常设计中的匀质柱网，形成平滑幽深的门形景框，使上层挑出的平台视野更加深远，强化了景观的延展；同时，粗壮有力的巨型结构竖筒锚固于大地，暗示中流砥柱和精神脊梁之意，圆筒内朝向天空的倒锥形空间产生较为强大的视觉冲击和扩大的声场，以一种向天际呐喊的"通天巨塔"的形象赋予建筑某种神性的隐喻。

隐喻的图式——谢子龙影像艺术馆设计
The Schema of Metaphors——The Design of Xie Zilong Photography Museum

魏春雨[1]　张光[2]　刘海力[3]

1 湖南大学建筑与规划学院，博士生导师，教授，wcy1963@126.com
2 湖南大学建筑与规划学院，博士，助理教授，290026692@qq.com
3 湖南大学建筑与规划学院，博士，54332082@qq.com

本文发表于《建筑学报》2018 年第 3 期

谢子龙影像艺术馆（以下简称"影像馆"）建在湘江河畔，长沙洋湖湿地公园内。所在基地恰好处于湿地公园连接湘江风光带的视觉廊道上，是政府重点打造的市民文化艺术高地。该馆同我们之前已经完成的湘江新区规划展示馆、李自健美术馆共同构成了洋湖市民的文化客厅。与政府投资的公共文化建筑不同，影像馆由谢子龙先生个人出资，并且永久免费对公众开放，他希望还中国影像一个殿堂级的博物馆，因此其拥有更强的运营主导性、灵活性及公众参与性，该模式本身即是一种新的尝试。

1 图式语言

在顺应建筑"自治性"价值认知体系的基础上，通过对地域类型学的持续研究与实践，探求建筑本体中的"原型"，并发现其背后的"心理图式"，加之受契里柯形而上绘画的影响，设计试图在当下追求浮华、表象化的社会图景下，寻找到形式语言背后的内在逻辑——"类型原型—深层结构—心理图式"，并将其融入谢子龙影像艺术馆设计中。乔治·德·契里柯的神秘主义、形而上的画作总能打动和感染我们，他将一般的日常体验并置在一起，把真实可信的事物变成不大可能存在的幻想物体，从而透过表面现象揭示内在的真实与神秘。谢子龙影像艺术馆是一次实现和诠释图式语言的契机，契合多年来我们持续关注的一种契里柯式的、形而上的心理图式语言。图式作为"潜藏在人类心灵深处"的一种技术、一种技巧，以记忆的方式存储在人类大脑意识中。在影像馆的设计中所存有的意识是关于设计者的精神趋向、生活场景与记忆关联，其核心是对"光"的使用，影像馆建筑本身是表达光影及承载光影艺术的场所。如何营造一个原本并"不存在的场所"是首先要面对的问题。罗西把特定的类型从具体的时间和地点中分离出来，通过类比将基于记忆之上的某种心理图式注入新建筑中，新的地点因此具有了特定类型的记忆，从而转换叠加构筑到了新的场所中。

影像馆的设计摒弃约定俗成的建筑手法，转而去寻求最原始、关注建筑本源的自生成方式，在形体上淡化常态记忆中日常浮华的造型，选择纯净的、柏拉图式的语言，使建筑呈现出一种极少主义的形态。影像馆的设计是对建筑诗意的原初凝练，剥离掉强加于建筑的额外意义，回到建筑艺术本身。极简的方体形式仅专注于空

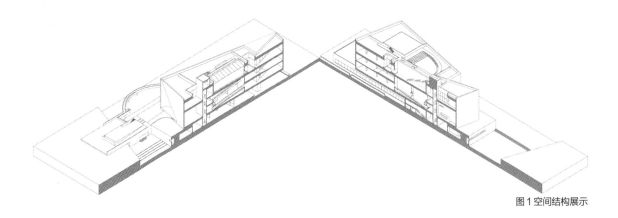

图 1 空间结构展示

间、材料与构成，影像馆一方面容纳着艺术，另一方面也是艺术自足体，一座承载光影的教堂。上下体块"并置"与"偏转"的动作强调着界面的围合、与周围景观的隐喻对话以及场所的关联暗示。入口处无边界水面的"小水幽渺"用以烘托湿地湖面的"大池澄泓"；将一束光物化为有仪式感的三角圆锥体投射在建筑正立面上以对人们形成有力的庇护；由功能所决定的极少开窗，使室内静谧的光线充满着神性：中庭倾泻而下的天光形成"光的峡谷"以及充满变化的叠合路径，与北面朝向湿地湖面一侧的被压低的水平长窗构成垂直与水平的相互叠加，两种光线相互渗透并将空间重新分割，使人、光与空间产生对话，形成稳定中有动感、平和中有神秘、序列中有变异的光影场所。建筑的结构与空间的语言合二为一，共同营造着某种场性，它关联到某种内在生成的、集体的无意识审美。我们希望能够借助罗西及契里柯所建立的类型与神秘的心理图式，赋予几乎没有表情符号的建筑以内在情感，而非现代主义建筑空间与功能的拼贴与堆砌，以此寻找形式后的隐喻，从而唤起人们心灵深处的意识图腾。

2　场所路径

使建筑长期存在的并非固定的功能而是形式本身，影像馆是集影像、器材收藏、历史研究、艺术展览、学术交流于一体的综合的多元艺术博物馆。在设计上，不以原始的功能模块来决定建筑布局，而是让形式能够容纳因时间变化所产生的不同功能。这集中体现于建筑场所路径的营造之中，路径既是逐步展现的，又是多重的，同时并置交叉：两层展厅通过多重流线叠合联通，保证了展览空间的无缝连续，穿插其中的剪刀坡道提供了进一步的戏剧性表达，强化人的身体行为感知；与环境相得益彰的室外弧形坡道保证书吧、咖啡厅、沙龙场所和多功能空间在闭馆时的可达性，并能有效地对公众开放；由形体偏转所形成的巨大檐下空间以及台地空间，打破了传统空间序列的生成手法。它们相互叠合、异化、强化景深透视、表达隐喻的层次，将当代艺术馆的社会属性包含其中，非简单的、固化的功能使然，尝试以场所语义颠覆一般的造型概念。

3　时间停滞的迷宫

契里柯形而上的绘画是对永恒的思考，画面透过"光与影"弥散出一种神秘旷奥、安静深远的静寂感，影像馆借助日常生活中熟悉的物体来隐喻和建构一个时间停滞的迷宫，引导观者密切关注疏离化之后的陌生感。直指天空巨大的锥塔，悬于半空的被截断的街道以及不

知通向何处的岔路洞口，循环往复、穿插对望的神秘坡道……部分元素以相似但异化的形式多次出现，它们共同制造充满着时间停滞感的奇异感受，让人迷失。白色温润的清水混凝土墙面使建筑的空间结构呈现出最本质的中性状态，凸显着质料的神秘，空间的纵深通过光影逐渐呈现出来，与记忆交织在一起。迷宫是一个多义的隐喻，既指迷失的地方，又是让人着迷、沉醉其中的处所。迷宫又是有条件的，你必须进入才能体验。

4　隐喻的透明性

影像馆外部呈现的极少主义倾向与内部空间的丰富形成强烈的反差，有意克制的开窗留洞似乎给人以非透明的印象，它貌似匍匐在地、正扭头窥视着城市周遭。如果透过玻璃等透明介质直接观察到建筑内部能给人带来感观愉悦的话，那么这座影像馆建筑的体验是介于真实与想象之间，在现象透明里所获得的解读的兴奋：檐下空间的结构墙面表面上锯齿状的曲折微凸，如同一只鸟儿划过的痕迹，既不是装饰，也不是对山水的隐喻，它因平行透视所展现出的、丰富的层化结构提供着多重解读的可能，落在墙上的灭点让视线开始游移，墙面左侧缺口的线索促使观者前去验证，隐藏的楼梯指向另一个未知的空间。

5　材料建构

白色清水混凝土：建筑主体由白色清水混凝土一次性现浇而成，无论墙体、顶棚、地面或室外广场、平台、栈道都只使用清水混凝土一种材料，做法本身就是超越性的。为追求清水混凝土的质感与性能，施工前期做了大量样块、样板墙及白色混凝土的级配试验：采用优质白水泥代替传统硅酸盐水泥作为主要胶凝材料，精选白色或浅色砂石为骨料，同时剔除粉煤灰和矿粉等对混凝土白度影响较大的活性矿物掺合料。一系列的改良试验使混凝土白度达到甚至超过了88%的国际标准，使影像馆成为国内最白的清水混凝土建筑。影像馆材料刻意追求白，白色作为一种观念，能最大限度地降低材料本身固有色对空间中其他成分的干扰且不丧失其清水混凝土本身的质感；白在某种程度上还是对"空"的表达，既是对馆内艺术品的强调，又为艺术品的选择预留更多的思考空间与可能性。

影像记录的是一次生活的事件，形成的关键在于对时间的精确捕捉；建筑所容纳的是人们生活的全部历史，它并不强调时间的精确性，而更关注日常生活中的非日常性，正如契里柯画作中被拉长的影子，它给人带来的神秘与不安，此中包含着多重不确定的丰富隐喻。

原型与分形——张家界博物馆设计
The Archetypal and the Fractal——On the Design of Zhangjiajie Museum

魏春雨[1]　刘海力[2]　齐靖[3]

1 湖南大学建筑与规划学院，博士生导师，教授，wcy1963@126.com

2 湖南大学建筑与规划学院，博士，54332082@qq.com

3 湖南大学建筑与规划学院，博士，副教授，15179277@qq.com

本文发表于《建筑学报》2016 年第 1 期

张家界博物馆位于湘西张家界市区，其主体功能由博物馆、城市规划馆及文化局办公三部分组合而成。当地居民主要由汉族、土家族、白族及苗族等多民族构成，基地面向湿地河流，周边重峦叠嶂，并可远望著名的天门山。为此，设计尝试在人文与自然地景中寻得某种地域物质基因：其一是具有当地特质的山地吊脚楼；其二是张家界地区特有的喀斯特地形地貌，即从民居中找到建筑原型与从地景中找到地形形态特征。运用分形的手法将两者重构与融合，生成建筑体量，并以"地景仿生"来诠释周边环境的地形特征，同时在广场设计上，强调地景肌理的延续性。以期建构出一种具有当地人文特质和自然特征双重译码的在地建筑。

1 建筑原型
1.1 形态类型

张家界地区的民居具有显著的地域特征，而最具代表性的当属依山就势而建的吊脚楼。吊脚楼不仅在湘西少数民族日常生活中扮演着重要角色，而且其本身的建造使用、样式也折射出当地的民族文化传统。随着时间的流逝，吊脚楼历经沧桑，已成为当地居民过往生活的

永久回忆。形式往往是建筑的表层结构，而类型则成为建筑的深层结构，类型可以从历史的建筑中萃取，因为历史的建筑不仅是物质，而且是带有生活记忆的客体。据此，设计尝试在复杂多样的吊脚楼类型中寻求具有普遍意义的能显示其类型特征的形式——原型，通过几何原型的物化过程使之具体化，从而将这种原型作为一种普遍的抽象性基因植入建筑，以此唤起人们对湘西田园民居和过往生活的具体记忆。而临建筑北侧的景观水系的设置，则是对当地的一条名为金鞭溪河流进行了缩小尺度的转换，抽象地表达了吊脚楼邻水而建这一类型特征。

1.2 功能类型

由于建筑含有展览、观演、办公、储藏等不同的属性功能，因此按照空间的类型和尺度将建筑分为南北两个体量：北部体量尺度较大，为公共参与性强的展示及观演空间，分设历史文物、民族文化和地质博物展、放映厅、学术报告厅；南部体量呈线性布置，进深和尺度较小，拥有良好的自然通风和采光，在此设置会议、研究等办公空间。两部分在内部交通动线上加以连接，既相对独立又联系方便，并且通过外部形态的整合，自然地形成了中部的"峡谷"内庭和入口空间。围绕内庭布置入口大厅、休息区、书店等公共交往空间，利用借景将内庭的景观引入室内，共同构成建筑的核心，并通过路径的设置、空间的共享、内外景观的渗透来丰富参观者的知觉体验，为人与人的交往提供更多的可能性，从而强化空间的叙事感。竖向设计中，将整个建筑一层及入口门厅抬高 1.5m，自然形成一个半地下层，在此设置车库、藏品库、装潢编目等后勤服务空间以及各类设备用房，构成独立的交通动线，避免与上层参观人流相互干扰。同时利用入口门厅抬高之势设置跌水、草坡、台阶和折形坡道，在将来访者导入建筑内部时增加了几分行走趣味的体验。

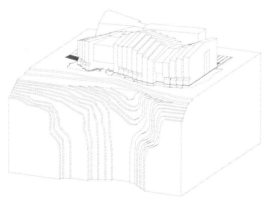

图 1　轴测模型透视

2 分形转换

2.1 结构分形

分形理论在20世纪70年代由法国数学家B.B.Mandelbort建立,其主要由作为分形的定量表征等方面构成,而其中对自相似性规律的揭示为我们解读不规则的、有机的自然形体提供了新的观点和方法。鉴于张家界地区石英砂岩峰林地貌所呈现的自然分形的地形特征,我们运用分形几何的原理来梳理其形态逻辑,转化成一种独特的建筑语言,从而在建筑形态与地形特征之间找到一种关联,以此增加市民对建筑和城市的认同感和归属感。在对吊脚楼进行类型分析的基础上,为了实现形态的复杂性和丰富性,对其所归纳的原型进行分形异化的类型转换,即在深层结构的支配下进行形式变换与组合,生成若干个呈自相似性的切片单元,从而实现不规则性与秩序性的统一,最终通过序列化的排列组合生成一种连续的差异性变化的建筑形体,诠释了张家界峰林地貌山体的形态特征。这种切片的序列化组合方式亦契合了天门山"笔架峰"层层叠加的内在构成逻辑。其形成的比例关系和分层的有序变化具有静中见动、动中趋向统一的灵巧多变的均衡感,吻合了山体形态的美学特征,同时"起伏"的体量形态营造出内部空间的丰富变化。经过抽象化的山体形态特征在这里被建筑语言具体化,通过形式的模拟而阐述了建筑的深层结构,建筑的语义得以传达。

2.2 地景肌理

建筑北侧的广场不仅承担了博物馆本身的集散功能,同时还因博物馆的存在,扩展成了一个容纳市民活动的城市广场。所以广场既是建筑功能、表情和气质的外延,也是一个叙事化的空间场所。因此,在处理场地和建筑的关系上,通过一系列地形操作的手法,来调和广场地面与建筑的二元性,使得大地与建筑进行局部形态整合,形成一种地景化的表达,从而为叙事化的场所建立物质

性的基础。具体表现在广场的形态设计上延续建筑的分形构型肌理,并采用与建筑表面相同的石材,使建筑的屋面、墙面、广场的地面形成有机连续的拓扑肌理关系,如同大地表面留下的自然印迹。其形态的整合不仅强化了人们对场所的视觉记忆,而且建立了外部景观空间的连续性,使人在环境的行走中得到了一种连续的视觉和触觉体验,这种人的移动及知觉体验赋予了场地更多的环境意义。

在此构型肌理的基础上,通过景观水系与内部庭院的设置实现"溪流""峡谷"等自然地貌的抽象再现,形成一种人工的"自然"。此外,场地中隆起部分地面,形成微地形的高差关系,从而在建筑与场地中间建立一种符合人体尺度的中间尺度,制造了一些人与环境发生互动的可能性。路径和场地也由此超越了单纯的功能流线的设定,转而上升到"叙事化"的语境。

3 材料表情

山、石不仅是张家界地区主要的自然地貌特征,而且石头还能体现当地硬朗和质朴的民风,选择石材作为建筑的表面材质也可以强化建筑形态与地形地貌的关联性。经过多次的挂板试验,建筑采用一种机器拉毛人工剁斧的天然石材。经过加工后的石材具有一种竖向肌理,根据光线角度与强度的不同,其表面会产生微妙变化的阴影关系,从而使建筑在不同的阳光照射下拥有丰富的表情。

4 结语

张家界博物馆是一次在湘西地区的地域性创作实践,通过建筑类型学、分形理论以及地形学方法的应用,使建筑建立与当地人文特征和自然特征的关联性,并以抽象化的建筑语言阐述了建筑形式的语义,自然生成与推演出具有较强公共性和参与性的叙事化空间场所。

图2 空间结构展示

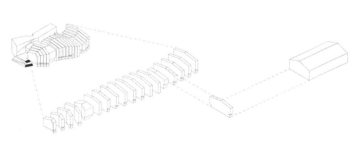

图3 原型与分形构成示意

"分层"与"叠加":立体主义建筑的创作手法研究
"Layering" and "Overlapping": Study on Creative Expression of Cubist Architecture

陈翚[1] 杜吕远方[2] 许昊皓[3]

1 湖南大学建筑与规划学院,长沙 410082

2 湖南大学建筑与规划学院,长沙 410082

3 湖南大学建筑与规划学院,长沙 410082

本文发表于《新建筑》2018年第2期

【摘要】立体主义绘画中常用的分层与叠加手法于20世纪初开始用于建筑创作,并逐渐形成了"表皮分层""空间分层"以及"平面网格叠加"的建筑创作手法。表皮分层主要表现在建筑立面装饰中对立体主义艺术符号的提取与应用上;空间分层是将分层中的平面替换为空间,即对视点或者运动方向前进或后退的间隙空间的感知;平面网格叠加是指在二维平面中多重、不同方向的网格交叠穿插,使建筑空间产生相互交合渗透的关系。本文试通过20世纪初曾短暂盛行于捷克的多个立体主义建筑实例的分析,来探讨和解读立体主义建筑的创作思路和设计方法。

【关键词】立体主义建筑;表皮分层;空间分层;平面网格叠加

20世纪立体主义艺术的产生,是文艺复兴以来最全面最激进的一场艺术革命运动,同时也被看作现代艺术的开端。立体主义在建筑设计中最直接的反映就是第一次世界大战前在法国和捷克的某些地区出现的立体主义建筑。首先,源自立体主义绘画"分层"手法的运用就是这些建筑最重要的表现形式之一。将立体主义绘画与同时期建筑设计"分层"手法的发展和特点做比较,可以看到这种手法从绘画到建筑设计中的转化和关联,即"表皮分层"和"空间分层";通过案例研究,我们发现其在建筑创作中被转译为"平面网格叠加"的设计手法。

1 立体主义绘画手法的思考——"分层"

立体主义绘画与分层的发展:立体主义运动的发展大致经历了三个阶段:第一阶段是1907—1909年的塞尚时期,塞尚风格的绘画是立体主义的起源,将真实事物转化为棱角分明的几何图形。第二阶段在1910—1912年,这一阶段绘画的特征是形式的破碎和共时性的使用。第三阶段在1913—1915年,这一时期立体主义艺术家将二维的表现形式转化为三维空间表现形式,在空间上形成了面的叠加,"层"的概念由此产生。

立体主义艺术的分层:实质上,立体主义艺术家把物体的片段置入空间上相互重叠的几何面中,这一过程就是分层。分层是对前进或后退的面,或者隐藏的面的感知。这种感知可能具有幻觉和真实的双重性。

2 从表皮分层到空间分层

立体主义艺术的发展不仅超越了地理边界,也超越了包括建筑学在内的学科边界。

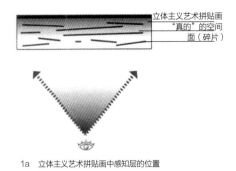

1a 立体主义艺术拼贴画中感知层的位置

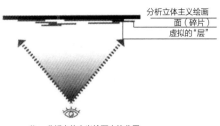

1b 分析立体主义绘画中的分层

图1 立体主义绘画中的层

立体主义的分层概念应用于建筑学，初期表现为造型上的表皮分层，后来主要体现在以空间为主导的三维空间形式即空间分层上。

空间分层：空间分层在遵从"分层"的定义上产生了重大的变化：三维空间取代了二维平面。空间分层概念的产生受许多方面的影响，主要表现在以下三个方面。

（1）拼贴画的现实主义。立体主义运动的理想之一就是追求艺术作品的真实性，以打破文艺复兴时期的幻觉。分层的真实性建立了拼贴画与建筑的密切联系，随着艺术作品接近真实，分层变得越来越明确，这一过程在建筑的分层中达到了顶点。但是建筑与拼贴画的分层仍有区别，一是拼贴画中的空间界限模棱两可，二是拼贴画是一种图形记号而不是一个环境。建筑不仅保留了艺术中的模糊性，还展示了面的信息以及面与面之间的空间。

（2）碎片。面在空间中界定碎片，这些空间碎片融合在一个既定的整体图形中。简化的每个面都展示了细节，都有一个清晰的动态结构功能。在建筑中，观察者必须把这些空间碎片放在整体中感知，最终产生建筑的碎片式体验。立体主义建筑师改变了建筑空间的美学特质——由一个宽广无边的体量到一个由面界定的空间，即层状空间。

（3）空间—时间。相对论的产生鼓励艺术家去研究

图2 黑色马多拉大厦

运动和动态的理念，最终产生了"空间—时间"的理念来强调运动。建筑的空间分层被认为是一种"空间范例"。这种空间范例首先是动态的并受相对论的影响，在立体主义艺术中表现为"空间—时间"。其次，这种空间是碎片化的，来源于立体主义艺术中物体碎片化的直接转译。最后，空间的多重解读性这一特质则与建筑使用者和观察者的参与密切关联。其中黑色马多拉大厦是最重要的立体主义建筑之一。建筑师借用立面和建筑构件（楼梯、墙、门、窗、柱子、阳台等）形成一系列的在空间中浮动的面界定空间。这些面中立且缓和，以便观察者把注意力转向这些面界定的空间。

3 从叠加到平面网格叠加

从叠加到网格叠加：本文所论述的建筑"叠加"是指平面中多重的、不同方向的网格的交叠穿插，以及使之相互交合渗透的关系。

平面网格叠加的建筑实例解析：弗兰克·劳埃德·赖特建于1937年的西塔里埃森（Tallesin West），该项目的平面正是立体主义的叠加在建筑中转化的实例，其中明确地体现了两套成45°角交叠的直角网格系统。捷克立体主义代表建筑师约瑟夫·霍霍尔设计的科瓦诺维茨别墅（Kovarovic House）坐落于伏尔塔瓦河（Vltava）河堤大道和利波西那（Libusina）大街交接的街角，是激进立体主义风格最著名的代表作之一。

4 小结

立体主义运动对建筑设计方法的影响主要通过立体主义绘画的"分层"和"叠加"手法在建筑中的转译来实现。首先，"分层"在转化为建筑语言时，分化为建筑的"表皮分层"和"空间分层"。"一战"前的法国和捷克斯洛伐克，建筑师在立面中添加方形棱锥等立体主义符号，最终形成了建筑的表皮分层。建筑的空间分层则使得立体主义绘画中虚拟的层和没有分离的层变成真实的层空间，建筑师用空间分层达成了三个主要目标：观察者在建筑中的积极参与、空间碎片以及运动表达，组成了新的空间范例的指导方针。其次，立体主义绘画中的"叠加"表现手法也丰富了建筑设计语言，在建筑中表现为平面网格的交叉互叠，逐渐形成了以空间层叠与体量变化为审美导向的现代主义建筑观。

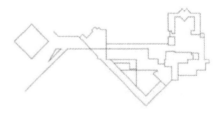

图3 西塔里埃森平面网格叠加示意

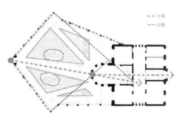

图4 科瓦诺维茨别墅平面分析

热带环境下的地域现代主义

——弗拉基米尔·奥斯波夫和他的 3 个设计作品

Regional Modernism in the Tropics——Vladimir Ossipoff and His Three Designs

杨涛[1]　魏春雨[1]　李鑫[2]

1 湖南大学建筑与规划学院, 长沙 410082

2 中机国际工程设计研究院有限责任公司, 长沙 410082

本文发表于《建筑学报》2016 年第 4 期

【摘要】以美国建筑师弗拉基米尔·奥斯波夫的思想及作品为解读对象, 通过对其成长经历与教育背景的介绍, 探讨其既吸收东西方不同建筑文化又基于夏威夷本土的设计途径; 以其 3 个设计作品为例, 着重分析其中基于气候和场所的"地域现代主义"建筑语言, 指出奥斯波夫的建筑创作属于"热带现代主义"这一大的范畴, 是现代性和地方性的高度融合, 并强调其对当代建筑设计的意义。

【关键词】弗拉基米尔·奥斯波夫; 夏威夷; 地域现代主义; 气候; 场所; 地方性

研究缘起

美国建筑师弗拉基米尔·奥斯波夫是 20 世纪夏威夷杰出的建筑师。在 60 余年的职业生涯中, 他完成了一批住宅建筑作品; 除此之外, 在校园建筑、办公建筑、宗教建筑等设计实践上也都有所成就。

奥斯波夫去世后, 有评论称其为"夏威夷现代主义建筑大师", 但由于夏威夷群岛独特的地理位置和历史文化背景, 长期以来奥斯波夫和他的作品在夏威夷群岛以外的地区(包括美国本土)并不为人所熟知。肯尼思·弗兰普顿在 2008 年出版的《夏威夷现代主义: 弗拉基米尔·奥斯波夫的建筑》一书所作的序言中评价道: "回顾奥斯波夫的职业生涯, 我们会发现 —— 虽然奥斯波夫在生前和去世后都在夏威夷被公认为一名资深的建筑师, 但与同时代的建筑师相比, 他并没有获得足够与其文化贡献相应的认可。"2007 年, 在奥斯波夫去世后, 檀香山艺术博物馆首次举办了其设计作品的回顾展; 夏威夷大学马诺阿分校亦在之后收集保存了奥斯波夫的设计图纸和文件, 并发起了"奥斯波夫档案修复计划"。以上这些努力让与奥斯波夫相关的资料文献能够更好地保存下来, 从而使得更深入地研究奥斯波夫和他的设计作品成为可能, 而本文正是研究其设计作品的尝试之一。

1 被忽略的早期地域现代主义建筑师

奥斯波夫幼年分别在日本和美国夏威夷都曾居住过一段时间, 丰富的成长环境也许造就了其独特的建筑创作原则和建筑思想。1927 年, 奥斯波夫进入加州大学伯克利分校接受建筑学训练。虽然在当时美国的建筑教育仍然是布扎体系为主导, 但是在加州地区出现了一批新兴的现代主义建筑师, 创造了一种实用主义的、适宜南加州地区环境及气候特点的本土化设计风格。他们的作品无疑对奥斯波夫产生了影响。

1931 年, 奥斯波夫选择了在夏威夷发展基于本土的设计途径, 在设计中运用当地传统建筑的元素——屋顶形式与"lanai"(一种阳台形式建筑)。同时, 童年的日本生活经历, 以及日式建筑在夏威夷的气候适应性, 也让日式建筑的元素出现在其建筑作品中。

2 奥斯波夫的 3 个重要作品

2.1 基于气候与地形 —— 李哲士住宅

李哲士住宅(图 1、图 2)坐落于一个绝佳的环境中, 往东可以眺望威基基海滩, 正前方可俯瞰檀香山市中心, 往西则可远眺珍珠港。但是, 这样的基地环境在一天的不同时段, 住宅所处环境中的雨水、阳光、风就会有很大的差别。面对极端的天气, 奥斯波夫通过朝向处理和特殊的开窗组合设计, 使得自然风更大程度地在房间内流动。

混凝土砌块挡土墙和基础组成的结构支撑着木结构的住宅, 材质的丰富性是这个设计的另一大特点。住宅内部为线性的流动空间, 内部装饰为室内平添了自然的韵味。通过在悬挑屋顶下设置大面积玻璃窗和对内部隔墙进行精心布置, 奥斯波夫在设计中实现了良好的光影效果。家具与厨房室内装饰、室外景观设计上也都经过了材料和设计的精心处理。

2.2 表皮的功能与形式——IBM 公司大楼

第二次世界大战之后，为了提升公司形象，IBM 公司决定在夏威夷兴建一座公司大楼，为 IBM 公司建立一个国际化的形象，但赋予建筑夏威夷的感觉，同时为大楼大面积的玻璃幕墙提供适当的遮阳功能。他最终设计了一座形体简单的方盒子式建筑，但具有独特外观质感的大楼迅速成了夏威夷的标志性建筑。

同时，在 IBM 大楼中采用了被动式设计策略，在 50 多年前实现了"可持续建筑"。其中最突出的便是其建筑表皮的设计（图 3、图 4）：为了使建筑内层玻璃幕墙免于烈日的直射，设计采用了一层由 1360 块预制混凝土构件组成、几何形状复杂的格栅表皮；除此之外，设计者保证他设计的格栅具有自洁的功能，并且能够防鸟。每一块构件水平向曲面的倾斜角度都超过 45°，以至于在下雨时构件能被雨水洗净。

2.3 场地、光线与纪念性——瑟斯顿礼拜堂

瑟斯顿礼拜堂（图 5~ 图 7）在作为精神冥想场所的同时也成了具有深厚建筑传统的校园核心。在室内两面墙上装饰有由当地艺术家埃丽卡·卡拉维纳制作的柚木框架彩色玻璃板，宽度相仿的格栅将礼拜堂内部与水池隔开。光线穿过彩色玻璃、通过水面反射产生不同颜色洒在室内，给礼拜堂昏暗的室内赋予了丰富的色彩，也为原本朴素的建筑外观增添了肌理感和象征意义。

屋顶分为两个部分，中间的缝隙为礼拜堂提供了采光和自然通风。建筑的顶部是一个"灯塔"式的天窗，日光可以透过天窗照射在底部的白色大理石圣坛上。在夜晚，"灯塔"则继续在黑暗中发光发亮。作为从业 30 余年后完成的作品，瑟斯顿礼拜堂可以说是奥斯波夫建筑思想的典型体现。整个设计既是夏威夷的，又是现代的，也是永恒的。

3 现代性与地方性的融合——奥斯波夫及其作品的意义

奥斯波夫可以称得上是一位建筑界的世界主义者，独特的成长经历和教育背景使得他成了一名受多国文化影响的现代主义建筑师。而在其 60 余年植根于夏威夷的职业生涯中，他试图将传统建筑中的元素和现代主义建筑的设计原则、技术、材料转化成适应于当地独特地理环境的设计语汇。可以发现，不管是从视觉的角度，还是从生态学的角度，他的作品都与夏威夷的自然环境、地方文化有着紧密的关联。

从更广阔的视角来看，奥斯波夫的职业生涯属于一个大的时代背景——第二次世界大战前后，在热带和亚热带地区出现了一批富有革新精神的建筑师：其中较有影响的有斯里兰卡的杰弗里·巴瓦、古巴的理查德·波罗、在波多黎各进行实践的德国建筑师亨利·克隆布等。这些建筑师尝试在设计中将新技术与对当地文化、气候、地形的深刻理解结合起来，从而创造一种既现代又属于本土的建筑形式。近年，国内外有越来越多的研究开始关注这些"地域现代主义"的实践者，而研究都表明这些建筑师的作品极大地挑战了僵化的、缺乏地方性的现代主义风格，丰富了现代建筑的内涵。在这样的语境下，我们也许能够更好地理解奥斯波夫及其作品的意义：作为一名"批判的地域主义"建筑师，奥斯波夫的设计是现代性和地方性的高度融合。对类似奥斯波夫的地域现代主义建筑师及其作品的深入研究，将为当代的设计实践提供有益的参照和启示。特别是对于中国这样一个幅员辽阔、地理气候条件复杂的国家，植根于"小地区"夏威夷的建筑师奥斯波夫及其作品或许能够帮助我们更好地理解地域现代主义的内涵。

图 1 李哲士住宅的基地坐落于山脊上

图 2 李哲士住宅卧室一侧外景

图 3 IBM 公司大楼

图 4 从室内看表皮构件

图 5 瑟斯顿礼拜堂的剖切模型

图 7 光与彩色玻璃带来的光影色彩

图 6 天光照到圣坛上

作为现代主义宣言的东方传统：3位西方建筑师与桂离宫（上）

The Oriental Tradition as Modernist Manifesto: Three Western Architects and Katsura Imperial Villa（Part Ⅰ）

杨涛[1] 魏春雨[1] 李鑫[2]

1 湖南大学建筑与规划学院，长沙 410082
2 湖南大学环境科学与工程学院，长沙 410082

本文发表于《建筑学报》2017 年第 9 期

【摘要】以 3 位重要的西方建筑师与桂离宫的关系为切入点，梳理桂离宫与现代建筑发展历程之间的历史关联，指出关于桂离宫的解读中现代主义的片面性、建筑师的主观性，并阐释桂离宫对当代日本及西方建筑学的影响。从建筑学批判性策略的角度来总结相关历史过程的当代意义：对传统的辩证解读，对西方价值体系的选择性认同，基于本土视角的文化再创造。

【关键词】桂离宫；现代性；布鲁诺·陶特
瓦尔特·格罗皮乌斯；勒·柯布西耶；日本建筑

研究缘起

2007 年，布鲁诺·陶特回顾展"从高山建筑到桂离宫"在东京举行。展览主席矶崎新评价道："日本现代建筑始于陶特对桂离宫的评价。"在矶崎新的话语中，作为日本传统皇家园林的桂离宫已经成了日本现代建筑发展过程中的一个迷思。而在历史上，除了陶特以外，两位西方现代主义建筑大师：瓦尔特·格罗皮乌斯与勒·柯布西耶也曾先后到访桂离宫。3 人都对桂离宫产生了极大的兴趣，将其视为一个"现代性"的历史例证，包括以上 3 人在内的不同建筑师都留下了相关的绘画、评述或论著（表 1）。被公认为日本传统美学典范的桂离宫，为何会受到 3 位西方建筑师的青睐？其与现代主义究竟有何关联？不同建筑师的解读有何差异？其对日本建筑、世界建筑的发展产生了何种影响？本文试图从建筑师的角度，通过对相关文献资料、建筑现象的梳理与解读来回答以上问题，并探讨相关历史过程的当代借鉴意义。

1 三位西方建筑师与桂离宫

1933 年，为躲避纳粹迫害的陶特，途径法国、希腊、土耳其、苏联后，抵达日本，分别于 1933 年、1934 年两次参观了桂离宫（图 1）。这两次参观对陶特产生了深远的影响。他不仅在日记中记下了参观中的所见所感，桂离宫也成了其著作中重点描述的对象。桂离宫和伊势神宫是天皇美学的具体化——因此是真实的，而作为德川幕府神社的日光东照宫则是虚假的。他还在《日本建筑的基础》中将日本建筑的发展归纳为正反两条主线：桂离宫和日光东照宫都受佛教建筑的影响，但是东照宫没有回应地域特征气候，而桂离宫很好地融合了工艺传统、气候条件等。通过这样的解读，陶特第一次将桂离宫介绍给现代建筑界。

20 年后，另外一位西方建筑师——格罗皮乌斯于 1953 年抵达日本，对包括桂离宫在内的一系列著名建筑进行了参观（图 2）。他兴奋地将其在桂离宫的所感以明信片的形式寄给柯布西耶，认为他们一直奋斗的东西与古老的日本文化存在相似之处，并将桂离宫视为现代的、真正预制的。他还将其兴奋传达给了国际文化交流活动家松本重治，将其在京都所看到的建筑与帕特农神庙相提并论。在这之后，格罗皮乌斯与丹下健三合著的《桂离宫：日本建筑的传统与创新》成了第一本向西方系统介绍桂离宫的著作，在西方建筑界，特别是在美国产生了深远的影响。

图 1 陶特（左）与其陪同人员

图 2 格罗皮乌斯（左二）在桂离宫

图 3 柯布西耶（右）在桂离宫

图 4 柯布西耶的速写本——37 的封面

表 1 与桂离宫相关的建筑师著作及主要活动

1933 年	陶特离开德国，受日本建筑师上野伊三郎的邀请来到日本。 5 月 4 日，陶特第一次造访桂离宫。
1934 年	陶特的日文译著《日本：欧洲人眼中的日本》出版，其中的两章与桂离宫直接相关（标题分别为"桂离宫""不，沿着桂离宫的道路！"）
	5 月 7 日，陶特第二次造访桂离宫，并在其中停留超过 4 个小时。
	3 天后，陶特完成画册《游览桂离宫后的回想》，最初收录于由伊东忠太等人主编的《陶特全集》第 1 卷中（于 1942 年出版）。
1936 年	陶特的日文译著《日本文化私观》出版，书中多次提到桂离宫。此外，陶特还将小堀远州的画像作为全书的开篇，将自己绘制的小堀远州之墓速写作为结尾。
	陶特的著作《日本建筑的本质》出版（有英文、德文两个版本）。书中多次提到桂离宫，并将桂离宫与日光东照宫作为日本建筑的正反两极进行对比。
1937 年	陶特的英文译著《日本的住宅与生活》出版。在最后一章"永恒之物"中，陶特详细记录了第二次游览桂离宫的过程，并强调其现代价值。
1952 年	堀口舍己的日文著作《桂离宫》出版，对西方建筑师的解读提出了质疑与修正。
1954 年	格罗皮乌斯抵达日本，造访桂离宫和龙安寺，并在寄给柯布西耶的明信片中介绍、称赞日本传统建筑的现代性。
1955 年	柯布西耶赴日本讨论东京国立西洋美术馆方案，其间造访东京、京都、奈良。在坂仓准三的陪同下游览桂离宫，并在速写本上进行记录。
1960 年	格罗皮乌斯、丹下健三合著的英文著作《桂离宫：日本建筑的传统与创新》出版（石元泰博摄影，赫伯特·拜耶书籍设计）。
1987 年	矶崎新的英文译著《桂离宫：空间与形》出版（石元泰博摄影，日文版出版于 1983 年）。
2006 年	矶崎新的英文译著《建筑中的日本性》出版，全书分为四部分，其中第四部分（标题为"斜线策略：被设想为'远州品味'的桂离宫"，共包含三章）与桂离宫直接相关。
2007 年	布鲁诺·陶特回顾展"从高山建筑到桂离宫"（展览主席矶崎新，展场设计隈研吾）在东京亘理当代美术馆举行。

1955 年，柯布西耶应国立西洋美术馆的项目来到日本，在坂仓准三的陪同下参观了桂离宫（图 3），并将在桂离宫的所见所感以其常用的草图与文字的形式绘制在草图本中（图 4）。

2 日本传统的再发现

1930 年代初，日本的现代主义倡导者试图将现代主义设计引入日本，但是他们需要与当时日本基于帝国主义意识形态的日本折中主义建筑风格进行抗争。而且因现代主义具有社会改革意义，因此在国家层面被打压。在重重阻碍面前，他们不得不在现代主义与民族主义之间寻求妥协。恰逢其时，1933 年抵达的陶特，并且作为一位"资深"的现代主义者，给予了日本现代主义运动一个合理发展的出口——从现代主义的角度，借助日本传统建筑批判折中主义。而在传统对象的选择上，没有一个建筑比既"正统"而又"现代"的桂离宫更理想的典范。至此，桂离宫成了西方现代主义，以及日后日本建筑理论界不断被解读以及重新审视的一个对象。

在西方现代主义者的研究中，海诺·恩格尔将日本传统住宅特征分为 5 个方面：结构体系和建筑形式的模数化秩序；空间划分和房间功能的灵活性；榻榻米平面组合方式的可能性；整体标准化中富于表现力的多样化差异；建筑形式的融合性。这些特征完美地符合了现代主义的特征。但是，这种日本传统建筑所展现的现代性，其实是透过现代主义的滤镜，有意识、选择性地看待日本建筑的结果。但是也正是西方建筑师不同角度的解读，使得日本建筑师获得了文化上的自信。

随后，日本的建筑理论界也在不断地对桂离宫进行解读与修正。堀口舍己认为，西方现代主义者看到的是风化了的木架与白色日式罩子所产生的蒙德里安构图效果的桂离宫，这与桂离宫的本身形象并不一致。且在现代主义者的眼中所认为的多余的元素，如陶特所认为的外腰挂对面的苏铁山，以及引用了无数诗词、典故的空间都是日本传统建筑语境下不可缺少的元素。而事实上，桂离宫也是一个集齐不同设计手法，在不同时间建设的"集群设计"综合体。

时间、空间、文化等多重批判视角的并置，越发使得桂离宫成了一个被反复解读并且历久弥新的对象。从 1930 年代开始，首先是陶特通过桂离宫重新发现了日本传统的现代意义。堀口舍己则一直致力于将对传统的研究完善、理论化。而最终则是由丹下健三在战后将传统转换为可行的设计方法，通过作品实现了现代建筑与日本传统建筑的结合。之后，矶崎新等学者也都留下了关于桂离宫的论著。可以说，对桂离宫的解读在不断地修正与发展，其内涵远丰富于早期现代主义者的解读——这一过程也是日本建筑师对传统不断"再发现"的过程。

作为现代主义宣言的东方传统： 3位西方建筑师与桂离宫（下）

The Oriental Tradition as Modernist Manifesto: Three Western Architects and Katsura Imperial Villa（Part Ⅱ）

杨涛[1]　魏春雨[1]　李鑫[2]
1 湖南大学建筑与规划学院，长沙 410082
2 湖南大学环境科学与工程学院，长沙 410082

本文发表于《建筑学报》2017 年第 10 期

（本文为"作为现代主义宣言的东方传统：3位西方建筑师与桂离宫"的下半部分。全文分上下两期连载，同时在该期刊公众号进行了全文推送，并被国内著名建筑媒体"有方"等转发。）

3 现代主义者的选择性忽略

石元泰博作为格罗皮乌斯与丹下健三合著的《桂离宫：日本建筑的传统与创新》（图 1）的摄影师，20 年后，对桂离宫进行了第二次拍摄，并与矶崎新合作完成了《桂离宫：空间与形》。比较这两本书的照片效果，让人很难相信这是同一个桂离宫。

在《桂离宫：日本建筑的传统与创新》一书中，石元泰博的拍摄手法以及通过一位曾在包豪斯任教的现代主义设计大师赫伯特·拜耶的版面设计，将照片彻底解构为平面化的、几何化的、碎片化的黑白肌理，桂离宫的整体性、多样性在这些配图中被忽略。这样一种符合蒙德里安式的构图，试图将其塑造成一个现代主义的历史佐证。而在 1983 年出版的《桂离宫：空间与形》一书中则展现了桂离宫的另外一面。虽然这本书的配图是在同一位置拍摄的，但是图片中保有桂离宫更多真实的细节，其多义性和整体性得以保留（图 2）。

而另一种忽略，则是对于陶特这样一位"发现"并且向现代主义界介绍桂离宫的先驱者身上，这样对陶特的"选择性"忽略或许与陶特后期对现代主义的偏离态度有关。

4 三位建筑师的自我投射

陶特对于桂离宫的解读其实是他自己建筑思想的影子。桂离宫的各个元素都有着自己的生命，它们追求的只是良好的关系。而这样一种不存在主次的建筑思想与其早年设计的一批现代主义住宅中的建筑思想不谋而合。1914 年，陶特提出了一个以玻璃馆为主体的乌托邦式的城市设计方案，在其中抒发了宗教般的建筑精神追求，

而这样一种带有哲学意味的思想也在桂离宫中得以体现。

而格罗皮乌斯的自我投射则是一种"担忧与希望"。一方面，格罗皮乌斯在日本的榻榻米、模块化平面、可移动隔墙等构造方式中找到了自己有关预制建筑构想的佐证，希望现代主义朝向桂离宫 / 密斯式的方向发展。而另一方面，在当时，日本的建筑界已经悄悄舍弃民族轻盈的建筑传统，转而从密实的、可移动的混凝土墙中寻求现代主义的发展方向。格罗皮乌斯正是对这样一种偏离充满了担忧。

不同于陶特与格罗皮乌斯，柯布西耶并未留下关于桂离宫的相关著作，也没有站在同样的"高度"对其大加赞扬。他似乎仅仅是从一位实践建筑师的角度，对桂离宫的一些片段进行了简短的记录和评价。但是，即使是柯布西耶简短的记录和评价也包含着西方视角不可避免的先入为主的误读。

本文无意在此做脱离文本的推测，也无意去评判陶特、格罗皮乌斯、柯布西耶 3 人关于桂离宫解读的高低。但可以肯定的是：3 位建筑师不同的解读方式都与自身的经历、身份密切相关，是 3 人自我投射的体现。

5 桂离宫的当代影响

回顾当代的建筑研究，在桂离宫之后，出现了许多深受桂离宫影响的新的建筑理论。新陈代谢派便是其中之一，其历时性、共时性的理论原则深受桂离宫的影响。这种原则还体现在了黑川纪章的设计中，在舱体夏宅中

图 1 《桂离宫：日本建筑的传统与创新》的封面

图 2 新御殿、乐器之间、中书院外观（上：《桂离宫的传统与创新》配图；下：《桂离宫：空间与形》配图）

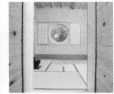

图 3 舱体夏宅　　图 4 以茶室为原型的舱体

图 5 桂离宫新御殿　　图 6 国立文乐剧场
　　的月形门把手　　　　的金属门把手

其以茶室为原型设计了舱体（图3、图4），以此体现过去、现在、未来的共生。在大阪国立文乐剧场中，黑川纪章也使用了桂离宫的月形门把手的元素（图5、图6）。历史分解为符号和元素融入建筑设计，这样的设计方法也对后现代主义在1960年代后的发展产生了重要影响。

除此之外，更多的当代建筑师和设计师则深受桂离宫背后无形的美学意识的影响 —— 这种影响不分年代与学派。在日本，除了前文中所提到的丹下健三、黑川纪章、矶崎新等人，筱原一男、伊东丰雄、隈研吾、原研哉都曾提到桂离宫对自己的影响。另外，除了本文重点讨论的3位西方建筑师，1950年代之后还有一批澳洲当代建筑师到访过桂离宫，其设计也都曾受桂离宫的影响。

从1930年代开始，桂离宫反复出现在建筑界的视野中，且其每次出现都有着不同的意义：对于陶特的邀请者上野伊三郎等一批日本建筑师，桂离宫是反对折中主义、支持现代主义提供了支点；对于堀口舍己，桂离宫是尝试融合现代与民族、西方与日本的历史依据；对于丹下健三及之后的建筑师，桂离宫从1950年代末开始成了激发新思想的源泉。同一个桂离宫，在不同的时代背景下，经过建筑师的各自解读持续发挥着不同的作用。

5 结语

本文以3位西方建筑师与桂离宫的关系作为切入点，回顾并分析了桂离宫与现代建筑发展历程之间的历史关联。虽然只是一个有限的侧面，但本文的目的并不在于否定或肯定某一位西方建筑师的解读，而是希望通过对相关历史的梳理与讨论，为当代建筑学中批判性策略的发展提供思考。

首先，陶特对日本建筑传统的解读展现了一种辩证的视角：他对桂离宫、东照宫等日本传统建筑进行了有选择性的肯定与批判，即使在今天看来，这种对传统的辩证解读仍具有超前性与启发意义；其次，与桂离宫相关的日本现代建筑发展历程为"如何对待异文化的价值观念和评价体系"提供了历史参考：如果说陶特在日本建筑中选择了桂离宫，那么日本建筑界则是在西方建筑师中"选择"了陶特，而非更为显赫的"现代主义大师"——其中或许有多方面的历史原因，但不可否认的是，陶特对日本传统的解读并没有停留在表面化的材料、符号、主义上，而是深入到了更为本质的功能、空间关系上。日本建筑师则通过异文化交流中有选择性地吸收，反过来认识到了自身传统的价值所在；同时，日本建筑师对桂离宫解读的不断修正与发展从侧面印证了传统的延续并不以显赫的外来者的意志为转移，而应依靠本土的研究、传承与创新。虽然日本建筑没有按照西方预设的方向发展，但以桂离宫为代表的传统却释放出多样且持久的生命力，使一批批日本建筑师在近百年的时间里实现了文化的自我更新和再创造——这对于同属"东方"的中国无疑有着借鉴意义：如何让传统为我所用，为设计所用，而不是停留在易被西方认可的表面化的诠释上，这是摆在所有建筑师面前的问题。

陶特认为桂离宫不仅是"现代理想建筑之典范"，更是"一个良好的社会"的典范——这种评价显然没有将桂离宫的意义局限于日本，而是对于所有文化而言的。我们或许可以将他的解读理解为：每个文化都需要找到自己的"桂离宫"。但任何对于传统的解读都无法脱离时代背景下的主观塑造，只有以辩证的、本土的视角，不断挖掘传统的当代价值，建筑师才有可能做到"用自己的声音说话"。

图 7 部分重要参考文献

差异与兼容——建筑社会学与建筑人类学研究之比较

Difference and Compatibility: A Comparison of the Research between Architectural Sociology and Architectural Anthropology

欧雄全 [1] 王蔚 [2]

1 同济大学建筑与城市规划学院，上海 200092
2 湖南大学建筑与规划学院，副教授，长沙 414000

本文发表于《新建筑》2020 年第 2 期

【摘要】建筑社会学和建筑人类学是当前建筑学跨学科学术研究中的两个新兴领域，它们都研究建筑与社会、人之间的关系，概念相近，也容易混淆。本文对建筑社会学和建筑人类学进行了辨析，比较两者之间的研究特征，建筑社会学和建筑人类学在当代研究语境下更偏向于一种研究范式，两者之间存在差异性，也存在一定的兼容性。

【关键词】建筑社会学；建筑人类学；研究特征；差异；兼容

建筑学研究具有强调知识的综合运用而非独立创造的传统特征，其所需知识大量来自社会学、人类学、地理学等上游学科。建筑社会学和建筑人类学作为建筑学跨学科研究中探讨建筑与社会、人之间关系的最典型代表，是两种具有不同特征的"求知途径"，并导向不同的知识拓展范畴。然而两者概念接近，方法理论体系也都不成熟完善，因此常被混为一谈。在现代科学日益强调研究过程呈现的背景下，建筑社会学和建筑人类学这两种"求知途径"的过程差异性在哪？两者在实践中是否存在可相互借鉴之处？

建筑社会学（Architectural Sociology）是建筑学与社会学交叉融合的结果，主要研究社会中建筑的产生、构成、发展变化以及其社会关系。从国内外相关学术研究的成果梳理来看（图 1、图 2），建筑社会学的理论基石主要建构在两个层面: 一是建筑的社会性，体现于建筑、人、社会形成的三角关系；二是社会与建筑的相互作用影响。从具体视角总体上来看，建筑社会学分为四个偏向: 文化社会学（Cultural Sociology）、古典建筑社会学（Classical Sociology of Architecture）、建筑工艺社会学（Sociology of Architectonic Artifacts）和空间社会学（Sociology of Space）方向。目前，建筑社会学的研究方法大致分为基于系统与结构的整体分析和基于现象学和人类学的文化比较两大类。这两类方向都是透过事物的表象来挖掘其隐藏的规律，在归纳比较中认识整体。因此，建筑社会学可总结为是基于时间、空间、社会三维辩证法的综合解释型研究。其在历史层面解释建筑活动和现象的社会意义及内涵在现实层面研究建筑与社会的相互作用和运行机制，在未在未来层面探讨建筑更新与社

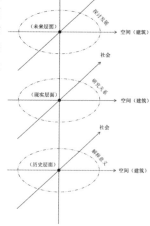

图 1 建筑社会学的研究点——建筑与人、社会的相互关系　　图 2 建筑社会学研究理论视角偏向　图 3 建筑社会学的三向维度的研究范式

会发展的关系（图3）。

建筑人类学（Architectural Anthropology）是将文化人类学的研究成果和方法应用于建筑研究领域，即从文化视角来研究建筑问题。依据建筑人类学研究的历史梳理，其理论基础可归纳为几个的核心观点：首先，建筑人类学认为建筑及文化都具有模式关联和时空传承特征；其次，建筑人类学认为社会文化因素是建筑产生与形成的决定性力量；再次，建筑空间和环境存在深层含义，且要从生活出发去理解含义；最后，建筑人类学引入了场所精神（Genius Loci）概念，认为文化的决定性因素在于其场所精神。建筑人类学不同于传统建筑学的原因在于其将建筑看作是一种制度形态而非空间形态，强调习俗对建筑的导向而非功能，强调对场景的还原体验而非空间的视觉效果。因此，建筑人类学提供的是体验与创作建筑的一种现象学式的方法，其具体研究方法可归纳为注重亲身调查的环境认知法（Ethnography）、整体动态的辩证考察法以及纵横双向的归纳比较法三类。从总体上看，建筑人类学的研究方法注重实地调研，强调对事实的文字描述、定性分析以及亲身体验，依托动态和联系的认识思路和方法解析孤立和静态的历史资料，同时通过纵横向的比较方法弥补无法进行实证的缺陷，具有一定的科学研究特征。

建筑社会学和建筑人类学研究的差异性源于社会学和人类学的研究差别，社会学主要研究社会如何构成，人类学则主要研究人如何存在于社会。但是，由于建筑人类学和建筑社会学都研究建筑、社会和人，二者在实际的研究过程中又存在一定的兼容性。如图4所示，建筑社会学和人类学研究的差异性和兼容性将从六个方面来论述：

1. 研究的理论基础比较：建筑社会学的理论基石在于建筑的社会性及建筑与社会的相互作用，建筑人类学则认为社会文化是建筑形成的决定性因素。建筑人类学的研究途径在于从日常生活出发去把握环境的性格，因此也要去研究建筑与人、社会的关系，只不过相较于建筑社会学更集中在社会文化层面。

2. 研究的终极目标比较：建筑社会学和建筑人类学的研究终极目的都是为了建筑能够创新，建筑社会学推动建筑创新是为了适应发展，体现在社会影响上；建筑人类学推动建筑创新是为了创造新的意义空间，体现在文化生态层面。

3. 研究的视角范畴比较：建筑社会学研究视角更为宏观，从多个层面去探讨建筑和人、社会之间的关系。建筑人类学研究视角相对中微观，往往聚焦于个体或特例，尤其关注于异质文化和特别现象。但是两者在文化

层面的研究存在一定的兼容关系。

4. 研究的内容对象比较：建筑社会学和建筑人类学的研究内容对象皆为建筑、人、社会三者之间的关系。但是建筑社会学研究的核心关系是建筑与社会的关系，人作为一种行为中介；而建筑人类学研究的核心关系是人和社会的关系，建筑作为一种文化中介。

5. 研究的方法策略比较：两者在研究方法上的相同之处在于两者都是动态研究，注重整体综合的视野以及辩证思维分析。不同之处在于建筑社会学研究讲究纵横双向、动态综合的辩证分析，有定量的部分；建筑人类学则注重田野调查，偏向定性研究。

6. 研究的范式特征比较：建筑社会学是基于时间、空间、社会三维辩证法的综合解释型研究，建筑人类学则是基于文化生态环境观的现象探索型研究，也包含空间、社会和时间三向维度，只是时间维度多偏于历史层面。

总而言之，建筑社会学和建筑人类学作为研究建筑空间社会问题的两类典型范式，其研究的异同可理解如下：两者的差异源自范式之间的"不可互通性"，最终导致知识拓展结果的差异；两者的兼容则体现在面对不同研究问题和条件下的范式创新，通过借鉴融合实现对原有方法体系的优化。

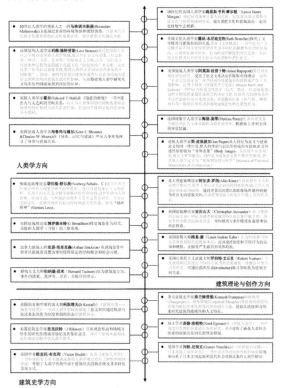

图4 社会学与人类学之比较

图式语言：
从形而上绘画与新理性主义到地域建筑实践
Schema Language: From Metaphysical Painting and New Rationalism to Regional Architectural Practice

魏春雨[1]　刘海力[2]

1 湖南大学建筑与规划学院，博士生导师，教授，wcy1963@126.com
2 湖南大学建筑与规划学院，博士，54332082@qq.com

本文发表于《时代建筑》2018 年第 1 期

【摘要】本文在"图式"理论的基础上，以对"图式再现"概念的阐述，引发出对建筑思维形成与传达的思考，通过揭示以乔治·德·契里柯为代表的形而上绘画与阿尔多·罗西所倡导的新理性主义建筑之间的关联性，剖析与比较潜藏在两者作品背后的心理图式，并从中获得启示，最后结合"地方工作室"的地域建筑实践，对其进行诠释与再现。

【关键词】图式再现；形而上画派：新理性主义；地域实践

1 形而上画派与新理性主义的图式关联性

契里柯的绘画与罗西的作品之间存在着明显的图式关联性。首先是两者作品中都呈现出"深景透视"的图式特征，深景透视往往可以把人的视线引向地平线，从而带来一种恒定、悠远与静谧的体验，有助于表达两者共同追求的永恒精神；罗西在"类比城市"中通过将不同时期的历史建筑并置在一个深景透视的画面中而传达他的"类似性城市"思想；而契里柯的绘画也经常将不同时间、地点的物体与建筑元素进行并置，如果将他所描绘的关于城市之景的一组绘画进行拼接，就会发现两者在构图与内容表达上存在着相似性。其次，契里柯在用色上与凡·高、马蒂斯一样大胆，会用高饱和度色块的明暗对比，反映幽寂冰冷的感觉，他还经常用大面积的褐色、黑色表现阴影，并且阴影总是朝画面的观看者方向覆盖，给人失去目标的悲痛、忧伤或承受死亡之感。而这种特征深深影响了罗西的建筑草图表现方式：在这张草图中，罗西将他的许多项目叠加在一起：前景为圣卡尔塔公墓，背景是一个夸张的加拉拉特西住宅的结构，它们的影子向前覆盖，强烈的色彩与光影对比与交错中，营造了一种昏暗压抑的气氛，强调了公墓的死亡主题。最后，在圣卡尔塔公墓设计中，罗西保留了恺撒·科斯塔设计的矩形新古典主义建筑的外围体量，但是缩短了北部墙体的高度，使得墓园看起来呈现一个半包围状态，这种建筑关系布置与契里柯的绘画《形而上的内部》中的内容极其相似。

此外，更关键的是，两者的图式关联性体现在他们都强调通过运用哲学方法让人们产生某种抽象的意识，而不仅仅是感官上看到的具体的物象：呈现出通过对比物暗示主体、用超现实暗示真实、以理性表达非理性、借有限表达永恒的图式特征。波兰诗人纪尧姆·阿波利奈尔 (Guillaume Apollinaire) 评价契里柯的作品是"唤起潜藏在物质性，即形而下外表深处的另一个现实的'形而上'作品"；而罗西则关注建筑形而上层面的"本体论"

图 1《时间之谜》，契里柯
图 2 意大利文化宫
图 3《类比城市》，阿尔多·罗西
图 4 契里柯绘画拼接

图 5 《一条街道的神秘与忧郁》与湖南大学法学院

图 6 李自健美术馆草图推演

的研究,运用"类型学"方法,借用抽象的元素探索城市与建筑的本质和内涵,并在荣格的"原型"心理学基础上发现沉淀在人类历史记忆深处的心理结构,提出"类似性城市理论",从而将理性精神与传统建筑本质相结合。由此,通过分析两者作品图式语言的关联性,揭示其背后的心理图式特征,有助于更好地解读两者的艺术创作思想。

2 批判地域主义视野下的地域类型语义图式

"地方工作室"近年来持续关注地域的现代性与现代性中的地域表达问题,并坚持认为这是推动当代建筑在地性生长的内在动力,因为任何漂浮的拼贴和简单地克隆所谓地方符号都是消极的与不可持续的。通过对地域类型学的探索,工作室强调具有相对永恒性的建筑自治性的表达,并发现深藏在事物表象下的内在逻辑:深层结构—类型原型—心理图式。据此,"地方工作室"在地域类型学的基础上,提出"地域类型语义图式"来回应当下不断发展变化的地域性问题。其中涉及图式的内源性与外源性两个方面,内源性主要指"现代性"的一面,即柯林·罗谈现代主义建筑关键点时所涉及的"理性主义""时代精神"与"艺术意志",具体包含如"现代艺术""周边式构图"及"新的结构体系"等属于现

代建筑的学科内部问题,而图式的外源性则主要涉及对当地自然地形、地域文脉及场所精神等问题的回应。图式的外源性不断向内源性注入而生成新的图式,在其固化稳定后,又可以作为新的"内源性"接受其他外源性图式的注入,地方工作室通过在此过程中生成的"地域类型""地景分形"与"场所语义"三个图式分别对湖南当地的地域性问题做出回应。

3 结语

"形而上者谓之道,形而下者谓之器。"通过两种艺术形式中图式语言的比较与阐述,可以发现无论是契里柯的形而上绘画,还是罗西的新理性主义建筑,两者都强调艺术表达出的哲学性,即通过形而下的物质性建构寻求某种形而上的精神传达。形而上画派不仅继承了浪漫主义的某些特质和追求,而且它在当时未来主义歌颂机器文明、否定传统文艺价值的时代背景下,如同一股清流,独树一帜,更是影响到了其后的超现实主义。这种反抗精神在罗西的新理性主义建筑中同样得到了体现,即在战后社会大发展的背景下,对迅速在世界范围内蔓延的无视历史传统与地域文脉的国际风格进行反思与抵抗:其所强调的"深空间""静止"与"恒定"与现代主义所强调的"浅空间""流动"与"多维叠加"的艺术特质形成显著差异;同时与现代建筑运动轰轰烈烈地以社会变革为己任的英雄主义相比,它更强调"建筑的本分"和"建筑师的本分"——对建筑本源回归。也许这正是在当今全球化时代背景下,可以为地域建筑实践提供的借鉴之"道"。

图 7 中国书院博物馆

图 8 张家界博物馆

数字时代的建构策略——非线性表皮的结构化设计
Construction Strategy of Digital Age —— Structural Design of Nonlinear skin

袁朝晖[1] 韦帛邑[2]

1 湖南大学建筑与规划学院，教授
2 湖南大学建筑与规划学院，硕士研究生

本文发表于《世界建筑》2020 年第 10 期

【摘要】受建造技术进步、社会审美转变等因素作用，表皮得以被大众视作独立的建筑设计元素，但也无形催化了建筑形式与结构分离。表皮作为设计师与观者最为直接的沟通媒介，因部分设计师盲目猎奇或滥用技术而呈现为光怪陆离的"形式面具"，对解读空间和设计思想造成了极大误导；学科分化放大了从业者的思维差异，致使建筑师侧重形式而工程师则追求性能，甚至造成设计流程脱节等现象。非线性结构表皮倡导主动结合表皮形式与结构体系，借助日益发达的数字设计方法及建造技术，让在数字时代大背景下呈现非线性化趋势的建筑作品实现形式与结构的相互救赎。

【关键词】建筑形式；结构特性；数字时代；非线性结构表皮

【引言】

建筑表皮的高独立性使之形式不再处处受限，其非线性化作为数字技术蓬勃发展的时代特色，让建筑师丰富的想象力有了用武之地；然而，因为部分设计者的盲目猎奇或滥用数字技术，枉顾形式和结构的内在关联，打着数字化旗号而追求形式主义，因此造成的空间及资源浪费广受诟病，致使非线性建筑作品良莠不齐。

为应对上述问题，以结构理性为核心的建构主义回归大众视野，彼时的"建构"为了缓解建筑和结构分化而提出，此时则是为了弥合形式和结构差异而存在。建构主义在规整几何的建筑作品中早已验证其科学性，如今的先锋建筑团队亦证明其在非线性建筑上同样适用，通过主动结合建筑表皮形式和结构特性，赋予非线性表皮以结构意义和丰富内涵。

【非线性结构表皮】

建筑和结构从业者的关系被鲍姆贝格尔大致分为：建筑师或工程师的独白、彼此对话、自言，非线性结构表皮要求设计者具备极高的专业素养和全面的知识储备，故常为后两种关系。"自言"指设计者具备建筑及结构两种教育背景。"彼此对话"指建筑师和结构工程师通过协作、博弈以不断迭代并优化设计方案，形态和结构彼此约束并互为佐证，确保建筑作品兼具形态美学和结构逻辑。

【非线性结构表皮的相关技术】

1 基于力学原理的找形方法

1.1 物理模型法

物理模型法是指借助助小比例的三维物理模型，通过限定荷载重量和边界条件，可在不需精确结构计算的情况下模拟建筑尺度的结构性能特征。

1.2 有限元法与渐进结构优化

有限元法指将连续求解域划分为一组计算单元，在各单元内通过近似函数来分片表示求解域上的未知函数，将连续、无限的问题离散并有限化，并通过提高离散程度来接近真实结果。有限元法虽然计算精度高、适用性强，但由于数值抽象、复杂的特点而不便对建筑进行直接找形，而多用于设计中后期的结构论证。

1.3 解析法

解析法是指基于解析方程而提出的力学找形方法，根据原理主要分为力密度法（Force Density Method, FDM）、动力松弛法（Dynamic Relaxation Method, DRM）、推力线网络分析法（Thrust Network Analysis, TNA）。

1.4 仿生学

物竞天择、适者生存是达尔文进化论的核心观点，仿生即分析生物系统历经筛选所保留的优异性能并加以利用，除直接模拟生物功能外还包括临摹其行为，如编织作为人类效仿鸟类筑巢而最早掌握的材料加工方式，指导人们生产了栅栏、挂毯等形力兼备的原始建筑表皮。

1.5 地形学

建筑作为典型人造物，为削弱其巨型体量的压迫感并使之融入环境，将之与周遭地形相结合的地景建筑是颇为有效的举措，常见方式有消隐、人工地形、延展立面等。

2 数字化建造技术

非线性结构表皮建造首先有赖于研发新材料或挖掘材料新特性，其次就是传统的人工作业方式难以满足非线性建造标准和施工精度，常用的数字化建造技术主要分为以下几类。

2.1 数控机床技术

计算机数字控制机床（Computer Numerical Control），简称数控机床，其以输入图纸的形状及尺寸为依据，计算机按逻辑执行程序控制系统的编码，控制机床对零件进行自动化加工及过程监控。

2.2 快速原型技术及 3D 打印

快速原型技术（Rapid Prototyping）因成型材料和系统差异有多种类别，但基本特点皆为"分层制造，逐层叠加"，有别于对材料进行"切削一组装"的传统操作，该技术是将材料进行"自下而上"的累加。3D 打印技术作为快速原型的分支，利用光固化和纸层叠等技术对材料进行空间堆砌，建筑打印材料实现了从 PLA、ABS 等塑料到金属、混凝土以及复合材料的扩展。

2.3 机器人建造

依托机器人提供的高精度、开放操作平台，可整合虚拟数据和实体建造过程，通过编译不同的工作流程使机器人执行的作业类型更为多元。

【展望】

如今的人工智能凭借深度学习算法，可从海量经验数据中提取具有规律的特征属性，分析并总结其共性和关联规则，由何宛余和杨小荻共同开发的小库科技（如图）结合了大数据与机器学习等技术，通过键入如建筑高度、容积率、用地面积等限定因素，可快速得到多个合理的场地和建筑设计方案。但因建筑设计理论庞杂、影响因子繁多、人文要素难以量化等原因，人工智能尚且难以独立胜任设计工作而仍旧充任辅助工具，实现真正的人工智能设计还有待进一步研究。

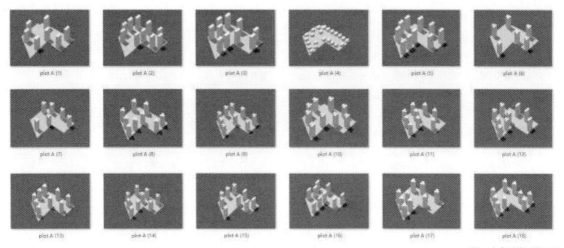

图 1 小库科技强排设计

中国当代集合住宅参与型共建的多元探索与案例实践

Diversified Exploration and Case Practice of Participatory Co-construction of Contemporary Collective Housing in China

李理[1] 卢健松[2]

1 湖南大学建筑与规划学院，助理教授，kd2018021@hnu.edu.cn
2 湖南大学建筑与规划学院，教授，ljs@hnu.edu.cn

本文发表于《建筑学报》2021 第 23 期

【摘要】在我国住宅供应多元化的背景下，"参与型共建"已经成为集合住宅新的聚焦方向之一。通过对国内已完成部分"参与型共建"案例类型的梳理，分析其建筑特征和实现形式，借鉴国际先驱实践经验，提出我国以"参与型共建"为导向的集合住宅设计新思路。

【关键词】集合住宅；参与型共建；合作居住；自发性建造；合作建房

中国当代集合住宅历经 40 多年的发展，已经形成了较为成熟的商品房开发机制。然而，满足基本居住之后，集合住宅呈现出对个性需求与精神生活的追求。这一趋势中，单纯以解决居住功能为目标的"结果型"居住模式已经不能满足所有人群对住宅的要求，集合住宅的类型亟待发生变化。一方面，随着国内社会结构的变化，诸如人口老龄化、出生率低、孤独感加剧、亚文化族群增加（例如 SOHO 一族、丁克一族、IF 一族、Studio 一族）等现象，批量化建造和供给为基调的集合住宅建设很难应对并满足居住者的多元需求。另一方面，近年来出现的"共享住宅／合作居住""自建住宅""合作建房"等以多元化供给、多途径参与为主导的居住模式，也开始丰富着集合住宅的发展。但这一趋势如何满足中国住房供应的多元化之变仍然任重道远。本文以"参与型共建"为切入点，对国内建成实践案例予以解析，通过类型分析与特征总结，探寻我国集合住宅多元发展的可能途径。

国际上所提倡的参与型共建，多指对一种新型居住模式的探索，有多种表现形式，其中包括"合作居住"(co-housing)、"共享住宅"(Share house)、"自建住宅"(self-built house)、"合作建房"(cooperative-house)等。这些表现形式也都是对当代集合住宅居住模式类型的聚焦。参与型共建，实际上是一种以居民自发且自觉参与设计或建造并共同管理的居住模式，在空间布局中兼顾了公共性的社区交往以及私密性的个人居住两个方面的需求，某种程度上也是对住宅综合属性的回应。归根结底，合作居住的诞生，其社区开发的深层动机就是为当时的核心家庭(nuclear family)创造一个牢固的社交网络集合体。恰好这样一种社区模式具有很大程度的固定性，并且具有安定、温暖、和谐、真诚等氛围，满足了成员个体对新尝试的需求与渴望。下表整合了国际参与型共建的几

表 1 国际参与型共建的类型

国家	表现形式	最初目的	开发特点
荷兰	Central Wonen	增强社区感和促进社会的交往	以社会住房的方式并交给非营利性机构开发建设，同时基于经济和法律等政策的差异
瑞典	Kollektivhuser	减轻妇女们的家务负担和改善双职工家庭的生活条件	
美国	Co-housing	借鉴北欧模式的基础之上，融入了诸如开发商主导、伙伴关系、居民主导、新建和改建、采购等更加多元化的发展内涵，同时也更加注重环境保护对社区的影响	1)工程模式 2)地块模式 3)混合模式 4)扩张模式 5)改建模式
澳大利亚			发展相对缓慢
英国		基本沿用北欧模式，多在10~40户之间，其类型多为包含单身、夫妻、有孩子等	1)以居民为主体建立合作公司完成 2)基于政府的积极配合和协助完成 3)其他社会组织的积极参与与宣传 4)对社会效益的关注
德国		消除内部阶层矛盾，实现社会融合逐步成为普遍共识	建筑包含了联立式、双拼式以及多层式等多种集合住宅类型，同时也包含了新建建筑和旧建筑的改造 1)投资者型 2)合作社型 3)共同体型
日本	Share House	居住观念由家庭核心为主逐渐向更加多元化共同居住模式转移	共屋(Room share) 共享住宅(Share house) 民宿(Guest house) 混居(Mingle)
	Cooperative House	满足既享有点单式设计，又可减轻由于昂贵地价带来经济负担的共同居住需求	1)居住者主导型 2)策划者主导型

种类型，笔者仅介绍中国参与型共建的类型，基于不同的时代特点与建设目的有着多种不同的表现形式：有基于传统形式的住宅自建；有基于住房策略，组织"劳力参股"并建立合理换工制度的住宅建造；有强调个性化需求，基于市场化和工业化的住宅营造；也有基于灾后的住宅重建。在我国，参与型共建一方面指的是区别于开发商主导型住宅建造的居住者参与，以相互协同的方式达到合作居住目的的住宅建造模式，偏向于决策层面的参与；另一方面指的是使用者（居住者）自发地对住宅进行建造，居住者即参与建造者的住宅建造模式，偏向于建造层面的参与。前者源于对"合作居住"理念的思考，是对新型集合住宅居住模式的尝试；而后者则是对当下住房自建这一普遍现象的回应。显然，在当代社会群体中，依靠他人的帮助，单元住户或家庭成员共同参与决策，建造自己的住宅，是人类解决自身居住需求最为基本的手段和方法。无论是哪种类型的参与型共建，其本质是将居住主体的决策行为和建造行为与居住客体发生直接的关联。"参与型共建"是对已有集合住宅居住模式的一次变革，也是对集合住宅未来发展途径的积极补充，其特征主要体现在以下几个方面：

1）参与的主体为居住者：不同于既有开发模式下对一般商品房的选购，居住者从原本的购买者向社区营造，乃至住宅建造的参与者转变，居住者秉承着对住宅项目的关心和期盼给予劳动付出，同时也拥有共同的居住意识和合作意向，并对参与型共建有着共同的认知。

2）参与的范围为设计介入、建造实施和共同管理：设计介入是指居住者针对拟定设计建造对象在面积大小、参与人数、设计风格、建设价格等方面的参与，根据居住者的自身需求和实际情况予以考虑；建造实施是指居住者自身作为建造主体参与，在其他多方机构或团体的帮助下协作完成住宅建造；共同管理是指合作居住的居住者团体依靠自组织的方式互帮互助，完成对居住单元的日常维护，完善对居住社区的经营。

3）参与的形式为多元主体协作：基于党的十九大报告提出的"加快建立多主体供给、多渠道保障、租购并举的住房制度"，参与型共建在参与形式上已经变得更加多样化，有以民间协会组织为主导的合作参与形式，有以闲散资源整合再利用的组团参与形式，有与开发商合作共同建造的参与形式，有根据不同人群的针对性的参与形式等。

居住模式的更新是在各自特色的基础上吸取多方经验并推陈出新、拓宽集合住宅的发展领域以及挖掘其转变的可能性，这与人类对集住模式的理解和集住模式对人类文明的适应性是密切相关的。参与型共建迎合了人们的生活需求，拉近了人们心理上的疏远感，是一种强调人与人互相合作而产生的新型居住模式。它的普及预示着这种居住模式具有强大的生命力，是当代集合住宅和社区规划发展的一种新的趋向和潮流。随着社会的进步和时代的发展，在私人定制、万物互联、邻里互助商业、技术演化、人工智能等具有时代特征的语境下，参与型共建似乎也有了更多的可能性。更重要的是，这种以乌托邦为原型的居住模式已经打破了长久以来以工业革命为根基、以商品房开发为模板的居住格局，其以更加朴素的居住状态回应人们对集住模式的需求，也实现了集住模式由技术层面向精神层面的转移，参与型共建的类型亦将更加多元多样。

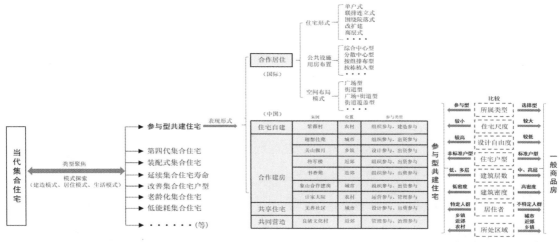

图1　中国参与型共建的实践类型

夏热冬冷地区建筑设计标准、指南和技术规范
Architectural Design Standards, Guidelines and Technical Specifications in Hot Summer and Cold Winter Areas

教师团队
Teacher team

徐峰
Xu Feng

袁朝晖
Yuan Zhaohui

田真
Tian Zhen

周晋
Zhou Jin

邓广
Deng Guang

谢菲
Xie Fei

齐靖
Qi Jing

章为
Zhang Wei

王蔚
Wang Wei

专题介绍
Presentations

针对夏热冬冷地区的恶劣气候条件，契合国家新型城镇化的战略需求，团队长期开展绿色建筑、既有建筑节能改造和工业化装配式建筑核心技术的研发，在此基础上编制了一系列地方标准并推广使用，为中部地区绿色建筑的发展起到了行业引领作用。

太阳能－地源热泵耦合式热水系统优化匹配研究

Research on Optimal Matching of Solar-Assisted Ground-Coupled Heat Pump Domestic Hot Water System

邹晓锐[1] 周晋[1] 邓星勇[2] 张国强[1]

1 湖南大学土木工程学院，长沙 410082
2 奥意建筑工程设计有限公司，深圳 518031

本文发表于《太阳能学报》2017 第 5 期

【摘要】为解决传统太阳能或地源热泵生活热水系统独立运行时存在的运行问题，本文将两者进行组合匹配得到复合式系统，结合逐月负荷变化来确定系统各设备的选型范围，从中选取正交试验设计所需的各因素水平值；同时以长沙地区某高校学生宿舍的复合式热水系统为研究对象，通过动态模拟软件对不同组合下的系统性能进行考察，并对试验结果统计分析，得出了复合式热水系统中主要设备和控制参数的最优匹配模式。本文的结论可为实际工程设计提供设备选型及控制设定的参考，有助于提高热水系统的经济效益。

【关键词】太阳能地源热泵耦合式热水系统；动态逐时模拟；正交试验法；优化分析

研究背景：常见的集中式生活热水系统常采用太阳能或地热能等作为热源，然而太阳能热水系统性能受季节、昼夜、气候等的影响，在冬季、夜间或阴雨天等情况下无法实现稳定供热；地源热泵热水系统的短期运行效果虽然较为稳定，但长期运行导致埋管周围的土壤温度逐渐下降，这就使得热泵机组的制热性能系数也随之不断降低，导致系统运行成本上升。因此，可考虑将上述两种系统进行组合匹配，达到互补的效果，提高系统经济效益。

太阳能－地源热泵耦合式热水系统是以太阳能与土壤热源作为热泵热源的复合热源热泵系统，该双热源耦合热泵系统的联合运行特性是一个比较复杂的双热源动态耦合过程。因此，各热源利用装置的选型及相互匹配方式将对整个系统的性能有较大影响，各热源利用装置不同的组合方式会造成系统配置成本和运行费用的变化，并最终影响系统的工程经济性。

总体思路：本文将以长沙地区某高校宿舍热水系统为例，借助动态仿真模拟软件对该系统进行运行模拟，再以工程经济性效益为指标，运用正交试验法研究系统设备选型、控制参数设定的优化匹配组合。

主要内容：笔者首先以长沙地区某高校学生宿舍的复合式热水系统为研究对象，建立了太阳能－地源热泵复合并联式单水箱热水系统的 TRNSYS 模型，模型原理如图 1 所示。

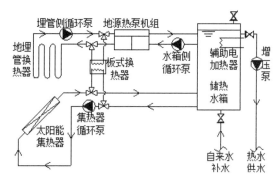

图 1 太阳能－地源热泵复合式热水系统原理图

笔者将太阳能集热器面积、热泵机组制热功率、储热水箱容积、热泵机组启停温度设定为主要因素，对太阳能－地源热泵复合式热水系统进行了正交试验研究。太阳能集热器面积选型大致范围为 115~808m²。选择的 5 个水平分别为 160m²、320m²、480m²、640m²、800m²。地源热泵机组制热功率选型大致范围为 68~165kW。选择的 5 个水平分别为 65.8kW、82.3kW、107.2kW、131.6kW、164.6kW。储热水箱容积选择的 5 个水平分别为 28m³、32m³、36m³、40m³、44m³。

正交试验结果表明系统费用年值的影响因素的主次顺序为：B>A>F>D（ 太阳能集热器面积 > 热泵机组制热功率 > 热泵机组启停温度控制 > 供热水箱容积 ）。复合式系统的优化组合方案为：太阳能集热器面积取 320m²，地源热泵机组名义制热功率取 82.3kW，热泵系统组合的经济性效益达到最优化。系统年热水用量为 9527 吨，单位热水运行成本现值为 6.36 元 / 吨。其中热泵运行费占 4.09 元，机组启停控制设定温度取 50/55℃，储热水箱容积取 40m³。由上述设备选型得出该系统组合的初投资总现值为 48.73 万元。将该系统组合方式代入模型中，经模拟得出 15 年运行费用折算总现值为 90.95 万元，则系统总费用现值为 139.68 万元，费用年值即为 16.32 万元，太阳能运行费占 1.97 万元，辅热电加热器运行费占万 0.30 元。

能资源的浪费，体现了复合式系统应用于高校学生宿舍生活热水供应的优势。

主要结论：

1）在长沙地区，用户数为 1000 人的高校宿舍中定时供应制的太阳能 -地源热泵复合式热水系统优化组合方案为：太阳能集热器面积取 320m²，地源热泵机组名义制热功率取 82.3kW，热泵机组启停控制设定温度取 50/55℃，储热水箱容积取 40m³。

2）通过建立并优化匹配复合式系统，单位热水运行费用现值成本达到 6.36 元 / 吨，使系统的工程经济性获得优化。

3）系统应用太阳能跨季地下储热技术，保证了热泵机组的长期稳定运行，表明该技术适用于学校宿舍这类每年存在长时段热水供应间歇期（寒暑假）的建筑物的生活热水系统。

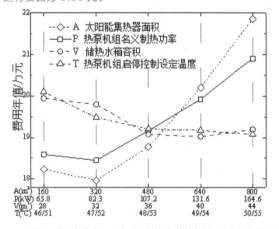

图2 费用年值在 4 个主要设计因素递增水平下的变化趋势图

复合式系统采用跨季储热使土壤源获得了周期性热量补充，地层平均温度下降的程度变小、速度减缓，由此减少了地源热泵在系统 15 年运行的中后期因热源侧进水温度过低而导致的防冻保护停机的出现次数，保障了热泵供热的长期稳定性；同时也避免了寒暑假期间太阳

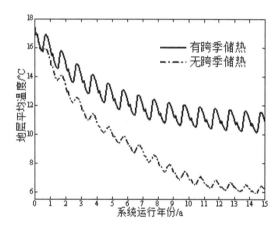

图3 太阳能跨季地下储热对地层平均温度的影响情况

UHPC 轻型建筑部品在装配式建筑中的应用探索——以"中建低能耗装配式住宅示范楼"为例

An Exploration on the Application of UHPC Components of Prefabricated Buildings Based on CCST Low— "energy Assembly Residential Demonstration Building"

邓广[1] 翁子杰[2] 张国强[3] 周泉[4]

1 湖南大学建筑与规划学院，副教授，dengguang@hnu.edu.cn

2 湖南大学建筑与规划学院，硕士研究生，1121559339@qq.com

3 湖南大学土木工程学院，教授，gqzhang@hnu.edu.cn

4 中国建筑第五工程局有限公司，博士，quanzhou516@163.com

本文发表于《新建筑》2020 第 1 期

【摘要】鉴于我国目前的预制混凝土（PC）装配式建筑发展存在的瓶颈问题，而超高性能混凝土（UHPC）具有轻盈、高强、高韧性、耐久性、美观易维护的优点，本文以 UHPC 应用于装配式示范楼的安全性模拟、足尺构件试验和造价分析，探讨和检验其可行性和设计方法，通过分析 UHPC 的优势，提出 UHPC 应用于装配式建筑的初期阶段可以 UHPC 轻型部品用于外围护结构作为切入点，并分析相关的设计策略和推广方式。

【关键词】超高性能混凝土（UHPC）；装配式建筑；可行性；建筑部品；构造设计；模拟试验

1 超高性能混凝土的研究与应用

超高性能混凝土（UHPC），指抗压强度在 150MPa 以上、具有超高韧性和超长耐久性的水泥基复合材料，又称活性粉末纤维混凝土。与常用的水泥基混凝土材料相比，UHPC 在抗拉强度、抗压强度、韧性、阻裂性、耐磨性、耐腐蚀性、抗冻性及抗渗性等方面具有更加优越的性能，在装配式建筑领域具有重要的应用价值。国内对于 UHPC 装配式建筑领域的研究与应用处于起步阶段，对开展 UHPC 建筑产品的研发具有非常重要的意义。

2 UHPC 应用于装配式建筑领域的可行性

目前传统 PC 构件有大量瓶颈问题，未能满足高质量装配式建筑的需求，且已成为建筑业国际竞争力的短板，而 UHPC 在装配式建筑领域的应用可以积极回应以上问题。UHPC 是优质的新型绿色建材，具有长远的社会经济效益、广阔的应用范围，现有 UHPC 建筑部品几乎囊括各类装配式建筑部品，在极地科考、海岛建筑、历史建筑改造和景观建筑等特殊应用场景中均有潜在价值。其轻薄高强、高韧性可以做到超大幅面尺度，具有钢材一样的安装性能却比钢材易于维护，能充分表现材料的建构特点，用于装配式建筑将更大地丰富其外立面形式。

3 欧美地区 UHPC 装配式建筑的应用与启示

法国皮埃尔布丁街日托所项目的曲线立面是由尺寸 1.6m x 3.8m x 35mm 的 UHPC 曲面面板拼接而成的，该项目没有采用龙骨支撑，直接利用面板相互支撑（图 1），其充分利用了 UHPC 构件高强、连接节点简单易于安装的性能。欧洲及地中海文明博物馆建筑外立面采用了强度高达 200MPa 的 UHPC 镂空板（图 2），面板与建筑主体之间以驳接爪连接。北京的实验性建筑毛豪斯，通过参数化设计手段，对 UHPC 非线性格栅立面进行精确的调整后，在晚上可以透过灯光呈现出毛主席的肖像（图 3）。该格栅由 6 片独立的单元组装而成，每个单元高度 4~7m，宽 2m，厚度仅 70mm，不需要额外设置支撑结构。以上作为表皮的应用，展现了 UHPC 构件可塑性强，像金属板材一样轻薄高强高韧性的特点。

图 1 皮埃尔布丁街日托所

图 2 UHPC 镂空板

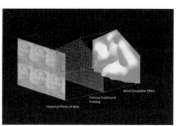

图 3 实验性建筑毛豪斯

法国的茂迪普乐科斯电影院主入口雨棚由 12 个 UHPC 带肋薄板并列组成，悬挑距离 9.5m，翼缘最薄处仅仅 4mm，覆盖面积 250m² （图 4）。该雨棚不需要额外设置防水层，因而达到了极致的轻薄，不但体现了 UHPC 的高强轻薄性能，还体现了其优越的耐久性和防水性能。地中海文明博物馆 308 根 UHPC 立柱分布于博物馆的四面，作为整个建筑的结构支撑（图 5），体现了其类似于钢结构的特点。英国萨默塞特宫改建采用非线性 UHPC 螺旋楼梯"麦尔斯楼梯"（the Miles Stair），通过悬挂与自我支撑的结构形式，与原建筑墙壁保持脱离状态（图 6），充分地体现了其轻盈的特点。

从以上应用可以看出，UHPC 早期研究与应用以外围护系统作为切入重点，项目应用以材料本性与建构逻辑作为设计策略，产品推广以标准化与系列化作为重要方式。

4 相关实践

由湖南省科技重大专项"新型装配式建筑关键技术研究与应用示范"（2017SK1010）课题组研发的实验性装配整体式混凝土建筑采用了保温隔热一体化 UHPC 夹心叠合屋面结构板、UHPC 预制的外挂楼梯、外挂阳台、镂空面板、轻型雨棚部品，优化建筑外观，降低 50%~60% 的构件自重。其中外挂楼梯的梯板采用 50mm 厚的 UHPC 材料，由钢梁支撑螺栓固定；空调镂空面板采用 40mm 厚的 UHPC 板，宽 1100mm、高 3000mm，穿孔率达到 40%；悬臂雨棚为 40mm 厚度的 UHPC 楔形板，悬挑距离达到 1.6m。由于 UHPC 具有良好的疏水性，不需要额外敷设柔性防水层，

因而减少了构件厚度。

示范楼中用到的 UHPC 轻型楼梯采取建立有限元模型进行模拟分析，并通过结构试验检验其结构安全性。用有限元软件 ABAQUS 进行模拟计算分析的结果表明该荷载下构件受力处于弹性阶段内，应力云图如图 7 所示，最大拉应力位于跨中踏板下侧。为了验证受力最不利部位的承载能力，课题组展开足尺模型试验。图 8 为试验加载方案，在楼梯踏板上逐步添加均布荷载。通过逐级加载以及扰度、位移、变形检测，未见明显裂缝出现，满足正常使用极限状态要求。

经价格测算，采用板厚为 130mm 的 PC 楼梯部品预估价为 1577.75 元，采用 UHPC 轻型楼梯部品预估价为 1623.30 元，两者价位基本一致。从以上分析来看 UHPC 单个构件的增量成本并不是太大，但因其重量的减轻、构造的简化以及长期维护成本的减少，使示范楼全生命周期综合成本得以降低。

结语

从国外实践运用以及本课题实践项目的分析可以看出，UHPC 轻型构件作为装配式建筑的多功能装饰性构件是目前 UHPC 在建筑领域应用发展的重要方向，其能改善和丰富装配式建筑立面，解决 PC 装配式建筑发展的主要瓶颈问题，可以作为 UHPC 在装配式建筑领域应用的突破口。

图 4 茂迪普乐科斯电影院主入口雨棚

图 5 UHPC 立柱

图 6 非线性 UHPC 螺旋楼梯"麦尔斯楼梯"

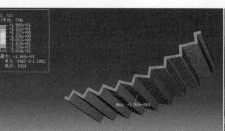

图 7 应力云图

图 8 试验加载方案

Performance Evaluation of Climate-Adaptive Natural Ventilation Design: A Case Study of Semi-Open Public Cultural Building

Qi Jing[1]   Wei Chunyu[1*]

1 School of Architecture, Hunan University, Changsha, China,

* Wei Chunyu, No.2 Lushan South Road, Changsha 410082, China. Email: qt197780@hnu.edu.cn

本文发表于《INDOOR AND BUILT ENVIRONMENT》2020 年 10 月 28 日刊

【Abstract】Naturally ventilated buildings play a vital role in mitigating climate change since they produce lower CO_2 emissions compared to mechanically ventilated alternatives. Also, occupants have better experiences in naturally ventilated buildings than in mechanically ventilated buildings. However, the application of natural ventilation design is often hindered by extreme weather conditions. To cope with such problems, this paper proposes climate adaptive natural ventilation designs which utilize and adapt to the local climate. The ventilation performance of this design is quantitatively evaluated using a computational fluid dynamics (CFD) approach. The CFD simulation is first validated against experiments and then utilized to reproduce the wind flow inside the building for all four seasons. The practice and findings reported in this paper can be useful for future development of sustainable, climate-adaptive buildings.

【Keywords】Climate-adaptive building design, Computational fluid dynamics (CFD), Sustainable building, Natural ventilation, Cultural building

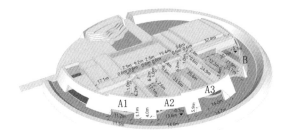

Schematic views of the Science Museum of Yanghu Wetland Park

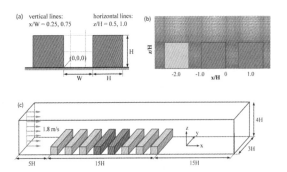

Water tunnel experiment: (a) building model and measurement locations, (b) mesh information, and (c) computational domain

Introduction

Natural ventilation has been widely used in both commercial and residential buildings to improve the air quality and thermal comfort of the indoor environment because of its prominent advantage in building sustainability. Compared to people lived in fully mechanically ventilated buildings, occupants have more positive experiences in naturally ventilated buildings even under the same thermal comfort conditions. However, its application has been hindered due to a number of reasons, and the extreme climate condition is one of the most significant of these causes. Several researchers have already confirmed that people may experience higher turbulence of airflows in naturally ventilated buildings than that of mechanically ventilated buildings, especially in extreme climates, which require extra attention to building design. Adapting to (or utilizing) local climate through building design (e.g. openings, envelope features and indoor layout) is an important strategy of passive design. The climate adaptive natural ventilation design is therefore proposed to better utilize outdoor air to regulate indoor climate and save energy.

In this study, a climate adaptive natural ventilation design was developed for the semi-open cultural stadium to improve the wind conditions inside the stadium. First, to quantitatively evaluate the ventilation performance, the CFD approach with a standard k e model was used and its validation was done by comparing the CFD results to two sets of experimental data. Then, considering that this stadium is located in Changsha, China, which has hot summers and cold winters, the seasonal performance of the climate adaptive natural ventilation design was evaluated with its respective wind climate. In addition, the methodology of this study is shown in the CFD turbulence model section, and the validation of CFD modeling is presented in the model validation section. The performance evaluation of the climate adaptive natural ventilation design for all four seasons is given and discussed in case study section. Finally, summary and conclusions are given.

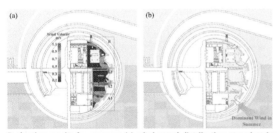

Evaluation results for summer: (a) wind speed distribution at pedestrian level and (b) wind flow pattern at pedestrian level

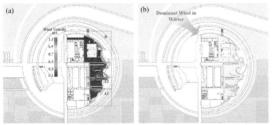

Evaluation results for winter: (a) wind speed distribution at pedestrian level and (b) wind flow pattern at pedestrian level

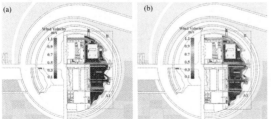

Wind speed distribution at pedestrian level: (a)in spring and (b) in autumn

Summary and conclusions

（1）The ACH values calculated for the four seasons meet the requirements of Chinese green building assessment standards (GB/T50378-2019), which means that the climate adaptive ventilation is a success for ventilation purposes. Moreover, the ventilation condition in area B is generally better than that of the rest areas (A1, A2 and A3) in terms of ACH value.

（2）The relatively high mean ACH value for areas A1, A2 and A3 was obtained in the summer with a value of up to 15.8 times per hour thanks to the air-guide walls in the southeast of the building. The relatively low mean ACH value for areas A1, A2 and A3 was obtained in spring with the value as low as 4.3 times per hour.

（3）The relatively high mean ACH value for area B was obtained in spring with the value up to 13.0 times per hour because of the opening on the upper west of area B. The relatively low mean ACH value for area B was obtained in winter with the value as low as 7.9 times per hour.

（4）The wind speed at the pedestrian level in areas A1, A2 and A3 varies from 0.08 m/s to 0.30 m/s, whereas the wind speed in area B varies from 0.17 m/s to 0.39m/s, which are all within the acceptable scope of wind speed indoors.

This paper aims to evaluate the performance of climate adaptive natural ventilation for the Science Museum of Yanghu Wetland Park in Changsha, which intends to utilize the monsoonal humid subtropical climate. In the conceptual design, the air-guide walls are used to introduce airflow from the southeast side of the building (dominant wind flow) in summer, whereas the walls on the western side of the building are used to block and guide the chilly airflow out of the building. This conceptual design optimizes the utilization of natural ventilation in summer and ensures thermal comfort in winter, which makes it a climate adaptive natural ventilation design. Meanwhile, it can also serve as a good demonstration for the climate adaptive natural ventilation design that is expected to be adopted in future buildings.

A Field Study of Occupant Thermal Comfort with Radiant Ceiling Cooling and Overhead Air Distribution System

Tian Zhen[1,3*]   Yang Liu[1]   Wu Xiaozhou[2]   Guan Zhenzhong[3]

1 School of Architecture, Soochow University, Suzhou, China

2 College of Civil Engineering, Dalian University of Technology, Dalian, China

3 Shandong Key Laboratory of Renewable Energy Technologies for Buildings, Jinan, China

* Corresponding author, e-mail: tztz2008@126.com

本文发表于《Energy and Buildings》2020 年第 223 卷

【Abstract】 This paper presents the findings of a field research on occupant comfort with radiant ceiling cooling and overhead dedicated outdoor air system. This extends a previous thermal comfort study with radiant cooling and intended to investigate the actual occupant thermal comfort with radiant ceiling cooling and overhead air distribution system. The research is based on a revised ASHRAE RP-921 project protocol with a combination of field measurements and questionnaires. A total of 135 sets of data from 44 participants were collected in summer. The results show that occupant whole-body thermal sensations with the radiant ceiling and overhead air system had deviated from the PMV model at the 23.6~28.6 ℃ operative temperature (OPT) range in the summer. The main advantage of the RCF system for thermal comfort was found to be better comfort conditions than with conventional air conditioning at the same operative temperature range. The results of this study showed that the neutral temperature with the RCF is around 26 ℃ ; the preferred temperature by occupants was around 25.3 ℃ with the RCF. The calculated Predicted Percentage Dissatisfied (PPD) rate is 13.9 %, but the actual thermal environment dissatisfaction rate was 8.3 % with an unacceptability rate of only 1.5 %, which is substantially better than the PPD rate. The study results were compared to earlier findings and validated against some important results, providing benchmarks for future work.

【Keywords】 Thermal comfort; Radiant ceiling cooling; Overhead air system; PMV model; Actual Thermal Sensation; Thermal preference

Within various types of radiant cooling systems, a combined radiant ceiling system tested in He et al.'s research and an overhead dedicated outdoor air system (namely "RCF") system was developed that fits the hot and humid climate with a low chance of condensation occurrence.

A RCF system was installed in the second-floor spaces of an office building in Suzhou in 2017. The RCF conditioned spaces included the open office (Figure1) and two medium-sized private offices with a total area of around 620 m². The RCF system has been operated in both summer and winter for radiant ceiling cooling and heating, respectively. This facility provided the opportunity to continue field investigations of occupant thermal comfort with radiant ceiling cooling and overhead air distribution, especially in terms of occupant-reported thermal sensations versus the

Figure 1　RCF system applied in an office building in Suzhou

calculated thermal sensations from laboratory tests with conventional air systems.

The most important feature of the RCF system is its custom sandwich structure, designed to reduce condensation risk (Figure 2). The surface panels are aluminum plates, U-shaped copper pipes are suspended above the surface panel; a second aluminum layer is attached to the copper pipes. Above, an insulation layer with aluminum top cover reduces radiation at the upper surface.

Figure 3 illustrated a ceiling temperature distribution

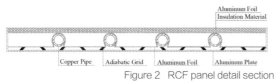

Figure 2 RCF panel detail section

with radiant panels and a conventional ceiling with the FLIR thermometer. As can be seen, the ceiling temperature distributions present a large variation with cooling panels or vice versa.

Within the most commonly experienced temperature range of 23.6~28.6 ℃, the magnitudes of PMV-AMV discrepancies vary around 0.14~0.42 at 1.12 met calculated according to ASHRAE 55, and around 0.19~0.49 at 1.17 met level calculated according to ISO 7730. The PMV-AMV differences in the 23.6~28.6 ℃ temperature range have uniformly positive values (Figure 3), indicating the respondents perceived cooler with the RCF system under the same operative temperature than with a conventional air cooling system.

Conclusions

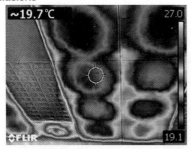

Figure 3 Measured radiant ceiling temperature distribution

The main conclusions of this study are as follows:

1.The measured indoor operative temperatures ranged from 23.6 to 28.6 ℃ with the RCF system.

The average indoor air temperature was about 0.2 ℃ higher than the corresponding location mean radiant temperature.

2.The discrepancy between PMV and AMV according to ASHRAE 55 [31] was 0.24 scale units, and the discrepancy according to ISO 7730 [17] calculation was 0.32 units. The PMV-AMV discrepancies all had positive values within the 23.6 to 28.6℃ temperature range ; the maximum PMV-AMV discrepancy occurred at around 26 ℃.

3.With radiant cooling, the actual overall dissatisfaction and unacceptability rate was much lower than the calculated PPD rate. The main reason may be the effectively reduced local discomfort with small vertical temperature difference and lowered draught rate.

4.The calculated neutral operative temperature with the PMV model was around 25℃ based on the average of thermal parameters as well as respondent clothing and activity levels. Correlation and probit regression analysis of respondent thermal sensations with RCF both indicate that the neutral temperature with the RCF system is around 26 ℃, which is around 1℃ higher than the calculated PMV model neutral temperature.

5.Probit regression analysis also indicated that the respondent preferred temperature with RCF was around 25.3 ℃, close to a previous radiant cooling study result of around 25.5 ℃.

6.As a whole, respondents estimated indoor temperatures were about 1 ℃ lower than the measured indoor operative temperatures. At the lower temperature range (24~25 ℃) the estimated and the measured temperature difference was small, and the temperature variation increased at the higher temperature range (26~28 ℃).

北京顺义集装箱模块房可持续设计研究

A Study on the Sustainable Design of Modular Container House in Shunyi, Beijing

王蔚[1] 贺鼎[2] 高青[3]

1 湖南大学建筑与规划学院，副教授

2 北京建筑大学建筑与城市规划学院，讲师

3 东南大学建筑学院，博士生

本文发表于《新建筑》2016 年第 5 期

【摘要】国内生活环境日趋恶化，因而构建新型可持续社区成为当务之急。本文以北京市顺义区的"生菜屋——可持续生活实验室"为例，介绍了一种集装箱模块房的可持续设计与建造体系，通过分析、阐明生菜屋的设计理念、材料选择、实施策略、空间组合、物理环境模拟、施工管理等，指出集装箱模块房确是一种绿色、低碳、方便移动的居所形式，或可为未来的可持续社区发展提供参考。

【关键词】集装箱住宅；模块化设计；可持续设计；建造体系

目前，可持续发展已然成为社会最为关注的焦点问题之一。我们生活的环境正面临全球变暖、灾难频发、生态恶化等危机，亟须采取强力举措予以改善。"可持续设计"思路具有一定的包容性，其实质是通过设计实践和设计研究等来践行可持续发展理念。在快速城市化的今天，物质资源的过度消耗，使人们对自然和绿色的生活方式更加渴望，人们既想回归田园，又不想离开城市。"生菜屋——可持续生活实验室"正是在这样的背景下诞生的。

1 可持续设计与建造体系

项目的初步构想是建设绿色种植实验室，即搭建一个开放式的模块组合空间，将有机种植、鱼菜共生、绿色能源技术等集成到一个空间组合的系统，旨在宣传和流动展示健康食物与低碳生活。在与业主交流之后，大家一起完善了计划，提出构建一个"活"的实验室，这个实验室兼顾了科普教育和实验测试两种功能。在设计与建造过程中，大家还可以不断地学习和积累可持续生活方式的知识和技能。项目利用 6 个长 6 055 mm、宽 2 435 mm、高 2 790 mm 的集装箱模块房，在北京顺义郊区展开场地适应性布局，挖掘模块空间的多样组合方式。该项目从集装箱房屋建造、清洁能源利用、生活垃圾处理、中水设施与沼气系统应用、有机种植等环节入手，尝试构建一套综合的系统解决方案，并探索其在未来可持续社区中推广应用的可能性。

2 建筑材料与实施策略

由于箱体材料的选择不能以过分牺牲使用性能为代价，所以我们须在二手回收集装箱和新制集装箱模块房之间进行选择：前者需要进行一定周期的改造，包括加

图 1 生菜屋轴剖及室内、外效果图

装保温隔热材料、门窗等多重工序；后者则依据用户要求由工厂制定出箱体结构、门窗、屋顶、地板、墙面等系数自行预制生产。前者是废物再利用，具有资源节约和环境友好的特点，但施工周期较长；后者则主要是集装箱特性的延续，施工周期短，更容易把控。在可持续生活实验室中主要围绕建设周期、使用功能、材料可持续性等问题展开设计研究。

3 建筑设计与优化

2013年中国工程建设协会就我国集装箱模块化组合房屋制定了《标准集装箱模块化组合房屋技术规程》CECS 334—2013，其宗旨是指导我国当前快速发展的集装箱房屋建设，其中将集装箱建筑模块化设计解释为：以通用性的集装箱为载体，设计特定功能的子模块，再经过组合、添加和系统化，组合多种不同功能或相同功能、不同性能的系列组合房屋产品。这种设计方法可以促进定型设计、产品系列化和高度预制化，快速应对市场需要，由此生成的房屋产品可以方便地维修、拆卸、回收和重用，是一种绿色环保的产品形式。生菜屋项目就是采用集装箱模块化组合房的形式，在整个设计过程中借鉴了"模块化设计"思路，设计中贯穿以系列化、组合化、通用化、标准化等特征进行单元模块组合。

图2 生菜屋轴测及细部效果图

4 施工进度的模拟与管理

在建筑施工前期，我们对周边环境进行了深入勘察，此后整个项目的工厂预制和现场施工是由相关厂家、业主配合完成的。在这个环节设计师需要更多地考虑材质、模块接口、家具与人体尺度、组合后功能划分等因素，施工方则需要考虑生产周期、场地情况、设备调配、人员安排等因素。通过几轮的磋商协调，各方在开工日期、

建造周期、人员安排、后期处理、配件安装、质量检测等方面基本达成一致。整个建造过程大概分为七个环节：①预制模块房到达场地；②吊装6个模块房（每个单体集装箱模块房为半个小时）；③楼梯吊装与安装；④集装箱模块房之间对接的防水橡胶安装（5个节点）；⑤7个室内门安装；⑥模块房屋顶施工处理；⑦施工扫尾。这种集装箱模块房的建造优势在于：①集装箱模块房是可回收材料；②其内部空间的照明和管线都是预制好的，无须二次装饰施工；③在施工和运输过程中有效节省了人力、物力并减少了对周边环境的噪声与扬尘污染。

5 结语

生菜屋所采用的建筑材料、技术策略、组合模式、建造方式等都是基于可持续性目标，以期在建筑全生命周期内将对环境的不利影响最小化。同时，生菜屋集装箱模块房设计以其模块美学的空间构成、低碳友好的建设模式，营造了和谐的种植空间，是集装箱住宅在当今都市社区对可持续生活方式的一次有益探索，或可为移动式、低碳型居所空间的建设提供一些借鉴。在生菜屋的设计、建造过程中，模块化策略能够适应并满足业主对住宅在生活方式需求上的定制化要求，也能顺应当今工业化、标准化装配建造的趋势，具有推广的可行性。

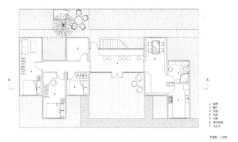

图3 生菜屋平面图

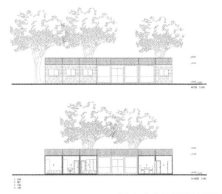

图4 生菜屋立面及剖面图

湖南省绿色建筑发展状况及技术选用研究
Study on Development Status and Technology Section of Green Buildings in Hunan Province

徐 峰[1] 王 伟[1] 周 晋[2] 姚昊翊[3] 王柏俊[4]

1 湖南大学建筑与规划学院，湖南 长沙 410082
2 湖南大学土木学院，湖南 长沙 410082
3 云南师范大学能源与环境科学学院，云南 昆明 650500
4 湖南省绿色建筑专业委员会，湖南 长沙 410007

本文发表于《建筑科学》2018 年第 6 期

【摘要】本文从绿色建筑评价标识项目数量、面积、星级比例及地域分布等多个方面回顾了湖南省 2011—2016 年间绿色建筑的发展状况。通过已获得设计标识的绿色建筑项目重点分析湖南省绿色建筑各星级增量成本与技术使用情况；同时，基于《长沙市绿色建筑设计基本规定（试行）》《湖南省公共建筑节能设计标准》《湖南省居住建筑节能设计标准》《湖南省绿色建筑设计导则》的条文内容与实际项目技术采用率的分析，为湖南省绿色建筑确定入门级技术选项以及根据绿色建筑星级预期合理选择适宜性技术提供参考。

【关键词】绿色建筑；发展状况；增量成本；技术选用

【湖南省绿色建筑发展状况】目前湖南省绿色建筑以一星级为主，且公共建筑各星级的数量均高于居住建筑。但总体来看，湖南省绿色建筑地域分布极不平衡。由于长沙是湖南省会，在经济、技术、政策等方面对绿色建筑的发展具有明显优势，因而其绿色建筑数量远大于其他地区。

【绿色建筑技术增量成本与应用】省内绿色建筑公共建筑各部分的技术增量成本比例随着星级的增高越加均衡；而居住建筑则相反，星级越高越不均衡，星级越高增量成本越多。同时，公共建筑各星级技术增量成本的区间比居住建筑的范围要大，说明公共建筑在技术选取上有相对大的弹性空间。

【讨论】本文从 2011—2016 年湖南省 247 个已获得绿色建筑评价标识项目中选取 200 个项目（其中居住建筑 78 个、公共建筑 122 个）用于技术分析，从而得出各章节采用率较高的技术项。然后基于《长沙市绿色建筑设计基本规定（试行）》《湖南省公共建筑节能设计标准》DBJ 43/003—2017、《湖南省居住建筑节能设计标准》DBJ 43/001—2017 及《湖南省绿色建筑设计导则》的条文比对，结合湖南省绿色建筑项目得分项技术的采用率进行分析，总结出湖南省绿色建筑发展的技术选用参考表，其目的有两点：第一，确定湖南省绿色建筑入门级技术选项，为湖南省的绿色建筑打下良好基础；第二，为绿色建筑项目根据星级预期再合理选择技术提供参考。

表1 湖南省绿色建筑各星级数量统计

星级	2011	2012	2013	2014	2015	2016	总计
一星级	3	2	4	13	59	108	189
二星级	2	1	3	8	17	10	41
三星级	2	0	1	9	5	0	17
总计	7	3	8	30	81	118	247

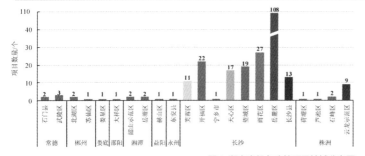

图1 湖南省绿色建筑项目地域分布图

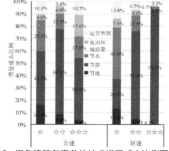

图2 绿色建筑各章节的技术增量成本比例图

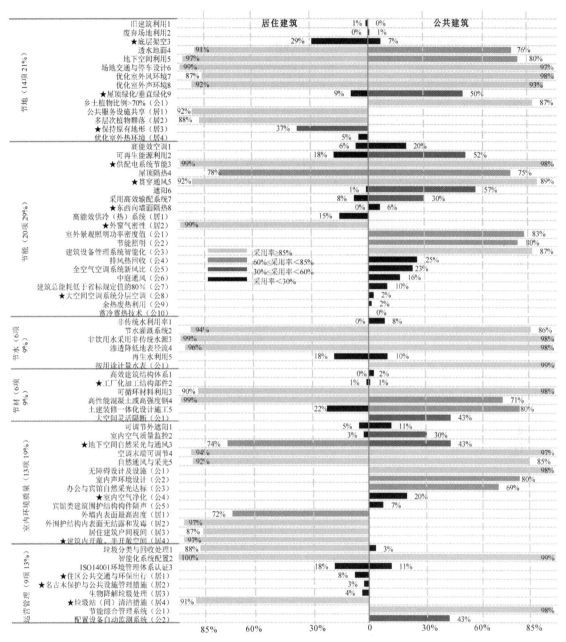

图3 绿色建筑技术采用率统计图

【结论】本文通过对2011—2016年间湖南省所有绿色建筑标识项目的统计分析，揭示了湖南省绿色建筑的发展状况。1) 近年来湖南省获得绿色建筑设计标识的项目数量大有提升，进入加速发展阶段。但获得的绿色建筑运营标识仅有3个，这说明当前绿色建筑的发展仍处于"浅绿"阶段。2) 由于各地区经济发展、技术应用和政策引导的差异较大，湖南省绿色建筑的发展极不平衡，绿色建筑标识项目几乎全部集中在长株潭地区。因此，各地州市应加快建立绿色建筑示范区和提供政策性补贴以推动绿色建筑的快速发展。3) 绿色建筑的增量成本逐年降低，一星级公共建筑增量成本为29.05元/m，一星级居住建筑增量成本仅为10.52元/m。这充分说明随着技术的成熟，增量成本已经不是绿色建筑发展的障碍。

数字生态下建筑可持续设计方法探索
——场所性、复杂性与系统思维的再认知

Exploring Sustainable Architectural Design in Ubiquitous Ecologies:Recognition of Placeness, Complexity, Systems Thinking

谢菲

湖南大学建筑与规划学院，长沙 410082

本文发表于《新建筑》2018年第4期

【摘要】数字生态所形成的虚实交融人居环境引起建筑可持续设计发展思路和方式的变革。在初步总结数字生态下建成环境的变化和建筑设计的应对策略基础上，结合切身体验，重新解读和审视新时期具体问题情境下，可持续建筑设计如何利用设计学科优势从所需的思维角度解决建成环境中复杂问题的设计思路、介入路径和研究重点，特别分析了"场所性""复杂性""系统思维"三个维度上可持续设计在新时期所具有的新内涵和重要意义。建议中国建筑设计研究从新角度探索和发挥可持续设计在中国新型城镇化建设中的作用，从而促进新时期中国建筑设计本身的创新与可持续发展。

【关键词】数字生态；建筑可持续性设计；场所性；复杂性；系统思维；再认知

1 研究背景

自1999年IBM提出"普及计算"概念以来，该技术发展迅猛，促使现代城市生活步入了"人类半电子化、城市网络化"的数字生态环境。面对日益复杂的城市人居环境，现代社会要如何建构数字环境与生活的新关系，如何发展数字生态下的建筑设计，以及如何理解和应对数字技术引发的种种变革，这些问题越来越受到建筑学者的关注。

2 挑战与策略

面对数字生态语境下的建筑设计转变，对应的建筑设计发展也面临如下挑战：建筑设计如何适应和认知目前数字化信息向真实物理空间（生活）转移和融合造成的复杂性现实；建筑设计如何介入现代复杂人居环境，又如何进化成为服务人性化空间生态的建构；建筑设计本身如何为空间使用者提供一个有逻辑性和连贯性体验的可持续性意义场所。总之，在物理—数字—空间多重生态环境中，建筑设计如何实现人性化的自我演进，建构有意义的交流渠道和场所，既是当前的研究热点，也是本文讨论的来源。

数字生态本质上基于人工环境。司马贺（Herbert Simon）在《人工科学》一书中提出人和人造世界是有秩序的复杂系统，借助人的"有限理性"来组织系统的集体力量，通过适宜的设计介入来获得满意的问题解决方案。结合以上思考，本文从建筑设计发展的微观角度，首先提出一些适应数字生态复杂环境挑战的初步建议和应对策略。

表1 数字生态下建筑设计的发展策略建议

建议策略	应对的挑战
1.设计基于生态观和系统思维来构建数字空间和个体空间体验的无缝联结	解决数字生态系统控制性与个体选择多样性的关系
2.设计过程以参与式设计方式容纳不同参与个体并借助设计语言交叉融合使之成为设计内容生产和更新的角色	解决环境复杂性与人的有限性局限关系
3.设计以开放性和交互性的构建来引导空间集群形态生成	解决数字空间虚拟性与建筑空间微观性关系
4.设计重点研究分布式而嵌套空间问题关系为主的弹性架构而非僵持呈现自上而下空间等级关系	解决数字生态系统水平向分布式与竖向自上而下竖向等级化架构关系
5.建议设计成为面向空间体验生成的过程设计以非超越越扁平化的空间形式生产	解决数字空间间扁平性与功能空间人性化尺度关系
6.跨学科、跨专业综合设计以协调和促进适快速度决策和鼓励跃进式设计决策间的适度秩序的方法（达到推进设计技能通识化和决策科学性的目的）	解决空间形式流性的复杂性与常规设计实践流程综合性关系

3 途径探索

在数字环境中建立新的人居环境生态模式是现代可持续设计的重要挑战。对此建筑师马克·泊勒托（Marco Poletto）很早就具体的设计观念、方法、形式和实践途径提出很多有启发性的讨论。笔者补充认为可持续设计还是人们理解和设计干预数字生态环境的价值导向工具。

3.1 参数化设计和场所性再释

在数字生态环境中，建筑与周围世界交互关系的可持续性研究意义应该体现在两者之间新的和谐共生关系的建立上。目前数字技术结合建筑设计的主要方法是参数化设计，这种跨学科综合设计的优势在于建筑空间的交互形变。

"数字亲密性"设计的灵感源自马克·泊勒托的"动感交互空间"概念。该方案提议以一种建筑空间介入的方式来增强人的多维感知体验，通过建筑界面形变激发环境中人的参与性，促进自闭症儿童之间的互动交流。在数字技术界面，重在让环境和人建立一种连贯的"亲

密性"体验关系，通过交互空间来诠释数字生态下建筑空间动态中"场所性"所应具有的外延和作用。这种体验的交流渠道作用通过公共空间融入数字技术获得增强，人们的生活和环境记忆以参与加共享的方式强化，最终获得空间的集体记忆。设计暗示了建筑学在场所建构上的作用日益凸显，以及未来应用普及信息技术来增强体验，特别是在"空间增强现实"方面具有可持续性意义。

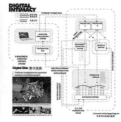

图1 "数字亲密性"智能几何空间设计

3.2 集群涌现与复杂性重识

由于可持续设计活动是创建可持续人居环境的重要途径，因而不奇怪设计思维的应用被认为是解决可持续性复杂人居环境问题的有效的综合性手段，乃至是一种科学决策模式。可持续设计因而也成了某种复杂性认知语言和干预手段。

在活化意大利托斯卡纳毛纺工业古镇普拉托（proto）的可持续更新设计中，诺丁汉大学尤里西斯·森谷塔（Ulysses Sengupta）等运用制图法与图解法解析涌现的城市空间形态中隐藏的各种作用力关系。面对城市速变和复杂性，尤里西斯等坚持认为可持续性问题的关键在于解决城市系统的资源"稀缺性"（scarcity）。其研究思路是通过建筑设计方法来调和城市生态中资源短缺与生产消耗间的矛盾冲突，着力建构新资源架构，开发城市的新信息渠道系统，跳出原有发展困境。在此语境下，设计者针对城市纺织劳力资源"稀缺性"问题进行可持续性设计干预。对设计介入手段的各种影响，设计者进行了不同城市尺度和情境下的迭代式设计决策影响推演图解，旨在发现支持城市新空间架构生成的背后设计逻辑，从而扭转古镇当前的经济不利局面。

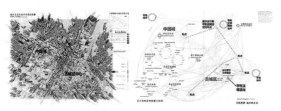

图2 意大利古镇普拉托城市更新设计方案

3.3 空间信息挖掘和复杂系统思维复论

与机械系统思维有所区别，复杂系统思维主要是对复杂性系统行为的总体把握和综合思考。狭义而论，复杂系统思维的应用就是可持续设计研究科学进程的保障。微观上研究发现，关系密切的数据网络和当下涌现的大型商业综合体因其消费主导模式正在冲击有限的社会公共空间资源。奥克兰大学的曼佛迪尼（Manfredo Manfredini）教授提议运用复杂系统思维将数字生态作为主要环境系统影响因子纳入城市空间分析，采用直推式（transductive）方法展开对地方大型综合体的设计研究，深入挖掘消费空间和公共空间冲突背后的复杂性和不稳定性因素。基于可持续设计的"场所性"指征分析框架，研究首先用系统化图解法分析综合体空间内的"复杂性"关系，其次结合城市社会学理论尝试对综合体空间系统的场所属性进行"消费性或公共性"辨析，最后通过系列分析迭代后"直推"出长沙城商业空间的公共性匮乏状况。笔者建议可以在城市"公共空间"弹性系统架构建设方面做探讨，比如参考沃尔玛百货在其美国总部本顿维尔镇的发展策略，或者探索商业综合体内"公共性"空间和消费商业空间双赢模式，如借鉴中国台湾地区"诚品"书局的成功经验。

图3 长沙城市大型商业综合体"直推式"研究

4 中国建筑可持续设计发展

当今，建筑设计学科在创新研究领域的重要性日渐受到研究学者的重视，建筑可持续设计被认为是新时代必需的创新思维和职业技能。文中的案例是对上述发展趋势与现实变化的具体示例和诠释。可持续设计的讨论要重新审视设计学科及其专业特点，观察和理解当下数字生态环境的现实影响，从三个方面重点探索适于中国建筑可持续设计的发展思路：其一，以"场所性"设计来统一和建构人性化的意义空间和信息交流渠道；其二，通过综合性设计介入手段来调适或整合系统行为的"复杂性"，创立城市空间弹性架构；其三，应用"复杂系统思维"确保可持续性价值观方向建构新人居环境适度秩序，并建立跨学科设计研究的系统方法或知识储备。

Correlation Analysis Between Orientation and Energy Consumption of Semi-underground Ski Slope in Hot Summer and Cold Winter Region

Wu Zhi[1]   Tang Chengjun[2]   Zhang Wei[2*]   Liu Wenjuan[3]

1　3rd Construction Co, Ltd of China Construction 5th Engineering Bureau, Changsha 410004, China

2　School of Architecture, Hunan University, Changsha 410082, China

3　Hunan Institute of Science and Technology, College of Civil Engineering & Architecture, Yueyang 414000, China
*　Corresponding Author

本文发表于 *International Journal of Heat and Technology* 2018 年第 36 卷第 2 期

【Abstract】This paper aims to disclose the correlation between orientation and energy consumption of semi-underground ski slope (SUSS) in hot summer and cold winter region. For this purpose, the Design Builder software was adopted to simulate the energy consumption of a typical SUSS in the target region at different orientations. Through quantitative and qualitative analysis, it is concluded that the SUSS consumes more energy in summer than in winter; the energy consumption reaches the minimum at the azimuth of 300° and the maximum at 120°. The research findings lay a theoretical basis for the design standard and regulation of the SUSS and shed new light on the energy-saving design of buildings.

【Keywords】 hot summer and cold winter region, semi-underground ski slope (SUSS), quantitative analysis, orientation, energy consumption

There is a severe lack of relevant research and reference for the construction of ski slope in China, and there are many problems concerning the energy-saving design in the operation of ski slope (e.g. substandard indoor environment and excessive energy consumption caused by improper design). This calls for standard technical guidance on the development of ski slope and other big energy consumers.

There are mainly two types of computer simulation software for building energy consumption. The first type is the simulation software of air-conditioning system, such as TRNSYS, SPARP and HVACSIM. With powerful simulation programs for air-conditioning system, this type of simulation software is mainly adopted for simulation calculation of the 725 operation of the air-conditioning system. Despite the comprehensive simulation of the air-condition system, this type of software only supports a simple description of buildings. The second type of simulation software focuses on the description of the building and configures the air-conditioning system based on the building model. Known for the building description function, this type of software is applicable to various building forms, suitable for simulation of the thermal features of buildings, and capable of computing the exact cumulative annual cooling/heating load. Compared to the first type of software, the second type of software only gives a simple depiction of the air-conditioning system. Typical examples of this type of software include Design Builder and DOE2. In this paper, the second type of software is adopted to simulate the energy consumption of the target buildings.

This chapter selects a simplified energy consumption simulation model according to the scale of the SUSS,aiming to facilitate the parameter setting and comparative analysis. The model only simulates the ski hall and ignores the space under the tracks. This is because the ski hall takes up the largest part and contributes the most energy consumption of the ski slope. The six surfaces of the model are all in direct contact with the atmosphere. The track length, width, height and gradient were set to 300m, 30m, 25m and 8 ° , respectively. The same thermal parameters were configured forall outer surfaces, and the energy consumptions of them were compared under all energy-saving elements.

The climate in most parts of southern China is unfavourable for ski slopes throughout the entire year. Considering the seasonal variation in the direction of maximum solar radiation intensity, the optimal orientation of ski slope must be determined through comparison of energy consumptions on different surfaces. Here, the energy consumptions of ski slope are computed according to the climate conditions in Shanghai.The basic model was adjusted to different directions under the same venue conditions. Taking the entrance of the ski hall,i.e., the lowest point of the ski slope, as the centre, the building was rotated 12 times at an interval of 30° , and the energy consumption at each direction was simulated. The ski slope was lower in the west and higher in the east at the azimuth of 0 ° , lower in the north and higher in the south at the azimuth of 90° , lower in the east and

higher in the west at the azimuth of 180° , and lower in the south and higher in the north at the azimuth of 270° .

Table 4 shows the energy consumption of each orientation throughout the year. It is clear that the building energy consumption differed with the orientations in each month. Every month, there was an orientation with the least energy consumption : 90 ° in January , November, and December; 60 ° (120 °) in February, March and October ; 0 ° (180 °) from April through August ; 150 ° in September . In winter,the energy consumption was lowest at 90 ° , when the ski slope was lower in the north and higher in the south; In summer, the energy consumption was lowest at 180° , when the ski slope was lower in the east and higher in the west. According to the statistics on the yearly energy consumption of each orientation, the ski slope consumed the least energy in a year at the azimuth of 300 ° , when the slope is lower in the north by west and higher in the south by the east,rather than 90 ° or 180 ° , and consumed the most energy at 120 ° (Table 1). Hence, the azimuth of 120° should be avoided in the design of ski slope.

Table 1 Monthly variation of energy consumption with orientations (kWh/m^2)

	0	30	60	90	120	150	180	210	240	270	300	330
January	34.29	34.23	34.2	34.18	34.2	34.22	34.28	34.27	34.26	34.265	34.27	34.265
February	32.7	32.68	32.64	32.65	32.66	32.67	32.71	32.69	32.68	32.70	32.71	32.72
March	43.245	43.22	43.21	43.24	43.22	43.23	43.24	43.23	43.25	43.29	43.28	43.27
April	62.77	62.78	62.80	62.82	62.81	62.79	62.78	62.81	62.84	62.87	62.85	62.8
May	79.12	79.14	79.17	79.18	79.17	79.14	79.12	79.15	79.18	79.19	79.18	79.14
June	80.6	80.63	80.66	80.67	80.66	80.63	80.59	80.63	80.66	80.67	80.66	80.63
July	105.6	105.64	105.68	105.69	105.68	105.63	105.6	105.64	105.68	105.7	105.69	105.64
August	99.15	99.16	99.23	99.25	99.24	99.19	99.14	99.19	99.26	99.3	99.29	99.24
September	85.77	85.76	85.77	85.78	85.77	85.76	85.765	85.79	85.81	85.82	85.8	85.78
October	76.07	76.03	76.01	76.02	76.02	76.04	76.07	76.07	76.08	76.10	76.09	76.08
November	54.74	53.69	53.65	53.64	53.65	53.68	53.72	53.715	53.71	53.72	53.72	53.72
December	42.55	42.45	42.38	42.34	42.36	42.45	42.52	42.51	42.45	42.47	42.48	42.56

基于人员在室可能性的住宅热环境及能耗分析研究

Study on the Residential Thermal Environment and Energy Consumption Based on Human Occupancy

周晋[1] 宋雅伦[1]

1 湖南大学，长沙 410000

本文发表于《建筑科学》2018 年第 2 期

【摘要】因年龄、生活习惯和工作性质等的不同，居住建筑中不同成员的逐时在室可能性存在较大区别，使得不同类型的人群对同一建筑具有不同的室内热环境感受，进而导致不同的供暖空调行为及能耗。本文对长沙地区三类不同人群的逐时在室可能性进行了调查分析，引入人员在室可能性系数，对现有的建筑室内长期热环境和能耗指标进行了修正，进而以长沙地区典型住宅为例，对四种典型结构家庭的住宅室内热环境和能耗进行了模拟计算和对比分析。结果表明，不同类型人群的在室可能性在白天存在较大差异，人员在室可能性越高，室内热环境舒适性的重要程度越明显，供暖空调能耗亦越大，针对不同家庭人员结构的住宅，其被动式节能设计策略应有所侧重。本文的研究结果可为居住建筑节能设计提供参考。

【关键词】居住建筑；在室可能性；家庭结构；热环境；能耗

研究背景：建筑热环境和空调能耗是评价建筑性能的两项重要指标，居住建筑中不同成员的逐时在室可能性存在较大区别，会使得不同类型的人群对同一建筑具有不同的室内热环境感受，进而导致不同的供暖空调行为及能耗。迄今为止，国内外针对居民在室行为模式已做了较多相关调查，但这些调查较多关注某一类人群，而针对不同类型人群在室行为模式的差异性研究则较少，将其引入住宅热环境和能耗评价的研究则更为少见。

总体思路：本文对长沙地区成年人、老年人和学生等三类不同人群的逐时在室可能性进行了调查分析，引入人员在室可能性系数，对现有的建筑室内长期热环境和能耗指标进行了修正，进而以长沙地区典型住宅为例，对四种典型结构家庭的住宅室内热环境和能耗进行了模拟计算和对比分析。

主要内容：笔者以长沙一栋典型住宅建筑为例，利用 Design builder 软件对该建筑的一个户型进行模拟，得到该户型在非空调环境下的全年逐时逐室操作温度和空调环境下各空调房间的逐时需冷／热量。采用上述修正后的热环境和能耗指标对该户型进行分析计算，研究不同家庭结构的住宅热环境以及空调能耗的差异。

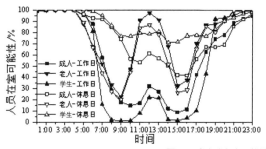

图 1 三类人群在室可能性

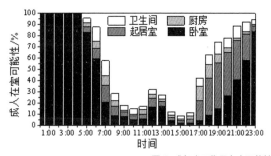

图 2 成年人工作日在室可能性

笔者首先开展了居民在室可能性调查。调查对象为长沙地区的成年人、老年人和学生，主要调查不同类型人群工作日和休息日在家中各房间的逐时可能性。结果显示，不同类型居民日常在室可能性总体呈夜间高、白天低的趋势，且差异主要体现在白天。在工作日，老年人白天的在室可能性明显高于其他类型居民，与休息日

图 3 建筑平面图

相比变化不大；成年人和学生工作日白天的在室可能性处于较低水平，休息日则明显升高。此外，早上 8:00 前和 18:00 后，成年人在室可能性高于 50%，且 8:00 前基本在卧室活动，18:00 后以起居室和卧室作为主要活动空间。

主要结论：

1）人员在室可能性总体呈现夜间高白天低的特点，但不同类型居民之间具有较大差异。在工作日，老年人白天的在室可能性明显高于其他类型居民，与休息日相比变化不大；成年人和学生工作日白天的在室可能性处于较低水平，休息日则明显升高。

2）不同类型居民逐时在室可能性存在的差异，使得不同结构的家庭对同一建筑具有不同的室内热环境感受，进而导致不同的供暖空调行为及能耗。冬夏季热环境的重要性高于春秋季节，供暖空调能耗也相应较高。此外，居民白天的在室可能性越高，对住宅室内热环境舒适性的要求越高，相应地供暖空调能耗亦越大。我国人口结构处于不断老龄化的趋势当中，老年人所占比例逐年升高，由于其白天的在室活动可能性较高，含有老年人的家庭对住宅白天室内热环境的舒适性要求更为迫切，相应时段的住宅节能设计策略及技术选择应受到更多关注。

目前，随着人们生活水平的提高，住宅热环境的舒适性和节能性越来越受到重视，个性化要求的差异性亦越加明显。本文的研究结果表明，住宅热环境及能耗在季节及昼夜间因家庭人员构成的不同而存在明显的区别，相应的住宅热环境改善及节能设计策略应有不同侧重。本文的研究结果可为不同类型家庭的居住建筑差异性设计提供参考。

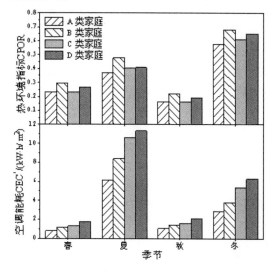

图 4 不同家庭的住宅逐季 CPOR 与 CEC*

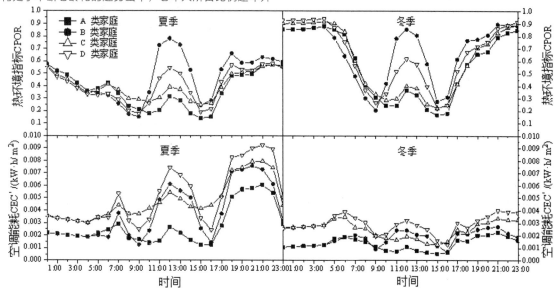

图 5 不同家庭的冬夏季逐时平均 CPOR 与 CEC*

基于自然通风的长沙高校图书馆中庭形态研究

Research on Atrium Form of Changsha University Library Based on Natural Ventilation

袁朝晖 [1,3] 周延彬 [1] 崔加楹 [1] 张国强 [2,3]

1 湖南大学建筑与规划学院，湖南 长沙 410000

2 湖南大学土木学院，湖南 长沙 410000

3 湖南大学 国家级建筑安全与环境国际联合研究中心，湖南长沙 410000

本文发表于《西安建筑科技大学学报（自然科学版）》2020 年第 7 期

【摘要】为研究图书馆中庭形态对自然通风的影响，通过对长沙地区的高校图书馆进行实地调研，系统分析该地区高校图书馆的自然通风特点和问题，以图式提取该地区高校图书馆中庭基本原型，并根据调研所得图书馆基本数据，建立基础物理模型。采用 Phoenics 软件，在考虑太阳辐射和室内外热环境的情况下，对不同中庭方位、数量以及剖面形式的图书馆原型进行参数模拟。结合自然通风理论，对比数据分析所得结果，最终从中庭布局方位、中庭数量和中庭剖面形式三个方面，提出有利于长沙地区高校图书馆自然通风的中庭空间形态，为该地区高校图书馆被动低能耗设计提供参考。

【关键词】长沙地区；高校图书馆；自然通风；模拟；中庭形态

本文基于长沙的气候特征，分别从图书馆中庭方位、数量、竖向形态等不同视角，运用 Phoenics 软件对其风环境进行参数模拟并分析，提出长沙地区高校图书馆有利于自然通风的中庭空间形式与形态，最终研究成果为长沙地区高校图书馆被动低能耗设计提供参考。

1 长沙地区高校图书馆及风环境特点

1.1 中庭平面的基本形式

根据调研的基本情况，笔者对长沙地区高校图书馆的中庭类型进行了提取归类，总结了以下几种中庭原型（表 1）。

其中，核心式中庭较为常见，以中央庭院为核心，阅览空间与辅助空间布置在庭院四周；周边式中庭位于图书馆建筑四周任一侧，与大气直接接触；多核式中庭则是核心式中庭的一种衍生形态，即空间里有两个及以上的庭院，空间更加灵活多变；穿越式中庭则主要是串联式图书馆的一种中庭形态，庭院设置连廊连接串联阅览空间。

1.2 长沙地区的风环境特点

根据《实用供热空调设计手册（第二版）》中长沙地区典型气象年数据设定夏季的模拟工况如下表 2 所示。

表 2 长沙地区气候参数表

工况	季节	主导风向	风速（m/s）	频率（%）
工况 1	夏季	S	2.4	22

2 集中式图书馆中庭自然通风设计

2.1 开放集中式图书馆中庭平面布局设计

2.1.1 中庭方位与自然通风

改变中庭的方位对图书馆室内风环境有很大影响。其中，中心式（核心式）南侧以及中部大部分区域风速都在 0.3 m/s 以上，低风速区域主要集中在中庭背风面，各层平均 R1 值为 62.1%。南向周边式室内风速在 0.3 m/s 以上的区域主要集中在迎风面一侧以及东西两侧，相比

表 1 长沙地区高校图书馆中庭原型

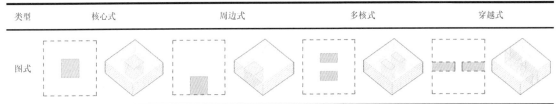

中心式，其中庭北侧低风速区域明显扩大，平均 R1 值低于中心式。北向周边式高风速区域面积最广，中庭内部风速最均匀，各层平均风速最大，通风效果最好，只有小部分区域风速在 0.3 m/s 以下，平均 R1 值最大。西向周边式中庭位于水平气流方向的一侧，导致中庭影响范围小，平均 R1 值仅有 55.2%。因此，北向周边式的自然通风效果最好，西向周边式的自然通风效果最差。

2.1.2 中庭数量与自然通风

对比单核式中庭图书馆的模拟结果发现，双核式中庭室内平均风速有所提高，并且中庭周围的风速分布更加均匀，各层平均 R1 值大于单核心式。由于双核式两个中庭距离较近，主要影响区域还是集中在中心区域；同时，根据上文得出的结论，笔者在对三核式中庭进行模拟时，将中庭置于北侧。对比双核式模拟结果，三核式中庭通风效果有了显著提高，各层平均风速增大，中庭北侧风速低于 0.3m/s 的面积减少，R1 值为 67.6%，大于双核式。

综上所述，在设计图书馆中庭时，可以通过增加中庭数量来提升室内通风效果。并且根据室内风速分布情况，将中庭布置在背风区域，可以提高大进深图书馆的室内风速。

2.2 开放集中式图书馆中庭剖面形态设计

2.2.1 中庭剖面基本形态

中庭在各类公共建筑中的广泛应用，使其得到了多样化的发展，中庭形式与建筑剖面结合设计，呈现出丰富多样的类型。以剖面形态划分主要有四种：对齐式、错列式、缩进式以及扩张式。各剖面形态的中庭图式见表3。

2.2.2 中庭剖面形态与自然通风

对模拟结果进行分析可知，改变中庭形态同样会对图书馆室内风环境产生影响。相比于对齐式，错列式中庭图书馆室内风速的分布更加均匀。此外，由于错列空间对上升气流的引导作用使得中庭周围的风速有所提高。

而缩进式中庭图书馆各层平均风速都有所降低，中庭内风速减小，平均 R1 值最小。相反，扩张式的中庭内部风速增大，拔风效果提高，平均 R1 值则达到了 69.9%。因此，当中庭形式为单核心式时，中庭采用扩张式的通风效果最好，错列式与对齐式次之，缩进式的通风效果最差。

对比双核式中庭图书馆的平均 R1 值得知，采用错列式或者扩张式中庭剖面形态时其各层 R1 值均提高了，并且错列式的平均 R1 值大于扩张式。此外，增大中庭的错列距离可以加强空气水平方向的流通，提高了室内地面上方的平均风速。相反，增大扩张式的幅度反而使得部分楼层低风速区域面积有所增大，平均 R1 值仅为 66.6%。所以，当中庭形式为多核心式时，中庭剖面形式采用错列式以及扩张式都可以提高通风效果。其中，错列式通风效果要优于扩张式。另外，增大中庭错列程度（错位的距离）也能进一步加强室内自然通风效果。

3 结论

本文通过对长沙地区各高校图书馆建筑进行实地调研、计算机模拟等方法，结合自然通风理论，对图书馆的中庭空间形态进行研究，得出了以下结论：

（1）中庭布局方位：北向周边式的自然通风效果最好，核心式以及南向周边式次之，西向周边式通风效果最差。

（2）中庭数量：多核心式中庭通风效果优于单核心式中庭，设计中可以采用多中庭组合方式提升室内通风效果。

（3）中庭剖面形式：当中庭平面形式为单核心式时，采用扩张式剖面形态的通风效果最好，错列式以及对齐式次之，缩进式的通风效果最差；当中庭平面形式为多核心式时，采用错列式剖面形态的通风效果最好。另外，增加中庭的错列程度（错位的距离）也能够进一步增强通风效果。

表3 各中庭剖面形态示意

剖面形式	对齐式	错列式	缩进式	扩张式
图式				

丘陵地区城市设计与乡村建设
Urban Design and Rural Construction
in Hilly Areas

教师团队
Teacher team

魏春雨
Wei Chunyu

徐峰
Xu Feng

张卫
Zhang Wei

卢健松
Lu Jiansong

肖灿
Xiao Can

姜敏
Jiang Min

宋明星
Song Mingxing

严湘琦
Yan Xiangqi

欧阳虹彬
Ouyang Hongbin

李理
Li Li

专题介绍
Presentations

关注丘陵城镇建设适应性技术，立足中西部地区的区域发展战略，依托湖南大学南方村落研究所，以中部丘陵地区村镇、洞庭湖区民居、湘西农村自住住宅为研究对象，开展相关社区住宅空间组成、组群组合技术与社区建筑围护结构节能综合利用适用技术研究及示范工作，承担了国家科技支撑大项目 3 项，获国家自然科学基金资助。

花瑶厨房：崇木凼村农村住宅厨房更新

HuaYao Kitchen: Kitchen Renew of the Farmers' Self-built House in Chongmudang Village

卢健松[1]　苏妍[2]　徐峰[1]　姜敏[1（通讯作者）]

1 湖南大学建筑与规划学院，长沙 410082
2 湖南大学设计研究院有限公司，长沙 410082

本文发表于《建筑学报》2019 年第 2 期

【摘要】以湖南省隆回县虎形山镇崇木凼村农村住宅自建房中的厨房为主要案例，研究少数民族贫困地区乡村厨房的提质方法，总结了农村厨房的系统更新（采光照明、给水排水、排烟排气、物料储存、垃圾处理、烹饪）途径；并指出乡村示范案例质量提升、厨房公共性提升对村落发展的重要意义。

【关键词】花瑶；农村住宅；厨房；火塘

如何将现代建造的理念、技术与农户提高自身生活水平的诉求相结合，是当下乡建蓬勃发展历程中需要冷静思考的课题。作为家务最集中的区域，厨房是生活的核心，是不同地区居住文化的展示窗口，也是提高居住水平的重要途径。借由厨房提质，可以极大地推进乡村住宅的现代化发展，进而真正实现以农户为主体改善乡村人居环境整体面貌的目标。本文基于湖南省邵阳市隆回县虎形山镇崇木凼村的案例，梳理湘西偏远地区乡村住宅厨房的发展历程，探索当地农户经济上可担负、技术上可操作的厨房更新途径。

1 花瑶地区整体研究过程

湖南大学建筑与规划学院的研究团队 2013 年进驻花瑶地区，通过村落调研、问题归纳、系统梳理、设计介入、案例示范等步骤，对当地厨房进行更新改造，并借此探索贫困地区乡村厨房的发展途径。由于地处山区，适于耕作的土地少，不足维持生计，花瑶人一直保持着狩猎与农耕结合的生活方式。在食物存储方面，花瑶人的主食存于谷仓；肉类腌制好后，会悬挂于火塘上方，常年熏制。在大量调研、总结演化规律的基础上，团队于 2015 年 6 月开始设计，重点关注民族地区的文化习俗及餐饮习惯，完善各个系统的不足之处。截至 2017 年 12 月，团队共完成 13 家农户的厨房、卫生间改造；其中，沈修恩、沈诗考两个重点案例的改造实践，全程采取在地督造的方式，确保工程的实施精度，并实时根据当地情况对设计予以优化。

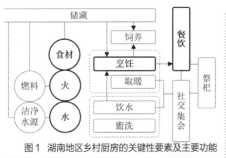

图 1　湖南地区乡村厨房的关键性要素及主要功能

图 2　花瑶民居与服饰（白色为夏装，蓝色为秋冬装）

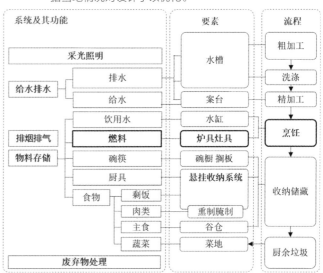

图 3　湖南地区乡村厨房的构成系统及其关联分析

表 1 崇木凼村自建住宅厨房的现状及设计策略

系统	现状	设计策略
尺度	尺度偏小	根据燃料及灶具数量，考虑邻里交往，适度扩大空间
结构	木结构，容易失火	用水、用火房间采用砖混结构，便于防水防火兼顾传统风貌
采光照明	1）室内墙壁黢黑；2）开窗面积过小，普遍采光不足；3）出于经济考量，厨房很少开灯	1）室内应粉刷平整，刷白，增加反光；2）增加高侧窗与天窗，最大限度地利用自然采光；3）根据流线设计，合理布局人工照明区域，以局部照明为主
给水排水	1）水源多样化：自来水、山泉、井水，多种水源共存；2）部分水源易受厕所污染，厨房布局需考虑与厕所的相对关系	1）设置室内外多个水槽，注重多种水源的利用；2）组织雨水收集及利用；3）注意按照规范布局化粪池与取水点关系
排烟排汽	1）开窗面积过小，不利于通风；2）置于屋后的厨房，不利于组织穿堂风；3）习惯腊肉熏制，熏肉房和厨房混用，室内环境恶劣	1）增加开窗面积，增加强排通风；2）厨房布局尽量在房屋两侧，易于组织穿堂风；3）熏肉房和厨房分开设置；4）利用厨余的烟气设置熏肉房；5）局部设置挡烟垂壁
物料储存	1）谷仓无专门设置；2）柴火、杂物堆放随意；3）炊具采取壁挂式；4）悬挂式存储防虫防鼠	1）合理组织壁柜、橱柜设计；2）规范柴草堆放设施；3）延续传统悬挂收纳系统
流线组织	1）传统厨房流线合理，但引入新功能、新设备、多灶具后，厨房的流线组织待优化；2）引入旅游服务功能后，厨房待扩张	1）注重新炊具、电器引入厨房后，对厨房流线组织的影响；2）根据产业转型（农家乐、农家餐厅）需求，调整厨房尺度

2 重点案例专门性研究

两处重点案例在实施过程中，主要针对以下问题做专门性研究。

1）流线组织 根据日常生活、农家乐经营两种不同的需求对流线进行了重新规划。农户的厨房，通常要在户外对食物做粗加工，因此，流线的设置应延伸至室外，充分考虑室内外流线的衔接。

2）建筑结构 沈修恩家的厨房为新建，采用混凝土框架结构；框架体系内部，采用"框架＋家具填充"的模式，以橱柜背板作为外墙墙面，节约材料且适应风貌。沈诗考家厨房改造留存了原有的砖墙，用自行调制的黄泥稻草漆对裸露的墙体进行了装饰。

3）采光照明 沈修恩家新建的厨房灶台上方设置天窗，充分利用自然光；作为外围护结构的家具系统，留有高水平侧窗，为案台、水槽提供局部照明。沈诗考家的厨房保留了原有的坡屋顶形式，但采取了设置高窗亮瓦等一系列措施。

4）通风组织 沈修恩、沈诗考家的厨房改造均考虑了必要的穿堂风组织且均在屋顶天窗附近安装了排气扇。由于沈诗考家保留了原有的灶台（无烟囱），为减少烟气对室内环境的影响，改造过程中在砖灶上方设置了下垂 600mm 的木质挡烟垂壁，配合天窗下的排风扇进一步组织通风。

5）储物设施 沈修恩家的厨房设计，在混凝土框架体系中设置了内嵌式的简易橱柜。除此，延续了传统厨房中经济实用的悬挂储物系统。沈诗考家结合排烟的组织，用木质的挡烟垂壁设置了置物架，用来放置大的木质锅盖，以及悬挂剩饭、熏制腊肉。

6）腊肉熏制 结合火塘屋的布置，沈修恩家设计了专门的熏肉房。熏肉房置于火塘屋上方，通过梁下的集烟装置集聚火塘烟气。沈诗考家的腊肉，悬挂在挡烟垂壁内侧的置物架上；这里，集烟装置将室内的烟尘归拢在一起，浓度高，熏制效果好。

7）雨水收集 沈修恩家的厨房中，特意将有组织的排水系统汇集到地面上的集水装置里，用于庭院洒扫，或作为食品粗加工的水源。沈诗考家屋后有山泉，无须特意回收雨水，仅在屋檐下方设置卵石沟，避免檐口滑落的雨水飞溅。

在花瑶实践过程中笔者发现，建筑师介入乡村发展，倾听要比观察重要。倾听能让农民的絮叨、抱怨、建议融入设计里，让建筑更富细节、更加人性化。现代建筑技术，极大地解放了材料、结构、构造，使建筑师能够更多元、更自在地应对不同的挑战；但如何让这种能力为乡村服务，如何让农户成为客户，却需要更加谦逊的探索。

当代村落的隐性公共空间：基于湖南的案例
Implicit Public Space in Modern Village: Case Study in Hunan

卢健松[1] 姜敏[1] 苏妍[1] 蒋卓吾[1]

1 湖南大学建筑与规划学院，长沙 410082

本文发表于《建筑学报》2016 年第 8 期

【摘要】根据当代公共性理论及公共空间研究，得出村落公共空间包含显性及隐性公共空间体系的判定，其中村落隐性公共空间由生产经营类与日常生活类两种类型组成，与其融合后对整体村落形态的演化产生影响。此外，得出在村落规划中公共空间的节点布局与属性调整可以成为村落自组织演化过程中的导控方法。

【关键词】村落；公共空间；隐性；自组织

受政策、技术、习俗、文化变迁的影响，乡村传统公共空间的权属与功能均发生了改变，在村落公共事务中发挥的作用逐渐弱化，而私人的、非正式的、隐性的

公共空间在其中发挥的作用日渐明显。本文以湖南典型村落为案例，对村落公共空间的类型、组成及在不同村落自组织演化过程中的作用予以阐释。基于居住密度对公共活动及相应空间的明显影响，对不同密度的乡村聚落（集村、散村）进行分类研究，因不同时长的演化过程中公共空间对村落形态的主导作用各不相同，对传统村落和当代村落分别予以考察；此外，村民住宅中公共区域是重要的非正式公共活动空间，不同类型的居住模式将对村落公共空间体系产生影响，其差异性作为重要影响因素纳入研究。基于上述考量，本文将调研案例村落分为七种主要类型，对非正式公共空间的生成、演化及其与正式性公共空间的关联进行了研究。

表1　村落空间肌理与住宅模式的类型组合

类型	单户独栋	多户组合	
		院落组合型	轴线串联型
集中型	桂阳县阳山村	永兴县板梁村	渭洞乡张谷英村
组团型	虎形山崇木凼	会同县高椅村	耒阳市毛坪村
散漫型	望城县彩陶源村	注： 1）按照 1 里 × 1 里（666m×666m）的尺度对案例村落空间肌理进行取样。 2）相对而言，阳山村、板梁村、张谷英村、崇木凼、高椅村保留较为完整的传统村落格局。 3）图中红色部分标识了较为正式的显性公共空间的位置。 4）村落形态上，阳山村、板梁村是较为典型的集村；崇木凼村、彩陶源村是较为典型的散村；张谷英村、高椅村、毛坪村是介乎其间的组团型村落，由多个具有子中心的组团构成。	

1 村落隐性公共空间判定分类

通过考察空间所能承载的公共活动及其开放性，本文对村落隐性公共空间进行判定与分类，公共活动包含公共协商、公共服务、公共信息交流三个方面，依据在公共事务中发挥作用的不同，将村落隐性公共空间进一步划分为生产经营类（社会经营型）、邻里服务型、日常生活类（组团邻里型、事件生成型）几种主要类型。对于经营性隐性公共空间，在快速城市化以及改革开放的背景下，同时受外部交通环境、生产环境、相对区位条件等方面的影响，村落整体非农产业的发展与转型，会导致部分住宅空间转换为特定的生产空间。如村落整体发展乡村旅游产业，农村住宅中的闲置空间，有可能转换为农家餐饮、民宿等，成为向城乡社会全体成员开放，具有社会服务功能的经营空间；对于日常生活类隐性公共空间，中国乡村社会是一个以血缘、地缘关系为纽带的"熟人社会"，串门聊天是农村居民闲暇消遣的主要方式。住宅中的公共部分，堂屋、厨房、檐廊、禾场以及天井、院落等，是向社会体系开放的空间，是日常邻里交流的主要场所，受空间、时间开放度的影响，不同农户住房里的自发聚集频率与时长并不相同。自发聚集频繁的农宅，偶遇其他村民的概率较高，被造访的机会增大，因此迭代增强，形成公共性较强的小节点。在实际生活中，社会经营型、邻里服务型公共空间，与非营利性的日常生活类的公共空间节点，共同组成了村落隐性公共空间体系；相互之间存在重叠、转换等关系，同一节点会具备数个不同的属性，形成公共性更强的空间节点。

图1　村落隐性空间体系构成

2 村落隐性与显性公共空间体系之间的转换与干扰关系

不同形态的村落中，影响的具体方式存在差异，主要包括三个方面。1）村落显性公共空间对隐性公共空间生成与演化的影响，主要通过新建住宅选址、住宅空间功能异化等途径。村落显性公共空间生成是外部资金、外部指令介入的他组织过程，其用地权属相对明确，形态、

规模相对稳定，可视为影响村落自组织演化的长程因素，因此，在干扰过程中具有主导性；而隐性公共空间受其显性公共空间节点的影响较明显，是居于从属地位的可变因素。2）村落隐性公共空间向显性公共空间的转换，是通过授权（赎买、租赁、捐赠）、认证以及制度调整等方式，使村落住宅中的自发性公共活动正式化。这类空间的转换，是在保持房屋权属的前提下，通过较为经济、便利、快捷的方法，使村落公共空间体系、公共服务设施得以完善的途径，也是乡村自组织发展导控中可以利用的重要设计方法。3）村落隐性与显性公共空间的干扰与转换是自发性的，其转换效率及相互干扰程度受村落形态及住宅模式的影响。对于"散村"而言，由于住房相对分散，受步行距离的制约，显性公共空间的服务半径难以惠及所有村民，邻里日常公共交往主要依托隐性公共空间；组团邻里型及事件生成型隐性公共空间在村落公共事务中发挥的作用明显。对于"集村"而言，显性公共空间的作用明显。由于人口与住房密度大，显性空间对住宅布局及隐性公共空间的影响明显，在村落发展中起到了主导作用。

最后，本文探讨了中国当代乡村人居环境体系之中，村民住宅与村落公共空间存在相互转换的可能。1）当村民住宅中非正规的公共性被强化、固化、正式化后，将成为强化村落地域文化与集体认同、提高人居环境品质与社会服务质量、改善乡村治理手段等方面的重要手段。在自组织体系理论视野中，村落中的公共建筑与农户住宅构成了乡村人居环境的主体，然而在设计与导控方法上却存在根本性的差异。认知隐性公共空间的客观存在，有助于"动员、组织和引导村民以主人翁的意识和态度参与村庄建设"。2）在村落规划及民居单体设计中，将自组织与他组织方法结合，合理地应用设计介入或导则引导的方法对村落空间发展进行导控。①在住宅导控中，应关注住宅之间所存在的互动与功能协调，并为住宅的公共性拓展预留可能的渠道。②隐性公共空间的生成及其与显性公共空间之间的转换途径，可以作为村落公共空间体系建构的方法之一，有效地降低公共空间的建设与运营成本。③显性公共空间的建设，应充分应用其对住宅及隐性公共空间的干扰作用，使其作为导控村落空间演化的主要因子，对村落的长周期自主演化予以引导。

居民参与型合作建房的日本实践及其启示

Japanese Practices and Implications from the Residential Participation Co-operative Housing

李理[1]

1 湖南大学建筑与规划学院，助理教授，kd2018021@hnu.edu.cn

本文发表于《建筑学报》2020 年第 22 期

【摘要】基于我国鼓励社会多元主体参与的政策取向正在形成，应对住房供应多元化的需求也在不断扩大的背景，在剖析合作建房价值的基础上，对集合住宅发展比较完善的日本合作建房案例进行归纳和总结，分析其类型和特征，并从企划流程、组织方式、参与类型以及管理运营等方面提出对我国的启示，以期为我国多元主体参与的建房实践提供借鉴。

【关键词】合作建房；供应多元化；参与式设计；居民参加；自主管理

党的十八大以来，我国已经将发展社会组织纳入了社会治理创新的重要范畴，不再强调住房保障由政府全盘承担，在党的十九大报告中提出了 2035 年基本建成"现代社会治理格局"的目标和"加快建立多主体供给、多渠道保障、租购并举的住房制度"的要求。其次，在中国地方政府财政相对乏力、市场机制在住房保障领域存在失灵的情况下，探索在住房领域中能够缓解"人民日益增长的美好生活需要和不平衡不充分的发展之间的矛盾"的可行路径也已经成为中国特色社会主义进入新时代的新任务。此外，我国的社会结构也正在发生诸如人口老龄化现象日益严重、人口出生率逐年降低、孤独感加剧和丁克一族增多等变化，预示新型的、互帮互助型的生态友好型社会关系和共建共享型的居住模式正在呼之欲出。合作建房对于推动住房供给多元化具有积极作用，国际社会针对合作建房已积累大量系列研究和实践作品，其中日本合作建房发展模式具有一定的代表性，这对我国开展多元主体参与的建房实践具有一定的启示。基于以上时代背景，本文以合作建房的日本实践为切入点，旨在通过对日本合作建房类型的分析与解读，探索我国住房供应主体多元化的可行性路径。

伴随着住宅的批量化供给，集合住宅已经成为日本主要的居住类型。虽然在过去，日本一直采取的是以点单式设计为主导的一户建居住模式和后续的长屋集住模式。然而在市内土地价格飞涨的背景下，在一户建倾向于郊外化的同时，集合住宅逐渐成为居住建筑的主流，而对于既要求享有一户建的点单式设计，又无法独自承受由于昂贵地价所带来的经济负担的居住者来说，如何建造居民参与型的集合住宅成了民众关心的话题，合作建房模式也由此产生并逐渐得到普及。在合作建房国际化推广的影响下，日本的合作建房始于 1960 年代末，不同于欧美国家所采取的住房合作社供给制度，日本采用的是组织机构协调策划、居住者参与、点单式设计、以"区分所有"的方式出售和房屋产权划分的方式来实现。经过近 60 年的发展，已经基本形成具有日本特征的合作建房机制。由居住者自发形成合作团体，在组织机构的协调统筹下确定建造计划，并在合理合法取得土地开发权和使用权的情况下，以合作团体的名义对住宅进行设计与建造，居住者全程参与并共同居住和实施管理，这种新型的建造模式被称为合作建房 (1978 年日本建设省研究委员会定义)。日本最初的合作建房案例是由山下和正等 4 位建筑师合作，以实现共同建造和共同居住为目的的，在购得土地后由几位建筑师共同设计建造，于 1968 年竣工完成的"千驮谷"住宅，由 4 位居住者根据各自生活需求量身定做的合作建房为后续居民参与型合作建房的发展与普及创造了可能。随之而来，日本兴起了名为 OHP(Our Housing Project) 的住宅建造计划。以 1972 年建造完成的"OHP.NO-1"住宅为开端，拉开了日本合作建房建设的序幕，并在东京、大阪、神户等主要城市相继建造完成了不同规模的合作建房。到 2013 年年底，日本建成合作建房的数量已经达到 600 多个，累计户数万余户，分布在全国各地。

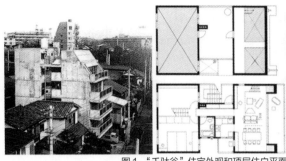
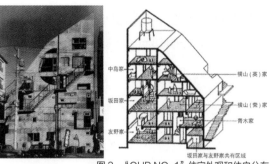

图1 "千驮谷"住宅外观和顶层住户平面　　　　　　　　　图2 "OHP.NO-1"住宅外观和住户分布

日本践行的合作建房主要有两种类型。1) 以居住者为主导的"居住者主导型"合作建房。其主要特征是由居住者自发形成合作团体（建设组合），由居住者合作团体取得地块后，针对设计方案，委托建设公司实施住宅建造。日本早期的合作建房均参考该种类型完成，由于土地私有制的缘故，自发民间组织能够以此为基础购得土地并有效地进行集合住宅的委托建设。然而，该类型合作团体中的居住者多为非专业人士，在购置土地和实施住宅建造的过程中会遇到许多困难并面临一定的风险，其实施难度较大。随着合作建房机制的完善，该种类型也在逐渐减少。2) 以企画者（企画公司）为主导的"企画者主导型"合作建房。其主要特征是由专业的企画公司负责合作建房所需要的前期策划、联络、协调、组织以及咨询等业务，并在后期配合合作团体完成住宅的设计和建造。不同于"居住者主导型"中的居住者在相关专业领域存在短板，由于企画公司由包括建筑、策划、建设、销售以及管理等在内的不同专业构成，因此在践行过程中，可以减少土地购置的困难、协助合作团体的高效运营、提高设计推进的效率以及能够适应大规模的合作建房，更重要的是能够确保合作建房的顺利完成。在住宅建设完成后，企画公司作为管理运营的组织者，也会同时承担管理公司的推荐和协助居住团体的日常管理工作，该种类型是目前日本合作建房的主流。日本属于集合住宅类型和建造模式比较多元化的国家，合作建房也已经逐渐成为日本住宅产业多元化中的一支生力军。不仅只是一种居住模式，作为新型的房屋建造方式，它直接回应了非开发商主导的居民参与型房屋建造可行性的话题，除此以外也产生了不少设计多样、形式多变的集合住宅作品。可见，合作建房在日本，不仅激活了原本单一的住宅建设机制，也丰富了建筑设计的类型需求，是将建造方式和住宅设计相结合的代表。

然而，作为理想化居住和建造的合作建房仅占据了日本集合住宅建设产量的7%，可见其仍属于尚未完全普及的小众建房模式。

不同于体量小、户数少、强度低、以城市建造为主的日本合作建房，我国在城市层面的集合住宅主要采取大体量、高强度、多户数以及批量化建造为主的建设模式。相比日本，我国的合作建房仍处在缺少针对性政策引导、缺少与合作建房相匹配的组织方式、缺少居住者参与的有效途径的起步阶段。虽然，从温州"理想佳苑"的破冰到长沙"关山偃月"的竣工，我国合作建房已完成了几次尝试性的实践，然而由于合作建房体制的不健全以及土地的特殊性，这种以居民参与为主体的新型建房模式，在我国城市背景下存在着极大的局限性，其推广难度较大。温州"理想佳苑"得以完成，并非合作建房的成功案例，其中所反映出来的是房价在国内居高不下的背景下，在城市中以合作集资的方式省去开发商广告费、营销费等方面费用的一次有益探索。长沙"关山偃月"则是将选址从城市转向村镇，通过合作团体以相互讨论和设计介入的方式，从居住者参与的角度对点单式合作建房的一次地方尝试，最终也由于参与者的擅自退出和资金募集的困难，形成了部分由开发商主导建造统一户型并对外出售的半合作建房局面。

图3 长沙"关山偃月"　　图4 昆山"计家大院"

新中国成立早期乡建研究科学知识图谱分析

The Knowledge Map of the Research on Rural Construction During the Initial Stage of New China

李杨文昭 [1,2]　柳肃 [1]　肖灿 [1*]

1 湖南大学建筑与规划学院，长沙 410000

2 湖南工业大学城市与环境学院，株洲 412000

* 通讯作者

本文发表于《建筑学报》2020(S1)

【摘要】在文献计量学指导下，以《建筑学报》等6本建筑学期刊收录的与乡建相关文献为样本，利用 CiteSpace 对新中国成立以来乡建研究脉络进行阶段性分析，并以 1949 年至 1978 年为时间切片，得到新中国成立早期乡建研究科学知识图谱。在梳理乡建研究脉络的同时，通过历史背景的结合，剖析新中国成立早期乡建研究的知识结构及演变机制，解读由权力控制产生的乡建研究的主要问题，阐述乡建研究中理论研究对设计实践的指导意义。

【关键词】乡建研究；文献计量学；科学知识图谱；CiteSpace

背景及思路：

新中国成立以来，中国建筑学学者在介入乡村的过程中，产生了大量的研究成果。然而参与研究的学者依旧较少，且各学者的研究方法多为主观知识梳理，缺乏科学研究方法支撑，致使研究成果未能得到系统梳理，而乡建理论则碎片化且未形成体系。众多学者陷入这场研究热潮，却并不知是什么原因。对于乡村到底发生过什么，正在经历什么，又将去哪里，是学者需要停下来思考，以审视探索的问题。

笔者基于文献计量学，在对乡建的整体脉络进行梳理后，以新中国成立早期，即 1949 —1978 年，为主要研究时间段，利用 CiteSpace 对其间的乡建研究进行科学知识图谱绘制，并重点解析新中国成立早期建筑学介

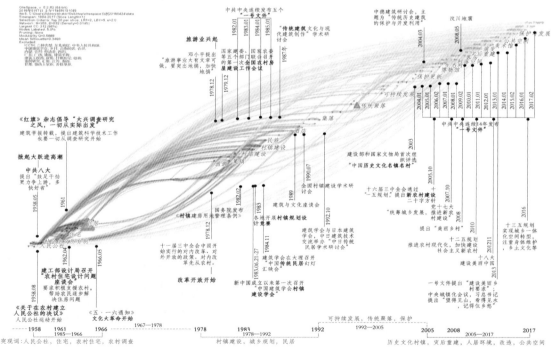

图1　乡建脉络时区图谱（timezone）

入乡村的主要问题，以强调理论体系构建对建筑学介入乡村过程的重要性。

新中国成立早期乡建研究历程

新中国成立初期，国家由中央集权控制整体发展，在权力部门的指导下乡建研究经历了研究起步，到 1958 —1966 年的乡建研究高潮，到"文化大革命"后冷却的过程。

50 年代初，社会主义经济体制初步建立，农村合作化运动开始，乡村建设以合作社的形式生长。据新华社报道，至 1955 年，全国农业生产合作社已经有 1240000 个。

1958 年在冒进的、急于求成的思想影响下，"人民公社"运动开始。中国进入了高度集中统一化的计划经济时代，其甚至要求社员做到"组织军事化，行动战斗化，生活集体化"，而这种"一平二调"的"共产风"在全国泛滥的过程中，计划经济决定了一切资源配置。大规模的建筑设计工作者投身到这场集权统一的乡建运动中来，诞生了当代第一次乡建热潮。

到 1966 年"文化大革命"，许多设计单位、科研部门被解散，资料档案也遭受了严重的破坏。设计科研部门为"工人阶级占领"，于是乡村失去了专业人员的引导，乡建便以全民建筑运动的形式延续。

新中国成立早期乡建研究的内容与形式

新中国成立早期乡建研究主要由人民公社、农村住宅、农村调查三大板块构成。1958 年人民公社运动背景下，乡村社会形成了"公社—生产大队—生产队"三层行政等级，集权意识以"规划""居民点"等关键词在文献中体现，相关文献也在 1958 年达到高峰。

同时，在公社发展过程中，集体经济取代了家庭经济，农村家庭结构发生了巨大的转变，农村新住宅成为人民公社的附属物，单元式的居住模式被取消，以廊道式集体宿舍的形式呈现，并推行公共食堂、公共卫生间等等。于是，住宅成为集权意识下集体生产的机器。

随着大跃进问题逐渐浮现，为更好地指导新农村住宅建设，1961 年，由《红旗》杂志带动了"大兴调查研究之风"，建筑行业也随之倡导一切从调查研究开始，于是"农村调查"成为该阶段的一大重要特点。在建筑工程部的统一领导下，从 1962 年年初开始，各地设计单位与高校配合对全国民居进行全面的调查。虽然为期较短，但也成为民居研究中必不可少的阶段。

解读

新中国成立早期，尤其是 1958 年人民公社运动后，"任何学科的话语体系都必须服从当时的政治语境，规划与建筑设计也自然成了权力的空间生产工具"。中国乡村第一次出现了职业建筑师的身影，可惜的是，建筑规划学学者却在此期间失去了思考的能力与权利。

当专业丧失了自主性，建筑学于是失去了调查研究与科学依据寻求的学术特质，相较于具有思辨精神与批判性的学术研究，该时期的建筑学学科在政治管理过程中，则更多沦为以冒进设计实践为表象的工具，表现出明显的理论研究与设计实践不对等的特点。其间学者主要完成了大量"公社规划"与"农村住宅设计"的设计实践，而其设计实践在无理论研究指导情况下主要以完成政治任务为目的，实则诞生的是大量重复而无实际意义的成果；而具有一定思考意义的"民居调查"的研究工作也仍旧是始于政策觉醒后的指导，终于政策的变化，虽此时期对农村住宅设计产生了一定的影响，但仅存在了短暂的 4 年，还未来得及对设计形成更深刻更广大的影响力。

在这种理论研究与设计实践不对等的介入过程中，建筑学的乡村介入成了一场冒进的权力运动，乡村建设也在政策急于求成的"左"倾思想控制中，造成了巨大的浪费与损失。

表1 新中国成立早期居民点规划图

表2 1962—1963 年间农村调查研究图

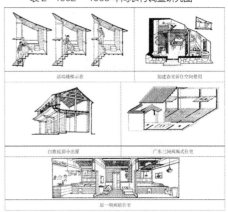

弹性城市理论演化述评： 概念、脉络与趋势

A Review on the Evolution of Resilient City Theory: Concept, Developments and Directions

欧阳虹彬[1] 叶强[2]

1 湖南大学建筑与规划学院
2 湖南大学建筑与规划学院

本文发表于《城市规划》2016 年第 3 期

【摘要】"弹性城市"正成为重要的城市规划理论。其研究的不断发展及跨学科研究的特点，使其理论核心"弹性"的概念纷繁芜杂，给大众的理解带来困扰。运用文献法对弹性概念的演化进行系统研究，依据其研究范围、核心属性、关键指标等内涵特征上的差异，发现其经历了工程弹性、生态弹性、社会 - 生态弹性等三个发展阶段，基于不同阶段的概念内涵形成相应的发展脉络，由此以概念内涵演化线索为树干、以基于概念形成的研究脉络为树枝的"树"状弹性城市理论体系得以形成。本文指出该理论之树的未来发展趋势将以文脉弹性概念为核心，立足于城市文脉系统，强调整体的可变性属性，以适宜创新性为关键指标，来深化理论体系、促进弹性城市理论走向实践层面。

【关键词】弹性城市；工程弹性；生态弹性；社会 - 生态弹性；文脉弹性

【引言】弹性城市正成为城市规划领域内的重要理论。由于弹性城市理论不断发展和跨生态、社会、经济、技术等多学科研究的特点，作为其理论核心的"弹性"概念纷繁芜杂，给认知和实践带来了困惑。本文主要基于 Web of Science 数据库，针对弹性城市理论演化进行了文献研究，发现弹性概念的演化经历了三个阶段：工程弹性（1973 年以前）、生态弹性（1973 — 1998）、社会 - 生态弹性（1998 以后）。这三个阶段在研究范围、核心属性、关键指标等三个内涵特征上表现出明显差异，并产生了不同的相关研究脉络。弹性城市研究在我国尚处于起步阶段，希望该研究能为推动其发展提供参考。

1973 年，霍林（Holling C S）在他的论文《生态系统的弹性与稳定性》(Resilience and Stability of Ecological Systems) 中对当时生态学界流行的"稳定性"理论进行了分析和批评，"稳定性"理论的特征与工程师设计的简单系统属性非常类似，如"关注系统一贯的稳定性，一旦轻微偏离目标就会被矫正"，为了与他提出的"生态弹性"相区别，该"稳定性"后被定义为"工程弹性"。"工程弹性"将研究范围定义为单一、静态的系统（single- equilibria system），恒定性是其基本特征；其核心属性是系统在遭到外来冲击后恢复到原有平衡、保持系统稳定的能力（stability），因此减少变量以保证系统处于接近平衡的区间是系统运转的理想状态；评价系统弹性强弱的关键指标是系统恢复到原有平衡状态的时间（recovery time）。

20 世纪六七十年代，生态学家在利用肉食动物捕食过程及其他相关过程建立数量模型时，意外发现了由非线性的功能运行、再生过程产生的"多重平衡"，这直接促成了"生态弹性"概念的提出。霍林将生态弹性定义为"系统吸收状态变量、驱动变量及参数带来的变化，仍然维持系统运转的能力"。该概念认为开放的复杂系统是恒变的，复杂系统具有通过内在多样化、多层级的系统适应性调整来吸收外来干扰、维持系统基本功能的能力。因此，"生态弹性"概念的内涵特征包括以恒变的复杂系统（multi- equilibria system）为研究范围、以适应性（adaptability）为核心属性、以可吸收变量（absorption）为关键指标等。由此引发了鲁棒性（robustness）、多样性（diversity）、自组织（self-organization）、稳态转换（regime shift）等研究，这些研究基本完成了对"生态弹性"理论体系的建构，在后续的发展过程中，这些理论成果被引入社会 - 生态弹性的研究中得到深化或发展。

20 世纪 90 年代弹性研究复苏。这与人类利用先进技术攫取大量自然资源、排放大量废气废物，对自然界产生极大影响，造成能源危机、生态环境恶化、气候变化

等一系列危机直接相关。人类不得不面对一系列危机带来的冲击和伤害，城市是上述过程最典型的实体区域之一。社会－生态弹性概念正是在此背景下逐渐形成的。韦斯特利（Westley F）等指出人类具有的抽象能力、反思能力、前瞻能力和运用技术的能力使人类与自然界已形成非常紧密的相互作用关系，因此应建构一个包含社会系统和生态系统的整体系统，而不是像以前那样将二者置于不同的学科中分别研究。1998年，伯克斯（Berkes F）等开始使用"社会－生态系统"概念，强调将自然界中的人类和自然界视为一个整体，并指出将社会系统和生态系统截然分开是人为和武断的。社会－生态弹性概念的研究范围是整体的社会－生态系统（social-ecological systems），该系统中人的主观能动性具有极强的影响力使可变性（transformability）成为其核心属性，创新性（innovation）则是其关键指标。揭示复杂系统动态适应性过程的Panarchy理论、知识与学习能力、制度与政府管理、适应性管理、社会弹性概念及相关研究的出现，正是试图解释主观能动性与系统可变性之间的关联。由此，基于社会－生态弹性概念，社会领域的管理研究逐渐成为弹性城市研究的核心内容。

目前关于弹性城市理论的批判焦点之一是其可操作性较弱。笔者认为从概念角度来看，其关键原因是社会－生态弹性概念已将人类定义为其系统的重要部分，但并未表现人类社会非匀质分布的本质属性，从而造成研究成果针对性差，很难融入实践层面。

本文提出了文脉弹性概念，并认为其会成为未来弹性城市理论的核心。文脉弹性的研究范围应是城市（或区域）的文脉系统（context system），

是基于地域、历史文化等因素的特定时空系统。基于此，文脉系统中的城市弹性反应机制研究将是未来研究的重要部分。其核心属性是整体可变性（integrative transformability）。这一方面是指将弹性城市研究与文脉系统结合，进行针对性的研究；另一方面是指弹性城市概念与理论应对城市未来的发展形成结构性影响，这意味着其不应作为之前"可持续发展城市"发展框架的附加物。在未来的弹性城市研究中应基于不同文脉环境中城市的弹性反应机制，研究建立相应的评估体系，并基于此加强弹性城市整体发展战略建构的相关研究。其关键指标为适宜创新性（proper innovation）。创新性是社会－生态系统面对冲击时适应、升级的关键，而适宜创新性是指基于城市（或区域）的整体发展战略部署进行的有序创新，强调城市弹性建构的战术过程，如通过区分城市问题的性质是结构性或非结构性的，是短期性或长远性的，来设置合适的创新的时空关系。

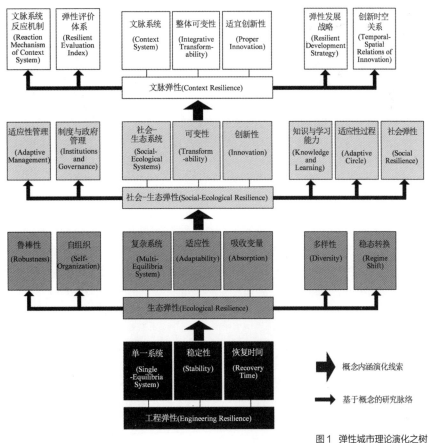

图1 弹性城市理论演化之树

59

城市形态学视角下奥克兰与长沙核心区平面格局对比研究

The Comparative Research on the Plane Patterns of Auckland and Changsha Core Area from the Perspective of Urban Morphology

宋明星[1] 毛勇泰[2]

1 湖南大学建筑与规划学院，副教授，348898457@qq.com

2 湖南大学建筑与规划学院，硕士研究生，296077366@qq.com

本文发表于《新建筑》2020 年第 5 期

【摘要】随着中国城市的快速扩张，长沙的城市形态正经历着剧变，相比之下，新西兰奥克兰更注重城市形态的建设，长久以来其城市形态保持着稳定的渐进式发展。本文基于康泽恩城市形态学理论，选取奥克兰与长沙城市核心区为研究对象，以“地平面”为切入点，对城市的街道系统、街廓、建筑平面组织等形态要素进行对比分析，并建立城市平面格局与城市形态之间的联系，提出奥克兰注重街廓尺度有序开发的模式，可为我国城市形态的营造提供借鉴。

【关键词】 奥克兰 长沙 街道系统 街廓 城市形态

城市形态是人类对城市期盼的物质表现，承载着城市的历史信息和地域特征。伴随着中国城市的快速扩展，城市形态不断改变且带来了城市结构的快速调整，引发了城市内部结构的诸多矛盾。城市形态学理论为许多欧洲城市的规划研究提供了理论基础，本文选取新西兰奥克兰（典型的步行城市）和中国长沙两个城市核心区为研究对象，运用城市形态学理论方法探索两地城市形态差异背后的规律及影响因素，这一方面有利于推动城市形态理论在跨区域和跨文化比较研究中的运用，另一方面给我国城市形态营造带来了一定的借鉴意义。

1 研究背景

1.1 理论背景

康泽恩城市形态学的主要奠基人是德裔英国学者康泽恩（M. R. G. Conzen），该理论提供了一个基础方法去研究城市形态，小到建筑布局，大到城市的整体形态，运用“局部—整体”的哲学思想，重视客观事物的演变过程，强调了城市形态与时间的关系。

1.2 研究范围的界定和可行性分析

奥克兰 CBD 核心区与长沙核心区是本文研究的区域范围。在各自的历史进程中，城市的基本结构保持稳定确保研究范围内城市结构的完整性；两座城市都是各自所在区域的经济、文化、政治中心，在城市影响力和辐射范围方面具有可比性；康泽恩经典城市形态学的研究范围主要是欧洲城市且积累了丰富的经验（表 1）。

表 1 奥克兰与长沙背景对比分析

城市		奥克兰CBD中央核心区	长沙核心区
对比研究范围		331.5hm	374.3hm
差异性	城市特点	新西兰第一大城市，临海港口城市	中国内陆一线城市：山、水、洲、城的格局
	城市文脉	以欧洲文化为主流，融合国际多元文化	以中国传统文化为主，中国历史名城
	城市尺度	核心区为小街区、密路网，适宜步行	新城区宽马路、稀路网；老城区小街区、密路网
	人口密度	奥克兰人口密度约为596人/km^2	长沙人口密度约为665人/km^2
	城市扩展	先规划、后建设、再控制的渐进式发展模式	经济和人口带动下城市迅速扩展，较为粗放式的建设
相似性	城市影响	它们是所在区域的经济、文化和政治的核心，在城市影响层级上具有相似性	
	城市结构	城市核心区的空间结构在空间和时间的维度上保持稳定的存在	
	城市演变	相同历史跨度下城市街区形态的急剧演变，中国集中在改革开放至今，奥克兰集中在20世纪60年代	
	文化背景	在城市化进程的背景下，在当地都具有一定的文化代表性	

资料来源：作者根据奥克兰政府网站和长沙市政府网站的资料绘制

2 街道系统：主导城市平面形态骨架

2.1 街道平面形态之比较

在街道平面形态宏观的层级上，通过奥克兰与长沙的核心区相关指标量化分析，如路网密度、车道密度、交叉口密度等可知：奥克兰是典型的“密路网”结构；长沙是典型的“稀路网”结构，长沙是典型的“宽马路”模式，而奥克兰为典型的“窄马路”模式。利用空间句法对城市形态学中的“街道”单一要素进行量化分析，将两座城市的道路现状构建拓扑轴线模型（Axial Map），再进行实地修正、运算，得出奥克兰与长沙在全局集成度、人行选择度和车行选择度上的结果差异（图 1~ 图 4，图中颜色越深的地方表示强度越高）。

2.2 街道空间形态比较

（1）街道空间围合度 通过空间句法视域计算街道界面围合度，奥克兰核心区街道的围合度强于长沙（图 4，颜色越深表示街道封闭感越强）。

（2）街道界面整齐度 奥克兰街道建筑的贴线率可达 70% 以上，街道的界面形态规整有序。在长沙城市规划管理技术规定中，建筑退让道路红线的距离因建筑高度和道路等级而各不相同，为了给城市提供公共空间，设计师倾向较多地退让道路红线，但由此造成了街道界面极不规整和公共空间利用率较低的问题。

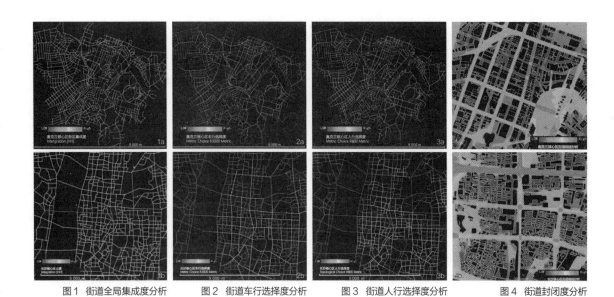

图1 街道全局集成度分析　　图2 街道车行选择度分析　　图3 街道人行选择度分析　　图4 街道封闭度分析

注：a 为奥克兰；b 为长沙

3　街廓及其产权地块与建筑平面的组织：城市平面肌理的控制

3.1　街廓及其产权地块

　　街廓与街道系统是相互依存的拓扑关系，与街廓内部产权地块划分联系紧密。长沙的产权地块"形状指数"和"形状指数离散度"均高于奥克兰，说明长沙街廓内部的地块划分比奥克兰更曲折和随意；相反奥克兰街廓内部的地块划分更加规整，地块产权界线更清晰。奥克兰是典型的小街廓，而长沙是典型的大街廓，大街廓内部自发衍生的辅助性道路、缺乏设计管理的小巷形成的城市肌理有较强的随意性，造成街廓的外围与内部城市形态的反差巨大，城市肌理混乱。街廓的演变可归纳为三种模式：兼并、再分、保持现状。为了保证城市肌理整齐有序，在城市规划管理中街廓的尺度应选择在一个合理的范围内，避免街廓在日后发生兼并与再分，让原有的城市肌理得以延续与传承。

3.2　建筑平面的组织

　　建筑与产权地块关系密切且相互影响，在建筑布局上往往与地块边界联系紧密。从产权地块内的建筑布局来分析，奥克兰核心区建筑平面的组织，基本保持建筑与产权边界两三边重合或平行，而长沙建筑边界很难与场地边界产生较好的呼应。其原因在于：受产权地块的形状及大街廓的影响，长沙建筑与边界相互约束，异形的产权分界线很难形成良好的临界环境。

4　结语

4.1　城市形态区域划分：建立城市形态与城市规划管理的联系

　　在长沙控制性详细规划中，根据土地利用的总体情况确立了各个片区开发的基本单元，然而在确定区域边界时缺乏形态的基本信息，这使得城市片区的更新与开发过于粗劣。城市形态区域特征的建立能挖掘更多的城市形态信息，这能提高城市街区的形态分辨率，给城市规划管理提供重要的参考依据，帮助我们从各个层级来控制城市形态，从而试图建立城市形态与城市规划管理之间的联系。

4.2　研究启示：注重街道与街廓尺度的有序开发

　　长沙主干道围合而成的巨大地块的内部缺乏统一而详细的规划指导，街廓的尺度和形态缺乏精细的设计，街廓内部的建设各自为政。奥克兰经历数百年的发展，城市格局依然得到了较好的传承，其原因总结如下：第一，始终保持合理的路网密度和适宜的街道尺度，从而保证城市形态的适用性和持久性；第二，注重以街廓尺度为城市开发单元，把握街廓的尺度与形态，引导城市肌理合理演变；第三，重视地块边界建筑平面组织与街道空间形态的关联，关注街道的空间"围合性"与界面"整齐度"，打造"停留型"街道系统。结合我国城市发展的现实情况，这种理性的规划思路和有序的开发模式，对我国城市新区的形态营造具有一定的借鉴意义。

场所的语义：从功能关系到结构关系
——湖南大学天马新校区规划与建筑设计

Site Semantics: From Functional Relations to Structural Relations——Planning and Architectural Design of the New Tianma Campus of Hunan University

魏春雨[1]　黄斌[2]　李煦[3]　宋明星[4]

1 湖南大学建筑与规划学院，博士生导师，教授，wcy1963@126.com

2 湖南大学建筑与规划学院，博士，152602838@qq.com

3 湖南大学建筑与规划学院，博士，副教授，417362601@qq.com

4 湖南大学建筑与规划学院，博士，副教授，348898457@qq.com

本文发表于《建筑学报》2018 年第 11 期

【摘要】在湖南大学天马新校区规划与建筑设计中，地方工作室确立以结构主义和图式思想作为支撑的设计理念，化解常规的功能束缚，通过群构与地景策略的使用、地域类型的衍生、仪式化空间的营造来生成外在与内在的场所语义，试图创造出一个具有独特氛围的校园环境，探索一种表层物象背后深层次的秩序，以形成对当代快速化的社会文化图景的一种自觉抵抗。

【关键词】功能；结构；图式；群构；地景；类型；场所语义；湖南大学天马新校区

湖南大学天马新校区的建设使地方工作室有机会对上述问题做出一些思考和回应。在此过程中，相应的设计思路也逐渐发生了多重蜕变，从对功能和环境的制约条件被动适应，到地域类型的自觉运用，再到多年沉淀心理图式的自然浮现，最终体现为他律、自律、自在地不断转化同时又彼此共存，这些思考的背后是以结构主义语言学理论和受结构主义影响的理性主义类型学理论为支撑的。于此，我们突破了功能主义的禁锢，转而聚焦于群体表象下的深层次的结构关系。

图1 湖南大学天马新校区整体鸟瞰

1 新校区规划建筑设计理论支点：结构概念与图式思想

新校区的规划设计所围绕的核心是建立一种呼唤精神回归的认知和设计价值体系，也就是地方工作室多年关注和研究的、在阿尔多·罗西的理性主义类型学的基础上所塑造的一种新的场所语义，其理论支点来源于结构概念和图式思想。

地方工作室通过一种形而上的逻辑操作方式，摒弃了简单的功能集合方式，把新校园的诸多建筑纳入一个统一的形态衍生秩序的背景之下，关注的对象不是低层次的呼应关系，而是使用者的深度体验。设计把各个建筑单体纳入一个统一的格构组织之下，考察它们构成的组群之间、组群的局部之间以及组群局部和整体之间形成的空间对话与关联。校园被视作一个结构体，每一栋楼自身的功能、空间、风格等外显特征在整体中是被"抹去"的，它们之间的互动同构关系才是探究的重点。

2 场所语义的建构

新校区既是教与学的功能化场所，也是设计者思想的一种投射。在这里，思想的物化具体是通过群构与地景的形态、地域的类型以及仪式化氛围来实现的，并以此获得多重的语义。

2.1 群构与地景

新校区毗邻老校区，是它的延伸、扩展和补充，设计以群构的方式组织了各个功能体。群构是一种构建连续、完整的建筑和城市形态的方法，其核心是组群公共空间形态的塑形，追求的是建立在结构主义思想和格式塔完形理论基础上的一种空间整合性。规划设计中，由北至南的道路成了主脊，连接了软件学院大楼、研究生院楼、游泳馆、运动场、理工楼、综合教学楼等建筑与场地，也同老校区的法学院、土木学院、工程实验大楼相对接而形成了湖南大学校园完整的教学轴。各建筑使用者的教学、科研、办公、实验、运动等行为的差异导致了功能内容纷繁复杂，尺度规模大小不一。

群构的理念中暗含了地景的思想。各个建筑本体与大地、山体之间是一种彼此嵌入的关系。建筑从大地中生长；大地是建筑的延展，由此消弭了建筑与景观的清晰分界，形成了一种原始粗犷的审美意义。以游泳馆为例，项目位于天马山麓坡地与平地的交界处，形体顺应地形坡起关系，在主入口区域的建筑形体依山就势，层层叠叠似一片片的岩石架设于坡地之上，结合大尺度室外台阶的运用，自然形成空间场所行为导向，明确建筑与周围环境地景的响应关系，同时也提供了一个容纳各种公共活动行为的平台。游泳馆主体凌空架设，成为整体构型的重心，好似一个从山体中伸出的方盒，凸显了自身，与周围形成一种对比和衬托，充分展现了体育建筑的力度感。

2.2 类型的衍生

近些年来笔者研究了湖南传统民居吊脚楼、风雨桥、晒楼、吞口屋、天井等形式，剥离外在语汇显现特征，提炼和还原出各种基本空间类型，成为指导设计的原型语言并通过一定的转化衍生在实践中大量运用。这样的做法在后续使用体验中也获得了良好的反馈，新校区建筑设计仍然沿袭了这些空间类型，并结合基地的实际情形如地形、景观、周边建筑等条件进行了拓扑变形。可以说新校区设计是各种地域类型语言运用的集大成者，表达了对建筑的本源和环境属性的全面思考。如研究生院楼就采用了院落、天井、台地、狭缝等地域空间类型对2万平方米庞大体量在不同向度进行切割和镂空，消解了建筑对城市空间的压迫并被塑形成了一个实体组合感强烈的建筑"雕塑"和内部充满着空隙的呼吸体，这也与湖南大学的建筑原点——岳麓书院的各种空间形态遥相呼应，由此有效地应对了该地点的历史文化、气候环境以及场地特征等各种复杂的制约条件。

在楼与楼之间，设计重构了契里柯绘画里深景透视的街景，找寻中间"空"的况味，通过简单的排列逻辑进行组合，产生深邃的、具有某种历史场景感的东西。其中最典型的是理工楼群的设计，AB楼（物理与微电子科学学院楼）面面相对的部分都采用了单元体交错并置的方式，仿佛两侧端坐的石像彼此之间的缄默对望，中间夹着一条绵长甬道，指向这条轴线的远端收口——在

C楼（数学学院楼）端部如同弯曲手臂一样的奇怪悬挑。另一种途径就是墙面水刷石材料的运用。采用这种材料有着历史文化传承的考量——老校区充满着使用这种材料的新旧建筑，但更多的是对石子自身特有属性对塑造氛围所起作用的认识。上墙的天然的卵石子是从湘江中淘出，并经过人力的多次筛选而来的。如果仔细辨识，可以发现每颗石子的形状都各有不同，颜色在同一色系下也千差万别，石子之间甚至可以看到嵌入的贝壳、生物残骸和沙砾等杂质。这无数差异化的微表情在光线的沐浴下显现成一种浓烈的暖调，强化了建筑的棱角和体块，弥散在校园的场所中，人们都被笼罩其中，还原了契里柯的画意。

结语

国内大学校园设计在功能布局、空间形态和建筑形式方面已经做出了有益的探索，而地方工作室关注的重心是去探究一种深层次的、形而上的场所语义，这与湖南大学校区独有的时空特征（包括源自岳麓书院的悠长历史、得天独厚的自然环境、异于常态的城市区位关系等）相关。地方工作室早期在核心区的建筑设计是采取同质异构的方式，取得了融入式发展的效果。其最终的新校区规划建筑设计是功能关系上的进一步延展，在结构思想的指引下实现了内外场所语义的交织与发展，也传达出一种原始的场所精神。

图2 游泳馆北侧外景

图3 研究生院楼主入口

空间组构视角下城市近代住宅的特征演变研究
——以长沙为例

A Study on Modern Detached Houses in Changsha within the Scope of Spatial Configuration

张卫[1]　唐大刚[2]

1 湖南大学建筑与规划学院建筑历史及理论研究中心主任，教授

2 湖南大学建筑与规划学院，硕士研究生

本文发表于《现代城市研究》2019 年第 1 期

【摘要】基于空间组构视角，以长沙近代独立式住宅为例，解析城市近代住宅的空间组构特征的演变。从物质空间与精神文化的关联性层面，探讨空间句法属性值变化背后的文化影响因素。结合近代住宅特征演变的趋势，提出智慧化保护更新的策略，并讨论在现代城市住宅设计中如何传承和创新，从而达到延续城市地方性和时代性特征的目的。

【关键词】近代住宅；空间组构；演变；智慧保护

城市建设的同化使得区域特色文化缺失，历史街区的保护与更新成为留住文化记忆的有效方式。现代城市中仍有一定规模的近代时期建筑，政府对该类建筑采取了挂牌保护、修缮改造等一系列措施。改造历史建筑一度成为人们热衷的活动，期望以此来提升街区文化和土地价值。智慧城市建构背景下，对历史建筑的保护更新局限于建筑风格、色彩、材质、历史事件等层面是不足以活化街区的，还需要对空间形态进行认知和理解，才能更好地将人与空间联系起来，达到活化的目的。空间句法通过组构的方式将物质空间转化成信息和概念的逻辑空间，建立物质空间与精神文化的关联性。以空间组构的视角能更深入地从社会学维度来理解近代住宅的空间特征，为其智慧化的保护与更新提供更多的依据。

1　当地传统住宅原型的空间形态特征

从时间维度考察长沙城市近代住宅的空间形态特征的演变，选取具有地域性的传统住宅原型作为参照对象，将近代住宅依据不同的时间阶段进行分类取样，对比分析其历时性的特征变化。在住宅样本研究中，选取主要的社交领域（堂屋）作为分析的重点。对住宅进行句法分析，主要研究三类参数：1）过渡空间的比重；2）拓扑深度；3）整合度。在技术上，用伦敦大学研发的 Depthmap 软件计算空间的各类属性值，并结合社会学中的网络分析工具 Pajek 软件，对空间进行关系图解分析，识别其结构特征。

长沙传统住宅的平面组合形式大致归为六种：1）一字式；2）曲尺式；3）丁字式；4）门字式；5）工字式；6）四合式。依据上述六种平面组合形式，将传统住宅划分为六种相应的空间组构原型，空间的划分以四合式为例（表1）。六种住宅原型的相同点在于：1）堂屋是主要交通节点；2）空间整合度：堂屋＞卧室＞厨房。不同点在于：1）活动空间与过渡空间的比值不同；2）社交领域整合度不同。

长沙近代独立式住宅是中西文化融合的产物，相比传统民居空间，有较大的变革和潜在的继承。以西园北里 49 号住宅（建于 1948 年）为例，主体建筑为两层。将住宅中的空间转化成24 个凸空间，通过拓扑关系转换，得出空间关系图解。其中，编号 7 和 18 代表楼梯空间，连接竖向的两层空间。住宅空间整体结构呈现树状，4、

表1　传统住宅六种空间原型的句法值

原型	凸空间	活动：过渡	过渡空间（%）	深度	结构	堂屋整合度	堂屋深度
一字式	6	0.20	17	11	a	1.745	7
曲尺式	8	0.33	25	12	b	1.380	12
丁字式	12	0.20	17	28	b	0.920	28
门字式	17	0.31	24	29	b	1.630	34
工字式	18	0.14	22	51	c	1.240	43
四合式	17	0.70	41	52	c	1.040	48

（注释：a:链式结构；b: 树状结构；c: 环状结构）

5、6号凸空间代表后院及走廊,三者围合成一个环形。11号空间代表一层的堂屋,主要承载社交活动;22号代表二层的堂屋,主要承载家庭起居活动,在计算堂屋整合度时,以承载社交活动的首层堂屋为研究对象。11号堂屋的空间整合度值为0.465,较传统住宅原型中堂屋的空间整合度值低,空间的可达性较弱。从整体上来看,该住宅通过院墙与街道隔离,院落空间的设立增强了住宅整体的私密性。

越大,可达性越高。从历时性角度分析,过渡空间的比例增大,住宅中功能空间的连接率也增大,从其他空间到达社交空间的拓扑深度减少,社交空间的可达性逐渐增强。

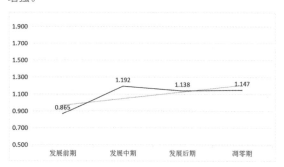

图3　近代住宅中社交空间整合度的变化

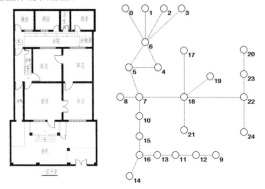

图1　西园北里49号住宅平面及空间关系图解

过渡空间是研究私密性的重要指标,具有连接相互分离活动领域的功能,同时也具有划分活动领域的作用。活动领域由单个或一组空间组成,限定活动领域是产生私密性的基础。每种居住文化都约束着相应的家庭活动方式,每种家庭活动都会限定一系列的空间,组成特定的活动领域,从而实现私密性。过渡空间的特征由位置、句法值、所连接的空间数量等决定。分析独立式住宅建筑中的过渡空间比例可知,从发展前期到凋零期,活动空间与过渡空间的比例呈现逐渐缩小的趋势。

发展前期(1904—1911),独立式住宅中堂屋的整合度平均值最低为0.865,最高值出现在发展中期为1.192(图3)。社交领域的平均整合度,在整体上呈现上升的趋势。整合度是衡量空间可达性的一个指标,值

2　空间表征变量背后的文化影响因素

由生活方式限定一系列空间组成的活动领域具有私密性,组成一个领域的所有空间内部之间相互连通,过渡空间具有分割和连接各领域的作用,活动领域之间的过渡空间数量越多,其私密性就越能得到保障。因此,近代独立式住宅中活动领域的私密性较传统住宅强,并随时间变化,呈现正相关的趋势。堂屋是住宅建筑中的公共空间,其私密性相对较低,却具有重要意义。从社交空间的整合度中可以看出,其变化是在一定的范围内,呈现相对稳定的状态分布,说明社交空间在传统和近代住宅中,有着相似的空间地位。空间结构的演变与居住文化的转变密不可分:首先,近代社会性质的改变,引发人们社会心理的变化,对传统居住文化有了批判性选择;其次,近代长沙开埠以来,外侨的迁入带来西方居住文化,对本土的生活方式产生影响。居住文化的转变在空间结构上体现为,保留本土传统住宅的院落,舍弃手工生产的功能空间,增加了外来文化中的阳台、花园等过渡性空间,空间的组合方式也更加灵活。

城市近代住宅保护更新模式的智慧化

智慧城市建设背景下,城市近代住宅的保护更新趋向智慧化。建立开放包容的智慧制度,采用协同共享的智慧技术,促进城市近代住宅等历史建筑的绿色可持续发展。在现代住宅建筑设计中,注重住宅自身演变的关联性,发掘近代住宅空间组构的文化内涵,科学组织空间布局,使其承载地方性的居住文化,保留城市的地域性特征。

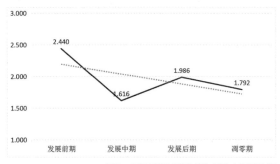

图2　不同时期过渡空间与活动空间的比例

基于农业可持续发展的湖南省乡村规划影响因素分析

Analysis of Influencing Factors of Rural Planning in Hunan Province Based on Sustainable Development of Agriculture

严湘琦[1] 宋明星[1] 向辉[1] 陈娜[1]

1 湖南大学建筑与规划学院，长沙 410000

本文发表于《中国农业资源与区划》2020 年第 1 期

【摘要】［目的］本文从乡村规划的角度出发，以乡村振兴战略规划为指导，从农业可持续发展的角度探寻乡村规划的影响因素，以期对湖南省乡村阶段性规划提供合理的参考建议。［方法］运用 DEMATE 方法对湖南省乡村规划的影响因素进行定性识别，并利用熵权法对湖南省乡村规划的影响因素系统进行定量评价。［结果］（1）城镇化率对乡村规划的影响度最大，其在所有因素中影响度和被影响度均最大，其次为第三产业从业人员、农业财政支出、规模农业经营。（2）结合中心度与原因度的分析对湖南省乡村规划重要影响因子进行识别，其中，城镇化率、农业财政支出、规模农业经营、第三产业从业人员、节水灌溉面积共 5 个因素为湖南省乡村规划实施的重要影响因素。［结论］（1）经济因素是农业可持续发展背景下乡村规划的主导因素，以休闲农业产值、规模农业经营和农业财政支出构成乡村规划实施的关键因素，提升经济效益对湖南省乡村规划建设具有重要的推动作用。（2）从结果因素来看，贫困发生率、休闲农业产值、城乡居民人均收入比受农业生产方式、城乡资源分配和产业融合的影响较大，充分掌握重要影响因素之间的相互关系是巩固湖南省乡村规划结果因素效益的关键。（3）人口因素和社会因素是湖南省乡村规划实施的制约因素，加快推进湖南省科技兴农、特色强农、质量强农、开放强农建设成为其提高农业可持续发展能力和乡村规划实施的关键。

【关键词】湖南省；农业可持续发展；乡村规划；影响因素；DEMATE

0 引言

城乡二元结构导致农村人才流失致使城乡之间发展的不平衡以及产业结构的失衡。当前，随着国家第一个乡村振兴五年规划的发布，各地在此基础上纷纷制定适合自身发展的乡村振兴战略规划，关于乡村规划的研究逐渐成为热点。

总结以往文献发现，乡村规划的理论研究较多从单一影响视角对乡村规划进行研究，缺乏农业可持续发展背景下乡村规划影响因素的系统研究。基于此，本文以乡村振兴战略为基本指导，对湖南省乡村规划的影响因素进行分析，以期对湖南省乡村阶段性规划提供合理的参考建议。

1 研究区概况与数据来源

湖南省具有悠久的农耕历史，随着城镇化进程的加快，促使农村经济转型升级。但是当前经济农业发展的结构性矛盾突出，加上科技支撑不足、农业现代化水平较低等问题突出，其乡村治理能力和体系亟待强化，如何巩固脱贫攻坚长效机制的完全建立，健全城乡之间要素合理流动机制是湖南省乡村规划面临的重要难题。

本文研究数据源自：(1) 湖南省统计年鉴 (2010—2017);(2) 湖南省国民经济和社会发展统计公报 (2010—2017);(3) 湖南省乡村振兴战略规划 (2018—2022);(4) 国家乡村振兴战略规划 (2018—2022)。

2 研究方法

本文运用 DEMATE 方法和熵权法对湖南省乡村规划的影响因素进行定性与定量研究。DEMATE 是一种运用图论与矩阵论原理进行系统因素分析的方法，其充分利用专家的经验和知识处理复杂的社会问题，而乡村规划影响因素涉及经济、社会、人口等方方面面的综合影响，是上层建筑范畴，受人的主观影响作用较大。因此，从定量的角度识别的影响因素会存在偏差，而结合 DEMATE 方法的使用，通过各个因素间相互关系的有无及强弱进行评价，进而识别出最佳解决方案。

DEMATEL 模型的构建主要分六步：（1）影响因素选取基于湖南省农业可持续发展现状，分别从经济、社会、人口、农业环境、生态建设 5 个维度建立湖南省乡村规划影响因素系统，并选取湖南省乡村规划影响因子，结果如表 1 所示。（2）构建湖南省乡村规划影响因素相互影响关系矩阵。（3）计算影响因素间的综合影响矩阵 T。（4）计算湖南省乡村规划影响因素的影响度和被影响度。（5）计算各因素的中心度和原因度。（6）建立笛卡儿坐标系。对于乡村规划系统发展指数计算，主要采用熵值法计算指标权重。

3 结果与分析

从表 2 中可以看出，城镇化率对乡村规划的影响度最大，因此，高质量的城镇化发展是乡村规划的前提。图 1 为湖南省乡村规划影响因素的原因 - 结果图，结合中心度与原因度的分析对湖南省乡村规划的重要影响因子进行识别，其中，城镇化率、农业财政支出、规模农业经营、第三产业从业人员、节水灌溉面积共 5 个因素为湖南省乡村规划实施的重要影响因素。对这几个层面的影响因素进行改进，是巩固湖南省乡村规划结果因素效益的关键。

对湖南省乡村规划影响因素的识别是基于 DEMATE 方法的定性分析，结合熵值法对湖南省乡村规划影响因素的客观数据进行研究，结果如图 2 所示。基于该方法对湖南省乡村规划因子的识别具有较高的可参考性，而如何正确协调乡村振兴中的重要驱动因子，对其相互关系进行梳理是促进湖南省乡村规划的重要途径。在湖南省乡村规划系统中，农业环境发展指数最高，变化幅度

表 1 湖南省乡村规划影响因素指标体系

系统层	准则层	指标层	属性	权重
A 湖南省乡村规划影响因素	B1 经济因素	C1 农业总产值（元）	正	0.051
		C2 农村居民人均可支配收入（元）	正	0.049
		C3 农业财政支出（万元）	正	0.051
		C4 休闲农业产值（万元）	正	0.062
		C5 规模农业经营（万户）	正	0.052
		C6 贫困发生率（%）	负	0.038
		C7 城镇化率（%）	正	0.052
	B2 社会因素	C8 农村就业人数（人）	正	0.038
		C9 农村居民恩格尔系数（%）	负	0.040
		C10 城乡居民人均收入比（%）	适度	0.026
		C11 农业科技人员比例（%）	负	0.031
	B3 人口因素	C12 农民工返乡创业人数（人）	正	0.037
		C13 人均受教育年限（年）	正	0.042
		C14 第三产业从业人数（人）	正	0.057
		C15 籽种收播合机械化水平（%）	正	0.042
		C16 人均耕地面积（人/hm²）	正	0.026
	B4 农业环境	C17 农作物播种面积（hm²）	正	0.032
		C18 农业机械总动力（万千瓦）	正	0.054
		C19 农田灌溉用水总量（万 m³）	正	0.042
		C20 节水灌溉面积（万 hm²）	正	0.042
		C21 有效灌溉面积（千公顷）	正	0.038
	B5 生态建设	C22 人均公园绿地面积（m2）	正	0.029
		C23 灌地面积比重（%）	正	0.038
		C24 森林覆盖率（%）	正	0.053

表 2 湖南省乡村规划影响因素的中心度与原因度

影响因素	影响度 D	被影响度 R	中心度 P	原因度 E	中心度排序
C1 农业总产值（元）	1.196	1.735	2.931	-0.539	20
C2 农村居民人均可支配收入（元）	1.322	2.134	3.456	-0.812	11
C3 农业财政支出（万元）	2.547	1.562	4.109	0.985	6
C4 休闲农业产值（万元）	1.925	2.674	4.599	-0.749	3
C5 规模农业经营（万户）	2.458	1.943	4.401	0.515	4
C6 贫困发生率（%）	1.294	2.353	3.647	-1.059	10
C7 城镇化率（%）	2.937	2.534	5.471	0.403	1
C8 农村就业人数（人）	1.542	1.863	3.405	-0.321	12
C9 农村居民恩格尔系数（%）	1.274	0.938	2.212	0.336	23
C10 城乡居民人均收入比（%）	1.135	1.862	2.997	-0.727	18
C11 农业科技人员比例（%）	1.726	1.513	3.239	0.213	15
C12 农民工返乡创业人数（人）	1.785	2.206	3.991	-0.421	8
C13 人均受教育年限（年）	1.526	1.145	2.671	0.381	22
C14 第三产业从业人数（人）	2.718	1.893	4.611	0.825	2
C15 籽种收播合机械化水平（%）	1.662	2.135	3.797	-0.473	9
C16 人均耕地面积（人/hm²）	0.861	1.246	2.107	-0.385	24
C17 农作物播种面积（hm²）	1.184	1.763	2.947	-0.579	19
C18 农业机械总动力（万千瓦）	1.828	2.263	4.091	-0.435	7
C19 农田灌溉用水总量（万 m³）	1.261	1.852	3.113	-0.591	16
C20 节水灌溉面积（万 hm²）	1.926	1.372	3.298	0.554	13
C21 有效灌溉面积（千公顷）	1.843	1.436	3.279	0.407	14
C22 人均公园绿地面积（m2）	1.145	1.874	3.019	-0.729	17
C23 灌地面积比重（%）	1.818	2.305	4.123	-0.487	5

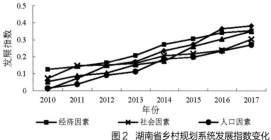

图 2 湖南省乡村规划系统发展指数变化

较大，而随着 2020 年全面脱贫进入攻坚期，乡村农业产业化发展成为当前乡村振兴阶段性规划的重要内容。

4 结论及讨论

（1）经济因素是农业可持续发展背景下乡村规划的主导因素，提升经济效益对湖南省乡村规划建设具有重要的推动作用。

（2）从结果因素来看，贫困发生率、休闲农业产值、城乡居民人均收入比受农业生产方式、城乡资源分配和产业融合的影响较大，充分掌握重要影响因素之间的相互关系是巩固湖南省乡村规划结果因素效益的关键。

（3）人口因素和社会因素是湖南省乡村规划实施的制约因素，加快推进湖南省科技兴农、特色强农、质量强农、开放强农建设成为其提高农业可持续发展能力和乡村规划实施的关键。

本文从乡村规划的角度出发，分析其影响因素之间的相互影响关系，对重要的因素进行识别，对湖南省乡村规划的实施具有重要的指导意义。本文在现有理论研究的基础上，较为系统地分析了湖南省农业可持续发展背景下的现存规划影响因素及发展策略，弥补了农业可持续发展背景下乡村规划研究领域的空白。

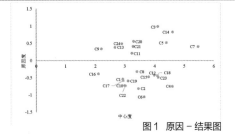

图 1 原因 - 结果图

湖南滨水传统村落空间组合差异性研究
The Differences of Spatial Combination of Traditional Waterfront Villages in Hunan Province

徐峰[1] 邓源[2] 许诺[3] 宋丽美[4]

1 湖南大学建筑与规划学院教授,博士生导师(通信作者),xufeng@188.com

2 湖南大学建筑与规划学院,硕士研究生

3 湖南大学建筑与规划学院,硕士研究生

4 湖南大学建筑与规划学院,博士研究生

本文发表于《华中建筑》2020年第07期

【摘要】湖南降水丰沛、河网密布、地貌多样,且属于多民族地区,具有鲜明地域特点的湖南滨水村落空间组合受不同因素影响,在各方面均存在不同程度的差异。对其纵向分析发现,湖南滨水村落在选址上对水形选择相似,对水体尺度和距离选择差异明显;在布局上呈现出沿水轴发展,山体围合限定的组合特征,在临水空间中与地形相结合,并与居民关系紧密、文化融合。因此将湘南、湘中、湘西三个地区横向对比,挖掘空间组合的差异性及成因,把握内在规律,以期为日后的村落保护与发展提供针对性的思路。

【关键词】滨水村落;空间组合;村落选址;平面布局

研究背景:滨水村落独特的生活聚居方式和空间组合是漫长过程中不同时期的多种因素相互叠加组合的结果。目前国内针对滨水传统村落的研究多集中于江南和岭南水乡,也有少量针对湖南滨水聚落的研究。总体来说湖南滨水村落的研究多总结村落形态特征,较少探究地理环境对村落空间形态的影响,未关注其特性与差异,因此在湖南滨水传统村落的保护和发展中无法提出具有针对性的有效建议。

在湖南省列入中国传统村落名录四批共257个村落中,滨水传统村落占比72%。湖南地区在对水的利用、营建与审美上有一定的相似性。但湖南地形多变,各区域年内降水分布不均,加之各地文化底蕴深厚,在村落空间组合的营造上存在明显的地域性。本文按地域分成湘南、湘中、湘西三部分进行横向对比,以期探究村落规划建设思想与居民独特的滨水生活方式,并挖掘三个地区滨水村落空间组合的差异性及成因,为日后的村落保护与发展提供针对性的思路。

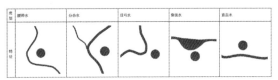

图1 湖南滨水村落水体形态类型分析

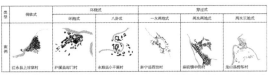

图2 湖南滨水村落与水位置关系分类

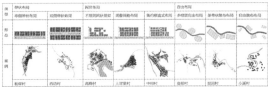

图3 湖南滨水村落平面类型比较分析

图4 湖南滨水村落功能关系比较分析

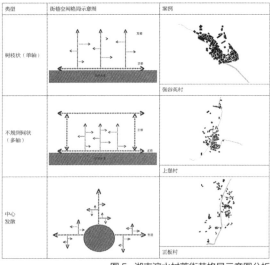

图5 湖南滨水村落街巷格局示意图分析

分析研究：笔者从湖南滨水传统村落的选址、布局、临水空间出发分析了各地区村落的空间组合。在滨水传统村落的选址方面包括地形、风水中水体形态、村落与水的位置三个方面；地形方面包括平地型、谷地型、高山环绕型、坡地型四种类型；风水中水体形态方面包括腰带水、分合水、反弓水、聚面水、直去水五种类型（图1）；村落与水的位置方面，包括傍依式、环绕式、穿过式三种（图2）；在滨水村落布局分析方面包括村落结构类型、总体功能布局、街巷空间格局三个方面；村落结构类型包括带状、网状、自由布局三种方式（图3）；总体功能布局方面（图4），笔者从民居组织模式、商业规模、耕地与居住地的关系、公共建筑四个方面分析了湘西、湘南、湘中的异同；街巷空间格局（图5）包括单轴树枝状、多轴不规则网状、中心发散状三种方式；对滨水村落临水空间的分析包括建筑单体与临水公共空间两个方面，前者包括面水型、背水型两种，后者包括桥、水井、水埠和水塘等。

对比研究：笔者从宏观、中观、微观三个角度对湖南滨水传统村落的空间组合进行了对比研究。从宏观角度来看，通过对三个地区滨水村落选址特征的比较总结出其选址模式特征（图6），并发现三个地区对水体尺度的选择和与水的距离关系存在较大差异（图7）；从中观角度来看，三个地区滨水村落空间格局主要受人与自然和人际之间两种关系的影响（图8）；从微观角度来看，三个地区的文化相互渗透，临水节点空间存在一定的相似性，特别是湘南和湘中地区的相似度较高，但在位置、处理方式和功能上仍具有明显差异（图9）。究其原因，一方面是各村落将自然环境与生活需求紧密结合的结果，另一方面是各地域文化相融合的结果。

选址特征	湘南	湘西	湘中
聚落方式	汉族聚族而居	侗、苗等少数民族聚居	汉族聚族而居
水系尺度	20~50m	<20m	>50m
	湖南滨水村落中流量和储量中等的河流（20~60m）较为常见，村落往往位于一侧。	湘西滨水村落要么临着水流量较小（<20m）的溪流，溪流往往走向各异，仅有高桥村等的临着较大河系。	湘中的滨水村落一般临着储量较大的水系（>50m），或选择河流交汇处所形成的较大水系。
地形	平地型+谷地型	谷地型+坡地型	平地型
	湖南滨水村落中既有山地湖着带有平缓地形的，形成山水相合的空间格局。	湘西滨水村落多选择于河谷坡地，聚落多选址于河谷坡地地形，形成水系和平缓坡地结合的空间格局。	湘中地区中部靠有丘陵起伏，北侧为广阔平原，聚落多选择平原地形且随之平缓地形。
水系形态	腰带水、分合水	多为分合水	腰带水、聚面水、分合水
风水观念	风水观念接近	自然主义观念，风水观念不强	风水观念是村落选址各方面的指导思想
与水的关系	与水关系接近	与水距离较远	与水关系

图7 湖南滨水村落选址特征差异

	湘南	湘中	湘西
功能布局	功能类型齐全，均为民居、商业、农业用地	以居民用地为主	功能布局较
平面布局	多为网状布局	多为自由布局	多为自由布局、簇式聚落
特征空间	带线分明，受文化影响	受多面文化影响	

图8 湖南村落空间格局比较分析

类型	形态	湘南	湘中	湘西	比较分析
民居		直接临水	直接临水	直接临水	
		间接临水		连续临水	
	直接临水	间接临水	吊脚临水	吊脚临水	
水埠					
桥			露天式+廊桥	廊桥	风雨桥
水井			村边开挖井、山泉	村中或村前开挖	山间泉水
水塘		前庭式	后庭式	中心式	

图9 湖南滨水村落建筑临水节点空间比较分析

重要结论：湖南滨水村落空间组合可总结出以下几个规律。①响应水系格局。在村落选址、空间布局和临水空间节点等各层面，湖南滨水传统村落均对水资源有不同程度的呼应。②规避洪水灾害。利用高差避免洪水侵害，提前考虑水位变化对村落的影响，并合理组织排水系统。③适应生产生活。滨水村落的空间组合是从生产生活的功能需求出发对水的适应性营建。④遵循地域文化。滨水村落的空间组合不仅受风水观念的指导和宗族文化的约束，还体现出了不同地域和民族文化的交流与融合。

经过长期与环境的协调适应和不同地域间文化的渗透融合，湖南湘南、湘中、湘西三个地区的滨水村落空间组合在各层面均存在不同程度的差异性，构成了湖南滨水村落因地制宜、与环境和谐共处而又具有特色的多样空间组合模式，充分体现了湖南滨水村落空间组合的特点：①与周边水系和地形的呼应；②与居民的生产生活需求相适应；③不同地域和民族的文化相融合。对湖南滨水传统村落空间组合差异性的研究，为村落的针对性保护与发展提供了思路和建议。

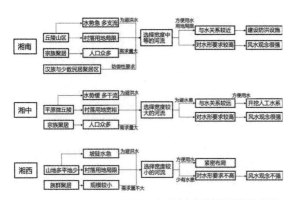

图6 湖南滨水传统村落选址模式分析

地方建筑遗产保护与活化的理论与方法
Theory and Method of Protection and Activation of Local Architectural Heritage

教师团队
Teacher team

柳肃
Liu Su

何韶瑶
He Shaoyao

张卫
Zhang Wei

卢健松
Lu Jiansong

肖灿
Xiao Can

陈翚
Chen Hui

李旭
Li Xu

姜敏
Jiang Min

余燚
Yu Yi

专题介绍
Presentations

　　依托湖南省地方建筑科学与技术国际科技创新合作基地，关注南方建筑遗产保护领域的特定问题，尤其聚焦于文化线路遗产和大遗址保护研究，结合数字化技术和空间信息技术，为推进中蒙俄万里茶道和老司城遗址的申遗工作提供学术支持。该领域在中东欧早期现代主义建筑运动、东亚传统对现代主义的影响等方面的研究中也取得了突破。

传统村落礼制建筑色彩类比解读
——以湖南地区汉族、土家族、侗族为例

Comparative Analysis of the Color of Ritual Architecture in Traditional Villages: The Han, Tujia and Dong Ethnic Groups in Hunan

何韶瑶[1] 臧澄澄[1] 张梦淼[1] 唐成君[1]

1 湖南大学建筑与规划学院，长沙 410082

通讯邮箱：56935047@qq.com

本文发表于《新建筑》2019 年第 3 期

【摘要】本文以中国建筑色卡和孟塞尔色彩体系为基本研究工具，采用定性和定量相结合的方法，调查并且对比分析了湖南地区汉族、土家族和侗族三个民族典型礼制建筑色彩的基本状况，指出建筑材质是礼制建筑色彩主体色和辅助色的重要影响因素；在相同的文化背景下土家族、侗族礼制建筑的点缀色依然遵循本民族传统文化色彩习俗，汉族则受湖湘文化影响深远；民族审美也在一定程度上影响着三个民族礼制建筑色彩的应用。传统村落的保护与开发应传承各民族传统色彩的用色特点，科学开展礼制建筑的修缮、维护和新建设计。

【关键词】湖南；少数民族；礼制建筑；建筑色彩

研究背景：礼制建筑源于封建社会原始宗教的祭祀礼仪，在当前已成为最能够反映民族宗教信仰的一种建筑类型，主要有庙、坛、宗祠，明堂，陵墓，朝、堂，阙、华表、牌坊五大类。湖南是一个民族众多的省份，约 60% 的传统村落分布在湘西、湘西南、湘西北少数民族聚居区内，在保存完整的各类民族礼制文化中，礼制建筑色彩最能直观体现当地的精神文化，可以分为主体色、辅助色和点缀色三大类。

国外在建筑色彩设计、城市色彩等方面的研究已有很长的历史和丰富经验，而国内对建筑色彩的研究甚微，研究地区以川藏、云贵地区居多，湖南地区传统村落的礼制建筑色彩研究较少。基于此，本文将以湖南地区传统村落中具有代表性的礼制建筑为对象，对其色彩进行提取、对比、分析研究。在传统村落提质更新、旅游产业发展浪潮中探索礼制建筑色彩的特点，对民族传统文化的保护与传承具有重要意义，能够在后续保护和开发中对礼制建筑色彩设计具有一定的指导作用。

总体思路：以湖南境内汉族、土家族、侗族三个民族具有代表性的 6 个传统村落礼制建筑为调研对象，进行色彩提取、对比和分析。

采用定性与定量相结合，对湖南地区少数民族传统村落礼制建筑色彩进行类比和分析。走访调研选取民族代表性传统村落和目标建筑，以《中国建筑色卡》GSB16-1517-2002 为色彩参照依据，采取目视对比法将目标建筑色彩与建筑色卡对比并且颜色编码，生成表格。使用孟塞尔色彩系统色彩标定法 H V/C 对调研村落的礼制建筑色彩进行标定。

 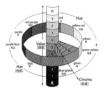

图 1 中国色彩体系　　图 2 孟塞尔色彩体系

表 1 礼制建筑色彩明度 V 分析

民族	主明度			明度集中分布区间		
	主体色	辅助色	点缀色	主体色	辅助色	点缀色
汉族	高明度	中明度、高明度	中明度、高明度	7.5-8.5	4.5/8	4.5-6、6-8.5
土家族	中明度	中明度	中明度	4.5-6	4.5	4.5
侗族	高明度	中明度	高明度	7.5-8.5	4.5	6.5-7.5

表 2 礼制建筑色彩彩度 C 分析

民族	主彩度			彩度集中分布区间		
	主体色	辅助色	点缀色	主体色	辅助色	点缀色
汉族	低彩度	中高彩度	中低彩度	1-3	6-14	1-6
土家族	中彩度	中彩度	低彩度	1-6	7.5	1-2
侗族	低彩度	中彩度	中高彩度	1-4	7.5	6-12

表 3 礼制建筑色彩比例及敏感度分析

色彩分类	民族	比例(%)	色彩位置	色彩敏感度
主体色	汉族	75	墙体、基座	一般
	土家族	70	墙体、基座	弱
	侗族	50	墙体、基座	弱
辅助色	汉族	20	屋顶、台阶、门窗	强
	土家族	29	屋顶、台阶、门窗	弱
	侗族	45	屋顶、台阶、门窗	强
点缀色	汉族	5	梁、柱础、屋檐等	强
	土家族	1	封檐板、屋脊	弱
	侗族	5	封檐板、檐角	强

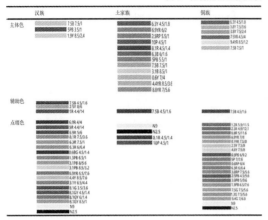

表 4　礼制建筑色彩提取

	汉族	土家族	侗族
主体色	7.5R 7.5/1 5PB 3.5/1 1.9Y 8.5/2.4	6.3Y 4.5/1.8 6.9YR 6/2 2.5RP 5.5/1 10P 4.5/1 8.1R 4.5/1.4 6.3B 6/1.6 5PB 5.5/1 7.5B 7.5/1 3.1B 8.5/1 0.6Y 7/4 4.4YR 8.5/3.6 8.8YR 7/5.6	6.3Y 4.5/1.8 3.8Y 7.5/3.6 3.8Y 7.5/2.4 7.5YR 4.5/4 9.4YR 8.5/1.2 7.5B 7.5/1
辅助色	7.5R 4.5/1.6 2.5Y 8/6 5R 4.4/14	7.5B 4.5/1.6	7.5B 4.5/1.6
点缀色	6.9R 4/4 5R 4.4/14 5R 5/6 8.1R 7.5/3.6 6.3R 7.5/1 8.5R 6/6.4 0.6G 4.5/1.4 3.1PB 8.5/1 3.1PB 9/5.6 3.3PB 8.5/3.2 6.9YR 6.5/7.6 4.4Y 8.5/7.6 3.1Y 6.5/4.4 7.5YR 6.5/4 8.1GY 4.5/1.4 8.1GY 8.5/3.1 N9 N2.5	N9 8.1R 4.5/1.4 10P 4.5/1	1.2R 5.9/11.5 2.3R 4.9/12.1 6.9YR 7/8 6.9YE 7/8 9.9R 7.5/8 2.5Y 7/8 4.8Y 7.5/8 6.9R 6/9.2 5P 7/6 8.1R 6/6.4 3.8R 7.5/5.6 2.5PB 4.5/6 4.6Y 5/9.6 3.8P 5/9.6 7.5G 7.5/5.6 3.0 7.5/5.6 4.6Y 7/4.6 N9 N2.5

重要结论：

1　主体色与辅助色：不可脱离材质而独立存在

建筑材质是影响建筑主体色与辅助色的重要影响因素。湖南地区汉族传统礼制建筑多为砖土结构，土家族、侗族依靠丰富的森林资源，礼制建筑以木构建筑为主，运用杉木、松木、枫木、黏土等作为建筑墙体和基础材料。汉族礼制建筑辅助色多用人工色彩，与建筑材质本身色彩联系甚少。少数民族礼制建筑的辅助色彩用色低调朴实，依旧遵循自然材质的色彩。

2　点缀色：民族文化是建筑色彩的精神支柱

湖湘文化作为湖南地区建筑建造设计的文化背景和精神支柱，与汉族、土家族、侗族的礼制建筑点缀色彩有着千丝万缕的联系。三个民族虽然处在同样的地域文化背景下，但由于各民族之间传统文化的传承差异，点缀色彩特点存在着较大的区别。

3　民族审美心理：自然、文化同构的审美关系

汉族传统村落村民对红色喜爱度最高，其次是黄色；土家族则对黑色喜爱度最高，其他色彩的喜爱度较平均；侗族对各个色彩的喜爱度持平，红色、红黄色和蓝色相较于其他色彩喜爱度稍微偏高。

创新点：

1　研究方法创新：首次采用定性和定量相结合的手法，将建筑色卡的类比和分析方法运用于传统村落的礼制建筑特征研究中，使用孟塞尔色彩系统色彩标定法 H V/C 对调研村落的礼制建筑色彩进行标定。

2　内容创新：选取了目前在礼制建筑色彩层面研究较少的湖南地区作为研究对象，调研了湖南境内汉族、土家族、侗族三个民族具有代表性的 6 个传统村落礼制建筑，进行色彩提取、对比和分析。

图 3　礼制建筑色彩色相 h 分析

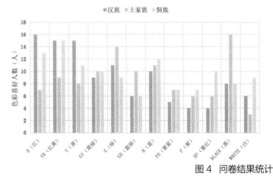

图 4　问卷结果统计

图 5　礼制建筑装饰与点缀色提取对比分析

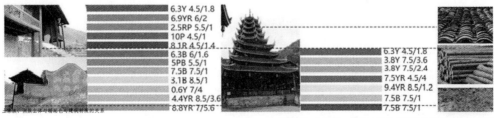

6.3Y 4.5/1.8 6.9YR 6/2 2.5RP 5.5/1 10P 4.5/1 8.1R 4.5/1.4 6.3B 6/1.6 5PB 5.5/1 7.5B 7.5/1 3.1B 8.5/1 0.6Y 7/4 4.4YR 8.5/3.6 8.8YR 7/5.6	6.3Y 4.5/1.8 3.8Y 7.5/3.6 3.8Y 7.5/2.4 7.5YR 4.5/4 9.4YR 8.5/1.2 7.5B 7.5/1

图 6　土家族、侗族主体与辅助色与建筑材质的关系

长沙近代教堂建筑的本土化特征研究
A Study on Indigenization Characteristics of Modern Church Buildings in Changsha

李旭[1] 李泽宇[2]

1 湖南大学建筑与规划学院，副教授，leexu_2004@163.com
2 深圳市华阳国际工程设计股份有限公司长沙分公司，建筑师，
185058706@qq.com

本文发表于《新建筑》2017 年第 4 期

【摘要】 以长沙市现存的近代教堂建筑为研究对象，梳理归纳其发展历程、空间分布及使用现状。在实地调查与文献考证的基础上，重点从空间布局、建筑形式、建构方式、细部装饰四个方面分析，归纳出教堂建筑的本土化特征。

【关键词】教堂；建筑空间；中西差异；本土化

清朝末期，中国被迫对外开放，大量西方资本与文化进入内陆，其中包括了宗教。传教士来到中国传教并建设了大量教堂建筑，开埠后的长沙也在其列。然而由于长沙地处内陆中部，加之特殊的城市形态与文化，以及经济、技术等客观原因，长沙的近代教堂较其他城市表现出明显的本土化特征，具有一定的特殊性。

1 历史渊源与社会背景
1.1 近代长沙的城市变迁

城市空间形态的演变：长沙城市始于商周时期，依湘江而建，水网密布，多呈起伏丘陵地貌。到清朝末期，长沙已形成稳定的城市形态，呈现出南北向长、东西向窄的格局。城市西侧接湘江水岸，是重要的水运码头城市和商业市肆。城市道路网格并不规整，建筑沿道路线性布局，且密度颇高。

城市文化的杂糅：长沙城址历经千年而不变迁，建筑群落和单体的形式也保持一贯的形式，体现出一定的延续性和地域特色。长沙一直是南方的军事重地和商埠。此外，自宋朝程颐、朱熹、张栻等人思想影响后，长沙逐渐形成特有的传统文化，使其具备强烈的文化本土意识。这种文化本土意识，表现出保守和排外的文化特性，使长沙的城市文化有一定的复杂性和矛盾性。因此，教堂最终得以传入，但又不得不做出一些本土化的转变。

城市对外关系的开放：鸦片战争爆发后，西方列强迫使清政府签订了众多通商条约，中国的众多城市因而成为对外开放的贸易口岸。到 1904 年 7 月，长沙正式开埠。之后，多国人士先后来到长沙，加速了长沙城市的近代化进程。也正是在这个时期，掀起了传教和教会活动的高潮。

1.2 教会的传入与教堂的兴建

教会的传入：此前已有西方教会来湘传教，但规模较小且常受排斥，而随着长沙的开埠，许多教会组织入驻长沙展开大规模的传教活动。

教会的建设活动：1901 年，长沙近代第一座教堂天主堂建成。此后五年内，天主教和基督教先后建造了 6 座教堂，直至 1911 年，城内已有教堂 14 座。

现存教堂的情况：长沙城内的近代教堂建筑如今仅遗存 6 座。均集中在以近代长沙为格局的老城区内，且倾向于市井内。另外，传教士主要通过开埠码头和口岸进驻长沙，因而长沙城区内的教堂基本集中在当年开埠的开福区老城区内。

图 1 近代长沙地图　　图 2 教堂建筑与城市肌理的关系

2 本土化特征解析
2.1 布局模式

与城市空间关系的转变：由于长沙本身独特的城市形态，西方教堂建筑向当地环境回应的第一步就是在其与城市空间的关系上做出改变。在西方城市中，教堂通常是具备统领与中心性质的，然而长沙教堂建筑的地位就弱化很多，它与一般民居和公共建筑一样，混合在致密的街巷网络和建筑群落中，不再表现出在西方国家中那种突出、显性的城市关系。长沙教堂与城市主要呈现两

类空间关系，即传统街巷嵌入式和街区建筑群围绕式。

广场空间的式微：传统教堂具备一定的空间模式，除教堂本身的主体建筑外，广场作为其户外空间也是重要的组成部分，教堂建筑亦可被视为"场型空间"。然而，中国城市的形态自古以来呈现出典型的街道和院落的形态特征，没有广场这种空间形式，因此，在西方传统教堂进驻长沙后，广场与教堂建筑的空间组合关系立即发生变化，广场空间几乎被完全弃用。

图3 天主堂平面图　图4 真耶稣会教堂平面　图5 城北堂鸟瞰

2.2　建筑形式

平面形制的简化：就现存的6座近代教堂而言，城北堂与北正街教堂两处仍沿用了传统西方教堂的拉丁十字平面形制，神坛、大厅、两翼空间都较完整地保留了类型学特征，而其他的几座教堂均明显将这种十字式的平面形式简化，都采用了矩形平面。

立面式样的折中：从立面上看，传统教堂的立面特征被弱化，仅北正街教堂和天主堂仍采用仿哥特式的立面形式，但西方国家教堂常有的三段式形式、玫瑰窗式样、尖顶做法等均被简化。其他教堂甚至完全放弃了西方传统教堂风格，转向中式建筑立面。城北堂屋顶采用中国传统建筑中的庑殿和歇山形式，且檐口起翘和出挑皆为传统的中式屋顶做法。其他教堂等虽未使用明显的中式屋顶，但其选用的材料和立面形式仍与传统西式教堂有很大出入，相比之下更有长沙本土民居风格，可见建筑立面本土化是这些教堂在长沙最突出的一项转变。

内部集会空间的弱化：西方传统教堂内部空间常以高耸的竖向空间和深邃的纵向空间著称，这是教堂建筑空间区别于其他空间的一个显著特征。然而在长沙近代的教堂建筑中，由于建筑技术不成熟，且教堂规模较小，刻意营造这种空间是不实际的。此外，中西文化的差异致使当地信徒对宗教的理解出现偏差，不会对上述空间效果产生需求，这种内部空间特色因此被弱化。

2.3　建构方式

建构材料的转变：传统教堂的营建材料多以石材为主，然而在长沙地区的建构习惯中，基本不用它作建筑材料。

因此，传教士在长沙的建设活动中不得不选用当地常用的建筑材料，如传统民居常用的砖木。大部分教堂均用砖建造墙体，木作为搭建楼板、框架柱甚至建造屋面的构件。

建构技术的传统化：除建筑材料外，当地工匠亦采用传统建造方法来营造教堂，致使长沙教堂与西方传统教堂在建构的技术表现上有一定的不同，其特点体现在以下三个方面。其一，西方传统教堂常有一些较为复杂的建构形式，如扶壁、飞券、拱券等，这些形式在长沙教堂建筑的修建过程中基本被舍弃；其二，长沙教堂建筑多处体现了当地传统的建构方式，在外墙处理上采用了当地民居常用的砌筑方式；其三，当地工匠在以传统方式营造教堂的同时，又将西方教堂中的一些特殊建构元素加以本土化的融合。例如，由城北堂的屋架结构可以看到，工匠用木料做拱的式样，再将其排列开来，形成了类似拱和飞券的构造形式。

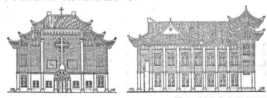

图6 城北堂主要立面图

2.4　细部装饰

门窗样式的简约：西方传统教堂的门窗是其艺术表现力的一个重要细节，其增强了教堂的标志性、符号性和识别性，成为宗教建筑的重要类型特征。然而，因资源与技术的缺失这种特征在长沙近代教堂建筑中并未体现，通常只保留基本的门窗形式。

装饰部件的民俗化：西方传统教堂常用一些雕塑、透视门、尖顶作为装饰，然而这类装饰部件很少甚至没有在长沙教堂中体现，取而代之的是中国传统建筑中的楼台、匾额、楹联等，通过文字代替符号完成了装饰上的本土化转变。

3　结语

自长沙开埠后教堂不断融入当地社会和民众生活中，其建筑的空间原有特征已做出许多本土化的改变。此类宗教空间本土化是文化和地理差异引起的必然反应，反映了宗教文化与本土文化的融合方式，也体现了长沙本土宗教空间的地域性特征，在一定程度上保留了当地传统的建筑手法和空间组织方式，对延续本土传统建筑技术和文化有着重要意义。

一种传统建筑类型的"文明化"：近代外来文化影响下的湖南乡村祠堂

"Civilizing" a Kind of Traditional Architecture: Modern Cultural Influences on Ci-Tang in Rural Areas of Hunan

李雨薇[1] 柳肃[2]
1 湖南大学建筑与规划学院，ywli86@hotmail.com
2 湖南大学建筑与规划学院，教授，liusu001@163.com

本文发表于《建筑师》2020 年第 207 期

【摘要】20 世纪初，随着西风东渐深入中国内陆，外来文化的影响逐渐在乡土建筑上体现出来。湖南作为内陆最排外的省份，却同时又是维新运动的核心。在这样的二元性社会下，出现在湖南偏远乡村被当地人称为"文明建筑"的西洋风格祠堂成了一种具有时代性的建筑文化现象。本文以这些祠堂为研究对象，通过田野调查结合文史资料研究，分析了驱动祠堂"文明化"的内外动因，并挖掘这些祠堂建筑的演变规律，试探寻除简单模仿之外，近代地方乡土建筑"文明化"现象背后的设计思想及现代性甚至革命性，以期丰富中国乡土建筑和近代建筑的研究，也为研究中国建筑近代史中乡土建筑现代化转型的方法论提供一个新的角度。

【关键词】湖南乡土建筑；湖南近代建筑；湖南祠堂；文明化；文明建筑

图 1 传统式祠堂与"文明建筑"式祠堂

图 2 "唤醒民众"的装饰主题

湖南省城长沙在"五口通商"六十几年后才开埠，是南方地区最晚开埠的重要城市之一。被外国人视为最保守和排外的湖南，让一切外来文化的传入都面临着极大的阻力，其中也包括西方建筑文化。但与此同时，在湖南又活跃着一批最具影响力的办洋务倡西学的先锋。在近代中国激烈的文化嬗变进程中，这种保守与开放的两极化，是否会在建筑上有所反映？

乡土社会里祠堂作为最重要的礼制建筑，是宗法制度的物化象征。然而，20 世纪初的湖南乡村，许多祠堂摒弃了传统的形式，成为村中唯一的西洋风格建筑，并被当地人称为"文明建筑"。"文明"一词在中国古代意为文采光明、文德辉耀。近代以来作为 civilization 的观念是以社会达尔文主义的线性进化史观为基础，成为当时一个标榜西方先进性和优越性的概念。到了 20 世纪，"文明"被理解为"进步"和西方社会的科技、教育、文化和艺术的成果，乃至西方社会的风俗习惯，甚至一种时尚。如"文明婚"（西式婚礼）、"文明戏"（话剧）、"文明棍"（手杖）和"文明学校"（新式学堂）等等。传统的建筑体系在这波巨变中也未能避免"文明"的冲击。官方和民间都纷纷仿造西式建筑。然而对于那

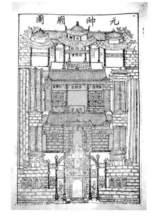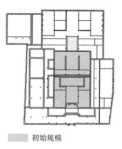

初始规模

图 3 适应新功能的平面布局

些流于表面的改造，当时就有许多批评声。中国近代第一部建筑学专著《建筑新法》的作者张锳绪在序言中写道："凡取法外人，贵得其神似，然后斟酌我国之习惯，而会其通，斯为尽善。若夫枝枝节节，徒摹其形似，而不审其用意之所在，非效法之善者也。"他更是对建筑的"文明化"进行了解读："况泰西学者，分文明为精神物质二者，必物质文明日增而精神文明始得藉以表现，否则徒言精神，而不据物质以研求之，则文明亦无裨实用。"能称得上"文明"的建筑，并不只是外观简单地模仿西化，而是承载精神文明的场所。精神文明也需要通过物质文明（文明建筑）给予人们启迪，真正引导人们对现代性进行思考。

湖南发达的新式教育，孕育了庞大的先进知识分子团体。无论是早期的洋务派和维新派还是后期大批的留学生，无畏守旧势力的打压和反扑，他们坚持将自己与西方文明直接接触的经验带回家乡，成为促进乡土社会现代化的内在动力。他们将传统祠堂改建为亦祠亦校的"文明建筑"，主要目的就是倡新学、开民智。改造过程中，传统祠堂的结构体系和建筑材料虽然没有脱离传统，但建筑功能和外观造型都与湖南传统祠堂建筑有了显著的区别。首先表现在传统祭祀功能逐步腾让给新学所需的各种功能，包括教室、体操场、实验室等。其次在造型上，工匠将不存在于传统建筑中的带有西方哥特建筑柱顶尖饰（pinnacle）和巴洛克建筑特点的山花（pediment）替代牌楼式门上的明楼和次楼，同时广泛采用拱形门窗，逐渐演变成一种新的程式。这一转变向外明确传达了自己追求"文明"化的身份。通过装饰主题所蕴含的理念

来教化世俗，是传统社会非常习惯的方式。西洋主题的出现，自然蕴含的是"文明"主题下的新理念。传统的吉祥纹饰被以告诫人们珍视时间和摒弃繁文缛节的西洋时钟和"唤醒群众"的醒狮等主题所取代。如果说材料和结构体系依然是地方工匠传统的延续，那么功能和造型则体现了赞助人思想、观念的变化和他们对"文明化"理想和社会的追求。

在经济发达地区，西方建筑文化在乡土社会中的影响是从住宅、商铺到公共祠堂的演进。而对于城市化程度较低的湖南，其乡村中出现的"文明建筑"式祠堂却是家族里唯一的西式建筑。造成这种差异的主要原因是两者的近代化驱动因素不同。前者强调经济关系而后者强调政治思想与教育。自开埠以来到20世纪初，经济发达地区已经完成了器物层面的嬗变，转而进入了思想政治等制度甚至精神层面的转变阶段。此时湖南经济的近代化方兴起，而时代主题已变。从传统的祠堂转变为复合功能的"文明建筑"，是自给自足的湖南乡村社会在面对"宗族社会"向"公民社会"重大转变时候的一次跨越式文化递嬗的建造活动。

本文有望在两个以往研究关注较少的方面贡献于中国建筑史：一是传统乡土建筑体系在20世纪初因外来文化影响和内部革命诉求而呈现的改观；二是西方建筑体系在传入中国之后从口岸城市波及内陆腹地，其间不断适应地方物质条件和文明理念而留下的遗痕。近代湖南祠堂建筑就体现了二者的交集，而其研究将为中国传统乡土建筑和近代建筑研究提供一个独特而生动的案例，同时在方法论层面为解析国内其他地区类似建筑提供一个参考。

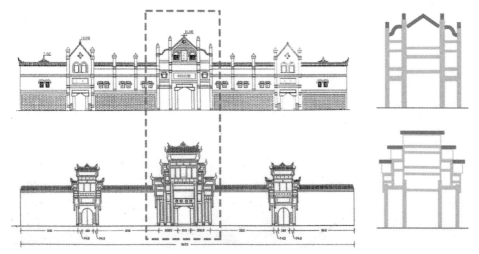

图4　牌楼式立面的嬗变

洪江窨子屋的空间要素及其自适应性
The Component and Self-adaptive of the Cube-House in Hongjiang

卢健松[1] 朱永[1,2] 吴卉[3] 郭秋岩[1] 姜敏[1]

1 湖南大学建筑与规划学院, 长沙 410082
2 浙江省建筑设计研究院, 杭州 310046
3 同济大学建筑与城市规划学院, 上海 200092

本文发表于《建筑学报》2017 年第 2 期

【摘要】本文以洪江古城窨子屋为研究案例, 通过实地测绘、数值分析与比较研究, 对民居建筑的自适应机制予以研究。本文将地域建筑进行系统分解, 从复杂系统论的角度对地域建筑同一性、特异性、随机性的原理予以阐释, 并指出地域建筑自适应机制的层次性与自制约关系。本文为传统聚落及单体的继承和保护提供了理论基础, 也为地域建筑设计创新提供了可借鉴的方法。

【关键词】洪江古商城; 窨子屋; 自适应性; 层次性; 自约束

随着复杂性理论及自组织原理逐步引入当代人居环境研究, 建筑学领域的应用主要包含形态合理性、形态可变性、多要素的复杂适应性三个方面。本文基于此理论展开对洪江窨子屋的讨论。在湘西, "窨子屋" 被称为 "徽式建筑" 或 "赣式建筑", 是随人口迁徙流动从江西、安徽等地传入, 并与当地少数民族居住习惯融合的特有建筑形式。窨子屋与木楼房是湘西最为普遍的两种民居形式, 构成了湘西城镇与村落风貌的基底。窨子屋通常由建筑物围合成的 "口" 或 "日" 字形平面, 内部木质屋架, 外部砖墙高耸, 布局方正, 犹如一颗印章, 得名 "印子屋"; 又由于院落狭窄, 天井及屋内光线昏暗,

也称其 "窨子屋" ("窨", 暗的意思)。洪江所处地理位置(气候、地形)及其生成演化阶段的经济、技术条件, 共同决定了洪江窨子屋作为湘西传统丘陵山地高密度居住组群的基本特点。与湘西其他城镇相比, 洪江窨子屋具有平面紧凑、立面高耸、外部封闭、内部开放等整体特点。

本文主要从三个方面对洪江窨子屋的自适应机制进行了研究(图 1)。

单体选址及聚落的自适应性。特定发展阶段的技术制约, 以及产业、经济、气候等长程因素, 决定了洪江古商城窨子屋的选址。洪江历史上未设县治, 其城市发展由商帮自主管理, 是典型的 "先市后城" 的自组织商埠。洪江窨子屋的分布, 受河道防洪、山地地貌、水源使用等因素的综合影响; 其聚落组团的布局与形态, 由商帮自主管理协调形成。

洪江窨子屋的体量特征。它的演变是对高密度山地聚落特征的积极适应。与湘西其他地区的窨子屋相比, 昂贵的土地成本以及陡峭的丘陵山地, 制约了建筑的布局, 因此洪江窨子屋的平面紧凑, 1 栋房屋只有 1 组院落; 院落进深不超过 3 进; 由于所处山地坡度陡峭, 基地标

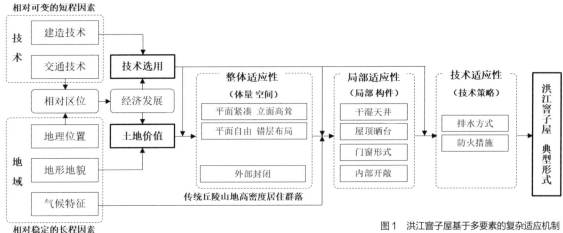

图1 洪江窨子屋基于多要素的复杂适应机制

高变化复杂，很多洪江民居的内部标高前后不一致，形成错层，利用地形的变化增加建筑的层数，提高空间的利用效率，丰富了空间序列变化，弥补了建筑用地局促带来的不利影响。

特定空间以及局部构件的做法。 在高密度的聚居模式中，洪江窨子屋主要通过屋顶晒台、干湿天井、内部开敞等手段，缓解天井高狭、气候潮湿、内部阴暗等问题。这些做法与手段是为了协调建筑形体与气候条件之间的矛盾而演化出的特定处理方式，在同地域的其他城镇与乡村民居调研中并未发现普遍采用。1）晒台是窨子屋的屋顶之上，四面开敞的木质平台，这一构件的设置，在窨子屋的屋顶上开辟出局部采光和通风良好的使用空间，有效地解决了当地潮湿季节中衣物的晾晒问题；除此，也兼具夏夜纳凉、火候匪情瞭望等功能。2）覆有屋顶、雨水有组织排放、不会随意洒落的被称为"干天井"。干天井的屋顶一般会略高于四周建筑的屋面，留出局部采光、通风的间隙。3）为了在封闭的外围护体系中组织内部通风，缓解潮湿气候的不利影响，也利于商业活动的有效开展，洪江窨子屋通过堂屋划分、柱间隔断、楼梯布局的调整，保持建筑内部空间的开敞与通透。4）洪江窨子屋的入口位置多变，没有禁忌与定式。为适应复杂地形的变化及左邻右舍的干扰，洪江窨子屋的建筑朝向及主入口方位，因时就势，不拘一格。洪江窨子屋的入口可以利用错层设在不同的标高之上；入口位置的多变与内部柱网的灵活划分，使得室内空间序列变化多样。最后在技术策略及做法上，为适应建筑的选址、格局与具体空间的做法，洪江窨子屋的技术细节也需要进行相应的优化，确保建筑的整体适应性，如采取木质或陶制檐沟的内天井有组织排水等策略。

综上，建筑的适应性，不是特定主导因素与建筑形态特征之间的简单因果关联，而是在一定的技术条件下，建筑作为一个完整的体系与外部环境体系之间的复杂适应。数百年来，洪江窨子屋作为自发性城市的基本组成单元，历经长程的自主演化，形成了单元之间、单元体与外部环境之间以及单元所形成的聚落与外部环境之间三个不同层次的适应性。洪江窨子屋所呈现的状态能深刻揭示民居的自适应协同演化机制。1）在传统建筑的语境下，技术因素的可变性较小，长程因素（气候、地貌等）的决定性被增大，组成特定聚落的建筑单元呈现出较明显的同一性，但社会、经济、文化所造成的差异仍然明显。区位造成的影响是基础性的，不可忽视。2）当密度增加到一定程度时，建筑单元之间的短程干扰逐渐明显。密度所造成的影响（体量紧凑、平面异形、入口多变）反映了邻里间的协同演化。3）洪江窨子屋及其外部环境的复杂适应性研究，还进一步揭示了自适应机制的层次性（区位选址、建筑形态、局部构件、技术策略）与关联性。不同前提条件下，不同层级的建筑要素对外部条件的敏感度不同；高层级要素对低层级的适应性有制约作用，是较低层级建筑适应性发挥作用的前提；此外，同一层级的各种要素之间存在相互制衡、支撑的内在制约关联。

利用不同层级建筑要素的差异性与关联性，可以通过不同的外部条件改变对聚落形态、建筑单元特征的演化予以引导，形成特定地域建筑群落及单体的更新设计方法。掌握聚落及单体适应外部环境的系统性，可以厘清建筑空间、材料、构造做法之间的逻辑，并将其转换为历史地段的修复与还原方法。

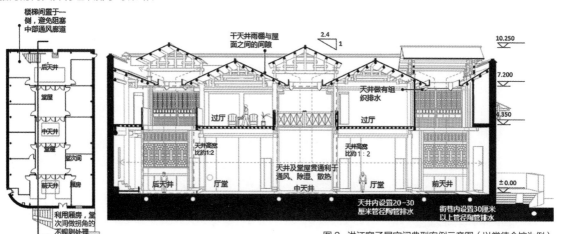

图2 洪江窨子屋空间典型案例示意图（以常德会馆为例）

传统空间内向性意识的当代转化
Contemporary Transformation of Traditional Introverted Consciousness in Spatial Design

陈翚[1] 孙楚寒[2] 宁翠英[3] 贾希伦[4]

1 湖南大学建筑与规划学院，长沙 410082
2 湖南大学建筑与规划学院，长沙 410082
3 湖南大学建筑与规划学院，长沙 410082
4 湖南大学建筑与规划学院，长沙 410082

本文发表于《新建筑》2020 年第 5 期

【摘要】针对日渐单一化的外向性城市空间发展模式及其暴露出的物质和精神危机，本文从传统城市与建筑营造中的空间内向性意识出发，结合代表性设计案例阐述内向性空间设计思路在当代城市发展中的转化方法，提炼出发展意识、服务内容、空间价值、核心认知四大转化要点，探讨利用内向性设计思维解决城市外向扩张所积累的问题的可能性。

【关键词】内向性；转化；互补；传统与当代；城市

【当代危机：外向化城市对内向情感的排斥】一方面，物质性联结功能作为城市实体的基础价值，逐渐变得更加开放的互联网所削弱；另一方面，城市的精神价值逐渐让位于大规模的经济发展。因此，在物质层面，城市作为"交流平台"的联系功能逐渐被网络取代；在精神层面，当代城市趋向单一的外向性、快节奏的发展模式已无法满足居民的基本情感需求。

【传统城市的内向性空间：从中西方城市发展的角度看】在整体发展模式上，通过对比分析仍然会发现中西方城市的成长存在相对不同的外向或内向倾向。相比于中国传统城市，西方城市的发展更加倾向于外向扩张的方式。中国多数传统城市的发展则具有更为明显的内向收缩的倾向：城市建立于农业文明的基础之上，有"农本商末"之分。城市的生长是一种先由外及内确立框架，再由内向外填充核心的内向化充实活动。着眼于中国传统城市内部，家庭与院落作为城市的基础组成部分，显然也处于这种内向化填充活动的框架内。内向性空间须包含功能（防御、管理）与精神（情感意义）两重意义。当代城市发展尤其需要吸收传统内向性空间的精神意义，重点在于进行适于当代都市发展的转化，以解决城市在单一外向化扩张模式中衍生的问题。

【内向性在当代城市发展模式中的转化】发展与教育意识的转化：由"无意识、自发性"到"自觉性、批判性"。传统城市聚落的发展结果表明，人们已认识到内向空间的物质意义，即将城墙作为边界限定要素，以及城市之内的内向稳定性、城市之外的外向不确定性。但这一认识多是基于物质需求，抛开基本的统治与防御需求，内向化空间场所的精神意义实际上是被忽视的。这是从"无意识"到"自发性"的过程。即内向性之于外向性的精神互补意义，才是当代城市发展与建筑学教育需要重点吸收的。对于内向性的探索，逐渐由"自觉性"走向"批判性"，即摒弃内向性的一部分表面物质约束，发掘并扩充其精神互补意义。服务内容的转化：由物质功能转向精神功能。在感受层面，内向空间往往使人关注于空间内的信息；外向空间为人提供开放感、社交性，激发人的进出空间，使人感受空间之间的联系。而在当代，内向空间的服务重点不再是"防御性"，而是由"防御性"转化为"舒适性"，"基本物质功能"转化为"精神服务"。建筑在满足老年人功能需求的同时，往往还需要考虑其渴望沟通交流的精神诉求。这种新的服务功能不仅对适老化建筑具有重要意义，在面向年轻群体的需求时也能显现优势。服务内容的转化并非要求设计者放弃物质意义方面的探索，在某些情况下，传统内向空间所具备的管理、防御性功能甚至可能被强化。

空间价值的转化：外部空间价值向内转。实现上述精神服务意义，需要发挥内向空间所具备的内聚特征，即吸收外界的物质精神价值，充实空间本身的价值，这实际上是一种空间价值发生转化的现象。由内向院落与城市街道间的价值关系可以发现：院落空间的内向丰富使得原本属于街道的交通、美学、物质交流价值转移到了封闭院落的内部。虽然城市街道的价值有所下降，但院落内部的空间、路径丰富性弥补甚至强化了城市整体的空间价值总量。内向空间不仅聚集了城市的精神价值，而且充实了物质价值。这种物质价值向内转移的探索在当代具有重要的实践意义，尤其体现在购物中心及商业综合体的设计中，"它使原有街面的价值'内翻'—其店面和价值（效益等）从原有的街道沿线转向街坊内部，最大限度的活动和价值从原有的街角趋向于街坊中央，而交通效益最高的街角区域变成了最低价值使用用地"。改造后的成都宽窄巷子内向化的交通网最大化地提升了原有老建筑的价值，内向化的格局让如今的商业旅游区在保留原有格局的情况下实现了街道价值的向内转移。英国 Queensgate Centre 步行街的改造设计采取符合原有肌理的内向化布局，最终呈现为充分利用并丰富场地内部的空间，并将外围街道的价值转移到商业中心内部（图 1）。

这种外部空间价值向内转移的结果具有多重积极意义：其一，人们在建筑间活动时可免受外界环境及交通状况的干扰，尽可能地保证了人们活动的舒适性；其二，内向化的改造模式在旧城空间改造中能大幅减少外界环境的拆迁、整治费用，同时基于原有状况的更新方式也更加符合老城的肌理；其三，开拓了建筑内部的空间价值，曾经的内部低价值商铺区在重新组织的内向化空间中焕发生机，商业空间的整体价值得到了深入挖掘。

核心认知的转化：外部的内向性，内部的外向性。院落与建筑吸纳街道的价值，使得空间价值发生转化，这是外界环境的内向化收缩；而街道的价值在院落中得到再设计，院落内部空间进一步发散与丰富，这是内部场所的外向化扩张。

从传统建筑的角度来看，这种内向与外向相互穿插的空间关系在园林式院落中表现得尤为突出，应该明确的是，园林的内向性与外向性并非一种绝对的对立关系。事实上两者是一种并置的状态，即园子的外部是内向的，而内部是外向的。谢子龙影像艺术馆便是一个当代设计中传统空间内向性意识成功转化的典型案例。谢子龙影像艺术馆在直观的视觉表达与空间感受上是内向的，但设计师并未将建筑局限在内向性的精神和视觉感受内，

而是在整体内向的基础上采用外向开放的路径设计，使得馆内、馆外的功能与空间交织穿插，形成丰富的空间感受（图 2）。

【结语】由传统到当代，自建筑到城市，空间的内向性意识一直潜移默化不同时代的设计建造活动；而时代的飞速发展也同样反作用于内向性思维，使其发生诸多当代化的转译。

在古代传统社会，空间的内向性思维未得到体系化的认知，却在城市总体层面被潜在而广泛地运用于防御及管理，在个体层面为家庭的情感内聚提供催化作用。而当下建筑与城市发展的矛盾迫使人们挖掘被忽视的传统内向性意识，吸收其积极的精神内涵，摒弃部分不合时宜的物质作用，提炼出整体而辩证的学术成果，进而充分发扬其在设计领域的重要转化意义。综上，传统空间内向性的当代转化可提炼为：在空间服务内容上由物质需求转向精神互补，在空间价值上由外部转向内部，在空间核心认知上由外部隔离转向内部充实。

1a 传统街道外向组织　　　　1b 购物中心内向组织

图 1 街道价值"内翻"示意图

图 2 谢子龙影像艺术馆

柳士英的社会改良理想及住宅救济主张与实践

LIUShiying's Ideas of Social Improvement and His Propositions and Practices on Residential Remedy

余燚[1] 陈平[2]

1 湖南大学建筑与规划学院，助理教授，yiyu@hnu.edu.cn
2 湖南大学建筑与规划学院，硕士研究生，chenping199301@foxmail.com

原文发表于《建筑师》2020 年第 5 期，本文为节选

【摘要】为了探寻近现代建筑师柳士英的深层建筑思想，本文基于柳士英 1934 年发表的《现代住宅救济问题》一文，从个人经历、时局影响等方面深入分析其住宅救济主张形成的背景，并以湖南大学校园的集体宿舍等居住建筑规划与设计为案例，考察他的相关实践。通过聚焦"住宅救济"，这一其职业生涯中看似并不显著的主张和工作，试图揭示柳士英坚持一生的社会改良理想，有可能是他的建筑思想中的核心理念。

【关键词】柳士英；社会改良；住宅救济；近代住宅；湖南大学校园

柳士英（1893—1973）是中国近代著名建筑师、建筑教育家。受投身辛亥革命的兄长柳伯英的影响，早年留学日本东京高等工业学校建筑科的柳士英，1920 年毕业回国后，一直致力于中国的社会改良，并通过兴办教育、宣传科学、推动城市现代化改造，以及进行现代建筑创作去实践这一理想。1934 年，柳士英在《中国建设》杂志上发表了《现代住宅救济问题》一文（以下简称《救济》），充分表达了他的住宅救济主张。本文聚焦他职业生涯中一个看似并不显著的主张和工作——"住宅救济"和设计，并试图从中管窥他的建筑思想中凌驾于建筑风格之上的核心——社会改良理想。

1 《救济》的主要内容

《救济》开篇指出，当时中国各地都市中，虽然因为工商业的发展尚属幼稚，住宅的土地和房屋还没有呈现紧张局面，但是问题严重："布置无计划，构造无学理，取缔无方法；举凡关于健康经济保安诸端，每不受其弊害。"柳士英认为的救济之法，"不独对于住宅本身之改善，即其环境、其供给，皆应有秩序之计划，以有机之组织，改造都市，实现将来之理想乡为其鹄的"。

文中旋即提出三点具体的救济方向，它们分别是：

（1）先要得到健全的建筑地。（2）然后再讲合理的建筑法。（3）还要推行适当的建筑政策。文章最后柳士英希望他提出的救济方法，可以分类由政府、民间、建筑界三方共同执行。

2 柳士英"住宅救济"主张形成的背景

2.1 早已有之的社会改良理想

早在从日本留学回国不久，柳士英就在关注中国的住宅问题，并将中国社会的改良与住宅设计联系在一起。柳士英于《申报》1924 年 2 月 17 日的《沪华海公司工程师宴客并论建筑》（以下简称《论建筑》）中提出自己对中国住宅与国民性关系的看法：萎靡不振之精神时映射于"只图其表，已忘其实"的建筑，民性铺张而生出"官衙式之住宅"，"便厕式之弄堂"体现民心龌龊，"监狱式之围墙"和"戏馆式之官厅"则将道德卑陋和知识缺乏暴露殆尽。基于这样彻底否定中国传统住宅（也包括传统建筑）的造型、布局、功能、卫生状况所体现的落后文化的态度，柳士英提出应当致力于艺术运动和生活改良，中国文化才有望振兴。

10 年后随着《救济》的提出，柳士英依然坚持对中国传统住宅和落后国民性的否定。但是，他对"吾国旧式住宅"除了直觉上的文化认识以外，也找到了采光、潮湿、色彩等造成消极影响的物质性要素；他除了犀利地批判，还进一步"求其救济之方法"，并且是从规划、设计、政策三个层面系统地思考；他建议的对策不再浮于艺术运动和生活改良的大方向，而是指出住宅救济"错综复杂"，勉励专业或非专业的不同人群合作，分别应对不同类型的问题。尤为重要的进步是，除了就建筑发议论，他深刻地认识到住宅是牵涉健康、经济、保安各方面的重大民生问题。不光住宅本身要改善，其环境、供给的有序计划，都对改造都市、实现理想乡，非常重要。

从 1924 年自己的建筑事务所成立之初到 1934 年

处处碰壁无法学以致用，柳士英虽然历经事业失败，但热切的社会改良理想没有改变。这番理想让他关于住宅救济的"思想火花"经过10年淬炼，进而发展成了势若燎原的火苗。

2.2 从"人"的角度反思传统住宅

柳士英在《论建筑》和《救济》中，都表达了对中国传统住宅根本性的质疑，即宛如官衙、不为居住目的，无以给居住者安慰与愉快。这个重要且特殊的观点据考据，最早可能来自孙中山在1918年完成的《实业计划》。还有一位表达了相似意见的是建筑师盛承彦，他不仅与柳士英一样毕业于东京高等工业学校建筑科，而且两人都与中华学艺社联系紧密。他在1921年发表于《学艺》上的《住宅改良》一文均与柳士英对不合理建筑法的意见一致。

研究近代留日建筑学人的学者徐苏斌认为，盛、柳两人的共同观点受到了新文化运动以及日本住宅改良运动的影响，表现为"人"的发现。这也许是时代背景下英雄所见略同的巧合，但考虑到柳氏兄弟的革命经历和孙中山当时的影响力，以及盛、柳二人的渊源，柳士英受到了意见领袖和同学、同人的影响、启发，是更有可能的。无论是哪种情况，三人对传统住宅的批判意见是当时新思潮对待传统的态度在住宅乃至建筑文化上的反映和率先发声：应当把具体的"人"作为思考的出发点。

2.3 1920-1930年代上海的住宅问题

促成柳士英思想进一步成熟的主要起因还应该在于他对上海住宅问题状况的认识。1920-1930年代，上海的住房供给乱象丛生，"房荒"严重。经年战事和城市发展使得人口持续增加，加上投机买卖导致地价激增、房租急涨，逼迫大量底层人民栖居棚户区，生存环境恶劣。

柳士英在《救济》中不仅对问题的严重性和发展趋势判断准确，而且他提出的用地、设计、政策救济之法，都基于国情，也比较全面，分别直指住房供给乱象的根源。同时，他明确地指出其中除了技术问题，还有社会问题，而且主要解决之道在于政府应有"绵密周到之政策"，全社会应当"提携合作，以求互助"。这是他的住宅救济思想的独特之处。

2.4 苏州的工务实践

除了用地、设计，柳士英在《救济》中还列举了非常关键的政策救济之法，包括公营调节、公益补助、平均地权和金融改革等。柳士英的政策救济之法的思路比一般的知识分子更克制、务实，更了解问题的全貌。除

了倡导社会改良，柳士英还担任过技术型官员，操作了相关的社会建设——应该是苏州工务实践使柳士英对住宅问题和解决方法又有新的认识。

1928年至1930年，柳士英作为建市后首任工务局局长参与了苏州的城市建设实践，积极地进行市区勘测、工程视察、计划拟订、民情调查……在他的主持和新政府的支持下，制定并部分实现了《苏州工务计划设想》。这段最终因经费短缺、受到反对者阻挠，随着苏州撤市而中断的工作，使他深刻地感受到了经济、社会、政治等非技术性因素对规划、建筑等技术工作的关键性影响。从而，《救济》明确指出政策是住宅救济问题非常关键的一环："惟有藉政治之权利。"

3 柳士英的"住宅救济"实践

《救济》发表的同年年末，柳士英离开上海到了长沙。随后的30年间，他先后担任重建湖南大学建筑委员会委员、校级领导兼管校舍规划。尤其是1946年湖大从辰溪迁回之后，他在战后复建中获得了充分的规划和设计湖大校园建筑的机会，包括大量的学生、教职工宿舍等居住建筑。尽管湖南大学校园的发展历经周折，却是他实践《救济》一文中所追求理想的极好机会。柳士英在湖南大学居住建筑规划上，根据同心圆规划方案统筹兼顾、因地制宜；在居住建筑单体设计上，则为居住者的身心健康提升空间质量，重视设施问题。

4 总结

柳士英的住宅救济主张可以追溯至1924年，10年间在社会现实、工作经历的影响下发展得丰满、全面、务实，终于在1934年——他的个人事业转折之际，表达于《救济》一文。他就此提出的种种主张，超越了"科学救国"的思潮，点出了住宅问题各个层面的要害，在当时的社会现实下有一定的先进性。

1934年之后柳士英开始在湖南大学校园这片试验田上进行住宅救济实践。他坚持通过改造物质环境提升国民性，以实现社会改良的思路，利用每一次为师生规划、设计住所的机会，尝试、验证自己对居住建筑设计的设想——如何保障并关照居住者的身心健康，孜孜不倦地谋求创新。

作为一名建筑师、建筑教育家，柳士英的住宅救济主张与实践也许并不醒目。但是，他为了寄托在住宅救济中的社会改良理想，在设计、工务、教育等不同战线上屡败屡战，坚持一生。这也许是他的建筑思想中最核心的理念。

汉水上游古城镇防御体系变迁及空间特征研究
——以川陕战区汉中古城为例

Study on the Change of Defense System and Spatial Characteristics of Ancient Towns in the Upper Reaches of Hanshui River: Take the Ancient City of Hanzhong in Sichuan-Shaanxi War Zone as an Example

张卫[1]　胡根根[1]

1 湖南大学建筑与规划学院，长沙 410082

本文发表于《新建筑》2020 年第 3 期

【摘要】中国古代历史上南北对峙的局面较为漫长，南北对峙的界限主要在汉水流域及其南北附近。始建于汉代的汉中，既作为汉水上游区域的城镇防御核心，又作为川陕战区的区域政治中心，其古城镇军事戍防空间适应性演化对现代古城更新与生长具有重要启示。本文聚焦于汉中古城适应性变迁过程，在详细明晰了汉中古城的历史沿革及区域性防御形成历程的基础上，进一步将汉中古城镇防御空间构成要素解析为自然要素、人工要素和非物质要素，分层级解读古城镇的选址布局、地理环境与城郭防御、街巷防御、建筑防御以及军事策略的空间特征演化模式，并就川陕汉水上游汉中古城的防御空间适应性演化模式对古城更新与生长的价值与意义进行评价。

【关键词】汉水上游；川陕战区；汉中古城；适应性变迁；防御空间

中国古代历史上以军事功能为主的城市或主要的设防城市，就必然有坚固的城墙和一整套军事防御工程，并驻扎重兵。南北长期对峙使秦岭—淮河沿线形成了以城池、寨堡、关隘、渡口等为主体的城镇防御空间体系，独特的政军格局对中国古代社会、经济与文化产生了深刻的影响。汉中作为川陕战区和汉水上游的区域性防御核心，留下了许多体系完善和类型丰富的军事工程，是研究古代城市建设与汉水流域军事防御的重要案例。本文选取川陕战区汉水上游的汉中古城为研究对象，分析其防御历史演变及空间特征，对古代城镇空间形态背后的文化脉络进行梳理，以期古城能够更好地适应现代城市的非线性发展和生长模式。

自然防御格局方面，中国历史上南北分裂时代，其界限往往在西部且多以秦岭或大巴、米仓山脉为界，都城选址的地理形势是否利于军事防御，这是选址的一个重大问题，而且都会注意地理环境是否利于防御，筑城利用地形，事半而功倍。兴元府位于汉水上游，"梁山东险，控巴岷之道路"形成了完整的天然防御体系。汉中古城护城河，据记载为"（万历）三十年……环以池，阔十丈，深八丈八尺"。汉中作为汉水流域上游治所城市之一和历代兵家必争之地，其护城河的反复拓建成为必然。

人工防御格局方面，汉中古城的人工防御体系可分为城郭防御、街巷防御和建筑防御三个层级，形成了由外到内的防御层级：

（1）城郭防御格局。古城城郭作为古城最外层的防御体系，防御建筑主要由内外城墙、城门、城楼、瓮城等构成。汉中古城在城门处都设有瓮城，增强城郭防御能力，汉代开始在汉中城内修筑子城；至宋代，子城已不具备功能性；元代的毁城造成子城的消失；到了明代，由于官制的改变，地方城市中出现了新的衙署机构，且不再受子城的约束而在城内分散布局，古城内子城已不复存在，城市形态在明清时已由"回"字形转变为"口"字形；现今残留下来的城墙是明清时期修建的城郭。

明清时期汉中府城"门四，东曰朝阳，南曰望江，

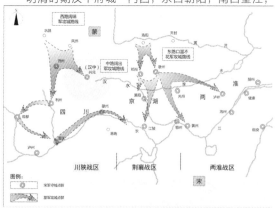

图 1　宋蒙南北对峙界限的三大战区示意

西曰振武，北曰拱辰"。城基外围周长 5592 m，城外设有瓮城，城墙外距城壕之间有 15 m 宽的开敞地带，城壕河水绕城一周，组成了最外层防御空间的构成要素。汉中古城的空间要素体现了城池是军事防御与防洪工程的统一体，古城的水系是多功能的统一体，这也是古城血脉的两个特点。古城东南西北四个城门，内侧有登城斜道，每个城门出口城墙上约有两层门楼。明代是我国古代军事工程高度发展的时期，城墙城池式军事筑城已经发展到相当成熟的阶段，这同朱元璋推行的"高筑墙"方针一致，通过修建、扩建旧城和增建新城，达到固边关、守要隘、扼重镇、控枢纽、防内乱、御外敌、保持明王朝长治久安的目的。

（2）街巷防御格局。古代城市规划思想主要体现在道路布局上，并沿袭传统习惯遵循"门口不相对，道路不直通"的设计原则。一般的县城多为每边开一个城门，道路系统呈十字形或丁字形，都城及府州城的道路可分为干道、一般街道、巷三级，县城的道路可分为街、巷二级。明嘉靖时期，城内街巷布置将通向四座城门的主要街道打断，形成街巷道路交叉连续的 L 转角形节点的防御空间形式。清初城内街巷布置为主要街道错位对接另一条路，形成十字错位交叉形的街巷防御形式；并且辅以一般街道和街巷，形成十字街和小十字街的格网状空间结构。汉中古城主要街道空间较开阔，是主要的防御对象和军事设施的布置场所。汉中古城街巷布局形式在明初到民国时期发生了局部的变化，城内主要街道大体保持稳定，随着城市的演变和发展，现在传统城市的结构变得越来越难以适应城市发展的需求，汉中古城内街道网也演变为易于社区居民生活起居的十字形街巷。

（3）建筑防御格局。南宋川陕战区边疆防御充分利用地理形势，在大战区内划分小区域，形成了由外到内的多层级环状防御体系。在南宋川陕战区的西部，具有重要战略地位的阶州、成州、西和州、凤州和天水军，被称为关外五州，是抵御金、蒙进攻的最外层线状防御体系。川陕战区在军事戍防上的突出特点是以兴州府、金州府与兴元府作为三大屯驻重心，其中以兴元府为核心，金州与兴州为东西两翼，作为其内层线状防御核心，在整个川陕战防体系中，既有军事屯驻重心，又有外部护卫屏障，宋军占据交通要道上的关隘要地，从而形成一个有机的整体。

汉中古城的城池防御空间构成的自然要素遵循靠山临水的原则，防御空间构成的人工要素具备完善的城郭防御格局。对汉中古城防御空间的要素结构进行分析，将有利于进一步丰富两宋军事防御史，给现今古城适应变迁更新的发展提供了一个研究模式，同时也有利于对整个汉水流域防御体系的研究。

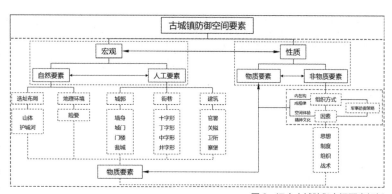

图2 汉中古城防御空间要素解析

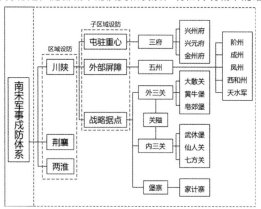

图3 南宋川陕军事戍防体系示意图

古代楚文化在湖湘建筑艺术中的遗存
The Remains of Ancient Chu Culture in Huxiang Architectural Art

柳肃[1]

1 柳肃，教授，湖南大学建筑与规划学院，长沙 410082

本文发表于《建筑遗产》2018 年第 3 期

【摘要】楚文化是中国古代文化的一个重要支系，其艺术风格以浪漫主义为基本特征，与中原文化的现实主义形成了鲜明对比。秦灭六国统一天下后楚国灭亡，导致楚文化走向衰落。但是在湖南及其周边南方省份中又保存着具有浪漫气质的传统建筑，与北方建筑风格完全不同，显然是古代楚文化的遗存。本文列举了楚文化与中原文化的差异，论述了楚国建筑与楚国艺术的基本特征，最后分析了楚文化的衰落和它在湖湘地区等南方建筑中的遗存及其原因。

【关键词】楚文化；浪漫主义；文化特质；南方建筑；遗存

图 1 马王堆汉墓彩绘棺椁
（图片来源：湖南省博物馆编《长沙马王堆汉墓陈列》，中华书局 2017 年版）

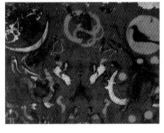

图 2 马王堆汉墓 T 形帛画局部（图片来源：同图 1）

1 楚文化与中原文化

上古时代中国文化起源于黄河流域和长江流域，到先秦时代已经全面成形。诸子百家所提出的哲学思想、社会政治和文学艺术等观念在这一时代百花齐放，达到了后人难以企及的高度。

在文学艺术领域，先秦时期形成了两大基本倾向——现实主义和浪漫主义。虽然古代并没有"现实主义"和"浪漫主义"两个名词，人们也没有自觉明确地划分这两大派别。但是在文学艺术作品中，这两种不同的思想倾向和艺术风格已经表现出明显的特征和差异，并且这两大倾向分别明显对应着某些特定的地域文化，即北方黄河流域的中原文化和南方长江流域的楚文化。中原文化的基本特征是现实主义，楚文化的基本特征是浪漫主义。

中原文化之文学艺术的典型代表是《诗经》，南方楚文化之文学艺术的主要代表是《楚辞》。

《诗经》是现实主义的，《楚辞》则是浪漫主义艺术的典型。与（建成）环境无关。

2 楚国建筑与楚国的艺术

春秋战国时列国争雄，楚国占据长江以南大部分地区，是当时除秦国以外最强大的诸侯国。

楚国的文化艺术极其发达，从古代文献和今天出土的墓葬器物来看，楚国的艺术水平之高达到了令人难以置信的程度。例如，湖北随州曾侯乙墓出土的大型青铜编钟，大小 65 个编钟，音域跨 5 个半八度，12 个半音。铸造工艺精美，音域宽广，反映了当时的艺术成就。

楚国的建筑目前已无实物存在，但从相关文献的记载和考古实物推测，楚国的建筑艺术以豪华绚丽为基本特征。

这一特点鲜明地表现在壁画装饰艺术上。东汉王逸在《天问序》中记载了春秋战国时期楚国的壁画形象"楚有先王之庙及公卿祠堂，图画天地山川神灵，琦玮僪佹，及古贤圣怪物行事"，并说屈原就是看了这些壁画才写出了想象奇特的《天问》。可见南方楚国建筑的壁画与中原地区大异其趣，是浪漫主义风格的明显体现。

楚国的建筑和服饰、器物的装饰色彩以红黑两色为主，也是浪漫气质的一种表现。

马王堆汉墓出土的文物基本上就是一整套楚文化艺术的诠释。棺椁和随葬器物凡有色彩的基本上以红黑两色为基调，画着各种卷曲的云纹图案，透着浓厚的浪漫气质（图1）。绘画的内容以神话鬼怪为主，马王堆文物中最著名的T形帛画中内容涵盖天上、地下、人间、鬼神，想象奇幻，色彩绚烂，充满着神秘而浪漫的气息（图2）。

3 楚文化的衰落和遗存

由于内部矛盾等原因，强大的楚国走向衰落，最终被秦国所灭，楚的浪漫主义文化也受到重创。楚文化作为一支曾经强大的文化支系，并没有随着楚国的灭亡而立刻消失。湖南、湖北地区一些汉墓中出土的文物具有非常明显的楚文化特色，和春秋战国楚墓出土的文物基本上没有区别。真正的变化应是在东汉魏晋以后，在魏晋以后的出土文物中，再也不见想象奇幻的神话故事及红黑两色的绚烂装饰。楚文化中的浪漫主义因素几乎消失殆尽。

但在建筑领域，广大南方地区的传统建筑在造型和装饰艺术中仍然保留着很多神秘的因素。这主要体现在建筑造型的夸张奇异、装饰艺术的精巧绚丽等方面。例如湖南古建筑屋顶屋角超乎寻常的高翘（图3、图4），湖南特有的封火山墙造型奇异（图5、图6），显示出一种神秘而浪漫的气息。

当年代表楚文化的文学艺术和建筑等早已不复存在。

但是在南方尤其是湖湘地域的传统建筑中有明显的楚文化遗存。据笔者初步分析，大体有如下三方面的原因：

第一，南方地处偏远。中国历史上的王朝中心一般都在北方中原地区，在数千年的历史中，南方地区长期处于边缘地带，在思想文化方面受中央王朝的控制和影响相对较弱，较多地保存了本地域自己的文化特色。

第二，少数民族文化的影响。古代楚文化的中心地带——湖广地区（今天湖北、湖南及其周边地域），处在南方少数民族聚居地与汉族聚居地的交界地域。而这些少数民族的文化在一定意义上与古代楚文化有很多共通之处，如苗族的傩文化和楚文化中的巫文化就非常类似。当年屈原流浪的沅水流域就是今天的湘西，东汉王逸《楚辞章句》中说"昔楚国南郢之邑，沅、湘之间，其俗信鬼而好祠"讲的就是今天湘西和湘中之间的交界地域古代少数民族在思想文化上较少受到中央王朝的制约，很大程度上保留了自身的文化特点。而这种文化特点又恰好和古代楚文化类似，于是在这种少数民族文化和汉族文化互相交融的地域，保存下来这种奇异的文化支系，也是顺理成章的。

第三，物质形态的文化比精神形态的文化更坚韧，延续的时间更为持久。作为精神文化的政治、哲学、文学、艺术等，随着时代变化可能在短时间内发生变化。而建筑作为一种物质形态的文化，不易受时代政治和意识形态的影响，其延续时间可以超越时代。楚文化在两千多年的历史长河中已经基本湮灭，但是在南方地区的传统建筑中所显现出的古代楚文化因素的遗存，体现了建筑文化自身发展的特殊性。这对于我们今天探讨建筑文化的发展问题具有重要的启示意义。

图3 长沙榔梨陶公庙（图片来源：柳肃摄影）

图4 湖南邵阳水府庙（图片来源：柳肃摄影）

图5 湖南特有的封火墙造型1（图片来源：柳肃摄影）

图6 湖南特有的封火墙造型2（图片来源：柳肃摄影）

万里茶道湖南资水沿线建筑遗产廊道构建研究

Study on the Construction of Architectural Heritage Corridor along Tea Road in Zishui, Hunan

陈翚[1]　曹冬[2]　邹园[2]　孟思程[2]

1 湖南大学建筑与规划学院，长沙 410082 副教授

2 湖南大学建筑与规划学院，长沙 410082 硕士研究生

本文发表于《建筑遗产》2018 年第 3 期

【摘要】遗产廊道的概念源于美国，强调的是一种线性文化景观，是一种针对线性文化遗产区域保护，实现遗产保护和自然保护共赢的新型保护方法。准确构建遗产廊道对于万里茶道建筑遗产的完整性和原真性保护具有重要意义。本文意图通过深入分析万里茶道湖南资水沿线建筑遗产的分布、遗产关联性和空间结构，从历史和空间关联度等多个方面明确各遗产点之间的组构关系，还原其真实的遗产价值，提升遗产点的整体社会认可度，以此构建合理的湖南资水沿线建筑遗产廊道。本文研究不仅有利于推进万里茶道申遗工作，也可为中国线性文化遗产的整体保护提供一种新的思路。

【关键词】万里茶道；湖南资水；线性文化遗产；遗产廊道

【引言】万里茶道是丝绸之路衰落后在欧亚大陆兴起的一条重要的国际商道。万里茶道是一条景观带，也是一条文化线路。它拥有的不是孤立的遗产个体，而是一个具有完整体系的物质和非物质文化遗产的总和。湖南作为万里茶道环洞庭湖产茶区段的重要省份，素有"茶乡"之称，茶文化遗存十分丰富。其中资水沿线是湖南黑茶"产、制、运"的主要地区，在该省茶业发展史上有着无可替代的地位和贡献。本文引入遗产廊道的概念，分析资水沿线遗产空间结构特征，意图整合孤立的茶文化遗存节点资源，建立基于万里茶道历史背景的整体遗产空间开放系统，从宏观、中观和微观的角度对资水沿线重要的茶文化节点进行梳理整合，为研究万里茶道资水沿线建筑遗产的保护策略提供可靠的依据。

【资水沿线建筑遗产现状】万里茶道资水沿线建筑遗产类型包括古茶行、古茶厂、茶亭、茶园、码头、风雨桥、古驿道及古街等八大类，共计 90 余项。其中大多数已经或即将被列为国家和省市等各级保护单位。目前，资水沿线已经被列入申遗预备名录的建筑遗产，大部分保存完整，少部分因岁月变迁和经济发展原因遭受破坏，损害较大。还有少部分茶厂、茶园至今仍在使用当中，并承担着产茶、运输或贸易等功能。

【资水沿线建筑遗产关联性分析】对遗产点进行关联性分析，是基于特定的历史时期及地理文化背景，以茶种植、茶制作、茶贸易、茶运输等与茶道相关的行为和历史事件为依据，从空间上分析遗产点个体在不同层级上的内在关联，判定其对文化线路整体性的价值和贡献。通过对遗产要素进行关联性分析，确定遗产"小组合"，突出其代表性价值，弥补单个遗产在内涵丰富性和规模表达上的不足，提升遗产价值特征和整体关系的呈现程度。例如，按照功能类型对资水沿线建筑遗产进行关联性小组合，可以分为"产地类"组合，即村落 + 茶园 + 茶场；"设施类"组合，即古道 + 茶亭 + 桥梁；"产物类"组合，即集镇 + 码头 + 茶庄；等等。

"点"的构型：以资水沿线安化县的遗产廊道构建为例，确立以每个像素点为单位的遗产群，基于遗产的功能及服务半径，建立遗产价值半径，得到价值圆圈。单个遗产点的半径越大，在整条路线上的拓扑深度值就越小，空间整合度就越高，可以更加精确地建立遗产廊道的范围和线路走向。利用空间整合的研究方法来研究"遗产空间"内各遗产要素之间的相互关系，主要凭借研究建筑遗产要素之间的结构关联性来反映其所承载的物质功能、社会功能及其隐含的复杂社会关系。

"线"的构型：实际上，遗产廊道的提出是基于一种假设：民族迁徙、文化交流存在着一定的节点和路线构成的网络格局。将这些节点联系起来形成的线性廊道，即"遗产廊道"。

"线"的构型确立可从两方面进行考虑：

A. 连接。基于茶道商业行为的线性关联，满足遗产区域功能及文化相关和运作等，使其中的游憩功能得以实现。

B. 整合。对资水沿线不同遗产区域进行遗产整合分析，将遗产的空间关系简化为一种网络廊道关系，各遗产区域作为资水沿线建筑遗产廊道的构建节点，以资水沿线为主要空间骨架，形成一种跨区域网络廊道关系。

【资水沿线建筑遗产整体空间整合】整合整体空间关联的有效性和完整性，需与区域保护结合紧密，遵循"空间拓扑"网络结构，从遗产群到遗产空间整体关联性研究方法，把有相似茶文化背景的遗产区域串联起来，形成一个完整的遗产系统，完整真实地呈现出遗产区域中某一段特定历史和社会贸易行为。将碎片化的遗产群体整合成遗产群，基于"拓扑学原理"，组构遗产群体保护层次，最终形成一个完整的系统和整体空间关联。湖南资水沿线建筑遗产组团分布以益阳安化县－岳阳临湘市为轴线，呈离散分布（图1）。

图1 万里茶道资水沿线建筑遗产廊道概念模型

【资水沿线建筑遗产廊道分析】主要遗产廊道：万里茶道资水沿线以水系、道路等线性文化遗产为空间骨架，连接各重要遗产点或遗产片区，包括古街、古茶园、古村落等，形成完整的遗产廊道。其主要路线包括：西部平原地区主要以紧邻资水沿线的区域，即安化至岳阳，再北至汉口形成主线遗产廊道；南部临近山区主要以娄底新化县等地遗产点构成支线遗产廊道；东部岳阳市平江县、临湘市等地形成高山区遗产廊道。这些线路共同构成了万里茶道资水沿线的遗产廊道空间网络结构(图2)。

次要遗产廊道：以遗产区域大组团为核心，以茶道商业行为的运输路线为依托，通过分析地形和现场调研等，以遗产区域为单元组成次要遗产廊道。其构成元素为古茶亭、古驿道、风雨桥、古码头等，以及通过这些构成要素连接的其他乡土景观和古民居村落，等等。

【结语】万里茶道湖南资水沿线的建筑遗产形式类型丰富，空间组织多样，是人类社会行为、文化传播和经济发展的重要承载者和见证者，具有较高的历史和文化价值。本文以资水为空间骨架，遵从湖南黑茶从主产地安化出发，途经益阳、临湘等地，抵达汉口的历史贸易事实，整合沿线建筑遗产，分析每个遗产点之间的社会逻辑和内在关联性，构建万里茶道湖南资水沿线主要建筑遗产廊道，并提出次要遗产廊道的构想，为研究和保护万里茶道资水沿线建筑遗产提供一种有效的手段。

在遗产廊道的构建过程中，最关键的是"点"的判别和遗产小组合的构建。"点"的判别不仅在于它自身的功能类型，更重要的依据是它在整个文化线路上所处的位置和重要性，"点"更加丰富了遗产的内容；遗产小组合则突破了单个遗产点的价值评估，由多个遗产点要素组成的遗产群要比单个遗产点更能凸显整条文化线路的价值，内容也更加丰富，从而实现"1+1>2"的组合效应。

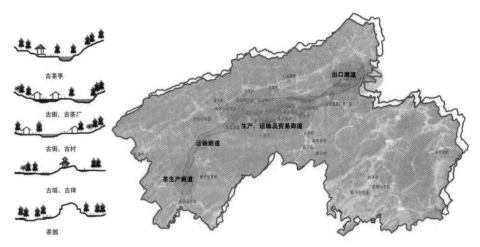

图2 安化县建筑遗产廊道概念模型

从岳麓秦简"芮盗卖公列地案"论秦代市肆建筑

Study on the Market buildings in the Qin Dynasty from "the Case of Rui Stealing and Selling Public Land" of Yuelu Qin Bamboo Slips

肖灿[1] 唐梦甜[1]

1 湖南大学建筑与规划学院，长沙，410000

【摘要】本文通过对岳麓秦简中一则盗卖市肆案件的司法文书的解读，结合考古发现和其他文献材料，论述了秦代的市、肆、列、市亭的概念界定、建筑形制、布局规划。

【关键词】岳麓秦简；市肆

　　近年来，多批次秦简的整理公布为秦史研究提供了新材料，许多存疑问题的探讨有了新进展。2013 年出版的《岳麓书院藏秦简（叁）》收录的是审案断狱的司法文书。文书中记有一则盗卖市肆铺位的案件，定名为"芮盗卖公列地案"。此案件发生于秦王政二十二年（公元前225 年），文书记录里保存着一些关于市肆的细节描述，为研究秦代市肆提供了难得的实例。本文意图依据这些新资料，结合其他文献材料，就秦代市肆在规划、营建、管理等方面的一些问题提出几点看法。

　　下面主要从城市规划史和建筑史的角度来分析这篇文书材料中提到的几个概念："市""列""肆""亭"。

"市"

　　在综合考察传世文献关于"市"的记载、考古发掘的秦代市场遗址（位于雍城北部）以及学界已有的相关研究成果的基础上，我们着重分析新见出土文献里的资料，诸如《岳麓书院藏秦简（贰）》（原书题名《数》）里的"宇方"条目、睡虎地秦简《秦律十八种·司空》里的"春城旦出徭者"条目、四川博物馆藏成都出土"市肆"画像砖（图1）等，分析推导出秦"市"的规模、布局：市呈方形，围以寰墙，四面居中各有一门，门内大路纵横相交，呈十字形，市中建有"市楼（旗亭）"，楼上悬鼓。另，平面接近方形，长宽百步左右，可能是当时规划城区用地的惯用尺度。

"列"和"肆"

　　"列"和"肆"都指市场中的商铺，只不过这两个

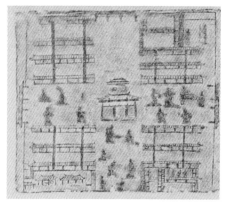

图1　四川博物馆藏成都出土"市肆"画像砖的照片及拓片

概念还是有指向微差。"芮盗卖公列地案"简文,可知"列"与"肆"的区别着重在是否"治盖"。"列"的含义倾向于商铺所占之地,并强调商铺用地的成行排列;"肆"的含义倾向于搭有棚盖、建有屋宇的商铺。对商人的"编伍"也是基于"列",见于《睡虎地秦墓竹简·秦律十八种》之《金布律》的记载。

"芮盗卖公列地案"里关于"列肆"的几个数据值得注意。"芮"盗卖的"列肆"的是"四百卅五尺"(约为今23平方米),与现在很多小商铺相似。将这个435平方尺店铺面积与雍城市场遗址面积对比,可更直观地感知雍城市场规模。(图2)再看"芮盗卖公列地案"里所记"列肆"的租价或转让价,同时参照《岳麓书院藏秦简(叁)》的另一个案件"识劫案"里记录,大致可看出当时的商铺租价情况。再对比《睡虎地秦墓竹简·秦律十八种》之《金布律》的"囚有寒者为褐衣"条目记载,也可大略看出"芮盗卖公列地案"的"列肆"租价并不算高昂。市场规模大、商铺租价不高,这样的有利条件必定吸引商人在市肆经营,繁荣商业,与"重关市之赋"的政策相配合,更能增加国家税收。但商业繁荣不一定就是得到官府扶持,而是利益所在。秦重农轻商,如《睡虎地秦墓竹简·为吏之道》有明文,商贾之家被轻视,不能分得田地。汉初也重农轻商。然而政府对老年人的优待政策却有允许在市肆经商、免收租金赋税的条令。见于武威出土的汉简《王杖十简》。年六十以上孤寡,他们的田地不收租,他们做买卖不收税,他们可以在市

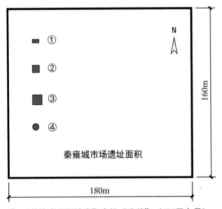

① "芮盗卖公列地案"中的"分肆"(435平方尺)
② 《数》中"方亭"占地面积("下方三丈")
③ 《数》中"方亭"占地面积("下方四丈")
④ 《数》中"圆亭"占地面积("下周八丈")

图2 秦雍城市场遗址面积与"肆""亭"面积对比示意图

场经营别人不许经营的酒类买卖。

"市亭"

"芮盗卖公列地案"文书中出现了管理市肆的官员:"亭佐驾""亭贺"。他们管理店铺承租权,管理"市籍",有承租人的记录,明辨申请人有无承租资格。又见岳麓书院藏秦简《金布律》的记载:"黔首卖奴婢(婢)、马牛及买者,各出廿二钱以质市亭。"也说明了"亭"对商业活动的管理权。另,从简文"十余岁时,王室置市府,夺材以为府"可知,管理市肆的机构还有"市府"。

关于秦"亭"制,城市中的"亭",而城外还有"乡亭"和广泛分布于荒野的"亭"。

对于"亭"的建筑形制的推测,可参考秦简《数》里关于"亭"的算题及术文。《数》所收录的算题和术文的内容与基层官吏的职责紧密相关,主要涉及租税、仓储物资管理、土地测量、建筑工程等方面的计算。《数》算题里的"亭"是方棱台和圆台,其建筑面积与秦雍城市场遗址的面积对比关系如图2所示。基于此,笔者的判断是:秦"亭"的建筑形制或者其中的标志性建筑形制,应是基座为正四棱台或圆台的高台建筑,基座台体可能是土石夯筑,也可能是有使用功能的单层或多层建筑。那么"亭"的分布是怎么规划的呢?"乡亭"有"十里一亭"之说,至于"市亭",可能就如市肆画像砖里描绘的景象,建在市场中心位置,"市亭",即"市楼"、"旗亭"。另外,《睡虎地秦墓竹简·封诊式》也见到了相关记载,或可这样推断:在都城里,"亭"按"街"设置,"亭"正好设于"市"中,则为"市亭"。

结语:本文通过对"芮盗卖公列地案"司法文书的分析,结合其他文献材料,理出关于秦代"市"的规划和样式的一些信息;区分了"列""肆"概念的指向微差,"列"偏指商铺所占之地,并强调用地的成行排列,"肆"偏指有地面建筑的商铺;对比"列肆"面积与市场面积,推测市场规模;分析"列肆"租价,得知商铺租价不高,这就降低了从商成本,利于商业繁荣,从而增加国家税赋收入;汉初有优待老年人允许其在市肆经营且不收租税的政策;"市亭"是高台建筑,台是四棱台或圆台,"亭"的体量大小可参照岳麓秦简《数》所记数据,"市亭"所处位置可能在市场中心,或可能"亭"按"街"设置,在市中则为"市亭"。

规划部分
Urban Planning
专题一

可持续发展的城市空间结构
Sustainable Urban Spatial Structure

教师团队
Teacher team

叶强
Ye Qiang

邱灿红
Qiu Canhong

许乙青
Xu Yiqing

肖艳阳
Xiao Yanyang

焦胜
Jiao Sheng

陈娜
Chen Na

周恺
Zhou Kai

冉静
Ran Jing

金瑞
Jin Rui

专题介绍
Presentations

　　本方向重点关注区域及城市空间结构和空间形态的空间演化规律和生成机制，关注收缩城市等具有研究急迫性的空间议题，关注万物互联时代下多源数据呈现的城市及区域发展新问题。在国内外权威期刊《城市规划》《地理研究》《国际城市规划》等发表论文 10 余篇。

空间异质性视角下的零售商业空间集聚及其影响机制研究
——以长沙市为例

Research on Retail Commercial Space Agglomeration and Its Influencing Mechanism Based on Spatial Heterogeneity:A Case Study of Changsha

叶强[1] 赵垚[2] 胡赞英[3] 潘若莼[4]

1 湖南大学建筑与规划学院，教授，博士生导师，yeqianghn@163.com
2 湖南大学建筑与规划学院，博士研究生，1045775521@qq.com
3 湖南大学建筑与规划学院，博士研究生，huzanying@163.com

本文发表于《现代城市研究》2021年第1期

【摘要】商业聚集及其影响要素具有明显的空间异质性，对其客观规律进行研讨应是商业地理学研究的重要内容，也是开展城市商业网点规划与科学管理的必然要求，但对于该问题的研究目前仍十分欠缺。以我国中部中心城市长沙为例，运用GWR模型对零售商业空间集聚影响要素的空间异质性进行剖析。研究表明：①长沙市仍保持"市级—区域性—社区"的商业空间结构，不同城市空间要素对零售商业空间集聚的影响强弱与正负效应存在显著的空间异质性，并总体呈现"中心—外围"结构。②市级商业中心受人流量、地铁建设、商务办公、名胜景点等要素影响较大；对区域性商业中心呈现积极影响的因素依次为人流 > 居住 > 商务办公 > 地铁 > 学校；社区级商业中心的推动因素主要为公交与居住空间。③地铁与公交站点对商业集聚性的影响存在空间互补性。

【关键词】零售商业；空间结构；集聚性；空间异质性；GWR；长沙市

　　商业空间既是城市经济活动最主要的载体又是城市中最为活跃的空间之一。商业空间作为影响城市空间结构演变主要的内在动力与决定因素一直是城市规划与地理学关注的热点领域。合理的商业空间结构是城市高效低耗发展的重要保证，也是满足人们生活需要的必然要求。科学合理的商业空间结构能够提高城市系统运转效率、更好地满足人们的生活需要。在商业空间集聚性研究领域中，虽对集聚性影响要素进行过大量研究，但对影响要素空间异质性研究仍极为缺乏。由此，本文选取我国中部中心城市长沙作为研究对象，运用POI数据，从城市点线面空间视角出发，整合城市多空间要素数据，结合城市商业空间结构研究成果选取商业中心影响因子，运用地理加权回归模型与GIS空间分析技术，以期在前期关于零售商业空间结构演变，商业网点规划实施评估，以及居住、交通、购物中心等要素对零售商业空间结构

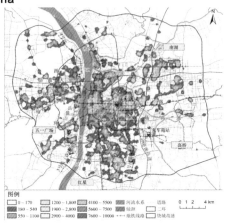

图1 长沙市零售商业空间集聚形态图业空间等级结构图

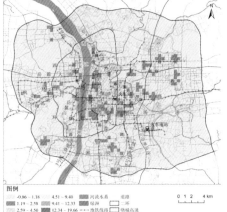

图2 长沙市零售商业空间集聚热点分布

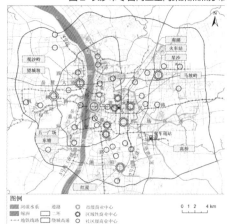

图3 长沙市零售商业空间等级结构图

影响研究的基础上对长沙市商业集聚性影响要素空间异质性进行深入分析与研究。

长沙市零售商业空间结构分析方法为以100m×100m网格对零售商业POI数据进行空间自相关分析，全局Moran's I指数为0.522，满足1%显著性检验，充分说明长沙市零售商业在空间分布上存在明显集聚性。分别以400m、800m、1200m、1600m四种核密度搜索半径进行对比分析后，结合常见街区大小将搜索半径设置为400m进行零售商业核密度分析（图1）。长沙市零售商业集聚性影响因素空间异质性分析方法为结合以往关于零售商业空间布局影响要素的分析，选取主流影响因子：购物中心、学校、居住小区、商务办公空间（写字楼）、历史街区或景点、医院、地铁站点、公交站点、日间人流数据共计九类并根据其空间特性分为"点—线—面"进行整合（变量代码见表1）对商业网点数据与影响因子数据分别进行核密度估计后以500m×500m网格对各要素进行空间矢量化。为避免影响因子冗余及多重共线性问题运用OLS回归并通过方差膨胀因子（VIF）与显著性P检验值（表1）进行检验。最终确定XX、MSJD、JZXQ、SWBG、GJZD、DTZD、RL作为影响因子进行地理加权回归分析。

城市零售商业空间集聚状态及其零售商业空间结构是城市系统多要素综合影响而形成的相对稳定状态，同时在多种要素的时空演变下发生重要变化，多要素的空间分布不均是城市零售商业空间集聚差异的主要原因所在。本文为厘清城市多功能空间要素对城市零售商业空间集聚及其空间结构影响的作用机理对长沙市绕城高速范围内零售商业空间结构及其多要素对零售商业空间集聚影响的空间异质性进行分析（图2），研究表明：①从长沙市零售商业空间结构特征来看，长沙市零售商业空间结构明显，层级清晰，呈现出"市级—区域性—社区级"三级商业等级结构（图3）。从空间分布来看，主要以五一广场为主核心，市级商业中心相对呈现减弱趋势；区域级商业中心在城市内部分布较为合理，空间扩散能力强；社区级商业中心发展相对均衡。②同等级商业集聚空间对于不同影响要素的响应存在明显的空间异质性。市级商业中心受人流量、地铁建设、商务办公、名胜景点等要素的影响较大，且呈现出极强的促进作用；对区域性商业中心呈现积极影响的因素复合程度较高，其强弱依次为：人流量＞居住＞商务办公＞写字楼＞地铁；社区级商业中心的积极推动因素主要为公交与居住空间；

占地面积较大的专业性市场或批发性市场零售商业集聚对地铁、学校、居住等要素的依赖性较弱。（图4~7）③各种影响要素对零售商业空间集聚的影响在空间上的表现存在显著差异，地铁与公交两大主体公共交通对城市零售空间的集聚影响较大，其影响在空间分布上呈现出互补状态（图8、图9）。各影响因子在空间分布上总体呈现出"中心—外围"特征，外围区域尤其是二环附近区域性商业中心推动要素的复合程度高于市中心区域，也表明外围区域对各要素的依赖程度更高（图10）。

图4 长沙市学校因子系数图　图5 长沙市居住空间因子系数图

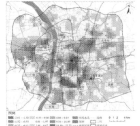

图6 长沙市名胜景点因子系数图 图7 长沙市商务办公因子系数图

图8 长沙市地铁因子系数图　　图9 长沙市公交因子系数图

图10 长沙市人流密度因子系数图

新时期沿黄省会城市商业空间结构及其空间服务能力研究 + 黄河专题

Research on Commercial Spatial Structure and Spatial Service Capability of Provincial Capital Cities along the Yellow River in the New Period

叶强[1] 赵垚[2] 谭畅[3] 马铭一 陈娜[4]

1 湖南大学建筑与规划学院，教授，博士生导师，yeqianghn@163.com

2 湖南大学建筑与规划学院，博士研究生，1045775521@qq.com

3 湖南大学建筑与规划学院，硕士研究生，1102731621@qq.com

4 湖南大学建筑与规划学院，副教授，chenna825@hnu.edu.cn

本文发表于《自然资源学报》2021 年第 1 期

【摘要】在"黄河战略"和推动供给侧结构性改革的双重背景下，考察沿黄城市商业空间格局对推动黄河流域城市经济高质量发展意义重大。本文以沿黄省会城市为例，通过核密度估计、标准差椭圆方法分析其商业空间结构，进而通过叠加分析方法探讨等级商业空间服务能力。结果表明：（1）市区人均社会零售品销售总额自黄河上游到下游总体呈现递增趋势，济南市是典型的积极消费型城市；（2）沿黄省会城市商业空间格局呈现出串珠型、单核心型、基础网络型、成熟网络型；（3）城市商业空间结构越成熟，空间服务能力越强，济南市等级商业空间服务能力显著，郑州市最差。研究结果能够为新时期黄河流域高质量发展与国土空间规划提供科学参考。

【关键词】城市商业；空间结构；商业服务能力；发展模式；黄河流域；省会城市

"黄河战略"明确指出黄河流域存在发展内生动力不足、产业转型困难等问题（图 1），提出提升黄河流域中心城市经济与人口承载力的要求。同时，国土空间规划在新的时代背景下正在且必然对国土空间、社会经济空间产生重大影响。人地耦合协同推进与人居环境改善在本质上是以实现自然与人类和谐共生、构建人类命运共同体为根本目标的，也是实现"黄河战略"的重要内涵与途径。

城市区域长期以来就是人地耦合最密集的区域，也是人地耦合与人居环境研究的热点区域。城市建成环境及其待开发区域的人地耦合主要表现为城市物质空间与社会空间耦合，是指城市发展过程中物质层面与社会层面上的构成在城市区域空间彼此作用的关联和相互依托的情景，及其协同演进的过程。其耦合的实现方式有两种：一是表现为物质空间为社会空间提供基础，二是表现为社会组织及其群体对物质空间的选择和选择后对其的干预和改造。城市商业中心是城市耦合系统的重要节点，商业用地是城市空间最为重要的物质空间，是社会群体与物质空间交互最为密切的区域，商业的空间集聚加剧了该空间的人地耦合强度。同时，商业活动是社会群体日常生活的主要组织成分。城市人居环境是城市经济稳

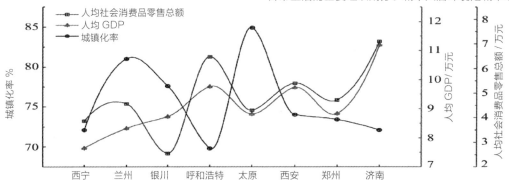

图 1 沿黄省会城市城镇化与经济发展水平

定有序发展的核心基础和载体，城市经济是人居环境发展的坚实基础和前置条件。因此，城市商业空间的研究是人地耦合与人居环境两个研究领域共同关注的焦点。

商业空间是城市空间结构与城市更新发展的重要因素，其结构、效应等一直是国内外地理学、经济学、城乡规划学等领域共同研究的热点问题。中观经济学推动了空间经济学理论体系，即资本不仅是在产业部门中流动而且在地域空间中流动，且二者同等重要。城市经济发展的核心原因是平均利润率的形成，即资本的跨部门流通，空间经济资本的流通在空间区位、交通等多要素的推动下，形成经济活动集聚。集聚活动的聚集导致了城市商业空间组织结构的形成，也推动了城市向更新阶段迈进。国外学者对城市商业空间组织形式的研究，较早地积累了颇为丰富的研究成果。其研究成果主要集中在商业集聚与公共交通、市民工资、居住空间、商业建筑的关系研究以及商业集聚区识别等方面。国外关于区域城市空间关联与城市间引力研究的历史较久。1933年德国科学家 Christler 提出的中心地理论为城市体系与空间结构的研究提供了坚实的理论基础，但对现实城市是在人类经济活动和历史的积淀下形成非均质发展空间的结构问题解释不足。

笔者通过核密度分析、标准差椭圆、协调度等方法先后对沿黄省会城市商业空间结构、城市商业聚集方向、城市商业空间服务能力等进行了分析（图2）。研究表明：①人均社会零售品销售总额自黄河上游到下游总体呈现递增趋势。消费能力与经济发展水平大致相当，济南、呼和浩特二市相较于沿黄其他省会城市具有显著的积极消费性特征，银川城市商品消费较为保守。②沿黄省会城市商业空间结构主要分为三种模式：串珠型（兰州）、单核心型（呼和浩特、郑州、银川）、基础网络型（西宁）、成熟网络型（太原、西安、济南）。③兰州市城市商业空间集聚与人流分别集聚格局整合显著，城市商业空间服务能力强。呼和浩特市、郑州市、银川市空间服务能力较差；其中，郑州市城市商业空间集聚与人流分布集聚的协调度最差，城市商业空间服务能力最弱。西宁市由于城市规模较小，城市商业空间服务能力较强。太原、西安、济南三市城市商业空间结构完善，与城市人流分布格局协调度高，城市商业空间服务能力突出。④建议黄河流域在社会消费经济发展方面，依据各自的发展优势，结合内外型经济格局，针对性地推动城市经济发展，其中郑州基于城市商业空间服务均等性考虑应大力推动城市内部商业发展，同时强化城市商业空间结构的优化。

本文研究一方面能为黄河流域的协同发展及其推动城市经济发展提供科学参考；另一方面，能够为城市经济学及城市内外向经济分析研究提供新视角和新思路。为此，本文数据采集通过工作日逐日夜间数据进行整合分析，在一定程度上能够保证人流热力数据准确表征城市人口空间分布格局。然而，等级商业的经济性与商品性差异带来的服务能力差异未能较好表征，城市商业空间服务能力有待更加精准地分析，这也是后期研究的重点。

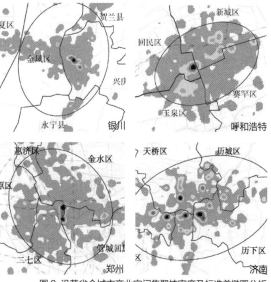

图2 沿黄省会城市商业空间集聚核密度及标准差椭圆分析

地理学视角下信息通信技术与城市互动影响研究综述

Review of the Interaction Between Information Communication Technology and City in Geographic Perspective

莫正玺[1] 叶强[2]

1 湖南大学建筑与规划学院，博士研究生，plan_mzx@hnu.edu.cn
2 湖南大学建筑与规划学院，教授，yeqianghn@163.com

本文发表于《现代城市研究》2020 年第 5 期

【摘要】在全球化和信息化时代，信息通信技术已经渗透到社会生活的各个领域并对城市及人民生活产生重要影响。本文借助 HistCite 和 CiteSpace 文献科学计量软件，并结合传统文献阅读法，分析了 1990 年以来信息通信技术与城市互动的热点领域，梳理了信息通信技术影响下的地理研究范式转变、信息通信技术扩散与"数字鸿沟"、创新网络与产业集群、零售全球化、电子商务、城市内外部结构及城市策略、居民时空行为演变等热点内容，从时间维度、空间维度、内容维度归纳了相关研究进展。在此基础上，通过对国内外已有研究进行比较，从研究深度、研究广度、研究视角、研究地域以及研究方法与数据角度指出已有研究的不足及未来信息通信技术与城市研究的重点方向。认为应在进一步关注信息通信技术对城市各系统要素影响的基础上，强调跨学科融合，并结合中国国情，从内涵、空间特征、发展模式、动态演变、运行机理、效应评价、信息通信技术与城市各系统要素深度融合关系等方面展开研究。

【关键词】信息通信技术；信息化；城市；地理学；研究进展；CiteSpace；HistCite

信息通信技术 (information communication technology, ICT) 是以计算机为核心、以电子技术为支撑、以信息材料为基础、以通信技术为重要组成部分的综合技术。在全球化和信息化时代，信息通信技术向城市迅速扩散和深入渗透，无论是城市的客体（城市空间）还是城市的主体（城市居民），其运行机理、组织方式、社会联系及相互作用模式等都在发生变化并日趋复杂化。但信息通信技术究竟对城市生产生活产生了何种影响，影响路径是什么，影响程度如何，应朝着怎样的趋势发展等都有待研究。虽然目前有部分学者从经济学、管理学、心理学和社会学等视角对信息通信技术进行了研究，但多以解释技术本身为主，缺乏对信息通信技术与城市各要素相互作用的深入剖析。而地理学作为自然科学与人文科学交叉结合的综合性学科，能够以其多维的学术视角、多学科的研究手段以及以人为本的理念来研究人地关系，同时也能将理论应用于实践并服务于国家战略需求，因而基于地理学视角对信息通信技术与城市互动影响进行研究，能够综合认识二者的相互关系，深入探究二者的发展演变规律，系统揭示二者互动的运行机理，并对未来趋势进行模拟与预测，为信息化时代城市的科学管理、优化决策、便民生活等提供借鉴性依据，具有其他学科所无法比拟的优势。

笔者得出以下结论：(1) 当前，中国正处于信息化与全球化发展的重要战略期，面临着经济、社会、文化、制度等多重转型。地理学视角下的信息通信技术与城市互动研究是深刻理解信息化时代城市空间结构、功能转型、经济模式、文化重构及社会行为的关键。近年来，信息通信技术的迅速发展逐渐引起了学者的关注，在基础理论研究方面取得了较为丰富的成果。总体来看，已有研究主要集中在信息通信技术影响下的地理研究范式转变（学科思维）技术扩散及空间分异（空间效应）产业集群与知识创新（生产区位）社会生活（行为模式）这几个方面，为信息化时代城市的发展转型与科学管理提供

图 1 不同年份的热点关键词及其引用关系

了借鉴。(2) 但由于国内外城镇化进程、社会经济背景及研究需求等方面的差异性，信息通信技术与城市的研究特征也表现出了较多的差异。①国外发达国家已经经历城市化、郊区化、逆城市化和再城市化阶段，目前进入了后城镇化阶段，城市空间处于更新与优化阶段，而国内目前仍处于快速城镇化阶段，城市空间以发展与扩张为主，这就使得国内外研究需求出现不同的导向（图1），国外研究以社会发展及市场情况为导向，国内则多以国家战略为导向。与此同时，信息通信技术在国外已经历了漫长的发展过程，因而相关研究也表现出了明显的时段特征，而国内研究起步晚，没有分时段的突出特征。②在学科背景上，国外表现出较强的多学科交叉融合趋势，并围绕信息通信技术形成了信息地理学等分支学科；而国内以地理学研究为主要视角，尚未形成专门的学科分支。③从研究范围来看，国外学者已经关注到了信息技术扩散造成的国家间、城市间、城乡间的"数字鸿沟"，并由此引发深层次的社会问题，以及不同社会属性群体间对信息通信技术的接受性与互动性；而国内学者目前较多地关注了信息技术在东部发达城市的扩散分布，尚未注意到在其他地域及更微观层次的影响。④在基础理论方面，国外已经形成了较为完善而丰富的基础理论，如信息化城市理论、流空间理论、网络社会理论等，为信息化时代城市研究提供了理论依据；而国内以介绍和引进西方理论为主，没有结合中国实际的相关理论，不利于对国内城市在信息化时代所表现出的问题进行有效指导和解决。⑤信息化时代城市的人地关系研究需要大量的时空数据作支撑。相比于传统地理学惯用的问卷调查、访谈及统计数据，基于ICT记录的大数据能够更为精确地研究信息化时代不同地理属性的城市居民的时空行为特征及动态演变规律，厘清实体空间与虚拟空间、实体行为与虚拟行为的差异与联系。目前移动定位、时空日志、网络研究、微博、地图、大众点评、安居客等不同类型网络数据的抓取，公交刷卡、出租车等交通数据，兴趣点等被逐渐用于城市地域空间与居民时空行为的研究中，但相比于国外数据的公开性和可获得性，国内数据开放性范围还有待进一步加大。需要注意的是，虽然大数据为新时期城市人地地域系统的研究提供了更为宽广的视角与精确的测评，但是传统地理学获取的小数据仍然是探究现象形成动因的关键。(3) 总体来看，国外对信息通信技术与城市的研究从格局上已经形成了"点一线一面"较为"全面一立体一持续"的体系，而国内以"点状一扁平一片段式"研究为主，存在以下不足：①理论基础欠缺，主要表现为对国外信息化理论基础缺乏系统梳理与认识，在简要介绍与分析后未提出适应我国信息化实际需求的理论成果，从而出现概念模糊、方法单一、内容碎片化的问题；②缺乏对我国城市信息化发展水平的现状评估、发展类型与等级的划分，不利于国家后续对基础设施投资方向、力度的判断，较难实现基础设施投资成效反馈，也不利于区域和城市适时调整和更新城市功能、发展定位等；③缺乏对ICT作用下城市空间系统和城市社会群体的影响测度，无论是从影响范围还是从影响深度上，都急需深入调研和科学测度；④缺乏对信息化时代ICT扩散发展的时空趋势、ICT对城市空间各要素的影响趋势、ICT对城市居民生产生活的影响趋势的预测与模拟，无法为城市规划与管理提出针对性的指导建议。综上所述，如何评估信息通信技术的发展水平，测度信息通信技术与城市各要素的耦合程度，剖析信息通信技术与城市互动的影响机制，是地理学研究所要回答的关键难点；如何判断信息通信技术与城市深度融合的发展趋势，提出城市有效应对策略，凝练出中国特色的信息化城市相关理论，总结出中国特色的信息化城市发展模式，并在借力多学科融合的基础上形成专门的学科分支，是地理学所要应对的理论需求。而要实现以上目标，就必须建立地理学视角下信息通信技术与城市互动研究的理论框架从多学科视角有步骤、分层级、多手段地展开系统研究，遵循"理论研究一现状评估一影响测度一影响因素一趋势预测一预期成果"的基本流程，在理论研究的基础上进行实证验证，总结出符合我国战略发展需求的本地化理论体系和实践应用方法（图2），最终实现推动城市良性发展、优化城市空间格局、提升居民幸福指数的终极目标。

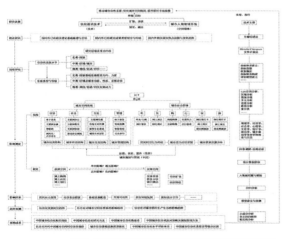

图2 地理学视角下信息通信技术与城市研究框架图

土地用途管制下长株潭生态"绿心地区"乡村聚落时空演变特征研究

Analysis on the Characteristics of Temporal and Spatial Evolution of Rural Settlements in Changzhutan Ecological "Green Heart" Under Land-Use Regulation

叶强[1] 潘若莼[2] 赵垚[3]

1 湖南大学建筑与规划学院，教授，博士生导师，yeqianghn@163.com
2 湖南大学建筑与规划学院，博士研究生，834856107@qq.com
3 湖南大学建筑与规划学院，博士研究生，1045775521@qq.com

本文发表于《水土保持研究》2020 年第 8 期

【摘要】土地用途管制既是现阶段国土空间规划的核心，也是乡村聚落演变的外源性关键因素，明晰土地用途管制下乡村聚落时空演变特征，对完善国土空间规划编制方法具有重要意义。运用 ArcGIS 空间分析法、统计分析法，探究土地用途管制下长株潭生态绿心地区乡村聚落的时空演变特征及规律。结果表明：①土地用途管制下，长株潭生态绿心地区乡村聚落数量和面积呈现"先增加—后减少—再增加"的变化趋势，转折点分别为 2013 年和 2016 年；集聚模式在空间分布上由均匀式低密度核心向集中式高密度核心突变，聚集核心由禁止开发区和限制开发区向协调建设区迅速迁移。②土地用途管制对乡村聚落演变的交通指向性和沿乡镇点聚集性干预程度不显著。2018 年禁止开发区、限制开发区和协调建设区内乡村聚落数量较 2016 年增幅为 11.35%、16.74% 和 53.36%，乡村聚落面积增幅为 35.67%、30.93% 和 13.35%，随着土地用途管制年限的增长，禁止开发区内乡村聚落突破管制目标，形成小规模集聚。③新时期空间管制规划方法更利于土地利用的统筹、优化，但仍需在相应配套政策的保障下实施。研究结果可为完善该地区国土空间用途管制方案、统筹推进生态环境保护与经济高质量发展提供一定的数据参考。

【关键词】乡村聚落；土地用途管制；时空演变；演变特征；长株潭生态绿心

图1 长株潭生态绿心地区区位

乡村聚落俗称乡村居民点，是指乡村地区人类以各种形式居住的场所，也包括未达到建制镇标准的乡村集镇。乡村聚落空间结构是在特定环境下，人类适应自然地理环境和人文社会环境变化时产生活动的集中体现，它是乡村聚落中社会、经济、文化综合作用的结果。乡村聚落时空演变特征能够清晰地反映乡村地区的空间格局变化，对编制适宜乡村发展的空间规划具有重要意义。长株潭生态绿心作为国内唯一的大型城市群绿心，拥有包含五一水库在内的 5 个自然保护区，是长株潭城市群重要的生态隔离带，具有重要的生态屏障功能（图1）。依据《国务院关于编制全国主体功能区规划的意见》（国发〔2007〕21 号），2013 年 3 月 1 日，《长株潭城市群生态绿心地区总体规划（2010—2030）》（以下简称《规划》）将长株潭城市生态绿心地区功能区划为禁止建设区、限制开发区和建设协调区，整合其生态空间结构。但随着长株潭城市群经济的快速发展，城镇化进程的加快，生态绿心地区内无序的开发建设侵占生态土地、破坏生态资源，生态绿心地区的可持续发展面临严峻挑战。

本文以长株潭生态绿心地区乡村聚落为研究对象，运用 ArcGIS 空间分析法、统计分析法，分析生态绿心地区乡村聚落空间演变特征，计算乡村聚落空间在土地用途管制影响下的变化程度，研究土地用途管制对乡村地区的影响效应，为完善长株潭生态绿心地区国土空间用途管制方案、统筹推进生态环境保护与经济高质量发展提供一定的数据参考。

笔者得出以下结论：（1）长株潭生态绿心地区乡村聚落数量面积及空间集聚分布的变化受土地用途管制影响显著，但随着时间的增长，禁止开发区内乡村聚落逐渐突破管控目标（图2）。图2表明，在 2005—2018 年间总体呈现"先增加—后减少—再增加"的变化趋势，转折点分别为 2013 年和 2016 年。土地用途管制政策实施前，长株潭生态绿心地区乡村聚落分布具有明显的环境指向性，2005—2013 年间，生态环境相对优越的禁止开发区和限制开发区内乡村聚落数量增幅达到 70.64% 和 54.00%，面积增幅达到 207.47%、180.31%，核密度达到 25~30 个 /km²，且集聚核心多位于北部、东南部的限制开发区和西部的禁止开发区内。土地用途管制政策实施后，禁止开发区和限制开发区内乡村聚落数量和面积大幅下降、集聚核心逐渐减少。但随着管制年限的增长，2018 年禁止开发区、限制开发区和协调建设区内乡村聚落数量较 2016 年增幅为 11.35%、16.74% 和 53.36%，乡村聚落面积增幅为 35.67%、30.93% 和 13.35%，乡村聚落沿协调建设区集聚程度加深，管制力度显著降低。

（2）土地用途空间管制对生态绿心地区乡村聚落分布的道路指向性和沿乡镇点集聚性干预不显著。长株潭生态绿心地区乡村聚落在演变过程中，乡村聚落空间分布具有显著的道路指向性和乡镇点聚集性，并长期保持这一特征。虽然随着土地用途管制政策的颁布实施，乡村聚落的空间分布随管制要求发生了相应变化，但在管制过程中，乡村聚落的空间分布仍会受道路因素及乡镇点因素影响。处于禁止开发区和限制开发区的乡村聚落分布空间受限，但乡村聚落沿交通线分布和沿乡镇点集聚分布的规律基本不变（图 3）。

依据结论笔者提出以下建议：现阶段土地利用规划往往是"自上而下"式的规划，在编制的过程中侧重于实操性及指标管控，往往忽略了乡村自身的发展规律，管控的刚性有余但是弹性不足，因此随着时间增长，管控的效果往往会出现偏差。建议在规划的编制上依据新时期国土空间规划的编制思想，结合乡村自身的发展规律，编制适宜地方特色，覆盖全局全要素，更具韧性的国土空间管制方法。相较于传统的土地用途管制措施，新时期国土空间规划管制是对全域全过程的土地利用生命周期进行管制，且能够实施分级分类的精准管控，一定程度上能够弥补传统土地用途管制的缺陷。但构建完善的国土空间规划体系仍需要对区域土地类型演变进行长时序的监控，单一指标的管控方案往往无法保障区域要素的稳定发展，因此建议国土空间管制下完善相应的监管与保障措施，从而更好地实现区域管控，保障区域生态的可持续发展。

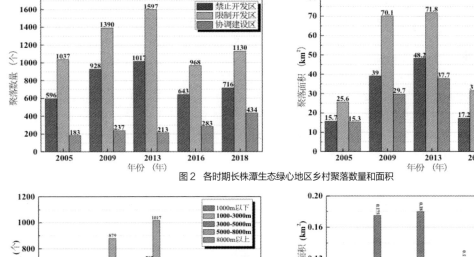

图 2 各时期长株潭生态绿心地区乡村聚落数量和面积

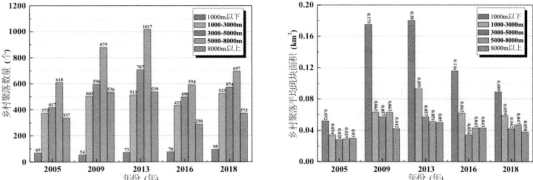

图 3 长株潭生态绿心地区各时期距乡镇点不同区间内乡村聚落数量和平均斑块面积

1979—2014 年长沙市城市功能用地扩展与驱动力研究

The Expansion and Driving Forces of the Functional Spaceland: A Case Study of Changsha from 1979 to 2014

叶强[1] 莫正玺[2] 许乙青[3]

1 湖南大学建筑与规划学院，教授，yeqianghn@163.com

2 湖南大学建筑与规划学院，博士研究生，plan_mzx@hnu.edu.cn

3 好南大学建筑与规划学院，教授，124809026@qq.com

本文发表于《地理研究》2019 年第 5 期

【摘要】基于长沙市中心城区 1979 年、1989 年、2003 年、2011 年、2014 年 5 个年份的土地利用现状图，借助 ArcGIS、SPSS 分析工具，提取居住、工业、服务三大功能用地，从方向、圈层、强度、用地间转变及轴带趋向对长沙城市功能用地扩展的时空特征及驱动力进行研究。结果表明：（1）用地扩展模式以"圈层式、轴带式"为主，并逐渐向"多组团式"过渡，由单一的向外扩展向内部功能间演替和外部扩展相结合转变。整体扩展方向经历了由"东、南、东南—北、东、东南、北"的变化，但各类用地的扩展方向有所差异。（2）从扩展强度来看，居住用地远远高于城市总体扩展强度，造成了城市功能空间失衡的现象，服务配套明显滞后，部分分区在扩展过程中，出现了与规划定位严重不符的矛盾。（3）功能用地间的转变主要集中在城市核心区，表现出以核心—外围明显分异的差距。外围片区的功能较为单一，融合度不够，未来应增强配套服务功能。（4）从经济驱动力、政策调控力、生态制约力与吸引力、社会助推力四个方面分析了功能用地扩展时空差异的驱动因素。（5）从"问题导向—现象归纳—本质剖析—策略应对"提出了城市功能用地扩展研究的基本研究框架。

【关键词】城市功能用地；扩展特征；驱动力；长沙市

城市功能用地作为城市各项功能活动的空间载体，也是城市各类要素资源互相交换的关键媒介，同时也是城市化进程及城市空间结构变化的外在映射。改革开放后，我国经历了高速度、大规模的城镇化发展进程，许多大城市在建设过程中由于忽视了城市内部功能用地的重要性，普遍存在无序扩张、职能失衡、交通拥堵、配套不足等问题。而目前我国大多数城市空间正在经历由外部扩张向内部重构优化的关键阶段，《国家新型城镇化发展规划（2014—2020 年）》明确提出需优化城市内部空间结构，对中心城区功能进行改造提升。因此如果不厘清城市功能用地的演变规律，对其加以科学地引导和控制，那么将在一定程度上造成城市资源浪费，降低城市空间利用效率，影响城市更新和功能提升，加重城市管理工作的负担，降低城市的宜居性。

城市内部功能用地扩展研究是明晰城市各功能要素空间分布及动态演变的有效方式，是诊断我国快速城市化进程中城市各功能空间是否协调发展与有机融合的重要手段，也是验证城市规划实施有效性并反馈问题的关键环节。通过对长沙市中心城区近 35 年来功能用地在扩展方向、圈层变化、扩展强度、用地间转变及轴带趋向的研究，从时间演变、空间分异以及用地间差异等多维度探讨主要功能用地的扩展规律（图 1），发现：

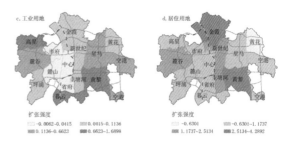

图 1 1979—2014 年长沙市各分区用地扩展强度

（1）1979—2014年，长沙功能用地扩展经历了"高速—低速—超高速—高速"四个阶段（图2），扩展方向经历了由"东、南、东南—西北、东、东南、北"的变化，扩展模式以圈层式扩张和镶嵌式填充为主，并开始向组团式过渡，由单一的向外扩展向内部功能间演替和扩展相结合转变。（2）从圈层分析来看，城市用地扩展表现出了较为明显的"中心—外围"特征，用地密度从中心到外围逐渐下降，尤其是服务用地表现出极强的中心集聚性。工业用地则先于其他用地向外围圈层迁移。在向外推进的过程中，居住用地处于强势快速向外延展状态，虽然服务用地也随之向外围扩展，但仍然严重滞后于居住用地的速度，在距离城市中心7km、14km、20km处出现了城市功能空间严重失衡的现象。从阶段来看，居住用地在2003—2011年与服务空间和工业空间发生较大的偏离，引发了职住空间分离、服务配套滞后等问题，虽然2011—2014年偏差有所缩减，但依然与城市整体的扩张水平不相协调。从分区来看，出现了部分分区与规划定位不相吻合的局面，造成了分区间功能雷同，导致重复建设开发，降低了城市整体运行效率，亟须科学规划的引导和调控。（3）城市内部正经历功能用地间相互演替的过程，不同时期的用地间相互转变见证了长沙城市性质与功能由"生产型"向"生活型"再到"综合服务型"演变的过程。不同区位的转变则反映出城市功能集聚与扩散的过程，整体表现为核心分区大于外围分区的特征，核心分区各要素间流动性强，城市功能不断

得到更新，而外围分区属于新开发建设，以用地扩展为主，功能单一，用地间融合度不够。（4）从生态制约力与吸引力、经济驱动力、政策调控力、社会助推力四个方面对长沙市功能用地扩展与演变的驱动力进行了分析（图3），需要注意的是在城市不同发展时期各驱动力的贡献也有所差异。在城市发展早期，"山水洲城"的自然格局，决定了长沙用地扩展不同于其他城市摊大饼式连片发展，山地起伏的高差和自然水系的分割，极大地限制了城市用地的发展方向，造成相当长时间内城市空间偏安一隅。随着经济的发展和科技的进步，自然因素的限制作用减弱，城市开始跨江发展，并朝多方拓展（图4）。近年来随着居民生活水平的提高，社会意识不断增强，需求层次也不断提高，人本主义意识与集体行为已成为监督和推动城市发展的重要力量。而政策调控则是贯穿于城市发展始终的因素，宏观层面的区域政策激励和带动决定了城市在区域的地位和扮演的角色，中观层面的城市规划引导与控制是保证城市正常运行与落实战略部署的重要环节，同时也是协调与平衡城市多方利益主体博弈的中间媒介，微观层面的突出事件则是加速和助推城市局部空间发展的催化剂。（5）在此基础上，本文试图结合已有研究成果从现状特征、发展评价、比对分析、问题反馈、影响因素、优化调控等方面，提出分析与优化城市功能空间的基本研究框架，遵循"问题导向—现象归纳—本质剖析—策略应对"流程，为城市内部功能用地研究提供了参考性思路。

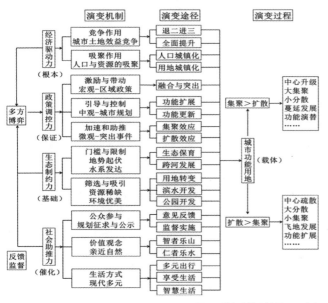

图3　城市功能用地扩展驱动力

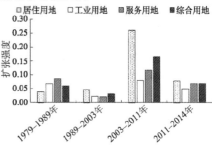

图2　1979-2014年主要功能用地扩张强度

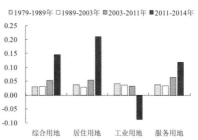

图4　1979-2014年沿水系轴带扩展度

基于百度迁徙数据的长江中游城市群网络特征研究

The Network Characteristics of Urban Agglomerations in the Middle Research of the Yangtze River Based on Baidu Migration Data

叶强[1] 张俪璇[1] 彭鹏[2] 黄军林[3]

1 湖南大学建筑与规划学院
2 湖南师范大学资源与环境科学学院
3 长沙市规划信息服务中心

本文发表于《经济地理》2017 年第 37 卷

【摘要】利用百度地图春节人口迁徙大数据，采取社会网络分析方法，主要从密度、中心性、核心—边缘结构三个方面对长江中游城市群网络特征进行研究。结果表明：①长江中游城市群整体网络密度较低，仅为0.4315，城市间联系度不高。②长沙、武汉、南昌三个城市中心性相对较高，具有较强的控制力和影响力。③长江中游城市群具有较明显的核心—边缘趋势，呈现"金字塔"结构。长沙、南昌对周边城市有较强的带动作用，武汉强"核心"城市的阴影效应明显。④城市核心度与城市中心职能强度具有明显的正相关关系。

【关键词】百度迁徙数据；社会网络分析法；城市网络；流空间；人口迁徙；长江中游城市群；长江经济带

纵观国内外研究情况，利用实测流数据研究城市网络成为信息化背景下研究城市结构的新趋势，但基于人流大数据的较少。本文利用百度迁徙数据，采取社会网络分析方法，从密度、中心性以及核心—边缘三个方面定量分析长江中游城市群网络特征，有助于了解城市间的相互关系，为城市群协同发展提供一定的参考。

1 研究数据与方法

本文利用"百度迁徙"平台，获取了2015年2月7日—5月15日的全国城市间逐小时迁徙数据。本文随机抽取一周数据（2015年3月13—19日）进行分析处理，构建起长江中游城市群31个城市之间的联系强度矩阵，作为城市网络特征分析的依据。

研究方法方面，社会网络分析主要从密度、中心性以及核心—边缘三个方面定量分析长江中游城市群网络特征。城市中心职能强度由各城市的地区生产总值、人均GDP、地方公共财政收入、固定资产投资、选取社会消费品零售总额共5个指标进行衡量。

2 研究范围概况

长江中游城市群区域范围包括湖北武汉城市圈、襄荆宜城市带、湖南环长株潭城市群和江西环鄱阳湖城市群（图1）。

3 长江中游城市群网络特征分析

3.1 密度分析

长江中游城市群密度还未达到逾渗阈值0.5，整体网络联系表现出一种相对弱的联结状态。城市间联系程度不高，获取信息、共享资源等途径较少，网络的资源互惠性有待提高。究其原因，长江中游城市群被长江天然分割，地理联系不如长江三角洲城市群、珠江三角洲城市群、环渤海城市群等紧密。且目前发育时间较短，尚未形成一体化的城市网络。

3.2 网络中心性分析

接近中心度则显示，各个城市的内向接近中心度普遍偏小且差距不大，而外向接近中心度的两极分化较为明显。作为区域中心城市的长沙、南昌、武汉及节点

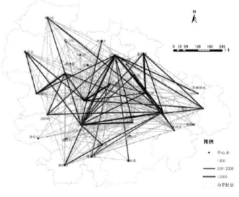

图1 长江中下游城市群联系网络图

城市株洲、九江外向接近中心度较大，这些城市和城市群内其他城市交往的捷径距离较短，对其他城市的依赖性较小。而潜江、天门、鄂州、仙桃4个城市中心度明显较小，它们对中心城市武汉的依赖性较强。

3.3 核心—边缘分析

3.3.1 核心—边缘城市划定

核心城市有3个，分别为武汉、长沙、南昌；半边缘城市有10个。大致形成了以长沙、南昌为中心的圈层结构，在长江以南地区，形成了与长江流向大致吻合的半边缘城市聚集带。这说明在环长株潭城市群和环鄱阳湖城市群中，长沙、南昌对周边市州的发展具有较强的带动作用。而武汉作为武汉城市圈的中心城市也是长江中游城市群中核心度最高的城市，呈现出"一城独大"的趋势，其余城市都远远落后于武汉。

3.3.2 城市核心度与城市中心职能强度相关性分析

将长江中游城市群各城市基于人流的核心度与城市中心职能强度相拟合，得出以下结果（图2）。由图2可知，城市核心度与城市职能强度存在正相关关系，且判定系数R=0.80686，通过了置信度为99%的显著性检验，说明两者高度相关。长沙、南昌、岳阳、九江、宜春、荆州、黄冈、咸宁、益阳、萍乡、潜江、仙桃、天门这些城市实际值高于理论值，人口流动强度高于现行社会经济发展规模。而人口的流动无疑带动资金、技术、信息和资源的流动，对地区的经济发展起重要的推动作用，其未来在长江中游城市群中的影响力有望进一步提升。人口流动依赖于铁路公路等基础设施，也受区域招商引资政策以及文化吸引力等软实力的影响。

4 结论及建议

本文利用百度迁徙数据，从网络密度、中心性和核心边缘结构三个方面对长江中游城市群网络结构进行了实证研究，主要的研究结论包括：①长江中游城市群整体网络密度较低，城市间联系不强，处于弱连接状态。②各个城市点度中心性差距明显，在城市群中获取信息和资源的能力悬殊。长沙、武汉、南昌三个省会城市以及株洲、九江、岳阳等节点城市在城市网络中的控制力、影响力较为明显。③核心城市有3个，半边缘城市有10个，边缘城市有18个，出现了"金字塔"结构。环长株潭城市群和环鄱阳湖城市群两个子城市群中，核心城市对周边城市的带动作用强，"涓滴效应"明显。但武汉作为长江中游城市群中核心度最高的城市，周围几乎未分布半边缘城市，武汉城市圈强"核心"城市的阴影效应较强。④通过对基于人流的城市核心度与基于统计年鉴的城市中心职能强度进行相关性分析，两者呈现出高度正相关关系，这表明人口流动带动资金、技术、信息的交流，和社会经济发展关系密切。

本文从核心、层级和网络三个方面对长江中游城市群网络完善提出建议，以期促进长江中游城市群发展，提高其在以京津冀、长三角、珠三角、成渝为支点的国家钻石型空间格局中的地位。建议增强核心城市，完善城市间的层级关系，优化城市群网络。长江中游城市群应把握契机，加强顶层设计，优化网络内资源配置，提高城市群网络效率。

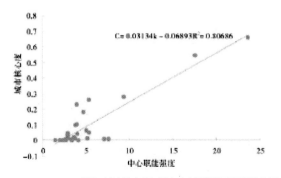

图2 城市核心度与城市中心职能强度相关性分析

应然与实然：《城乡规划法》立法的改进和完善

Law As It Ought To Be And Law As It Is: Integration of Urban Rural Planning Law

叶强[1] 栗梦悦[1]

1 湖南大学建筑与规划学院

本文发表于《规划师》2017 年第 33 卷

【摘要】随着我国经济社会的发展，《城乡规划法》在运行中出现了一定程度的不适应，亟须加强其完善工作。本文通过对法哲学中应然与实然关系论的研究，探究法价值目标与立法实践之间的分异，以期实现法的理论与实践层面的和谐。在法的效率价值上，这种分异表现为立法机构对社会现象的反应迟缓、城市设计实施缺乏法律保障；在法的公平价值上，这种分异体现在城乡规划评估机制的缺失和规划决策责任追究主体的认定模糊上。基于此，提出应当提高立法效率，坚持立、改、废、释并举，更加明确城市设计的法律地位，建立城乡规划的第三方评估机制，保障多元主体有效参与城乡规划监督决策，以实现《城乡规划法》立法从实然到应然的改进和完善。

【关键词】《城乡规划法》；应然；实然；立法

无论是城乡规划学还是法学领域的学者，对《城乡规划法》法律价值和立法现实方向的研究均缺乏系统的分析与总结，有待进一步深化。城乡规划学学者在对《城乡规划法》进行研究时，可将法律哲学的理论和方法作为研究的有效手段，以拓展对《城乡规划法》研究的深度和广度。

1 应然与实然

对《城乡规划法》立法的应然与实然进行研究，目的是把研究方向从规划实务层面提高到法律哲学层面，从宏观上对《城乡规划法》的法律价值进行分析与把握，使得规划法的应然基准对当前实然的立法实践起到推动与促进作用。

2 立法的应然状态——《城乡规划法》的价值目标
2.1 效率——保证资源优化配置和利用的基础

从立法涉及的不同对象出发，《城乡规划法》的效率价值也表现出相应的多样性。对于立法机构而言，效率价值表现为立法的及时性和有效性，即立法要及时回应社会生活变化，制定的法律要得到良好的执行和适用；对于政府而言，则表现为城乡规划行政行为的合法、合理和最大效率。在《城乡规划法》立法时，充分贯彻法的效率价值应该做到两点：一是在构建法律体系和实现法治目标时，通过提高法律运行的实际效率保证资源优化配置；二是在具体的《城乡规划法》立法过程中，充分考虑立法的选择是否有利于提高相关行为的综合效率。

2.2 公平——《城乡规划法》的题中应有之义

《城乡规划法》的立法公平体现在三个方面：一是在创立城乡规划法律体系过程中，坚持公平是立法的指导思想和基本原则；二是在城乡规划法律体系的内容构成上，应当充分体现公平的精神；三是《城乡规划法》立法过程应体现出公平性，准确地反映民意，遵循民主的立法程序。程序公平是法的程序层面的价值追求，其根本目的是保障实体权利和义务得到平等、恰当的实现。

综上所述，一个公平的城乡规划法律体系的建立与完善需要公平的立法、公正的执法，以及严格、公平的法律监督等。在现行的《城乡规划法》中，静态的、规范意义上的立法公平和动态的、法律运行中的公平都十分重要。

3 立法的实然状态——《城乡规划法》的现实基准

现实中出现了很多《城乡规划法》立法中没有涉及或未进行明确规定的现象，显现出立法内容和进程等未能"全覆盖"的问题。经济、社会、文化都在发生剧变，但整个城乡规划法律法规体系并未依据形势变化进行适当的更新，不能在新形势下有效落实法律的效率与公平价值（图 1）。具体来讲，突出体现在立法效率、立法保障、

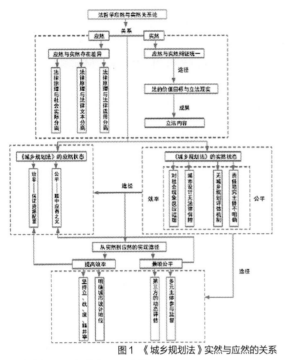

图1 《城乡规划法》实然与应然的关系

评估监督和责任认定四个方面。

3.1 立法机构对社会现象反应迟缓

住房和城乡建设部于 2012 年 11 月 22 日印发了《国家智慧城市试点暂行管理办法》和《国家智慧城市（区、镇、试点指标体系（试行）》作为部门规章，但鉴于其法律位阶之低，仅能起到调整本部门内行政关系的作用，在智慧城市规划建设领域并不普遍适用。关于智慧城市规划建设和城乡规划的关系、地位、要求等重大问题，在《城乡规划法》中尚不能找到与之对应的法律依据，不能很好地指导、规范和约束城乡规划领域内的智慧城市建设行为，使得智慧城市的推行和建设缺乏有力的法律约束及保障。

3.2 城市设计实施缺乏法律保障

现代城市设计理论历经三十余年的发展，然而可以有效保障城市设计实施的法律法规仍然空缺。就目前来看，城市设计多是作为城市规划的空间翻译工具，仅在技术层面上发挥作用，其作为公共政策的导向功能、管制功能、调控功能和分配功能均未得到有效发挥。这种情况的出现，与城市设计的法律地位未得到明确、城市设计政策的实施缺乏指导性的法律法规密切相关。如果城市设计的法律地位没有得到明确，那么城市设计的实施过程将会表现出很大的盲目性。目前，各地方城乡规划法规中，有关城市设计内容和实施的规定极不统一。

3.3 城乡规划评估机制缺失

首先，城乡规划实施评估是规划过程中不可忽视的环节，是考量、检测规划实施的主要手段，是修正和完善规划编制与规划管理的重要依据，具有完善规划方案编制、保障规划实施、促进城市发展目标实现、平衡和调节社会各方利益等作用。其次，城乡规划评估的实施主体也存在争议。

3.4 规划决策责任追究主体认定模糊

城乡规划作为一项政府决策，在城乡规划决策责任追究实践中，若因这一制度上的硬性规定而时常出现责任追究对象模糊甚至错误的现象，则有失法律的公平。与此同时，行政官员的"身份重叠"也带来了行政决策责任追究对象的认定模糊。我国多数政府官员既是党员，又是人大代表。政治身份的多重性使得明确规划决策失误的问责对象困难重重。

4. 从实然到应然的实现途径

4.1 提高立法效率，坚持立、改、废、释并举

首先，适当运用超前立法观，建立超前立法程序。其次，还应当合理评估立法效益，坚持订立法、修改法、废止法和解释法四项工作并举。

4.2 明确城市设计的法律地位

城市设计既是当前城乡规划建设活动中的重点工作，又是一种更为精细化的管理手段。这要求中央政府应当就城市设计中的关键性问题进行规定和说明，如城市设计的编制办法、审批程序和实施手段等，为地方政府推进城市设计工作提供指导，也为城市设计实施提供最基本的制度保障。

4.3 建立第三方城乡规划动态评估机制

增加规划评估概念界定、规划评估类型和评估理念及方法等基本内容。以立法手段推进城乡规划评估机制模式的建立，进而推动我国动态城乡规划评估体系的构建工作。除此之外，应当借鉴发达国家经验，将公众利益平衡等内容纳入规划评估工作的范畴。还应当为第三方城乡规划评估机构（如资源优厚的学术单位等）提供准入机制和保障，以确保规划评估的独立性和可持续性，维护法律的公平价值。

4.4 保障多元主体有效参与城乡规划决策监督

《城乡规划法》中应当补充规定多元主体参与城乡规划决策监督的相关内容并明确其法律地位，对参与机制进行程序性立法，解决好参与人选条件等问题，以保障多元主体参与城乡规划决策监督的合法性和可操作性。

收缩城市的形态控制：
断面模型与精明收缩的耦合框架

To Regulate the Urban Form of Shrinking City: A Coupling Framework of Transect Models and Smart Shrinkage

周恺[1] 戴燕归[2] 涂婳[3]

1 湖南大学建筑与规划学院，副教授，城乡规划系主任

2 湖南大学建筑与规划学院，硕士研究生

3 湖南大学建筑与规划学院，硕士研究生

本文发表于《国际城市规划》2020 年第 35 卷

【摘要】城市—乡村建成环境之间的过渡是连续且分阶段的过程，"精明增长"策略建立了一个"断面模型"来控制和规范不同类型的城市形态，并使各"生态区"断面之间产生连续的平滑衔接。基于这一认识，本文探索将"断面模型"与"精明收缩"结合的可能，即城市在收缩阶段进行"空间资源的优化重组"和"低效资源的整合退出"的过程中，用该模型控制和调整空间形态中"空间要素的合理分配"和"生态区的平滑过渡"。首先，本文通过解析断面模型与精明收缩的概念和内涵，从核心价值、控制对象、运作方式等层面建立两者的耦合框架。框架为断面模型应用于精明收缩提供了依据，也描绘出基于断面模型的精明收缩与精明增长的技术路径。其次，本文通过案例研究，分析与探讨美国相关收缩地区基于断面模型的规划实践，以此证明将断面模型应用于精明收缩的可行性。本文希望通过耦合框架的提出以及相关案例的解析，确立精明收缩目标与形态控制手段之间的对应关系，完善"增长管理"和"收缩管理"理论，引导并管控城市形态的正向（增长期）与反向（收缩期）有序演变。

【关键词】断面模型；精明收缩；精明增长；收缩城市；城市形态

随着收缩城市研究的不断深入，许多规划师和决策者都认识到处于收缩或存在潜在收缩的地区不能也不必急于逆转这种局面。当"增长主义"的规划模式趋向终结，粗放扩张型向紧凑集约型范式转变时，应将收缩视为一种不可回避的现象并主动"适应"（adapting）收缩 。国内外针对收缩现象提出的适应型收缩政策和规划成果丰富，在这个过程中，有序地控制和管理城市空间形态也越来越成为收缩城市规划的重点。

城市增长期也同样面临形态控制问题，新城市主义倡导者为了治理城市增长中的无序蔓延问题，提出了以"断面模型"（transect model）作为控制城市风貌的"形态准则"（form based codes）。基于此，霍兰德（Hollander）提出"反向断面模型"（reverse transect model），用来控制城市收缩阶段的风貌衰败和形态变化。新城市主义者可以利用断面模型作为精明增长工具来限制无约束的增长，我们亦可利用断面模型实现

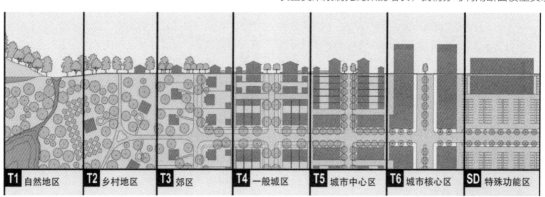

| T1 自然地区 | T2 乡村地区 | T3 郊区 | T4 一般城区 | T5 城市中心区 | T6 城市核心区 | SD 特殊功能区 |

图 1 城市—乡村断面模型

精明收缩，以"更少的规划——更少的人、更少的建筑、更少的土地利用"为目标，积极、主动地控制无序衰败的收缩景观。

基于以上新思路，本文基于断面模型，从形态控制视角完整性、多样性、连续性上探究精明收缩策略。断面模型把城市—乡村的形态演化过程切分成 6 个生态区（ecozone）和一个特殊功能区（SD）（图 1）。提出的城市形态管控原则是，城市空间形态应当按照人地关系在生态区之间渐进式、平滑地过渡。其思想内涵与特征为倡导空间要素的合理分配和生态区的平滑过渡。而精明收缩旨在通过集约化策略使正在收缩和具有收缩可能的地区由被动地对抗转为主动且有序地适应收缩，以积极和发展的态度面对人口减少、经济下行和空间衰退带来的挑战。其核心在于精简城市用地和设施规模以匹配更少的城市人口，同时注重城乡空间集约化发展。其主要特征为注重对城乡空间资源的优化重组和主张渐进式推动低效资源的整合退出。

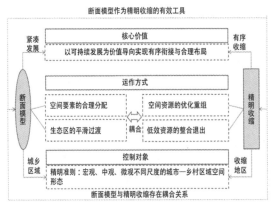

图 2　断面模型与精明收缩的耦合关系

笔者从核心价值、控制对象、运作方式等层面建立了两者的耦合框架（图 2）。①核心价值层面，两者都以可持续发展为价值导向，致力于实现城市—乡村间空间形态的有序衔接与空间要素的合理布局；②控制对象层面，两者存在一种包含关系，断面模型的研究范围相对更大，它包括宏观区域、中观（城市与社区）和微观（街区与建筑）等不同空间尺度的所有地区，而精明收缩的研究对象目前仅包括面临经济衰退、人口减少的收缩地区；③运作层面，断面模型强调要素"合理分配""平滑过渡"的思想分别与精明收缩所提倡的资源"优化重组""整合退出"相耦合，这为断面模型作为精明收缩的有效工具提供了依据。

基于以上的耦合关系，可以基于断面模型构建既适用于精明增长又可用于精明收缩的技术路径（图 3）。

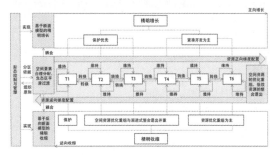

图 3　基于断面模型的精明收缩与精明增长技术路径

基于断面模型的精明规划能保证城乡区域都做好管理增长和收缩的准备，在实现城乡空间整体协同发展的同时，更好地保护和恢复社区特性及人地关系。美国的很多典型收缩城市已经开始探索如何将断面模型与本地区划管理法规相结合。本文选取了底特律、弗林特和布法罗三个案例，从政策目标、技术手段、运行特点方面分析其具体实施方法，并总结相关技术的发展进化历程。

断面模型是一个从乡村到城市（城市到乡村）的空间连续体，体现的是一系列物质性元素的连续变化关系，它可以与所有类型的规划相协调，在自然与建成环境之间寻求连续性、完整性。断面分区不存在固定的模式，它可以依据不同地方或城市的具体特征进行变化和拓展延伸，并与传统区划和管理法规结合应用于各种精明规划当中。本文探析了"断面模型""形态准则""精明准则"在美国收缩城市形态管理中的实践应用，寻求整合精明增长和精明收缩形态管理的耦合框架与技术路径。本文希望通过耦合框架的提出以及相关案例的解析，确立精明收缩目标与形态控制手段之间的对应关系，完善"增长管理"和"收缩管理"理论，以此指导城市规划师和政策管理者，引导并管控城市形态的正向（增长期）与反向（收缩期）有序演变。

然而，本文还没有开始构建反映我国城市与乡村空间特征的断面模型一般案例库，中国理想生态区所对应的具体形态特征仍有待分析，我国城乡断面模型的分类分区指标仍有待建立。我国当前规划强调区域统筹、城乡统筹、绿色生态和社会公平等目标，未来可依托精明收缩框架建立一套符合我国城市—乡村特征的、创新的形态控制手段和管理范式，形成我国城镇有序精明增长和精明收缩的形态管理参考。

收缩治理的理论模型、国际比较和关键政策领域研究

The Governance of Urban Shrinkage: Theoretical Models, International Comparisons and Key Policy Issues

周恺[1] 刘力蛮[2] 戴燕归[3]

1 湖南大学建筑与规划学院，副教授，城乡规划系主任

2 湖南大学建筑与规划学院，硕士研究生

3 湖南大学建筑与规划学院，硕士研究生

本文发表于《国际城市规划》2020 年第 35 卷

【摘要】如何保障城市在人口收缩情景下实现平稳的发展转型，已经成为城市治理研究的重要课题。从长历史时期和大空间尺度看，城市的增长和收缩是高度关联的过程。基于这一点认识，本文首先解释了收缩城市文献中常引用的三种理论模型：生命周期模型、启发式模型和政治经济模型。它们为学者理解、总结和归纳收缩治理政策提供了三种截然不同的理论维度。其次，在综述大量案例研究的基础上，本文对美国、德国、法国、日本和中东欧部分国家的收缩治理模式进行了国际比较，分析其城市收缩特点、关键政策行动以及决策形成过程中的内外部条件。最后，本文在发掘全球收缩城市共性问题的基础上，结合我国城市收缩的现实情况，提炼出对我国收缩治理具有借鉴价值的三个政策领域：福利治理、形态管控和吸引力提升。

【关键词】城市治理；收缩城市；精明收缩；城市政策；城乡规划

　　主动或被动地应对局部或全局人口收缩的政策行为在我国当前城市治理中已非罕见。在促增长的大环境下，慢增长或逆增长也是城市不得不面对的发展情景。基于此，本文介绍了同时涵盖城市增长和收缩现象的三种理论模型，希望通过长历史过程分析和多空间尺度比较，说明收缩与增长是在城镇化过程中交替出现的现象，以消解城市"必须增长"的执念。

　　三种理论模型分别为：①生命周期模型（the life-cycle model）：生命周期模型总结了中心城区、影响腹地、市县全域范围内人口的增长／收缩和集聚／分散规律，通过记录城市人口历史演化历程，描绘了交替出现的增长与收缩波动（图1a）。该模型提出城市的增长与收缩是时间上连续（周期性交替）和空间上复合（三类地域范围间联动）的变化过程。②启发式模型（the heuristic model）：此模型中，城市收缩被描绘为宏观趋势变化（如全球化、去工业化、郊区化和跨国移民等）对地方城市人口、经济发展产生的直接、间接影响（图1b）。其将城市的收缩和（再）增长看作相互对立的发展方向，它们彼此竞争且此消彼长。③政治经济模型（the political-economy model）：从政治经济分析视角，城市增长和收缩是全球和区域非均衡发展的表象。城市兴衰演替背后的原动力是投资的空间流动，即资本的中心化、转移、重构或再中心化（图1c）。政治经济模型将资本主义和城镇化看作两个彼此促进的发展过程。在技术创新和全球化的催化下，这两个过程的影响范围、

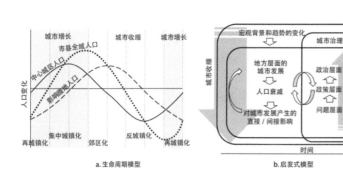

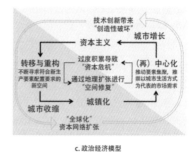

a. 生命周期模型　　　　b. 启发式模型　　　　c. 政治经济模型

图1　城市增长与收缩的三种理论模型

速率和深度也在不断提升。

本文选取当前英文文献中研究较为深入的国家和地区进行国际比较，并按照成果丰度排序，依次为：美国、德国、法国、日本和中东欧地区。

美国收缩城市治理遵循市场导向、社区导向和自下而上的逻辑。国家和州政府仅提供必要法规支持和有限救济基金，收缩城市治理的主体在地方，参与者和监督者也是地方利益相关群体。德国收缩现象的特点是增长与收缩并存，因此其收缩城市治理模式是国家在宏观尺度进行发展资源和经济结构再平衡。而法国还处于增长主导的发展语境之中，关注可持续城市更新，致力于通过复兴经济活力、调整土地政策、激活住房市场来实现区域发展再平衡和城市问题片区治理。但法国"国家一区域一城市"层面的收缩治理政策常常缺乏一致性，以至于中小城市收缩一直没有引起政府的足够重视。与法国一样，日本国家政府也具备干预地方发展的能力，属于强中央控制的治理模式。中东收缩城市的领导者需要利用各种政治运作手段（甚至个人关系）将地方发展议题纳入国家（或欧盟）发展计划，以便获取急缺的资源。有学者将中东欧城市的收缩治理模式称为"间接中央干预"（indirect centralism），可将其置于美国的市场

化治理和日本、法国的直接中央干预之间（表1）。

纵观当前各类收缩治理案例，全球收缩城市都面临着一些共性问题：①发展资源匮乏；②城市风貌衰败；③生活品质下降。基于美国、德国、法国、日本和中东欧部分国家的经验总结，笔者分别从福利治理、形态管理和吸引力提升三个方面，为中国的收缩治理提出三条建议：①收缩治理仍需依赖公共部门进行福利性和救济性投入，自上而下的政府行动结合多方合作的治理方法仍是最有效力的策略；②在建成环境上，城镇需要在收缩时期进行形态管控，引导城市形态进行有序变化；③从人本思想出发，恢复收缩城市的生活品质，只有提升宜居性以吸引人口回流，才能维系城市可持续发展。这些政策领域都是挽回收缩城市经济活力、愿景预期、市镇形象、社区文化和城市精神的关键议题。

表1　部分中东欧国家收缩城市案例和收缩应对总结

研究案例	问题认识	应对策略	地方政策
波兰的煤矿和重工业城市比托姆（Bytom）伴随产业调整出现了人口流失和经济衰退 [9,42]	（1）煤矿和关联产业的衰落导致了高失业率和高贫困率；（2）长年累积的土壤污染、环境恶化和生态退化问题；（3）人口迁移导致人才流失和老龄化	针对人口流失、建成环境退化、煤矿产业衰退问题制定地方发展战略	（1）通过吸引外商直接投资和设立经济开发区进行经济复兴；（2）建立新的产业体系，进行工业棕地再利用；（3）利用中央政府资金对历史老城区和历史建筑进行修复和再利用
捷克工业城市俄斯特拉发（Ostrava）在去工业化、郊区化和人口流失过程中陷入发展困境 [9]	（1）去工业化导致高失业率；（2）人口流出和低生育率导致人口老龄化	通过经济转型和刺激增长来解决就业问题	（1）基于"企业型治理"逻辑制定增长战略；（2）通过设立科技园区、工商业发展区和经济开发区吸引投资；（3）争取欧盟的支持项目和发展资金；（4）实施内城旧炼焦厂用地的更新和再利用项目，将之规划为集零售、办公、居住为一体的混合功能区
罗马尼亚重要经济、社会、文化中心城市蒂米什拉（Timisoara）出现了人口流失，并开始模仿西欧城市出现无序的郊区化 [9]	人口向西欧国家迁移，拥挤的中心区人口密度下降，同时外围出现失去控制的郊区化，故蒂米什拉被界定为"蔓延城市"而不是"收缩城市"	通过大都市区规划治理蔓延的郊区和收缩的中心区	（1）编制大都市区总体规划，将蔓延无序的郊区卧城建设成服务设施齐全的生活中心；（2）希望通过实施大都市区规划来吸引人口流入；（3）制定新的经济复兴政策，吸引外商（主要是汽车和IT产业）直接投资
爱沙尼亚独立之后，边境小城市瓦尔克（Valga）的苏联军队撤出，工厂关闭，人口和就业流失 [43]	（1）房屋空置；（2）基础设施过剩；（3）财政紧张	进行城市更新策略	（1）制定新版总体规划；（2）拆除部分住宅；（3）修复纪念性建筑和改造中心区城市空间
在由社会主义农业经济向市场经济转型过程中，爱沙尼亚城镇体系中的低等级城镇吸引力下降 [44]	爱沙尼亚作为原苏联生产地域分工中的农业地区，小城镇在大量农业投资支持下发展良好，但经济转型后，投资集中在大城市，导致小城镇经济活力减弱	在更大的区域城镇网络中寻求发展的契机	（1）推动关键性开发项目；（2）组织进行市场推广的事件和活动；（3）投资提高地区居住吸引力和商业吸引力；（4）加强内部联系，利用地区社会资本和创造良性区域治理
乌克兰工业城市马基夫卡（Makiivka）在低生育率和经济转型过程中经历人口流失和产业衰退 [7]	（1）1970年代开始，人口出生率逐渐降低；（2）承受多轮去工业化冲击——1970年代开始煤炭资源枯竭，1990年代政治剧变和休克疗法，2008年国际金融危机	主动减少公共服务和基础服务规模；积极寻求外部资金支持	（1）削减公共医疗服务设施，减少图书馆、俱乐部等社会文化服务设施，减少中学、小学和幼儿园数量，缩减行政管理机构规模；（2）减少供暖管网总长度；（3）吸引国际大型零售商投资城市棕地更新，争取国家转移支付资金

基于城市、经济、环境三位一体的市级可持续发展政策研究

Seeking Sustainable Development Policies at the Municipal Level Based on the Triad of City, Economy and Environment: Evidence from Hunan Province, China

韩宗伟[1, 2] 焦胜[1] 张翔[3] 谢菲[1] 冉静[1] 金瑞[1] 徐山[4, 5]

1 湖南大学建筑与规划学院，长沙 410082

2 铜仁学院旅游与地理系，铜仁 554300

3 武汉大学测绘遥感信息工程国家重点实验室，长沙 410004

4 遥感科学国家重点实验室（中国科学院遥感与数字地球研究所、北京师范大学），北京 100875

5 北京师范大学，北京全球陆地遥感产品工程研究中心，地理科学学院遥感科学与工程研究所，北京 100875

本文发表于 *Journal of Environmental Management* 2021 年第 290 期

【摘要】任何复杂的地理区域，保持城市化、经济和生态环境的协调是实现可持续发展目标的核心问题。以往的研究主要集中在寻求城市扩展水平、生态环境质量和社会经济程度之间的平衡上。但在解决城市扩张对生态环境和经济发展的负面影响方面仍然存在挑战。基于环境库兹涅茨曲线理论，利用滨水城市的现有数据，引入包容性指标，分析与城市可持续发展目标密切相关且具有空间复杂性的生态环境质量、经济水平和城市扩展度之间的相互联系。以湖南省城市为例，城市—经济—环境关系的关键指标在省级、城市级和城市化程度上存在差异。回归模型和倒 N 形曲线表明，与低城市化水平相比，高城市化水平下的城市扩张对经济发展水平的正效应较高，对生态环境质量的负效应较大。但总体趋势是，无论是在低城市扩张水平上还是在高城市扩张水平上，城市的环境质量正在经历缓慢的改善过程。在制定政策和采取行动时，促进与生态环境容量的适应，对于同时实现可持续城市和社区（SDG11）、陆地生态系统（SDG15）、体面工作和经济增长（SDG8）、负责任的消费和生产（SDG12）是必要的。调整与城镇化阶段相适应的人口密度、城镇扩张速度、重污染企业数量和产业结构，是实现省级和市级可持续发展目标的重要途径。

【关键词】环境库兹涅茨曲线；城市扩张；生态环境；面板数据模型；湖南省

1 研究背景

根据联合国可持续发展报告，可持续发展目标问题通常是在国家层面讨论的，而不是在省级和市级层面讨论的。因为可持续发展目标要求世界上所有收入较低、中等和富裕的地区采取行动，在促进繁荣的同时保护地球。这些行动只有相互配合才能奏效，包括促进经济增长、满足一系列社会需求，以及应对气候变化和环境保护。各省市是实现全球可持续发展目标的重要参与者，高质量发展正是世界大势所趋。因此，需要研究如何在省、市两级实现可持续发展目标，尤其是世界上的滨水城市在促进可持续发展目标时，正面临着脆弱的环境和经济社会发展的双重压力。

2 现实问题

当区域的复杂性越大、地理属性越复杂时，精确获取影响空间分布的空间参数就越困难，这对基于这些分布特征所开展的可持续发展目标政策的制定产生了诸多不利影响。空间不确定性是可持续发展目标问题中不可回避的问题。城市扩张带动的经济发展和生态环境恶化具有多方面的影响。许多城市仍在为环境保护和促进经济发展的两难境地而苦苦挣扎。亟须在市级层面，通过制定社会、经济、环境发展目标相协调的可持续发展政策，以寻求社会、经济和环境发展之间的动态平衡。

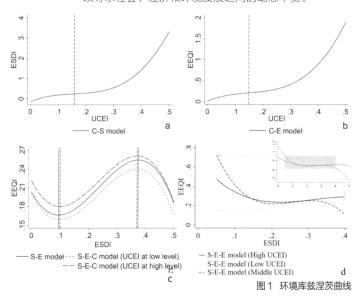

图 1 环境库兹涅茨曲线

3 总体思路

以湖南省 13 个市为研究区，同时考虑了环境、社会和经济方面的因素，并引入包容性指标，在制定可持续发展目标政策之前，构建了一个审查这些指标之间空间关系和数学关系的"数字空间"，即城市容量扩张指数（UCEI）、经济社会发展指数（ESDI）、生态环境质量指数（EEQI）。然后利用环境库兹涅茨理论构建模型（C-S、S-E、S-E、S-E-C、S-E-E）探索三类指数之间的时空关系，并回溯这些关系中各发展阶段的关键影响因素，进而提出适宜特定区域并顺应当前发展阶段需求的可持续发展政策（图1）。

4 重要结论

本文为解决和理解受空间复杂性影响的经济、生态环境和城市化之间的复杂关系提供了一条路径，并确定了政策制定者在克服发展的片面性问题和制定可持续发展战略方面的关注范围。这些实证结果表明，省市实现可持续发展目标的政策需要因地制宜，在不同城市化阶段寻求社会经济促进、生态环境保护和可持续城市化之间的平衡，从而使不同城市化水平城市制定的宏观和中微观可持续发展政策更具针对性。这些政策应该从影响城市扩张、经济增长和环境质量的关键指标开始。要特别注意管控产业结构、城市扩张速度、人口数量等各个适宜的发展水平。回归曲线的形势和趋势表明，滨水城市应在经济发展的全过程中开展更多的环境友好型经济活动，如推动低碳行动、循环产业和城市化政策的协调发

展，而不是以牺牲环境为代价的不可持续的经济发展方式。在制定保护环境和促进城镇化的政策时，必须考虑每个地区的发展程度。尽管细节在不同的发展水平上有所不同，但政策之间存在着普遍的共识，即城市化和工业化的结构和方式必须改变。首先，对于城市化程度较低的地区，政府应通过发展绿色生态旅游、生态健康产业、有机生产等对生态环境影响较小的经济促进措施，将自然资源转化为资产。其次，对于中等城市化地区，通过环境监管向更清洁的产业结构转变的政策可以在改善环境质量方面有所不同。比如减少高污染行业，获得更多的城市绿地而不是建设用地，等等。最后，对于高度城市化地区，通过技术创新和效率优化，实现适度城市化、经济可持续发展和生态环境质量改善之间的平衡，如可再生能源开发推广、生态城市建设、低碳生活方式等，是实现现有经济发展向更高质量、可持续发展模式转变的可行政策（图2）。

5 创新点

（1）从城市—经济—环境三位一体的空间复杂性角度，采取多层次的方法论解决城市的可持续发展问题。（2）将单个指标聚合成一个综合的包容性的指数，分析城市可持续发展要素，如城市容量扩展、经济社会发展和生态环境质量之间的相互作用。（3）在可持续发展的各个领域更加科学、本地化地筛选关键指标，从空间复杂性上为中、微观政策框架的制定提供有力保障。

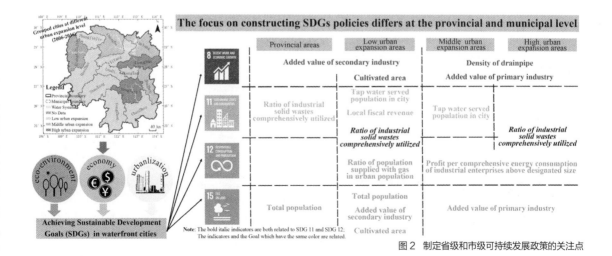

图2 制定省级和市级可持续发展政策的关注点

城市中心商住街区内部道路功能体系研究

Study on the Function System of Internal Roads in Commercial and Residential Blocks in Urban Centers

水馨[1] 肖艳阳[2] 陈星安[1] 雷雨田[1]

1 湖南大学建筑与规划学院，硕士研究生
2 湖南大学建筑与规划学院，副教授

本文发表于《建筑与文化》2019 年第 4 期

【摘要】本文选取 10 个国内典型城市中心商住街区案例，分析街区内交通类型。街区内部道路交通分为：对外型交通、区内连接型交通、组团内服务型交通。以此将街区内道路分为三类：区内对外道路、区级连接道路、组团级服务道路。进一步研究发现组团级服务道路在城市中心商住街区内部道路功能体系中占有重要地位，归纳不同类型组团级服务道路的规划要点，建立城市中心商住区内部有序的道路功能体系。最后以长沙万达广场中心商住区为例优化街区内部道路，加强研究的应用性。

【关键词】城市中心；商住区；内部道路；功能体系

随着城市中心经济的发展，用地价值的不断上升，现代城市的发展需求靠单一的用地功能置换已很难实现，所以在用地开发中考虑多功能复合化成为发展的方向。关于城市中心商住区的特点，第一是位处城市中心的开发地段；第二是高密度的多功能复合，功能上包含各个方面，如居住、商业、办公、人货流的集散和开放空间等 。

中心商住区内人口密度高，交通活动频繁。街区内部的交通组织问题亟待解决。街区内各道路具有明确的功能分类，是组织街区道路系统，提高街区交通效率的重要原则之一 。现阶段道路功能的研究，多集中在城市道路功能分类研究、城市群道路功能分级研究上 。综合以上几方面研究为我国城市中心商住区和城市道路功能分类研究提供了一定的理论指导，但对中心商住区内部道路功能体系缺乏深入探讨。因此本文把握国家推进"开

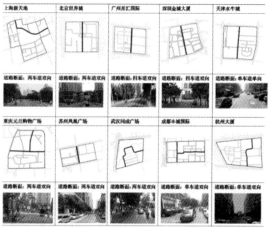

图 1 中心商住区对外型交通概况

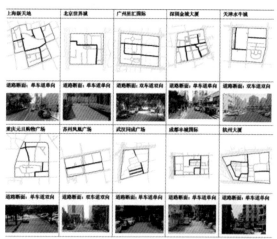

图 2 中心商住区区内连接型交通概况

放街区"建设的重大机遇，以中心商住区为例构建开放街区内部道路功能体系，为城市道路功能体系的完善提供参考。以 4 个典型社区作为研究对象，以期更为全面地探讨不同类型开放式社区的道路安全问题，以及现状模式下影响道路安全的主要因素，并提出基于安全视角下的开放式社区内部道路体系。

中心商住区由四周城市道路围合而成，是商业街区、商业综合体、居住街区和办公街区组成的综合街区。城市中心区大型商住区一般在城市经济发展水平高的城市兴起，本文选取我国 2017 年城市 GDP 数据排名前十的城市中心商住区作为此次研究案例，并以区内典型商业建筑名称命名。

综合研究案例的道路地图，在剔除街区内城市道路后，分析 10 个中心商住区内部大于 4 米的道路交通功能，并获取各类道路的长度。

对外型交通——中心商住区内部与四周城市道路联系的道路，组织对外型交通。人们通过街区内对外型道路进入城市交通网络中，同样借助街区对外道路由城市交通进入中心商住区内部进行生活活动和商业活动。此类交通的组织主要依靠机动车（图 1）。

区内连接型交通——中心商住区内有商业组团、办公组团、居住组团。通过各组团间的道路组织区内连接型交通，往往它们与对外型道路连接，实现不同组团间的交往。此类交通组织主要依靠机动车和非机动车（图 2）。

组团内服务型交通——中心商住区各组团内部的道路组织组团内服务型交通，主要服务功能区内的各类人群。该类交通包括商业步行道和人车混行道。承担此项交通的人车混行道路，其宽度应至少满足机动车的单向通行（图 3）。

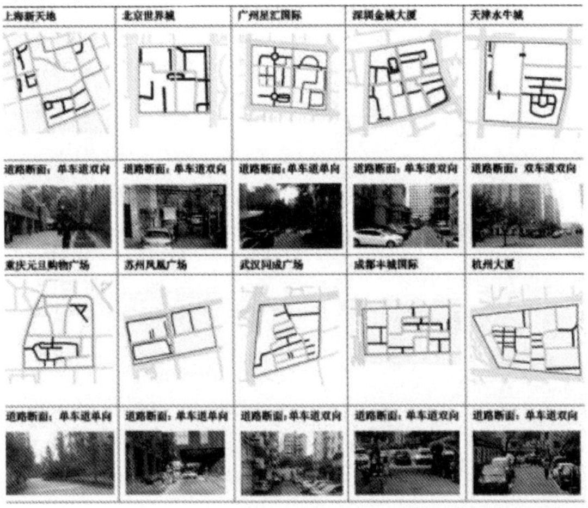

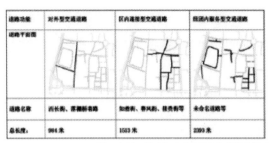

图 4 长沙万达广场中心商住区各类道路概况

长沙万达广场中心商住区是由北部中山路、西部湘江中路、东部黄兴中路、南部五一大道组合而成的商住街区，街区占地面积为 36.41 公顷。其主要包括长沙开福万达广场、五一中央领御居住区等。根据现状道路所应承担的道路功能对街区现有道路进行分类，可分为三类（图 4）。

整理现有道路网，从街区内部道路功能入手，构建现状街区内部道路功能体系。将街区内部承担对外型交通的道路划分为区内对外道路；街区内部承担区内连接型交通的道路划分为区级连接道路；街区内部承担组团内服务型交通的道路划分为组团级服务道路。调整和分配现状道路资源。例如区内对外道路西长街在承担对外型交通功能时，可适当拓宽道路布置人行道和路边停车，使道路横断面设计能满足现有道路功能需求；街区连接型道路接贵街承担区内连接型交通，但道路红线宽度仅为 6 米，道路红线宽度较窄，可拓宽道路到 8 米。街区组团级服务道路分为三类：办公组团内服务道路、商业组团内服务道路、居住组团内服务道路。现状办公组团内服务道路规划较好，6 ~ 8 米，人车分行，并有合理的地下停车场规划，利于办公人员的交通出行；现状商业组团内服务道路为商业大街，3 ~ 4 米，基本可以满足商业活动量，但缺少商业大街停留设施的规划；现状居住组团内服务道路宽度只允许两辆机动车通行，4 ~ 5 米，缺少人行道、人车混行，道路安全性不足，可通过划定人行区域来改善现有道路的路权分配。

随着我国开放街区的推进，各类街区的道路规划成了研究重点。以城市中心商住街区为例，我国多以某一开发商统一开发，所以在内部道路网络规划中，应整体考虑内部道路功能，形成完善的道路功能体系。通过分析明确街区内部道路交通功能和道路功能分类，并对各类道路提出具体规划要求，为现状城市中心商住街区的道路优化提供参考。

图 3 中心商住区功能区内服务交通概况

人工智能 2.0 时代可持续发展城市的规划应对

Planning Response of Sustainable Development City in AI v2.0

武慧君[1] 邱灿红[2]

1 湖南大学建筑与规划学院 硕士研究生
2 湖南大学建筑与规划学院 教授

本文发表于《规划师》2018 年第 11 期

【摘要】本文对人工智能 2.0 时代的理论内涵和技术前沿进行了梳理，指出人工智能新技术将对城市形态、城市运行、城市治理模式和城市文化产生重要影响，并提出可持续发展城市的规划应对措施，包括建立全流程、智能化的动态规划流程体系，精细化与人性化的空间治理，多元主体参与规划治理，建设混合、共享的高质量城市社区，以及构建多层次、系统化、高效安全的数据平台，有助于营造可持续的智能城市。

【关键词】人工智能 2.0；技术变化；可持续发展城市；规划应对

随着大数据技术在日常生活中的应用越来越广泛，人工智能再次成为讨论热点，引发国内外的广泛关注。有别于单一科学技术发展对城市的影响，人工智能革新了产业运作方式、人们的生活习惯和城市治理手段，影响了城市生活的方方面面。人工智能将通过怎样的方式影响人们的生活？对城市将产生怎样的影响？面对人工智能带来的变化，应如何使用人工智能技术来治理城市？规划师应如何应对人工智能对城市的全面革新，实现城市的可持续发展？基于此，本文在对人工智能内涵和应用情景进行解读的基础上，阐述人工智能给人们生活方式带来的变革，进而辨明人工智能对城市产生的影响，并针对人工智能带来的变化提出规划应对措施。

首先，本文研讨了人工智能 2.0 的理论内涵和技术前沿。理论内涵方面，人工智能指将客体提供的信息根据自己的知识和目的，生成相应的"智能策略"，把它转换为"智能行为"，并反作用于客体，最终达到自身目的。智能系统流程主要包括信息的感知与输入、信息知识构建、行为策略生成。人工智能 2.0 是基于重大变化的信息新环境和发展新目标而产生的新一代人工智能，

驱动其发展和变化的主要因素是现代城市信息环境变化与社会的智能化需求。可以说，人工智能 2.0 对城市的影响是多层次、全方位的，它不是简单地以技术手段来影响城市，而是以"人工智能＋"的形式来全面革新城市生活。技术前沿方面，人工智能的影响范围广泛、包含内容丰富。笔者通过对技术前沿的梳理，探索不同种类的人工智能在未来城市中的应用方式及其将会对城市造成的影响，并提出相应的规划应对策略，包括大数据智能、互联网群体智能、跨媒体智能、人机混合增强智能和自主智能系统。

接着本文分析了人工智能 2.0 时代对城市的影响，主要有以下几方面：

（1）分散化的城市形态特征。物流业和信息大数据的高速发展，使得市场和物品生产地的分离成为现实，城市的关联效应减弱，未来无人送货机器人的普及会进一步加强这一趋势。当城市集聚力和分散力达到均衡时，城市规模将趋于稳定。技术的发展压缩了时间和空间，未来城市可能呈现小规模、分散化的形态特征。

（2）高效、协同、集约的城市运行系统。人工智能的发展使数字平台能够有效地监测城市公共资源的数量、质量和位置，能够根据现状使用情况及时地对资源进行有效调配，从而减少城市资源使用的不经济，实现城市的有序高效运行。不同运行系统间的信息共享和平台共建增强了城市运行的协同性。

（3）合理、扁平、公正的城市治理模式。从治理方式看，互联网群体智能使个人充分参与到城市治理过程中。城市治理不再仅由精英人群和规划师主导，也不再采取政府自上而下的治理组织形式，而采用扁平化的治理模式，通过平台进行协作治理。

（4）特色化、差异化的城市文化特性。在人工智能 2.0 时代，当空间上的距离不再成为人们工作生活必须考虑

的因素时，人们可以根据自己的喜好选择居住地和居住社区，那么可能会出现大量基于偏好而聚集形成的社区。社区内的同质性和社区间的异质性都会增强，城市文化特质将呈现特色化、差异化的倾向。

最后，本文建立了人工智能2.0时代城市规划的应对和响应，规划策略顺应城市发展秩序才能更有效地促进城市的发展。人工智能为观察人的行动及预测分析提供了便利，同时公民参与和反馈的渠道也在扩展，为规划应对与响应提供了更为有效的帮助。

（1）建立全流程、智能化的动态规划流程体系。在人工智能2.0时代，规划从决策到实施的全流程将发生智能化的变革。在方案生成与决策层，人工智能可以根据设定的规划目标和客观条件进行方案推演，并依据知识信息库形成相关评价体系，进而对方案进行多方比对，遴选出最优方案（图1）。

图1 人工智能2.0时代的城市动态规划流程图

（2）精细化、人性化的空间治理。空间的精细化与人性化治理依托的是数据采集和处理的准确性、全面性，以及空间使用过程的即时反馈性。规划师首先利用智能设备所提供的数据了解人的需求，根据个人需求绘制偏好图谱；其次，检测不同尺度的城市空间使用状况，了解各城市空间在不同时段的使用效率，进而通过相关平台实现供需的高效匹配，提供空间的不同使用模式（图2）。

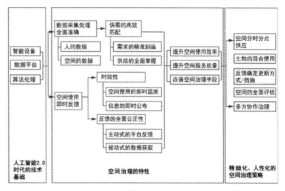

图2 精细化、人性化的空间治理策略示意图

（3）多元主体参与规划治理。人工智能使得规划从决策到实施的全过程更加公开透明，并促使空间治理手段和表达形式更加多样化，从而增加多元主体参与规划和空间治理的可能性。同时，互联网群体智能、大数据智能的应用都需要多元主体的参与，才能更好地发挥"人工智能 + 人类智能"的作用，实现新技术的高效利用。

（4）建设混合、共享的高质量城市社区。作为城市生活的基本单元，社区将承担更多的生活和工作功能，不论是在新建社区，还是在城市老旧社区更新改造中，为了促进城市社区的发展，首先都应当提升社区的综合服务水平，倡导混合居住。

（5）构建多层次、系统化、高效安全的数据平台。城市是个开放的复杂巨系统。在人工智能2.0时代要实现对城市的全面检测与管理，保障城市在人工智能时代的高效运行，就必须构建多层次、系统化、高效安全的数据平台。多层次意味着要构建从城市到社区再到建筑层面的数据管理和分析平台，体系化则代表着从自然到交通、从城市监测到城市空间治理都要实现全方位的数据平台覆盖。

人工智能的发展改变了城市生活的方方面面，对城市的影响具有复杂性和广泛性的特点，使城市整体秩序产生了深刻的变化，其以"人工智能 +"的形式带来的新技术变革也为规划人员和政府带来了新的机遇与挑战。面对人工智能带来的"变"，人们应该怎样"守"住城市的可持续发展，如何善用人工智能，积极应对其带来的影响，这些还需要人们在实践中进一步探索研究。

城市公共安全与健康
Urban Public Security and Health

教师团队
Teacher team

| 魏春雨 | 叶强 | 肖艳阳 | 焦胜 | 彭科 | 丁国胜 | 冉静 |
| Wei Chunyu | Ye Qiang | Xiao Yanyang | Jiao Sheng | Peng Ke | Ding Guosheng | Ran Jing |

专题介绍
Presentations

　　本方向重点关注建成环境影响城市公共安全及健康的机制和路径，在 *Journal of Urban Health*、*Journal of Cleaner Production* 和 *Science of the Total Environment* 等国际知名公共安全和健康期刊（SCI/SSCI 一、二区）发表论文 4 篇，在《城市规划》等国内权威期刊发表论文 10 篇。

基于雨水廊道的丘陵城镇多尺度海绵系统构建

Establishment of a Multiscale Sponge System in Hilly Cities Based on Rainwater Corridor

焦胜[1] 周敏[1,2] 戴妍娇[1] 尹怡诚[3] 韩静燕[1]

1 湖南大学建筑与城市规划学院，教授，jiaosheng2008@163.com
2 西南民族大学城市规划与建筑学院
3 湖南大学设计研究院有限公司

本文发表于《城市规划》2019 年第 8 期

【摘要】大规模开发建设活动使城镇下垫面硬化程度加剧，"三通一平"阻断了雨水径流自然"源—汇"过程，对此，不同地区应根据自身水文"源—汇"特征和水情问题探索适宜的海绵城市规划方法。本文针对丘陵地区沟谷发育密集的特点，提出基于雨水廊道的城镇多尺度海绵系统构建思路和方法。具体而言，根据地形特征提取多个尺度的雨水廊道作为生态排水廊道，通过廊道连接城镇中对应尺度的节点低影响设施，合理划分汇水单元层级化管理雨洪，综上建立生态排水网络解决暴雨多发气候条件下的城镇易涝问题。同时，通过将海绵系统构建与城市规划编制衔接实现多规合一，探索在空间布局规划、绿地系统规划、雨水管网规划、指标图则规划等总规和控规层面的规划中落实海绵系统的规划途径。

【关键词】海绵系统；雨水廊道；丘陵地区；多尺度；多规合一

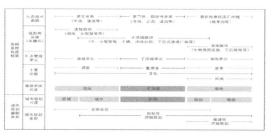

图1 多尺度丘陵城镇海绵系统的构建框架

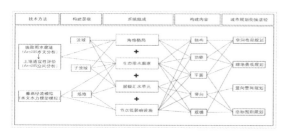

图2 城镇海绵系统构建路径

大规模城镇开发改变了原有自然与人工的图底关系，大量增加的不透水下垫面导致城镇对雨洪的天然吸纳、净化、排放能力失效，易发洪涝灾害和水体污染。对于城镇雨洪管理国外已有较为成熟的理念和技术，关注焦点从城镇局部分散管理逐步发展为全流域综合系统管理。但就我国目前的海绵城市规划而言，多偏重年径流总量控制率等总体层面的指标控制，而后分解至各地块采取工程措施分散建设，缺少对不同尺度雨洪"源—汇"规律的全过程分析和各级规划编制的全过程统筹，专门针对丘陵地区的海绵城市规划更是处于起步阶段。

首先提出了关于丘陵城镇海绵系统构建思路。一是合理保留雨水廊道。自然未开发状态下，降雨产生地表径流，径流基于地形特征汇流并排入河流水系，此为丘陵地区雨水径流自然"源—汇"过程。随着土地使用方式的转变及城镇建设活动的开展，下垫面特性发生巨大变化，显著地改变了原有的水文环境，阻断了雨水径流的自然"源—汇"过程；加之现行的城镇排水系统大多采用管网"快排"模式，导致水系断流与洪涝灾害交替出现。因此，丘陵地区城镇构建海绵系统的核心是要改变传统的"快排"模式，通过下垫面产汇流特征分析，在空间规划中合理保留各级雨水廊道，建立生态排水网络，从而实现降低洪涝风险、保护水生态环境健康的目标。

二是构建多尺度海绵系统。笔者在城市规划编制体系范畴内将海绵系统划分为流域、子流域、场地，分别对应城市规划的城市、组团、地块 3 个尺度（图 1）。多尺度海绵系统的构建思路为根据地形特征提取各个尺度的雨水廊道作为生态排水廊道，通过廊道连接城镇中对应尺度的点块状低影响设施，通过层级管理共同形成城镇生态排水网络（图 2）。

三是海绵系统构建与城市规划编制衔接。丘陵地区的自然雨水廊道在空间形态上通常是枝状、锐角、非均质

图 3　四级自然雨水廊道

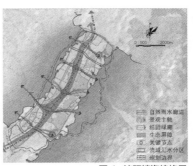

图 4　泸阳镇海绵格局

图 5　泸阳镇生态排水廊道与低影响设施节点

分布的，在构建城镇海绵系统的过程中需要对其形态结构进行取舍和调整，使之适应和满足城镇空间建设的基本需要，因此构建城镇海绵系统需要与城市规划编制相关规范和技术手段相衔接。此外，当前我国海绵城市规划多采取专项规划的形式，会涉及与法定城市规划如总体规划、控制性详细规划等的对接、冲突、调整问题。把海绵系统的构建贯穿于各级城市规划编制中，实现多规合一，确保在空间规划体系中落实海绵系统。

如何构建基于雨水廊道的多尺度海绵系统，本文做出了详细阐述。第一步提取多尺度雨水廊道，以地形图为基础数据，运用 ArcGIS 流向分析法进行水文分析，提取自然雨水廊道。基于斯特拉勒 (Strahler) 河流分级法将生成的雨水廊道划分为 4 个等级，编码越小的廊道等级越高，处于雨洪径流过程的越末端，汇水范围及洪峰流量越大，因此对应的廊道宽度应越宽（图 3）。第二步构建城镇海绵格局。采用基于景观连通性理论的土地适宜性评价方法，将提取的雨水廊道作为因子之一采用最小累积阻力模型进行土地适宜性评价。根据保护原有水系网络和维持建设用地相对完整的双重原则，构建泸阳镇海绵格局（图 4）。第三步构建层级化汇水单元。划分汇水单元的目的在于径流排放的组织和管理。运用 ArcGIS 水文分析模块识别自然汇水区，结合用地布局规划，划分 3 个层级的汇水管理单元：流域单元、子流域单元、场地单元。流域单元由自然汇水区决定，原则上由一级廊道组织排水，主要雨水管理目标为特大暴雨洪涝排放和出水水质控制；子流域单元由自然地形结合功能组团划分决定，由二级廊道组织排水，再汇入一级廊道，主要雨洪管理目标为大暴雨洪涝排放；场地单元即各街坊及规划地块，由三级廊道组织排水，汇入二级廊道，主要雨洪管理目标为中小降雨的源头控制（图 5）。第四步构建多尺度城镇生态排水廊道。结合汇水单元的划分

对自然雨水廊道进行整理，构建多尺度的城镇生态排水廊道。一级廊道为河渠等常年水流通道，保留原有自然线型；二级廊道为季节性或气候性有水的冲沟或泄洪通道，依据规划干路线型进行调整；三级廊道为主要的暴雨径流汇水线，依据规划街坊形状整理微调。区内未识别出自然雨水廊道的地区，结合带状绿地系统布局，适当增添二级和三级生态排水廊道，构建出布局均衡、等级分明并适配于用地、道路、绿地等空间规划系统的生态排水廊道网络系统。第五步构建多尺度节点低影响设施。在海绵格局制定的关键节点基础上，叠加暴雨径流模拟识别出的内涝高风险点，同时考虑城镇绿地系统点、面布局，构建流域和子流域尺度节点低影响设施。大多分布于一级河流廊道与多条次级廊道交汇处，可延缓洪流入河时间、降低入河面源污染，同时结合生态绿地与景观设计可作为城镇主要开放空间，发挥小气候调节、生物物种保持、景观形象提升及市民游憩活动等功能。

本文最后提出了城市规划与海绵系统的衔接途径，从城镇空间布局、绿地系统规划、雨水管网规划、指标图则规划多方面与海绵系统进行衔接（图 6）。

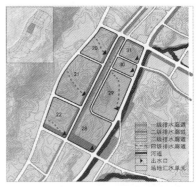

图 6　泸阳镇图则指引

基于雨洪安全格局的城市低影响开发模式研究

Low-impact Urban Development Mode Based on Waterlogging Security Pattern

焦胜[1] 韩静燕[1] 周敏[1,2] 蔡勇[1] 韩宗伟[1,3] 黎贝[1,2]

1 湖南大学建筑与城市规划学院，教授，jiaosheng2008@163.com
2 西南民族大学城市规划与建筑学院
3 铜仁学院旅游与地理系

本文发表于《地理研究》2019 年第 8 期

【摘要】城市调蓄用地总量减少、泄洪网络被建设用地割裂、汇流用地与建设用地重叠等是造成城市内涝灾害的主要原因。本文尝试在产流源头、产流途径以及汇流地三个层面，充分利用原有自然雨洪调蓄系统，建立能够消纳极端暴雨水的城市低影响开发模式，以长沙市苏托垸为例，基于地形数据、水文气象数据，运用 ArcGIS空间分析和 SCS 水文模型，模拟极端降雨的雨洪淹没区和雨洪廊道，并建立雨洪安全格局。根据年径流总量控制率 85% 的海绵城市建设目标，结合模型模拟确定苏托垸低影响开发设施位置及规模，即开发后应保留雨洪斑块面积 228.2 hm²，控制水量 107.5 万 m³，雨洪廊道面积 51.5 hm²，控制水量 10.1 万 m³。可为探索基于极端气候下内涝防控的海绵城市建设新模式提供参考。

【关键词】雨洪安全格局；雨洪斑块与廊道；低影响开发模式；长沙市苏托垸

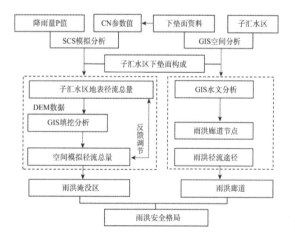

图 1 雨洪安全格局模拟技术路线图

快速城市化过程中城市下垫面大面积硬化，调蓄用地减少，加之中国现有城市排水体系的"快干快排"，导致城市下游以及低洼地区的内涝风险大增。近年来，中国提出了基于"低影响开发"的"海绵城市"建设策略。根据海绵城市技术指南采用年径流总量控制率来控制雨水径流，达到低影响开发的目的。这虽然从源头上减少了径流量，一定程度上降低了城市内涝风险，但由于没有对应极端暴雨强度下径流峰值的削减量等防洪涝关键问题，难以为城市防洪排涝提供技术支撑。

内涝主要是由城市化造成的增源（城市调蓄用地总量减少）、减汇（建设用地占用汇流用地造成的）与快排（沿道路"快干快排"增加了高强度径流以及洪峰发生的概率）等原因造成的。城市开发前后，人工排水体系完全改变了原有自然水系的产汇流过程，导致城市开发后原有自然水文系统与调蓄内涝基本无关。识别"源地—廊道"是生态安全格局构建的基本模式之一，因此，如果在城市开发时，根据该地区暴雨水产汇流特征，预先对产汇流全过程所涉及的基底（产流源头）、廊道（产流途径）以及斑块（汇流地）进行控制，就可能系统性地解决上述问题，达到内涝防控的目的。但目前根据"源地—廊道"理论进行产汇流过程分析，探索城市低影响开发模式的研究还相对缺乏。

综上，本文基于"斑块—廊道—基底"理论，针对暴雨水相关的产流源头、产流途径以及汇流地，建构基于城市雨洪安全格局的城市低影响开发模式，以解决极端暴雨强度下的防洪涝问题，并从雨洪斑块、雨洪廊道和基底三个层面提出低影响开发设施布局、规模、径流控制量等规划建设指标，为防控城市化开发后极端暴雨内涝问题提供技术指导，为基于洪涝安全的海绵城市建设提供新的思路和方法。

本文阐述了基于雨洪安全格局的城市低影响开发模

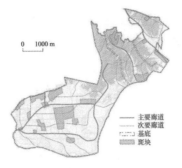

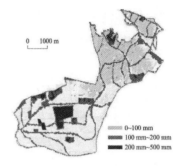

图 2 苏托垸雨洪安全格局图　　　　图 3 苏托垸低影响开发设施布局图　　　图 4 低影响开发后雨洪模拟淹没模拟图

式的具体步骤。首先，构建研究区雨洪安全格局，包括对汇水节点、雨洪廊道以及雨洪淹没区等要素进行分析，结合现状河流、湖泊、湿地等各类水系，根据室外排水设计规范标准，选取内涝防治设计重现期为 100 年，利用长沙市暴雨强度公式，运用 SCS 模型进行降雨径流转化，考虑雨水的水平流动性，建立基于 ArcGIS 的雨洪淹没模型，模拟雨洪淹没区和雨洪廊道，将结果可视化，以河网为"排水主干管"，流域子汇水区为一个组团，构建由多级节点、廊道和斑块组成的雨洪安全格局网络（图 1）。

其次，将雨洪产汇流过程分解为产流源头、产流途径、汇流地三个过程，在构建雨洪安全格局的基础上，对应上述过程，根据低影响开发设施的尺寸、适宜范围配置相应的低影响开发设施，并研究这三类设施的空间布局、面积规模及调蓄水量分配，建立基于"斑廊基"结构的低影响开发模式。其包含三个方面：一是产流源头低影响开发（基底），即保留场地雨洪径流开发前后排放量不变；二是产流途径低影响开发（雨洪廊道），即保留雨洪径流廊道开发前后不变，提供足够的雨水地面停留时间，一方面可增加雨水流经途中蓄积、蒸发、渗透的比例，另一方面降低雨水径流速度；三是汇流地低影响开发（雨洪斑块），即保留雨洪淹没范围开发前后不变，内涝区域一般都是雨水汇流用地与建设用地重叠造成的，保留这些汇流地区作为雨洪调蓄用地，则可大大降低内涝造成的损失。

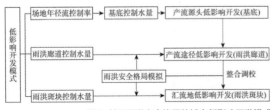

图 5 基于雨洪安全格局的城市低影响开发模式

根据雨洪安全格局中的控制区域，初步确定雨洪廊道和雨洪斑块的空间位置，并保证范围内开发前后不变。运用 SCS 水文模型和 ArcGIS 空间分析进行雨洪淹没模拟分析。按照海绵城市技术指南中的年径流总量控制率的目标，确定基底控制水量从而计算雨洪斑块需要控制的水量，$S_0=P_0-R_0-E_0$。其中，P_0 为降雨径流总量。R_0 为基底控制水量，即产流源头部分低影响开发设施控制水量，以街区一场地为雨洪调蓄基底。E_0 为雨洪廊道控制水量，保留雨洪安全格局中的雨洪廊道系统包括河流、沟渠、旱溪等，构建产流途径部分低影响开发设施，结合场地不同下垫面类型，保证这些廊道的宽度、缓冲区和下垫面开发前后保持不变。S_0 为雨洪斑块控制水量，根据雨洪安全格局中"重要控制区—次要控制区"的优先级顺序，结合现状水域，形成雨洪斑块，通过汇流地部分低影响开发设施达到控制水量的目的，包括坑塘、湖泊、蓄水池、生物滞留池等。利用 ArcGIS 雨洪淹没分析，结合雨洪安全格局网络，整合调校拟保留的廊道及斑块的数量、尺寸等，最终确定雨洪廊道以及斑块规模，对其洪涝防控效果进行评估，从而实现防控暴雨的目标（图 2~图 5）。

最后，基于 SCS 模型与 ArcGIS 空间分析平台，评估和验证基于"斑廊基结构"的城市全域低影响开发模式。在已知基底控制水量和雨洪廊道控制水量的基础上，计算斑块需控制的水量和调蓄深度。

这种低影响开发模式不仅能提高城市防控内涝水平，同时也在水资源、水环境以及水生态等方面作出贡献：雨洪斑块可增加雨水资源化利用率，补充地下水源；雨洪廊道增加了雨水地表流经时间，并通过植被过滤净化水质，减少雨水面源污染；基于原始地形 DEM 的廊道及斑块设置减少了对原有地形的改造，也减少了规划建设对场地原有水文特征的破坏，廊道与斑块组成的网络系统还可保留原有生态系统所需的景观连通性和栖息地。

雨洪视角下的中国土地适宜性评价——以苏托垸地区为例

A Review of Chinese Land Suitability Assessment from the Rainfall Waterlogging Perspective: Evidence from the Su Tuo Yuan Area

焦胜[1] 张晓玲[2] 徐莹[3]

1 湖南大学建筑与城市规划学院，教授，jiaosheng2008@163.com
2 香港城市大学公共政策学系
3 湖南大学公共管理学院

本文发表于 *Journal of Cleaner Production* 2017 年第 144 卷

【摘要】土地适宜性评价是各类空间控制规划和土地开发中的一个基本过程，直接影响了土地的合理利用和城市的合理布局。然而，这种评估形式也因其理论和实证上的不足受到了不少批评。本文以长沙苏托垸地区为例，从降雨－内涝的角度对我国土地适宜性评价进行了综述。研究发现，苏托垸地区超过一半的土地被评估为（非常）适合城市发展的土地具有较高的降雨－内涝风险。我国现行的土地适宜性评价方法不能准确反映土地利用的雨涝风险，存在一定的不足。为完善土地适宜性评价，建议将"洪水淹没程度"指标改为"降雨－内涝风险"，或将降雨－内涝风险评价结果叠加到雨量充沛、地势低洼地区的土地适宜性评价结果上。

【关键词】土地适宜性评价；降雨—内涝风险；中国

1 研究背景

在我国，土地适宜性评价已成为空间控制规划和土地开发的一种普遍做法。为完善土地适宜性评价实践，住房和城乡建设部于 2009 年颁布了《城乡用地评定标准》CJJ 132—2009，该标准现已成为行业规范，并广泛应用于土地适宜性评价中。

土地适宜性评价在国内外城市发展中得到了广泛的应用（图 1），但也因其理论和实证上的不足而饱受诟病，因此本文旨在从降雨洪涝风险角度对我国土地适宜性评价进行回顾，这在文献中很少被强调。

2 研究问题和研究方法

本文试图解决中国土地适宜性评价能否准确评价土地洪涝风险这一研究问题。为解决这一问题，本文提出了以下基本方法：（1）采用现行的《城乡用地评定标准》CJJ 132—2009 对江苏省苏托垸地区的土地适宜性进行评价；（2）结合水土保持服务（SCS）模型和GIS 技术，对苏托垸地区的土地雨涝风险进行了评价；（3）将两种评价结果叠加，进行土地适宜性和内涝风险评价；（4）利用叠加结果对现行的土地适宜性评价进行回顾和改进。

3 苏托垸地区的土地适宜性评价

根据《城乡用地适宜性评定标准》CJJ 132—2009，土地适宜性评价的一级指标包括工程地质、地形地貌、水文气象、自然生态、人类影响等，二级指标分为四个等级，即"不适宜"（0—1）、"不适宜"（2—

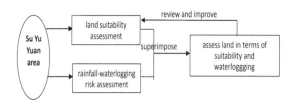

图 1 技术路线

图 2 土地适宜性评价结果

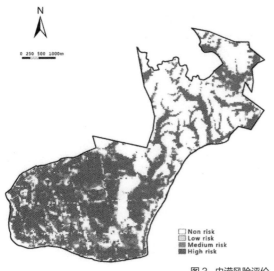

图3　内涝风险评价

图例：
- Non risk
- Low risk
- Medium risk
- High risk

图4　土地适宜性评价与内涝风险评价的叠加结果

图例：
- Suitable-Low
- Buildable-Low
- Unsuitable-Low
- Unbuildable-Low
- Suitable-Non
- Buildable-Non
- Unsuitable-Non
- Unbuildable-Non
- Suitable-High
- Buildable-High
- Unsuitable-High
- Unbuildable-High
- Suitable-Medium
- Buildable-Medium
- Unsuitable-Medium
- Unbuildable-Mediu

3），"适宜"（4—6）、"非常适宜"（7~10），本文采用德尔菲法和层次分析法（AHP）对二级指标的准确权重进行评价。通常建议一个由9~18名参与者组成的小组得出相关结论，避免专家之间就德尔菲法达成共识的任何困难（图2）。

4 苏托垸地区雨洪风险评价

本文采用基于SCS模型的模拟评价方法，结合GIS技术，对苏托垸地区土地的降雨涝风险进行了评价。（1）根据研究区的地形水文特征，确定了SCS模型中的CN参数；（2）利用GIS与水文分析模块，获取河流网络，获取流域；（3）通过长沙市降雨强度公式，得到单位降雨量；（4）划分了单独的水池，并选择每个排水池的倾点作为典型点。利用GIS中的SCS模型和DEM，得到典型点水位值（Wp），将水深及相应风险分为无风险（0~100 mm）、低风险（101~200 mm）、中风险（201~400 mm）和高风险（大于400mm）四个等级（图3）。

5 结论与讨论

将降雨－内涝风险评价结果与土地适宜性评价结果进行叠加，得到一组各土地单元适宜性和内涝维度的评价结果（表1）。该表列出了土地单位百分比，包括适宜性和内涝两个维度。建议在土地适宜性评价中增加雨涝风险评价作为二级指标，将"洪水淹没程度"指标改为"降雨－内涝风险"。这种改进的土地适宜性评估可以更好地评估任何给定土地面积的内涝风险。

雨量充沛、地势低洼的地区易发生内涝。因此，内涝风险成为这些地区土地适宜性评价的关键因素。土地适宜性评价和降雨—内涝风险评价必须分开进行，土地适宜性评价必须根据两个评价结果的叠加进行（图4）。

表1　苏托垸地区适宜性和内涝度土地单元百分比

Land units in Su Yu Yuan area		Rainfall-waterlogging risk assessment			
		High	Medium	Low	Non
Land suitability assessment	Very suitable	52.49%	11.69%	4.04%	31.78%
	Suitable	51.74%	11.46%	3.62%	33.18%
	Poor suitable	13.73%	1.56%	0.76%	83.94%
	Not suitable	4.31%	0.42%	0.23%	95.04%

廊道与源地协调的国土空间生态安全格局构建

Construction of Ecological Security Pattern Based on Coordination between Corridors and Sources in National Territorial Space

韩宗伟[1, 2] 焦胜[1*] 胡亮[1] 杨宇明[1] 蔡青[3] 黎贝[1] 周敏[1]

1 湖南大学建筑与规划学院，长沙 410082

2 铜仁学院旅游与地理系，铜仁 554300

3 湖南省环境保护科学研究院，长沙 410004

* 通信邮箱：E-mail: jiaosheng2008@163.com

本文发表于《自然资源学报》2019 年第 10 期

【摘要】构建生态联系紧密且生态干扰更小的生态安全格局，是平衡国土空间规划中生态保护与经济社会发展的重要手段。在国土空间中，为形成廊道与源地协调与保护兼顾的生态安全格局，以环洞庭湖区域 33 个县（区）为例，针对核心生态源地与自然廊道、经济社会源地与人工廊道分别形成的生态格局、城镇格局，揭示两者之间生态关键点及生态干扰点的分布特征，并差异化应对。结果表明：（1）为促进生态要素的空间联系，1537 条生态廊道应纳入生态安全格局中，908 处生态关键点需要保护，而 0.48% 的经济社会源地面积应退让给自然廊道。（2）受干扰的核心生态源地面积占比和自然廊道长度占比分别为 1.36%、12.95%，8800 处生态干扰点可采取缓冲、预警等主要应对策略，以协同发展自然—人工系统。（3）为满足生态保护用地应持续增加的需求，非核心生态源地内，面积分别为 203.22 km^2、125.67 km^2、35.59 km^2 的一、二、三级自然廊道可分批作为生态安全格局未来发展的储备用地。研究结果可为协调国土空间规划体系中生态用地与城镇建设用地提供参考。

【关键词】国土空间；生态安全格局；生态廊道与源地保护；生态战略点；环洞庭湖区域

1 研究背景

城镇的开发与建设依托于自然生态格局，并对后者进行持续的改造和利用，最终在时间和空间维度累积效应的影响下，形成对自然生态发展和经济社会发展影响深远的城镇格局。当前，国土空间规划体系更加注重国土空间开发格局与自然生态系统格局的协调性，优化国土空间开发格局已经在党的十八大报告中首次被提升到国家战略高度，生态安全格局与城市化格局、农业发展格局同时成为我国三大战略格局优化目标。构建生态安全格局对践行生态保护、推进生态文明建设和保障国土空间永续发展意义重大。

2 现实问题

如何实现生态环境保护与经济社会发展之间的全领域、全过程空间协调，成为生态安全格局未来发展的核心内容。为使生态安全格局的构建具有稳健的空间基础，划定生态保护红线已经成为普遍认可和采纳的手段。在划定核心生态源地和建立自然廊道的基础上形成的生态格局，虽然为严格控制人类活动对生态系统可能产生的影响明确了生态空间的保护界线，但还需要减少人工廊道、经济社会源地等人类活动区域对生态系统的干扰，以实现生态保护由点状、斑块状结构向网络化、系统化结构转变。

3 总体思路

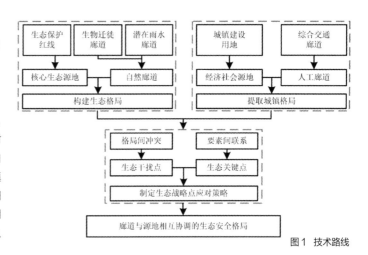

图 1 技术路线

以湖南省环洞庭湖生态区域的 33 个县（区）为例，识别以生物迁徙廊道、潜在雨水廊道为代表的自然廊道，将其与核心生态源地叠合形成生态格局，同时挖掘以综合交通廊道为代表的人工廊道和经济社会源地形成的城镇格局对生态格局造成的影响，提出应对策略，进而建构联系紧密、系统平衡、结构稳定且廊道与源地相协调的生态安全格局（图 1~ 图 3）。本文可为国土空间中核心生态用地的管控和拓展，以及生态保护与经济社会发展的协调提供技术思路，对维持生态系统稳定性、保护生物多样性、优化生态服务功能发挥积极作用，进而保障国土空间规划中生态空间保护与提升的质量和水平。

4 重要结论

（1）以构建国土空间中源地和廊道协调与保护兼顾的生态安全格局为目标，在现有 13558.93 km² 核心生态源地且有 1.36% 的面积受到干扰的空间框架下，为促进生态要素的空间联系，需要增补其与外界联系的 1537 条自然廊道，面积 592.56 km²、长度 10472.34 km，其中受到干扰的长度占 12.95%，同时识别出了需要重点保护的生态关键点 908 处和需重点治理的干扰点 8800 处。（2）针对不同类型、不同来源的生态关键点和生态干扰点，提出了以顺应自然发展规律、保障要素

合理流动、保护生物多样性为原则的差异化应对策略，主要采取缓冲、预警等手段处理，以保障自然一人工系统的协同发展。（3）将自然廊道的保护提升到与核心生态源地的保护同等重要的程度，对未来核心生态源地的发展设计了不同层次的拓展方案，即非核心生态源地内一、二、三级自然廊道以湖南省环洞庭湖生态区域的 33 个县（区）为例，以对应的 203.22 km²、125.67 km²、35.59 km² 面积作为未来核心生态源地划定范围的参考，进而满足生态系统可持续发展的需求（图 4、图 5）。

5 创新点

构建以生态优先为主、多系统协调为辅的原则，为国土空间规划中协调生态保护和经济社会发展，提出基于自然廊道分批保护和生态战略点差异化应对的生态化思路和空间发展框架，充实了国土空间规划内"三区三线"评定体系中对廊道效应的考虑，强化了核心生态源地与外界联系的廊道，构建出联系紧密、系统平衡、结构稳定、干扰减少的生态安全格局。在国土空间规划中，可为城镇建设用地、交通体系布局对生态空间的退让提供前期指导和反馈优化依据，有利于区域生态系统的稳定性维护和协调发展。

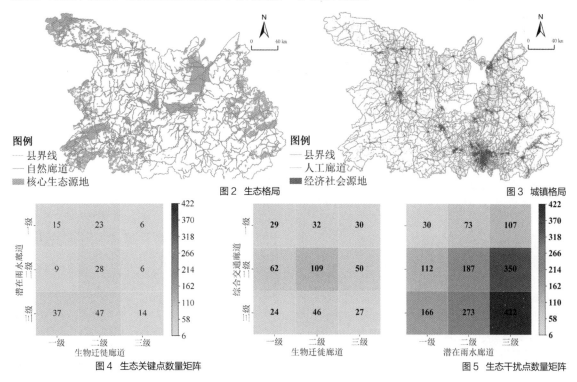

图 2　生态格局

图例
—— 县界线
—— 自然廊道
▓ 核心生态源地

图 3　城镇格局

图例
—— 县界线
—— 人工廊道
■ 经济社会源地

图 4　生态关键点数量矩阵

图 5　生态干扰点数量矩阵

海绵城市理念纳入城市总体规划编制内容的关键点
Study on the Key Point of Sponge City Concept in Urban Overall Plan

曾昭君[1] 叶强[2] 李明怡[3]

1 湖南大学建筑与城市规划学院，博士，zengzhaojun_1989@163.com
2 湖南大学建筑与规划学院，教授，yeqianghn@163.com
3 西南民族大学建筑学院，硕士

本文发表于《中国给水排水》2017 年第 33 卷

【摘要】2016 年 3 月，住房和城乡建设部发布《海绵城市专项规划编制暂行规定》，标志着海绵城市理念开始纳入城市规划法定体系。但城市总体规划作为专项规划的上位规划，其内容的延迟将导致海绵城市专项规划编制无纲可依，因此必须尽快将海绵城市理念纳入城市总体规划。通过系统调查国外开展雨洪管理实践的城市及其相关规划，归纳出国外雨洪管理理念纳入城市总体规划的共性，如总体规划的编制注重多学科多专业配合；雨洪管理理念体现在总体规划的目标、策略和具体措施三个层级；内容上包含雨洪管理的理念、原则、措施类型及系统构建途径，以此启发我国海绵城市理念纳入总体规划的关键点和实现途径。本文的研究结论可为新时期的城市总体规划编制提供参考。

【关键词】海绵城市；城市总体规划；雨洪管理；海绵系统；规划编制

为应对气候变化引起的极端灾害，我国近些年提出"海绵城市"理念，其核心是应对城市雨洪灾害，主要包括城市缺水与雨水流失、暴雨洪涝和雨水径流污染等问题，并迅速展开实践。国内目前已有关于海绵城市相关规划的研究。为此，本文对海绵城市理念纳入城市总体规划编制的关键点进行了分析，并对其如何具体实现进行了探讨。

1 海绵城市理念和城市总体规划

"海绵城市"理念主要是指通过"城市适应自然"的思想来解决城市发展中面临的自然灾害问题。实现海绵城市理念的基本措施包括：第一，区域水生态系统的保护和修复；第二，城市规划区海绵城市的设计与改造；第三，建筑雨水利用与中水回用。城市总体规划文本可归纳为战略目标和具体策略两大部分，其中战略目标包括制订发展目标和人口预测，具体策略包括空间管制、空间布局、各项基础设施构建三个层级。综上，只有将海绵城市理念纳入总体规划，才能为海绵城市专项规划的编制和实施提供有效依据。

2 国外雨洪管理理念和城市总体规划案例

对纽约、悉尼市、伦敦市三个城市的总体规划文本进行归纳，深入研究雨洪管理相关理念和措施纳入总体规划文本的特征，总结如下：①总体规划的编制由政府当局引导，多专业多学科参与编写，确保覆盖城市系统运行的各个环节。②发展目标和战略思想均包含雨洪管理目标。③雨洪管理理念和措施体现在总体规划文本的各个层级。国外的总体规划内容主要包括应对挑战、解决策略、具体实施途径三个层级。④总体规划文本中均提出通过对绿地、自然水体及灰色基础设施等进行不同程度的保护、修复、新建来增强城市弹性，以应对城市中的极端气候事件（如干旱、暴雨、高温等）。⑤在应对城市其他挑战时，如提高社会公正、增加就业机会等，雨洪措施也可作为解决问题的有效途径之一。

3 海绵城市理念纳入总体规划的关键点
3.1 规划编制过程多专业多部门配合

从国外经验看，要在总体规划中增加海绵城市理念，一个综合的规划文本与跨学科的配合十分必要；以美国纽约总体规划为例，其规划文本的编制工作由政府办公室人员、大量的社区和非营利组织、专家、学者、私人机构共同参与。

3.2 海绵城市目标纳入总体发展目标

首先，发展目标和人口预测是整个规划的主线，对整

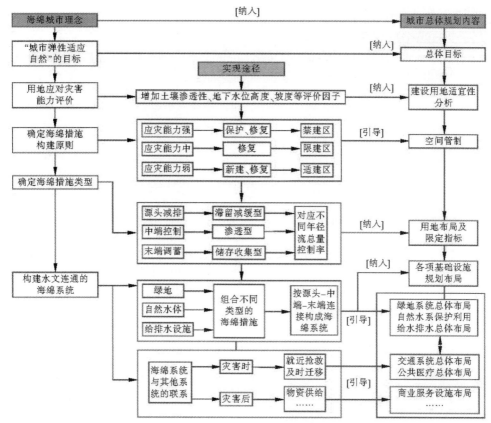

图1 海绵城市理念纳入城市总体规划的关键点及实现途径

个规划体系起着统筹作用；其次，在总体目标中提出了海绵城市的建设目标，才能为总体规划具体策略及措施的编制提供依据。因此，应该在城乡统筹发展战略以及中心城区发展目标中纳入"海绵城市"理念，将城乡适应气候变化，弹性应对自然灾害等作为总体发展战略目标之一。

3.3 总体规划中纳入"海绵"措施的实现途径

　　根据我国总体规划编制的要求，主要通过以下三个重要层面体现海绵城市理念。（图1）①可根据土地情况等因子进行评价，得出规划用地灾害风险地图，以此指导"四区划定"。灾害风险地图通过水文因子，并根据"源头调蓄、过程控制、末端渗透"的原则，对规划用地应对灾害的能力进行评价分级。②空间布局中增加"海绵"措施控制指标。空间布局是关于城镇发展、经济和就业增长、人居和生态环境保护以及区域一体的各项政策在空间上的落实体现。将功能要求转化为量化指标，由此引导后期设计及建设过程中合理构建具体

的"海绵"措施。③基础设施规划中"水文连通"是构建海绵系统的关键。这包括两层含义：首先是在用地布局的基础上，海绵措施连通形成"海绵系统"。其次是海绵系统和其他系统的协同规划，在总体布局时，结合海绵系统，将如何应对极端灾害作为影响因素之一。

4 结语

　　总体规划的编制应注重多学科多角色的配合，雨洪管理理念体现在总体规划的目标、策略和具体措施三个层级，包含雨洪管理的理念、原则、措施类型及系统构建途径等关键内容。而我国在这方面尚未开始，因此海绵城市理念必须尽快纳入总体规划内容之中。其关键点具体为：①规划编制过程多专业多部门配合；②海绵城市目标纳入总体规划目标；③四区划定前增加灾害风险地图、用地布局中增加用地的"年径流总量控制率"指标。本文研究可为海绵城市背景下的城市总体规划编制提供参考，加快完善海绵城市纳入城市规划法定体系。

安全视角下开放式社区内部道路优化策略研究
——以长沙市四个社区为例

Research on Internal Planning Strategy of Open Community under Security Perspective—
Taking Four Communities in Changsha as an Example

雷雨田[1] 肖艳阳[2] 水 馨[1] 陈星安[1] 赵宇[1]

1 湖南大学建筑与规划学院，硕士研究生
2 湖南大学建筑与规划学院，副教授

本文发表于《建筑与文化》2019 年第 3 期

【摘要】针对开放式社区内部道路公共化所带来的人车冲突等诸多安全问题，笔者通过对长沙市柏家塘小区、陈家湖小区、神农茶都、湖南大学南校园区四个典型开放式社区进行实地调研，得到现状模式下影响社区内部道路安全的主要因素；从安全舒适的路网布局、交通安宁化设施引导、沿线商业空间的整合、交叉口的人性化设计四个方面，提出安全视角下的开放式社区内部道路优化策略，以期在解决开放式社区在城市交通拥堵、方便居民出行的同时，为社区生活提供安全保障等。

【关键词】安全视角；开放式社区；内部道路规划；优化策略

随着开放式社区内部道路日益公共化，外来车辆大量渗入带来人车混行的安全隐患，停车混乱无序造成道路不畅和堵塞，人口流动性增加导致道路沿线环境品质下降等问题越来越凸显，开放式社区的发展迫切需要更为安全的道路规划方式。在这样的背景下，本文通过实地调研长沙市的四个典型开放式社区，探讨现状模式下影响道路安全的主要因素，提出了基于安全视角下的开放式社区内部道路规划模式的调整及优化策略。

2017 年，长沙市为积极响应国家开放街区政策，出台了《长沙市开放式街区建设导则（试行）》，成为全国首部正式出台的开放式街区建设导则。本文按照《导则》的分类分别选取了柏家塘小区和陈家湖小区两个居住功能区、神农茶都商住混合区，以及湖南大学南校园区共四个典型社区作为研究对象，以期更为全面地探讨不同类型开放式社区的道路安全问题。

通过实地调研和访谈四个开放式社区后，总结归纳了道路系统中可能影响社区道路安全的因素，以调研分析所得的可能影响因素设计调查问卷，分别对四个社区的居民安全满意度进行统计分析，并将居民满意度占比统计得出相应的道路安全评价结果。当 60% 以上的被调查者对社区内的道路安全表示满意或不满意时，其所对应的评价结果为安全或不安全。经现场调研，社区的道路安全现状情况符合评价结果，因此评价结果具有可信性；因此三个社区及以上的居民安全满意度超过 60% 的影响因素可以认为是对社区道路安全影响较大的主要因素。从四个社区的调研结果来看，主要影响因素分别为道路分级、路网形态、机非路权占比、停车设施布局、道路沿线空间形式、交叉口形式和交叉口设计等（表 1）。

在道路分级和路网形态方面，可以发现路网清晰、功能等级分明的道路普遍符合居民的安全需求，如陈家湖小区和神农茶都的路网模式；而社区内部道路功能混乱、路网形态无规律的道路系统则很难满足社区的道路安全，如柏家塘社区的路网混乱无序，导致外来车辆大量渗入，存在人车混行的安全隐患；湖南大学南校园区由于靠近

表1 四个社区道路安全主要影响因素统计表

影响因素	居民安全满意度超过60%以上			
	柏家塘小区	陈家湖小区	神农茶都	湖南大学南校园区
路网密度				√
道路分级	√	√	√	√
路网形态		√	√	√
道路宽度	√			√
机非路权占比	√	√	√	√
停车位规模				
停车设施布局	√	√	√	√
道路沿线空间形式	√	√	√	√
公共空间共享			√	
出入口设计				
交叉口形式	√	√	√	√
交叉口设计	√	√	√	√

*注：居民安全满意度超过60%以上的影响因素打"√"。

岳麓山景区，来往交通十分复杂，人车混行严重影响了周边居民和学生的出行安全。

在机非路权占比和停车设施布局方面，可以发现陈家湖小区和神农茶都的道路路权分配较为合理，且停车设施统一划线、规范有序，为居民提供了舒适安全的出行体验，提升了居民的安全满意度。而对于柏家塘小区和湖南大学南校园区，路权分配不合理，步行道和自行车道的宽度得不到保证，停车混乱无序且布局不合理，造成道路不畅和居民出行安全受到威胁，降低了居民的安全满意度。

在道路沿线空间形式方面，社区的开放会带来人口流动性的增加，社区道路沿线空间不仅发挥着形象展示作用，而且住区的安全问题很大程度上与街道的"监视"作用相关。调研发现，陈家湖小区和神农茶都的道路沿线空间都设置了整齐划一的商铺界面，居民的安全心理需求得以满足。而柏家塘小区和湖南大学南校园区道路沿街界面参差不齐，道路也经常被临时摊贩占用，导致居民和学生的步行出行安全受到极大影响。

在交叉口形式和交叉口设计方面，过快的车速是居民在街道空间活动的主要安全隐患，而交叉口形式以及设计不仅能有效影响机动车的速度，也能为行人提供安全的过街通道。调研发现，陈家湖小区和神农茶都的道路交叉口设计更人性化，居民过街感受更安全。而柏家塘小区和湖南大学南校园区的道路交叉口交通复杂，且在设计上没有切实考虑居民的步行过街感受，人行道过窄，交叉口过大，因此事故发生率较高，居民安全感较低。

通过对社区道路安全影响因素进行分析，本文将从开放式社区道路的路网布局、安宁化设施、沿线空间、交叉口设计等四个方面，提出基于安全视角下的开放式社区。

人口规模大、私家车数量与日俱增的中国城市单凭使用栅格道路模式、增加路网密度的方法解决交通问题是片面的、不可行的。因此不同类型的社区应合理地选择路网开放模式，同时社区内部道路应分级明确，按照社区路、组团路、宅间路三级进行划分，有序控制机动交通流，保障行人安全。

在社区内部人车混行的道路上，车辆对居民的交通安全会造成严重影响。因此在保证行车安全的前提下，需要采用交通安宁化的措施，从"车本位"转变为"人本位"，保障居民慢行出行的安全性、舒适性。交通安宁化措施主要包括：（1）将自行车与车行道分离，与步行道结合设计统一路面高度，实现快慢分离；（2）采用全铺装材质道路，警示车辆降低车速；（3）道路线型采用减速曲线设计，降低车辆行驶速度；（4）缩小交叉口转弯半径，缩小交叉口过街距离；（5）交叉口采用铺装，增加步行的连续性和舒适性；（6）利用景观、绿化带等在某一路段将道路宽度缩小，既丰富道路景观，又降低车速。

安宁化社区内的道路建议单侧设置 2.5m 宽的停车带。停车带本身可作为规划设计的一种空间元素，或用于压缩机动车通道宽度，或用于组织曲折的机动交通动线。因此，合理的停车设施布局是提高道路安全的重要手段。开放式社区的停车设施布局应统一划线、规范有序，按照社区内部道路等级宽度合理地安排路边停车带。

街区式开放的商品住区，"街道眼"界面尤为关键，即应有人群的主要视线朝向开放的空间，从而不经意间起到人为的监控作用，门禁的设置也应以"街道眼"为核心。因此开放式社区的道路沿线商业界面的整合十分重要。

开放式社区因其出入口多为 7 个以上且与城市路网直接相连，直接影响城市路网的畅通。道路交叉口成为社区内的重要交通节点，同时也是最容易发生交通事故的节点。

在设计上主要从交叉口设计、减速装置等方面考虑行车和行人的安全，具体包括以下几个方面：

（1）在交叉口处进行精细化设计，主要通过减少转弯半径，在平面上缩小交叉口的面积来降低机动车右转速度，保障行人的过街安全，并且在有必要的情况下设置人行安全岛，设置清晰醒目的行人过街区域。

（2）在交叉口处将过街位置的车行道缩窄并在路边设置停车位，这样既可以缩短行人过街的步行距离，也可以将机动车的速度减缓。

（3）减速装置主要用于直线路段较长的地段和交叉口，防止拐弯速度过快或车辆在社区内加速。主要措施有：在交叉口中心设置小型减速岛或减速桩；通过沿道路设计景观花坛或停车带，间断性地缩小车行道的宽度。

本文通过实地调研，主要从现状情况和居民安全满意度调查入手，深入社区内部充分调查和探索了影响开放式社区内部道路安全的主要因素，最终从安全舒适的路网布局、交通安宁化设施引导、沿线商业空间的整合、交叉口的人性化设计四个方面，提出安全视角下的开放式社区内部道路优化策略。这不仅为开放式社区内居民出行提供了便利，同时也为社区生活提供了安全保障。

基于 HIA 将健康融入城市总体规划的路径构建
——以美国俄克拉何马城探索为例
The Path of Integrating Health into Urban Master Plan by Health Impact Assessment: Case Study of Oklahoma City

丁国胜[1] 王占勇[2]

1 湖南大学建筑与规划学院，副教授，博士生导师

2 湖南大学建筑与规划学院，硕士研究生

本文发表于《城市发展研究》2020 年 第 8 期

【摘要】在健康中国战略和"健康融入所有政策"等背景下，如何将健康融入城市规划已成为当前探索的前沿问题之一。现有研究证实，HIA 在实践层面为将健康融入城市规划决策和过程提供了一条创新的途径。我国已意识到展开这一工作的价值，但目前仍处于探索阶段，特别是在城市总体规划层面缺乏深入探讨。基于此，首先对 HIA 及城市总体规划 HIA 的内涵与价值进行阐述，并构建基于 HIA 将健康融入城市总体规划的路径和框架。其次，以俄克拉何马城实践探索为例，对基于 HIA 将健康融入城市总体规划的具体过程、技术要点与运行机制等进行解析和评价。最后，结合当前建立国土空间规划体系的实际，指出展开国土空间总体规划 HIA 的重要价值，并就推动这一探索需要准备的工作进行了讨论。

【关键词】健康影响评估；城市总体规划；健康融入规划；俄克拉何马城实践；路径构建

改革开放以来，我国在健康领域取得了显著成就，但同时也面临着工业化、城镇化、环境污染、人口老龄化等带来的全新健康挑战。比如，新冠疫情正给我们的健康和生活带来全方位的威胁；癌症、心脑血管疾病、慢性呼吸系统疾病、糖尿病等慢性非传染性疾病发生率在不断提高，其致死人数已占总死亡人数的 88%，导致的疾病负担占总负担的 70% 以上，正影响着人们生活品质和预期寿命的提高。为此，我国确立了"健康中国战略"，并要求各级政府建立"把健康融入所有政策"（HiAP）的长效机制。采取创新的方法或工具是实现将健康融入城市规划这一目标的关键。作为健康促进的重要手段，健康影响评估（Health Impact Assessment，

以下简称"HIA"）已被国际上越来越多的评估实践证实可为其提供一条可能的创新路径，并激发了广泛的讨论。我国已意识到在城市规划领域展开这一工作的重要价值，并开始积极的探索，但总体上仍然处于初步阶段，特别是在城市总体层面仍缺乏深入的探讨。对于什么是城市总体规划 HIA、如何展开评估以及如何基于 HIA 将健康融入城市规划决策与过程当中等问题都有待回答。

笔者首先梳理了基于 HIA 将健康融入城市总体规划的路径，主要包括三个方面的内容：（1）健康策略融入规划过程。在确立城市发展愿景、目标和战略的时候，HIA 可以帮助规划师从公共健康的视角对它们进行审视，进而确保健康理念能够从规划制定的开始便被纳入进来。在制定城市总体规划空间方案，特别是多种方案比较和选择的时候，HIA 可以评估与比较每个规划方案潜在的健康影响，进而帮助决策者选择更加有利于公共健康的方案。同样，在城市总体规划实施阶段，HIA 可以针对规划实施涉及的具体政策、行动、计划、倡议以及项目展开评估，并提出具体的健康促进建议，进而使得规划实施更加符合公共健康的目标。（2）健康理念融入规划部门。由于规划部门往往没有意识到城市空间发展会潜在地对居民健康产生影响，因此在规划编制时也较少与卫生健康部门互动，部门之间实质性的合作和交流也较少。而城市总体规划 HIA 则可以作为一种媒介，将规划部门和卫生健康部门联系起来，打破部门壁垒，促进两者围绕建设健康城市的愿景和目标共同工作。在这个过程中，一系列 HIA 的理念、方法和工具将被带到传统规划部门和相关部门，进而促进健康理念在这些部门中渗透和生

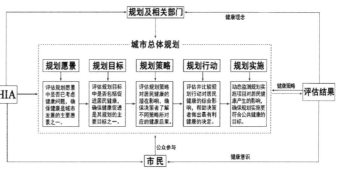

图 1 基于 HIA 将健康理念融入总体规划的路径

根发芽。(3) 健康意识融入参与公众。城市总体规划 HIA 以公共健康为议题，较容易吸引公众参与进来。在这个过程中，公众将有机会更好地理解城市总体规划与公共健康的潜在关系，也将自觉地吸收全新的健康意识。同时，公众可以运用自己的经验和知识发现每个规划方案存在的潜在积极或消极健康影响，并提出相应的建议。广泛的公众参与不仅能够帮助评估工作最大限度地发现潜在健康问题，同时有助于公众支持一些有利于公共健康的规划决策，并使得它们实施起来更加顺利（图 1）。

笔者紧接着介绍了美国俄克拉何马城（以下简称"俄城"）运用 HIA 将健康融入城市总体规划的实践探索（以下简称"OKCHIA 实践"）。OKCHIA 实践的产生源于政府与居民对俄克拉何马城城市发展的反思和愿望。俄城是俄克拉何马州的首府和最大城市，人口约 60 万人，经济实力较好。然而，近些年来俄城在发展中也正面临着许多挑战，如中心区持续衰落、土地低密度蔓延发展、居民健康持续下降、老龄化、区域活力不足以及服务设施短缺等，它们正对城市可持续发展和居民健康产生影响。在此背景下，俄城为了实现更好的发展愿景，开始启动新一轮的总体规划制定工作，并积极探索城市总体规划 HIA 以及如何基于它将健康融入城市发展中。

通过 OKCHIA 实践，俄城较好地将健康融入城市总体规划过程与决策当中。首先，OKCHIA 实践从公共健康的视角对俄城城市总体规划所确立的愿景、目标、策略和行动进行了审视，特别是重点评估了三种不同空间情景方案的潜在健康影响，并提出相应的健康管控建议。这些评估结果和建议最终被俄城城市总体规划采纳，并在规划实施中得到进一步监测、评价和优化。其次，OKCHIA 实践为俄城规划部门、卫生部门及环境部门等关注城市发展的潜在健康影响提供了一个有效的平台，让它们打破部门壁垒，能够围绕健康城市的目标展开合作和深度交流。在这个过程中，健康理念将渗透到规划及相关部门，而他们将会在工作中将健康理念融入城市总体规划及其他规划中。再次，在 OKCHIA 实践中，评估团队发起了多场专题研讨会、线上与线下讲习班，以及多种形式的调查，收集民众意见，并将其纳入评估实践中。在这个过程中，民众将有机会更加深入地理解城市规划、建成环境和公共健康的关系，也将熟悉 HIA 及其在改进公共健康方面的价值，并为评估实践提供经验和智慧。长远来说，这将有助于将健康融入俄城城市总体规划制定和实施当中，并推动相关项目的落地（表 1）。

总体来说，OKCHIA 实践是俄城采取 HIA 手段探索将健康融入其总体规划修编的一次积极尝试。它在评估与预测俄城总体规划草案潜在的健康影响中发挥了重要作用，有利于帮助俄城选择更加有利于公共健康的规划方案。同时，它围绕健康促进的目标还有效地促进了跨部门跨专业的合作，吸引民众广泛参与，使俄城总体规划编制更加透明、公开和民主。俄城实践所取得的成果表明 HIA 确实在实现将健康融入城市总体规划不仅是可行的，而且能够发挥重要价值。此外，俄城实践所积累的思路、技术路径和操作经验等也为我们展开类似探索提供了借鉴。

表 1　OKCHIA 实践的评估指标与影响分析

议题	指标	情景A	情景B	情景C
土地利用	土地使用融合度	−	+	+
	对可步行性的影响	−	=	+
交通	机动车平均行驶里程（VTM）总计			
	机动车平均行驶里程（VTM）人均	−	+	+
	平均交通量	=	+	+
	公共交通、自行车和步行的使用比例	−	+	+
	有公共交通、自行车和步行设施的街道及其比例	=	+	+
	自行车和步行交通伤害的数量和比率	−	=	+
	交通花费占收入的比例	−	+	+
环境与自然资源	耕地的比例			
	可渗透地表的面积			
	空气质量			
	城市热岛效应	TBD	TBD	TBD
	地表和地下水质量	−	−	=
	居民人均能源使用量	−	=	+
	光污染程度			
	噪声污染程度	−	=	+
	油气井及工业用地附近人口	−	−	+
社区	临近学校的人口比例			+
	居住密度	−	+	+
	易到达健康食品商店的人口比例	−	−	+
	帮派活动的比率和集中	TBD	TBD	TBD
	弱势群体的社会隔离指数	−	−	+
	易到达健康医疗设施的人口比例	−	−	+
城市保护、形象与文化	空置和废弃建筑物的数量及位置	−	−	=
	临近地标、文化要素和公共艺术场所的居民	−	=	=
公园和娱乐	易到达公共公园的人口比例	−	=	+
	易到达私人花园的人口比例	−	−	+
	易到达绿道网络的人口比例	−	=	+
经济发展	就业人口与比例			
	住房可支付性			
	无家可归的人数			
	消防和警察服务的响应时间	=	+	+
	有避雨设施的住宅百分比	TBD	TBD	TBD
公共服务	酒驾的比例	−	−	+
	公共市政设施服务面积	−	+	+
	垃圾回收率和接近回收点的居民数量	−	=	+
	总计	−31	−9	+15

注：+ 表示积极影响，− 表示消极影响，= 表示无影响，TBD 表示所获资料无法进行评估　"+"得 1 分 "−"失 −1 分 "=&TBD"得 0 分

中国健康城市建设 30 年：实践演变与研究进展

Healthy Cities' Construction in the Past 30 Years in China: Reviews on Practice and Research

丁国胜[1] 曾圣洪[2]

1 湖南大学建筑与规划学院，副教授，博士生导师

2 湖南大学建筑与规划学院，硕士研究生

本文发表于《现代城市研究》2020 年第 4 期

【摘要】在"健康中国"战略下，健康城市建设已成为跨学科研究的热点之一。如果从 1989 年卫生城市创建算起，我国健康城市建设已有 30 年历程，对其实践及研究进行整体梳理具有重要价值。将我国健康城市建设实践发展分为初步探索、快速推进和全面发展三个阶段，结合案例从建设目标策略和机制三方面进行分析，指出其经历了从无到有、从单一到多元、从简单到复杂的转变。与此同时，结合 CiteSpace 软件对我国健康城市建设研究脉络进行梳理，发现健康城市建设研究的数量和质量在过去 30 年中得到很大提升，研究涉及的学科、内容和热点呈现出综合化和多元化的发展趋势。最后，在此基础上展开了相应的延伸讨论。

【关键词】健康城市建设；实践演变；研究进展；30 年；中国

当前，我国正面临着严峻的公共健康挑战。比如，随着疾病谱的变化，慢性病正严重威胁着我国居民的健康。2012 年，我国居民因慢性病死亡人数占总死亡人数的 86.6%，造成的疾病负担占总疾病负担的 70% 以上，成为影响国家经济社会发展的重大公共卫生问题。为了应对健康挑战和提高人民的健康水平，我国于 2016 年发布了《"健康中国 2030"规划纲要》，首次站在国家战略的高度提出实施"健康中国"战略，要求全面推动健康城市建设和健康村镇建设。在此背景下，健康城市建设成为各地实践探索和跨学科研究的热点问题之一。

如果从 1989 年卫生城市创建算起，我国健康城市建设已有 30 年时间，对其发展及研究进展进行整体梳理显然具有重要意义。总体来说，目前已有研究大多从某个学科或视角专注于健康城市建设的某个具体问题，研究呈现一定的分散化和碎片化，对我国健康城市建设事件发展及其研究进展的系统梳理还需进一步加强。基于此，笔者在我国健康城市建设 30 周年之际，对其实践演

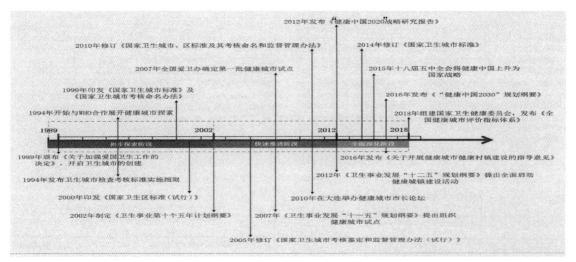

图1 我国健康城市建设阶段划分及大事记示意图

变和研究进展进行整体和概要性回顾，以期有所裨益。

笔者首先介绍了健康城市的概念与内涵。"健康城市"是由世界卫生组织 (WHO) 于 1984 年在多伦多市召开的"超级卫生保健——多伦多 2000 年"会议上首次提出的。当前，WHO 在其官网上将健康城市的目标界定为：创造健康支持性的环境、获得高质量生活、提供基本的卫生清洁设施、可获得的医疗卫生保健，并认为健康城市不仅依赖城市当前的健康基础设施，更重要的是愿意和致力于持续改善城市环境，并愿意在政治、经济和社会领域建立必要的联系。

笔者将健康城市建设界定为政府、社会团体及个人为实现健康城市目标所展开的各种实践活动。

笔者经过梳理发现，我国健康城市建设与党和国家发展战略及政策息息相关。基于此，将我国健康城市建设划分为三个阶段：(1) 初步探索阶段 (20 世纪 80 年代末至十六大召开之前)；(2) 快速推进阶段 (十六大到十八大召开前)；(3) 全面深化阶段 (十八大至今)（图 1）。总体来说，我国健康城市建设发展经历了从无到有、从单一到多元、从简单到复杂的转变。具体来说，其建设目标从一开始主要强调卫生条件改善向追求全面健康促进和"健康融入万策"的转变，其建设策略从早期以单一、场所性措施为主向当前多元综合性探索转变，其建设机制从公共卫生部门主导转向积极的政治承诺和全部门、全社会共同参与。可以预见，随着"健康中国"战略的不断推进，我国健康城市建设探索将更加综合和丰富。

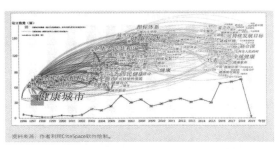

图 2　我国健康城市建设研究文献数量和关键词演化示意图

本文以"健康城市建设"为主题在中国知网 (CNKI) 数据库进行检索，共整理出 631 篇有关我国健康城市建设的研究文献。利用 CiteSpace 软件对这些文献进行总体分析，以梳理出我国健康城市建设研究的大致脉络（图 2、图 3）。

总体来说，我国健康城市建设的相关研究在过去 30 年中取得了显著的进步，经历了从无到有、从简单到复杂的转变，研究数量和质量都有较大的提升。研究所涉及的学科、内容和热点都呈现出一种综合化和多元化的发展趋势。可以预见，随着"健康中国"战略的实施，我国健康城市建设研究将更加深入。

最后，笔者从以下三个方面展开延伸讨论。第一，持续推进健康城市建设探索的问题。正如上文所分析的那样，我国健康城市建设无论是目标，还是策略和机制都在不断地完善。在建设目标上，实现了从强调公共卫生改善的卫生城市到注重全面健康促进目标的转变；在建设策略上，从单一的场所策略到强调将"健康融入万策"的转变；在建设机制上，从公共卫生部门主导向强调跨部门合作和公众参与的转变。第二，健康城市研究的本土化问题。我国当前的健康城市建设研究相当一部分工作集中在介绍发达国家和世界卫生组织展开的健康城市项目探索经验上，对我国本土健康城市建设关注不够。因此，未来研究应重视对我国健康城市建设的本土化探索经验的理论总结，以建构具有我国特色的健康城市建设理论与方法体系。第三，健康城市建设研究的跨学科整合问题。未来应围绕"健康中国"战略与健康城市建设的具体目标，构建跨学科合作和交流的平台，引导健康城市建设研究向更深更广的方向发展。

过去 30 年的经验回顾表明，我国健康城市建设无论是实践还是研究都呈现出综合化和多元化的趋势。随着"健康中国"战略的不断实施，我国健康城市建设探索及相关研究也将继续推进，有望形成具有特色的健康城市建设实践和理论体系。

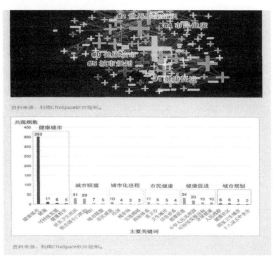

图 3　不同热点的主要关键词共现频数对比

健康影响评估及其在城市规划中的应用探讨
—— 以旧金山市东部邻里社区为例

Discussions on Health Impact Assessment and Its Application in Urban Planning: Case Study of San Francisco's Eastern Neighborhoods Community

丁国胜[1] 黄叶琨[2] 曾可晶[3]

1 健康城市研究室主任,湖南大学建筑与规划学院,副教授,404097157@qq.com

2 湖南大学建筑与规划学院,硕士研究生,380725678@qq.com

3 湖南大学建筑与规划学院,硕士研究生,295065909@qq.com

本文发表于《国际城市规划》2019 年 第 3 期

【摘要】在应对健康挑战及建设健康中国背景下,如何将健康理念融入城市规划正成为我国规划学者关注的前沿问题之一。国际上已有探索表明,健康影响评估为规划师解决这一问题提供了一条创新途径。我国目前已认识到将健康影响评估应用于城市规划的价值,但已有研究仍处于起步阶段。基于此,本文首先阐释健康影响评估及其应用于城市规划的内涵。然后,以旧金山市东部邻里社区区划健康影响评估实践探索为例探讨健康影响评估应用于城市规划涉及的一些具体问题,如评估目标、原则、程序、过程、工具及机制等。在此基础上,从评估技术研发和评估机制设计两方面进一步讨论健康影响评估应用于城市规划需解决的关键问题,最后就我国在城市规划中发展健康影响评估提出一些建议。

【关键词】健康影响评估; 评估内涵; 评估技术; 评估机制; ENCHIA 实践

我国当前正面临着严峻的公共健康挑战。第五次国家卫生服务调查结果显示,2013 年我国居民两周患病率由 2008 年的 18.9% 提高到 24.1%,15 岁及以上人口有医生明确诊断的慢性疾病患病率由 2008 年 的 24.1% 提高到 33.1%,与此同时居民医疗费用负担在不断增加。为此,我国制定了推进健康中国建设的宏伟目标,通过了《"健康中国 2030"规划纲要》,提出"要把人民健康放在优先发展的战略地位",并要求各级政府建立"把健康融入所有政策"的长效机制。正如全球顶级医学杂志《柳叶刀》刊发的论文及其他众多研究所表明的那样,城市规划与设计在应对公共健康挑战,特别是在预防慢性疾病和健康促进方面能够扮演积极的角色。在此背景下,我国城市规划与公共健康的跨学科研究逐渐兴起,成为学者关注的热点领域之一。其中,如何将健康理念融入城市规划这一公共政策,进而发展健康城市规划策略目前正成为规划学界关注的前沿问题之一。

1999 年世界卫生组织欧洲地区办公室发布的《哥登堡共同议定书》为健康影响评估做出了经典的定义,将其视为"评判一项政策、计划或者项目对特定人群健康的潜在影响及其在该人群中分布的一系列相互结合的程序、方法和工具"(图 1)。基于健康影响评估的内涵,本文将健康影响评估应用于城市规划的内涵界定为:运用一系列手段分析和评估城市规划项目和决策对特定人群健康的潜在影响及其在该人群中的分布,并提出健康促进建议的一种框架、方法、工具和实践。具体来说,它分析、测度和评估城市规划决策和项目涉及的各个要素(土地使用、道路交通以及休闲娱乐设施等)对人群健康决定因素(住房条件、空气质量以及食品供给等)、人群健康结果(疾病、危害以及损伤等)以及人群健康公平的潜在积极或消极影响,并探讨这些潜在的健康影响在人群中的分布,最后从公共健康的视角提出预防和管控这种潜在影响的建议和措施(图 2)。

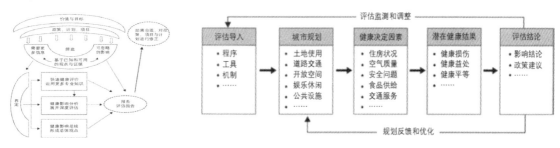

图 1　健康影响评估的方法和基本程序

图 2　健康影响评估应用于城市规划的概念框架

随着人们逐步认识到建成环境对人群健康及健康平等的潜在影响，美国和英国等发达国家越来越多的城市和地方政府开始探索将健康影响评估运用于城市规划实践当中，以帮助决策者制定更加健康的城市规划。旧金山市是美国第一个持续展开健康影响评估的城市，至今已经展开了涉及城市规划、交通以及住房等多个领域的几十项相关探索，在国际上具有较大影响力。在众多探索中，2007年完成的ENCHIA实践是美国针对城市规划项目展开健康影响评估的首次探索，并且引发了旧金山市后续的一系列针对城市规划项目的健康影响评估实践，在健康影响评估应用于城市规划的发展史上具有典范意义。

笔者通过分析ENCHIA实践的背景、评估目标与原则、评估程序与过程、评估工具与机制，来分析ENCHIA实践的成败之处，并为我国在城市规划中发展健康影响评估提出相关建议。从成功方面来说：首先，它一定程度上检验了健康影响评估应用于城市规划、进而改善公共健康的可行性。ENCHIA实践从公共健康的视角为东部邻里社区区划修编提供了相应的政策建议，城市规划部门接受了它们，并且承诺在后续规划修编中尽可能地采纳它们，以促使健康理念融入规划当中。再次，它帮助项目参与者更深刻地理解城市规划各个要素与人群健康及其决定因素之间的关系，以及健康影响评估应用于城市规划面临的机遇与挑战，并促使各方就继续展开城市规划项目健康影响评估达成共识。再次，它就健康影响评估应用于城市规划的一些具体问题展开了探索，开发了健康开发测度工具，对后续相关评估项目起到了较好促进作用。最后，它促进了城市规划部门与公共健康部门之间的合作，使得城市规划部门认识到其在健康促进中的潜在价值，并通过一系列的社区工作营活动，吸引社区居民、规划师、健康专家以及环境学家等参与到评估过程中，形成广泛的公众参与机制。

当然，ENCHIA实践也存在一系列挑战。首先，当时一些参与者对于城市规划与公共健康的关系，以及健康影响评估方法等缺乏足够了解，这在一定程度上阻碍了评估实践的顺利推进。一些项目参与者甚至认为由于难以全面揭示城市规划各要素影响人群健康及其决定因素的机制，因此对评估过程与结果缺乏足够的信心。其次，一些城市规划官员尽管认识到其保障公共健康的职责，但是对于与公共健康部门合作的价值仍保持怀疑，认为ENCHIA实践与正式的规划编制工作存在竞争和重复，因为它所关注的许多问题（比如确保道路安全与社区公共服务合理配置等）实质上也是城市规划工作的重点。

再次，ENCHIA实践由公共健康部门主导，但是由于公共健康部门拥有的权力和职能有限，不能够决定区划方案修改是否以及多大程度上采用评估所形成的政策建议，这使得评估结果的最终落地难以得到保障。此外，这些挑战还涉及一些参与人员和机构因为各种原因中途退出、区划方案编制延迟、部门壁垒、政治压力以及相关经验的不足等。尽管存在一些挑战，ENCHIA实践充分表明：健康影响评估应用于城市规划确实可以为我们提供一种在理论和实践层面将公共健康问题融入城市规划决策的框架、工具和方法，同时能够促进城市规划专家、公共健康专家以及其他社会专家等相互合作，实现共同健康促进的目标。依据ENCHIA实践经验，笔者认为健康影响评估应用于城市规划需要解决两方面的关键问题：评估技术的研发与评估机制的设计。

综合以上内容，笔者就我国在城市规划中发展健康影响评估给出以下建议：

1. 各方应积极推动建立健康影响评估制度，将其作为项目立项和重要决策审批的重要基础。同时，应发挥卫生与健康部门的主导作用，与环境、规划和发展等部门共同制定相关政策、法规和技术指南。城市规划部门也应积极建立相应制度，形成由城市规划部门、卫生部门以及社会组织和利益相关者等共同参与的评估机制，以推动健康影响评估在城市规划中顺利展开。

2. 我国可以通过试点工作和多样化探索，不断积累经验和技术，进而推动健康影响评估在城市规划中的快速发展。建议可以在城镇体系规划、城市总体规划、控制性详细规划、城市设计以及具体建设项目等多个层面或者项目中展开健康影响评估探索工作，以帮助规划师尽可能地将健康理念融入规划决策与实践当中。

3. 当前我国城市规划与公共健康的跨学科研究刚刚起步，知识和技术储备还难以满足未来展开城市规划健康影响评估实践的需求，并且在操作层面我国目前没有针对城市规划项目与决策的健康影响评估技术指南或准则。因此，未来一方面应鼓励实证研究，广泛积累城市规划影响人群健康的经验证据，发展健康城市规划策略；另一方面应积极探索适合我国国情的评估程序、工具与指标体系，形成相应的评估方法与技术指南，为实践提供支撑。

总之，作为重要的公共政策，城市规划对城市人群健康及其决定因素能够产生长远的影响。健康影响评估应用于城市规划可望将积极健康影响最大化、消极健康影响最小化，能够帮助规划师将健康理念融入城市规划项目与决策当中，进而促进公共健康。

为公共健康而规划
——城市规划健康影响评估研究
Planning for Public Health: Health Impact Assessment on Urban Planning

丁国胜[1] 魏春雨[2] 焦胜[3]

1 湖南大学建筑与规划学院，副教授、博士生导师

2 湖南大学建筑与规划学院，教授、博士生导师

3 湖南大学建筑与规划学院，教授、副院长、博士生导师

本文发表于《城市规划》2017 年第 7 期

【摘要】作为一个既悠久又崭新的议题，如何通过城市规划促进公共健康已成为当前我国城市规划学界讨论的前沿问题之一。已有研究表明，城市规划与设计能够对人群健康产生潜在的影响，因此对城市规划决策和项目展开健康影响评估被认为是城市规划促进公共健康的重要途径。本文首先阐述城市规划影响和作用于人群健康的理论基础。其次，对城市规划健康影响评估的内涵、程序和工具进行论述。在此基础上，以美国北卡罗来纳州戴维森镇为例阐述运用城市规划健康影响评估推动当地社区健康发展和实现健康城市规划策略的探索经验。最后，结合我国公共健康面临的严峻挑战进一步指出未来展开城市规划健康影响评估工作的重要价值，并提出相应的政策建议。

【关键词】健康影响评估; 城市规划; 公共健康; 戴维森镇; 案例研究

在建设健康中国以及积极应对严峻健康挑战等背景下，公共健康已成为国内城市规划学界关注的新兴议题之一。实际上，公共健康也是现代城市规划中的一个历史悠久的议题。现代城市规划诞生的重要根源就是为了应对 19 世纪后期西方快速工业化和城市化过程中由于环境恶化、卫生设施短缺以及空气污染等造成的公共健康问题。早期的理论家也往往将健康城市或公共健康理念作为城市发展所追求的重要目标，如理查森的《海吉亚：健康城市》(Hygeia, a City of Health) 以及霍华德的田园城市理论。20 世纪 80 年代世界卫生组织欧洲地区办公室启动的"健康城市项目"(healthy cities programme) 更是在实践层面将健康城市建设计划推向全球，并引发了广泛的健康城市规划研究。时至今日，如何通过城市规划促进公共健康已成为当前规划研究和实践面临的前沿科学问题之一。美国北卡罗来纳州戴维森镇（the Town of Davidson）是一个运用城市规划健康影响评估帮助其实现公共健康促进目标的经典案例，

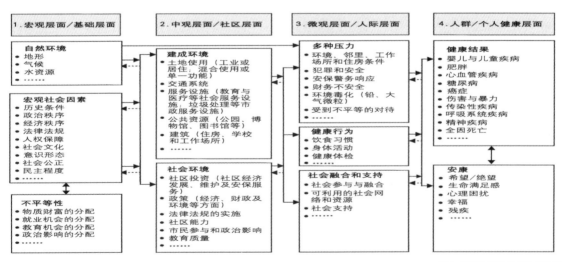

图 1 健康促进的社会决定因素

其经验对理解城市规划健康影响评估具有一定价值。基于此，笔者拟对城市规划健康影响评估基础理论以及戴维森镇经验进行探讨，以期对我国展开城市规划健康影响评估工作有所裨益。

笔者首先介绍了健康及其决定因素（图1）。健康"是一种在身体、精神与社会上感觉幸福和安宁（well-being）的完满状态，而不仅是没有疾病和虚弱"，其涉及生理、精神、情感、智力、环境、社会、经济与职业等多个维度。人群健康是多种因素作用的结果。除了个人因素（基因、性别及年龄等）外，许多社会因素能够造成严重的人群健康问题。世界卫生组织将其称之为人群健康的社会决定因素（social determinants of health），并指出它们构成了人群健康改进的艰难梯度。其次笔者认为城市规划在个人行为与生活方式、社会与社区网络、生活与工作条件及一般的社会经济、文化和环境条件等层面会对健康产生影响。

笔者介绍了城市规划健康影响评估的基本原理。所谓健康影响评估，是"评判一项政策、计划或者项目对特定人群健康的潜在影响及其在该人群中分布的一系列相互结合的程序、方法和工具"。健康影响评估的基本意图是分析和评估政策、规划、计划和项目等对健康结果（比如疾病、损伤以及精神失常等）、健康决定因素以及健康公平的潜在影响，进而提出管控健康影响和促进公共健康的措施和建议。城市规划是健康影响评估的重要应用领域。参照世界卫生组织对健康影响评估的界定，城市规划健康影响评估就是分析和评估城市规划决策和项目等对特定人群健康的潜在影响及其在该人群中分布的一系列相互结合的程序、方法和工具（图2）。

与其他健康影响评估一样，城市规划健康影响评估的程序也大致可以分为筛选（screening）、界定（scoping）、评估（assessment）、建议（recommendation）、报告（reporting）、监测与评价（monitoring and evaluation）等六个相互影响的步骤。这六个步骤可以根据评估项目的实际情况进行调整和完善。

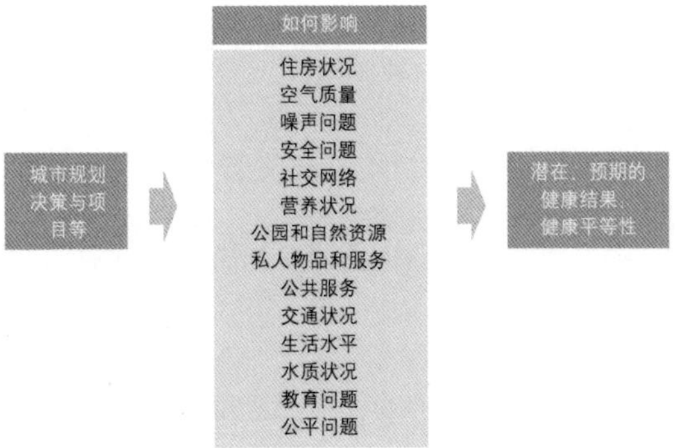

越来越多的城市和地方政府开始将城市规划健康影响评估作为健康促进的重要实践加以探索，以帮助规划师将健康理念融入城市规划决策过程之中。在实践探索中，一些城市已经开发出适合当地情况的城市规划健康影响评估工具，比如美国旧金山市公共健康部开发的健康发展测度工具、明尼苏达大学为规划师研发的"为健康设计"评估工具等。

戴维森镇案例：2011年，戴维森镇获得美国疾病控制与预防中心资助，开始实施"戴维森为生活而设计"项目（Davidson Design for Life），以下简称"DD4L"。"DD4L"重点是对戴维森镇的相关城市规划决策和项目展开健康影响评估工作以及将获得的结论、建议或原则融合到当地规划发挥发展和具体设计过程当中。"DD4L"探索实践对戴维森镇城市规划的制定和决策工作产生了重要影响。它不仅在帮助规划师和决策者将公共健康理念融入城镇规划与设计以及发展健康城市规划过程中发挥积极作用，同时还有力地促进了当地民众对公共健康和城市规划工作的广泛关注和参与。

最后，笔者展望了我国发展城市规划健康影响评估的机遇。在《"健康中国2030"规划纲要》的指导下，从加强教育和宣传、推动建立健康影响评估制度、加强对公共健康与城市规划相互作用的基础理论研究及展开城市规划健康影响评估试点等方面开展工作。总之，城市规划健康影响评估在理论和实践层面提供了一个将公共健康问题纳入城市规划决策和项目的有效工具和方法。我国发展城市规划健康影响评估不仅有利于改善城市社区人群健康状况，也能促进健康城市规划与设计的理论创新，将对建设健康中国以及应对严峻的公共健康挑战做出积极的响应。

如何影响

城市规划决策与项目等

住房状况
空气质量
噪声问题
安全问题
社交网络
营养状况
公园和自然资源
私人物品和服务
公共服务
交通状况
生活水平
水质状况
教育问题
公平问题

潜在、预期的健康结果、健康平等性

图2　城市规划健康影响评估程序和逻辑框架

社区食物零售业可达性、广域建成环境和家庭购买健康食品的相关性

Availability of Neighbourhood Supermarkets and Convenience Stores, Broader Built Environment Context, and the Purchase of Fruits and Vegetables in US Households

彭科[1] 尼克尔·卡萨[2]

1 湖南大学建筑与规划学院，助理教授，kpeng6@hnu.edu.cn
2 北卡罗来纳大学教堂山分校，教授，nkaza@unc.edu.cn

本文发表于 *Public Health Nutrition* 2019 年第 22 期

【摘要】建成环境与健康食物购买之间的联系是城乡规划领域一直被忽视但具有重大民生意义的研究课题。笔者以分布在 378 个大都市的 22448 个美国家庭为例，利用多层次模型了解广域建成环境如何调节大超市和小便利店与人们购买新鲜蔬菜、水果数量多少之间的关系。当把广域建成环境（譬如街道连通性和区域可达性）纳入分析后，发现大超市数量的多少与人们购买健康食物之间不存在统计相关性。相反，小便利店数量越多，人们购买健康食物的数量越少。而广域建成环境本身与健康食物消费的直接联系较弱。只关注提高社区大型超市可达性的公共政策对促进人们购买健康食物收效不好。

【关键词】食物购买；消费；街道连通性；区域可达性；多样性

在美国、加拿大等发达国家，联邦政府会通过发放政府补助鼓励社区开超市和便利店，或者要求这些超市和便利店提供新鲜蔬菜和水果。这些补助项目基于一个假设前提——通过增加出售蔬菜水果的超市数量，或者鼓励超市提供更多的蔬菜水果，以及鼓励人们在超市中更多选择健康食品（而不是碳酸饮料、深加工食物），人们所摄入的食物的营养质量会得到改善。由于各种慢性病给美国医疗保险带来了沉重负担，大批公共卫生、城乡规划和交通学者调查了影响人们购买食物的原因，譬如人们喜欢光顾哪种超市或者便利店、人们光顾的商店距离家的远近距离以及不同类型商店出售的食品种类的差异等。这些研究都在加深我们对食物空间可达性的认识。

既往研究主要存在以下两个方面的问题。第一，人们购买食物的行为不仅仅受社区内部超市和便利店数量以及距离远近的影响，还受广域建成环境的影响，譬如交通设施供给（如道路网密度）、其他类型目的地的数量和类型（如学校、幼儿园等）。第二，通常人们只关注居住区级别的设施配置情况，忽略了在广域建成环境活动时可以利用的更多设施。笔者认为"区域"和"居住区"（邻里）同时需要关注。在这篇文章中，提出如下两个研究问题：

（1）社区大超市（供应生鲜蔬菜的食物零售店）和小便利店（基本不供应生鲜蔬菜的食物零售店）的数量多少与人们购买新鲜蔬菜和水果的数量多少之间是否存在联系？

（2）当把广域建成环境纳入分析模型后，社区大超市和小便利店与人们购买新鲜蔬菜和水果的关系是否发生改变？

本文采用的是尼尔森公司的食物购买数据，提取了美国全国范围 40000~60000 个家庭去往仓储式超市（譬如麦德龙）、连锁超市、非连锁超市、便利店、药店等零售类商店购买食物的记录。关注 22448 个家庭在 2010 年（观察年）全年购买的新鲜蔬菜和水果的总金额。我们采用二手商业数据（Dun & Bradstreet）计算每个家庭周边（基于家半径 5 公里范围）的大超市和小便利店的数量。利用美国 6 位标准工业代码。利用 Smart Location Database 提供的全美区域可达性数据对每个家庭创建了基家 45 分钟的区域可达性和基家 5 公里范围的街道连通性。结合美国时间利用调查结果，甄别了一批在食物购买行为前后发生的出行行为，譬如接送幼儿园、去教堂做礼拜、购买衣服等，在此基础上创建了社区设施多样性指标，用于考察多目的出行对食物购买行为可能产生的影响。控制变量是尼尔森数据提供的家庭社会经济属性，如家庭收入、人口结构等。

本文使用的是三层次线性混效模型检测广域建成环境如何调整食物商店数量与食物购买之间的关系，对购

买的蔬菜和水果的金额分别建模。之所以采用三层次模型是因为这 22448 个家庭位于 8837 个邮政编码区内，而这 8837 个邮政编码区位于 378 个大都市区内。由于位于相同区域（无论是邮政编码区还是大都市区）的人们可能产生相似的活动行为，会造成选样不随机的问题。使用三层次模型可以较好地克服该问题。

与之前几篇文献发现的结果相似，社区大超市数量与食物购买缺乏统计意义上的相关性（表 1）。而且是在考虑了广域建成环境因素之后，原本两者的相关性才消失。这一结果说明，政府在距离人们比较近的地方资助零售商建设大超市并不能促使人们购买健康食物。在本文使用的数据中，60% 的家庭家附近（基家 5 公里）没有大超市。但这对于购买健康食物而言可能并不是一个大问题，因为大多数家庭可以驱车前往社区之外的地方购买健康食物。

本文发现附近小便利店多的家庭买水果少，这是一个非常有意义的发现。本文使用的数据只有 8% 的低收入家庭。不同收入家庭周边的小便利店数量近似（家庭年收入为 <2 万美金、2 万~6 万美金和 >6 万美金的家庭周边平均便利店数目为 7、7 和 6 个）。所以笔者观测到的便利店数量和健康食物之间的负相关关系不太可能是由于便利店选择开在低收入家庭周边造成的，也不太可能是由于低收入家庭自我选择住在便利店多的社区造成的。

尽管将广域建成环境纳入分析框架有助于我们厘清食物商店与食物购买之间的关系，但是广域建成环境本身是否促进人们更多购买健康食物还不十分清楚。尽管区域可达性、街道连通性、社区多样性等建成环境要素与食物购买之间存在统计学意义上的相关性，但是这种联系的大小（magnitude）很小。譬如住在多样性低（0.36）的社区的家庭比住在多样性高（0.62）的社区的家庭购买的蔬菜多 2.4%。又如，当家庭所在整个区域（开车 45 分钟内）就业岗位数每提高 10000 个，我们会看到家庭购买水果的数量提高 0.4%。这些证据说明，今后还需要有大量研究来支持笔者发现的问题，即为什么当人们住在社区多样性低、区域可达性高以及街道连通性低的地方，我们会观察到他们更多地购买蔬菜水果。

表 1 年度水果购买数量（$）回归方程结果

变量名称	系数	误差	显著性
超市数量	0.010	0.015	0.517
便利店数量	-0.024	0.007	0.001
区域可达性	0.003	0.001	<0.001
邻里目的地数量	0.001	0.003	0.716
邻里多样性	0.000	0.000	0.088
邻里街道连通性	0.013	0.003	<0.001

食物环境研究的意义、议题与挑战

The Significances, Issues, and Challenges of Food Environment Research

彭科[1] 刘建阳[2] 李超骕[3]

1 湖南大学建筑与规划学院，助理教授，kpeng6@hnu.edu.cn
2 长沙市规划设计院有限责任公司，国土空间规划与数字技术应用研究中心，主
任，csghyljy@163.com
3 中国澳门城市大学创新设计学院，助理教授，chaosuli@live.unc.edu

本文发表于《国际城市规划》2021 年第 9 期

【摘要】慢性非传染疾病已成为我国居民主要疾病负担
与死因。为积极应对当前突出的慢性非传染疾病问题，
必须采取有效预防干预措施；而城市空间规划对促成少
油少盐、控糖限酒的膳食改善目标负有不可推卸的责任。
基于此，从当今营养问题转型、食物环境特别是邻里食
物环境对膳食质量的影响，探究空间规划介入该领域研
究的必要性。提出食物环境研究领域的三大议题，分别
是由于缺少新鲜健康食物造成的食物荒漠、过多高热量
低营养食品造成的食品沼泽以及与食物价格、新鲜度有
关的食物海市蜃楼。本文梳理了食物环境研究面临的四
大挑战及机遇，即跨学科协同研究膳食质量因果链、走
出市场理性的误区、明确空间抓手以及应对食品产业的
自我保护。

【关键词】食物环境；膳食质量；食物荒漠；食品沼泽；
食物海市蜃楼；食物购买

慢性非传染疾病（如糖尿病、心血管疾病）已成为我
国居民主要疾病负担与死亡原因，导致的死亡人数已经
占到总死亡人数的 88%。不健康膳食、过量饮酒和体力
活动不足等是罹患慢性非传染疾病的重要影响因素。为
积极应对当前突出的慢性疾病问题，必须采取有效预防
干预措施。少吃（健康膳食）和多运动被公认为是预防
慢性疾病的良方，而健康膳食可能比多运动对预防慢性
非传染疾病的意义更为重大。我国城市空间规划领域已
开展关于体力活动的研究，但对健康膳食的关注较少。
城市化进程在深刻改变居民生产方式、生活环境以及其
他环境因素的同时，也深刻改变着居民赖以生存的食物
环境。但是直到目前，空间规划对于是否本学科要开展
食物环境研究、未来研究方向及研究障碍存在诸多困惑。

笔者首先厘清针对食物环境研究的三大认识误区。误
区一是当前食物环境研究应重点解决营养不良而不是营
养过剩。误区二是吃什么吃多少与居民个体有关，与食
物（建成）环境无关（图 1、图 4）。误区三是吃什么吃

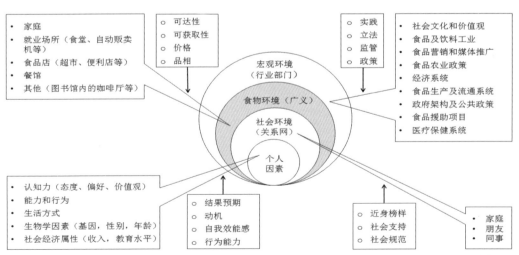

图1 个人和环境因素对膳食质量的影响

多少与邻里食物环境无关。总体来看，随着农业科技现代化、食品工业产业化、全球化、城市化等重大趋势的演进，我国营养问题已经从饥饿引发的营养不良转变为营养过剩伴随着部分营养素缺乏。营养过剩已广泛地发生在我国城市人群中，甚至包括部分农村人群。如果缺乏有效预防措施，大量城市居民可能会成为慢性非传染疾病患者。在社会生态框架提供的新研究范式下，经过近20年的大量研究，西方发达国家已确立一个最基础的事实——膳食质量并不完全取决于个人和家庭因素。不能将膳食质量的高低单单归咎于遗传基因、营养知识、父母教育水平、收入等个体或家庭层面的因素。尤其对于弱势人群，不能指望他们仅靠自身的努力保障膳食质量，而应该关注包括社会环境、食物环境和宏观产业环境在内的一系列相互嵌套的子环境。我国绝大多数大中城市未实现也并不鼓励西方发达国家的全面小汽车化，邻里食物环境值得关注，尤其是对高度依赖步行出行的人群而言。

笔者介绍了食物环境研究领域的三大议题，分别是食物荒漠（food desert）、食品沼泽（food swamp）和食物海市蜃楼（food mirage）。食物荒漠是指居住在人口密集区的居民难以获得健康新鲜食物的问题。西方探讨食物荒漠的意义在于政府每年有大量拨款用于帮助弱势邻里新建生鲜超市，学界需要拿出证据说明受政府资助的超市能够起到提高膳食质量的作用。随着罗斯等学者明确地提出食品沼泽这一问题，人们对食物环境的认识进入一个新的阶段，即大量垃圾食品"淹没"健康食物，导致健康食物摄入过少。食品沼泽研究提出一种新观点——人们肥胖的主因可能并不是摄入过少新鲜蔬果，更主要的原因是摄入过多垃圾食品，譬如奶茶、油炸食物等。

图2 垃圾食品

从北京、上海和重庆这三个城市的情况来看，居民超过三分之一的能量摄入来自预包装的加工食物和饮料。食品沼泽问题的危害需要引起空间规划的重视，因为大量售卖垃圾食品的小超市和便利店选址小街坊、密路网片区的可能性最大（图2、图3）。

图3 垃圾食品集中的小街坊

也就是说，能够激发人们多步行活动的邻里可能也是最难以保证膳食质量的邻里。食物海市蜃楼指的是即使售卖健康食物的商店离居民家并不远，由于超市商品价格昂贵或品相不好导致人们很少去这些超市购买健康食物。食物海市蜃楼是在食物荒漠基础上的延伸，提醒政府膳食质量问题远不是保证家周边内有菜市场和生鲜超市即告解决。虽然随着城市扩张和城市功能多样化，人们对于住哪里拥有越来越多的选择可能性，但这并不意味着人们能够在兼顾理想通勤方式、理想学区等居住选址要求前提下还能同时获得理想的食物环境。

最后，笔者展望空间规划研究食物环境面临的挑战与机遇，分别是跨学科协同探究膳食质量因果链、走出市场理性的误区、明确空间抓手、应对食物产业的自我保护。新冠疫情将空间规划对公共卫生问题的关注推举到了前所未有的高度，亦将对食物环境的关注提到了前所未有的高度，譬如海鲜市场。目前西方先发国家对食物环境影响膳食质量的研究正处于胶着期，大量基于截面数据的研究产生并不完全一致的结论，难以直接运用这些结论促进我国健康膳食的人居环境建设。我国正处于慢性非传染疾病发病率上升的关键时期，这个时期挑战和机遇并存，空间规划学者应抓住时机，积极行动起来，和公共卫生等领域工作者密切合作，并争取政府、社区和媒体支持，通过空间举措助力我国慢防事业。

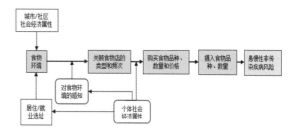

图4 食物环境对膳食质量及罹患慢性非传染疾病的潜在影响（因果链）

发展中国家对自然灾害的社会脆弱性和韧性框架的应用：系统回顾和综述

The Application of Frameworks for Measuring Social Vulnerability and Resilience to Geophysical Hazards within Developing Countries: A Systematic Review and Narrative Synthesis

Jing Ran[1,2,3] Brian H MacGillivray[2] Yi Gong[2,4] Tristram C Hales[2,3]

1 School of Architecture, Hunan University, Changsha, Hunan, China

2 Sustainable Places Research Institute, Cardiff University, Cardiff, UK

3 School of Earth and Ocean Science, Cardiff University, Cardiff, UK

4 School of Medicine, Cardiff University, Cardiff, UK

本文发表于 *Science of the Total Environment* 2019 年第 711 卷

【摘要】量化和绘制复原力和社会脆弱性是一种广泛使用的支持风险管理技术，近年来，全球南方的应用程序激增。为了综合这些新兴文献，我们使用 PRISMA 方法对社会脆弱性和复原力框架在中低收入国家（LMIC）中的应用进行了系统审查。从 15 个数据库中提取 2152 篇论文，然后根据笔者预先定义的标准进行筛选，对剩下 68 篇研究进行全文分析。笔者的分析表明：（1）大多数研究认为脆弱性或弹性是社会系统的一般属性；（2）很少有论文以测试脆弱性或弹性是社会系统的相对稳定或动态特征的方式来衡量脆弱性或恢复力；（3）许多应用依赖于现有框架的库存应用，对特定的文化、社会或经济背景几乎没有适应性；（4）缺乏系统验证；（5）需要更多的假设驱动研究（而不是描述性绘图练习），以便更好地理解脆弱性和复原力塑造备灾、响应和从灾害中恢复的能力机制。

【关键词】社会脆弱性；韧性；测量；系统文献综述

　　首先在本文中，笔者关注与社会基础设施相关的两个核心概念：社会脆弱性和地球物理灾害的复原力，以及它们在发展中国家的定量测量。这些概念已经研究了 30 多年。Timmerman（1981）将脆弱性定义为危险事件发生对社会系统产生不利影响的程度。不良反应的性质和程度取决于系统吸收事件和从事件中恢复的能力。从这些起源来看，该领域一直以重要的理论辩论为标志。例如，社会脆弱性如何与复原力相关（Bakkensen 等人，2016；Miller 等人，2010），社会脆弱性和灾害通过的潜在因果过程暴露相互作用以产生伤害（Birkmann 和 Van Ginkel，2006），甚至在关键概念的定义上

（Birkmann 等人，2013；Cutter 等人，2003）。此外，虽然人们对塑造社会脆弱性（例如人口增长、收入、家庭结构等）和复原力的核心维度达成了广泛共识，但衡量的实践差异很大（Rufat 等，2015）。学者的分歧在于：社会脆弱性和复原力是系统的通用属性还是特定于灾害的特性，哪些指标最能反映这些结构的核心维度，关于这些维度应该如何加权（如果有的话），以及生成复合指数的首选分析技术。

　　其次本文搜索确定了 2194 篇文章，另外还有 1000 篇来自 Google Scholar 的文章。删除重复项后，剩余 2152 篇文章（图 1）。检索到的研究通过阅读其标题和摘要进行进一步的人工筛选，以排除意见或评论文章、报告、书籍、工作论文、会议论文、论文、定性研究和不在中低收入国家内进行的研究。

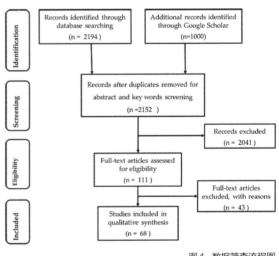

图 1　数据筛查流程图

最后得出结论：（1）社会脆弱性、韧性和灾害类型。脆弱性和复原力是否应该被视为社会系统的固有属性，还是更好地将它们视为特定危害或危害类别的函数？在笔者选择的文章中，对此没有明确的共识。24篇论文衡量了与所有灾害相关的社会脆弱性或复原力，19篇与单一危害有关，而25篇论文探讨了多种危害。所有危害的方法是否站得住脚？毕竟，干旱、热浪、地震等在可预见性、可用的风险缓解选项和特征性损害方面有所不同。对于暴露于具有较长历史重现期的灾害的社区，如火山爆发、地震或海啸（England & Jackson，2010）或由于意外的多灾害事件引发新灾害的社区，情况可能相反。简而言之，一个社会是否能够抵御（或脆弱）给定的危害或一组危害在很大程度上取决于这些危害的性质，特别是是否对特定危害具有某种固有的适应能力（另见Di Baldassarre等人，2015）。我们选择的大多数文章都衡量了特定灾害或一系列多重灾害背景下的社会脆弱性或复原力。然而，这些文章中关于灾害的具体特征如何的描述塑造了他们框架的发展。

（2）概念、框架和适应语境。尽管近年来与弹性相关的研究急剧增加，但我们选择的大多数论文都将社会脆弱性作为其主要概念（46），而不是弹性（15）。有趣的是，虽然弹性的概念经常因其含糊不清而受到批评，有些人认为由此产生的不明确性使该概念变得空洞，但在我们的论文中对它的理解和定义方式存在广泛的一致性。相比之下，社会脆弱性在我们的论文中以两种不同的方式定义，区别在于它是否被解释为超出对灾害的敏感性，包括恢复和适应能力。这种观察可以被视为"纯粹的语义"，但笔者认为语义很重要，因为连贯的理论构建和经验发现的积累需要就核心概念达成一些基本共识。一个单独的问题是环境或地理对测量误差的影响，这与那些依赖调查数据的论文特别相关。换句话说，文化可能会决定如何解释和回应调查问题。在笔者选择的论文中，几乎没有证据表明考虑了这些类型的测量误差来源——社会或文化背景会影响调查问题的解释方式，或形成如何回应这些问题的激励措施。总的来说，上述分析表明，为特定文化或社会背景量身定制测量框架的方法论合理程序的开发是一项重要的研究需求。

（3）数据、方法和测量的差距。笔者所选论文中使用的数据源的可靠性、相关性和完整性特别令人感兴趣。大多数论文依赖于人口普查数据，只有15篇文章生成了自己的调查数据。虽然人口普查数据通常具有标准化、可靠性和广泛的空间和时间覆盖范围的好处，但值得提醒的是，它的收集目的与恢复力或脆弱性的测量目的完全不同。因此，关于共同收集的变量是否相关（变量是否与感兴趣的理论结构相关）和完整（在涵盖脆弱性或弹性的所有维度方面）存在合理的问题。另一个问题是，对人口普查数据的依赖对空间分辨率施加了基本限制，地区尺度通常是公开数据的最小尺度。另一个限制是缺乏系统的验证工作。8篇论文声称试图进行某种形式的验证，但这些要么范围有限，要么方法有问题。一些论文采用的最后一种验证方法是使用客观措施，根据假设，这些措施与危险事件后的复原力或社会脆弱性水平相关。在遵循这种方法的4篇文章中，3篇依赖于经济损失的衡量作为验证变量。笔者认为这是没有根据的，因为众所周知，最脆弱的人群在灾害环境中损失的资产最少，因此笔者不认为脆弱性（或复原力）与经济之间存在很强的相关性。更合理的指标包括死亡率、发病率和重建时间尺度。绝大多数关于复原力和社会脆弱性的研究都关注绘制这些结构的空间变化而不是时间变化。这是一个重大限制，特别是弹性被广泛认为是一个动态过程，这引发了关于静态测量方法适用性的问题（另见Cai等，2018）。纵向方法将使笔者能够了解灾害和复原力的共同演化，以及该结构的各个组成部分如何随着时间的推移相互影响。

（4）政策导向与假设驱动研究。笔者选择的大部分论文都与量化弹性或社会脆弱性的地理差异有关。笔者选择的文章中只有6篇是假设驱动的：未来有哪些值得研究的开放性问题等。

综上，在考虑未来的研究方向之前，笔者首先重申我们的发现：（1）大量研究认为弹性和社会脆弱性是社会系统的一般属性，而不是将它们视为特定灾害的函数的观点在考虑中。（2）很少有论文测量脆弱性或弹性随时间的变化，这限制了笔者对它们与外生因素（例如政策干预、危险事件）共同演化程度的理解。（3）大多数研究依赖于人口普查数据。在数据的空间尺度、可靠性和相关性方面，依靠普查而不是调查数据存在自然的权衡。（4）许多论文是现有框架的库存应用，几乎没有适应社会文化背景。在发生适应的地方，通常很少讨论这样做的基本方法。（5）缺乏系统的验证工作。在尝试验证的情况下，它的范围有限或方法有问题。（6）需要更多假设驱动的研究，以便更好地了解社会脆弱性和复原力的驱动因素，以及它们塑造规划、响应和从灾害中恢复的能力的机制。

湖南省凤凰县城雨洪管控路径

Stormwater Management Path in Fenghuang, Hunan

陈娜[1] 任安之[2] 马伯[3] 黎璟玉[4] 向辉[5]

1 湖南大学建筑与规划学院，副教授，硕士生导师，chenna825@hnu.edu.cn

2 同济大学建筑与城市规划学院，硕士研究生

3 宁夏回族自治区科技发展战略和信息研究所

4 湖南大学建筑与规划学院，硕士研究生

5 湖南大学建筑与规划学院，讲师

本文发表于《地理学报》2021年第1期

【摘要】发达国家的经验表明，基于低影响开发的雨洪管理措施可以有效缓解城市雨洪灾害。聚焦中国海绵城市建设过程中新旧城区的关联性问题，提出"现状评估—低影响开发指标分解—建设效果模拟验证"的雨洪管控路径。以湖南省凤凰县为例，基于城市内涝模型，对新旧城区进行雨洪风险性评估与改造可行性评估，在现状评估的基础上，构建低影响开发控制指标分解体系，实现低影响开发理念和技术从宏观控制策略到详细规划过程中的落实，最后通过内涝节点的滞水量计算验证雨洪管控效果。结果表明：凤凰县旧城区所面临的雨洪淹没风险高于新城区；旧城区现状年径流总量控制率明显低于新城区，且旧城区改造可行性较低。在新旧城区协调统筹的整体性视角下，构建"城区—街区—地块"的三级指标分解体系可以实现径流总量与峰值的消减，但在暴雨情境下，单独依靠低影响开发措施缓解内涝较为困难，基于滞水量完善灰色基础设施可以有效控制短时强降雨导致的雨洪灾害。

【关键词】新旧城区；海绵城市；低影响开发；雨洪管控

以湖南省湘西州凤凰县为例，作为湖南省级海绵城市建设试点城市之一，2018年年末城市化率为40.57%，明显低于全国平均水平，城市上游地区建设用地的拓展带来地表硬化，加剧了下游雨洪风险。下游古城与中心城区开发密度高，可改造难度大，既无法大幅度提升道路排水设施，也无法完全效仿发达国家通过大范围低影响开发设施的建设来控制雨水径流，而基于微观场地的设施布局虽然在局部起到了缓解作用，却不可能从根本上解决城市尺度的内涝问题，若机械地以《海绵城市建设技术指南——低影响开发雨水系统构建（试行）》中统一设定的地区目标值为开发指导，必将导致低影响开发项目高投资低回报甚至无法落实的困境。因此，要解决海绵城市建设中碎片化、简单化的问题，须从新旧城区统筹协调的视角探讨雨洪管控路径，为中国发展与规划语境下的海绵城市建设及可持续发展提供方法支撑（图1）。

图1 低影响开发单元划分

凤凰县旧城区所面临的雨洪淹没风险明显高于新城区。进行城市雨洪风险性评估的核心是从地理空间上确定淹没区域，并在区域水系中做出相应缓冲，根据雨洪廊道—淹没斑块生成雨洪风险性评估图。雨洪廊道通过ArcGIS技术进行水文分析提取，分析研究区潜在径流汇水等级及其对应的缓冲区后得到图2。

图2 凤凰县水系安全评价

针对每一块的汇水面积，利用ArcGIS的空间模拟技术分别计算暴雨重现期5 a一遇、20 a一遇、50 a一遇的淹没区分布情况，按高、中、低三种安全等级进行评价，叠加后生成研究区雨洪淹没区分布图（图3），最后将雨洪廊道和淹没区斑块按照最小值评价原则进行纵向叠加，即可获得研究区雨洪风险性评估图（图4）。

图 3 凤凰县淹没区雨洪安全评价

由图 4 也可以看到，在将新旧城区视为整体评估对象的基础上，将凤凰县雨洪风险性评价对应到其空间区域内，高风险区域对应为不适宜建设用地，当 5 年一遇暴雨来临时应具备足够空间可以宣泄；中风险区域对应为限制建设用地，应着重考虑与高风险区域的交界处，通过生态绿化做出隔离控制，古城保护区和部分中心城区均位于这两个区域。

图 4 凤凰县雨洪风险性评估

通过对各城区调蓄容积的计算，可得出其设计降雨量，通过《指南》中设计降雨量与年径流总量控制率的对应关系，得到各城区年径流总量控制目标（图 5），整体上呈现出古城区和中心城区偏低而新城区偏高的特征，同时西部和北部新城区的控制目标明显高于东部新城区。

整体上呈现出古城区和中心城区偏低而新城区偏高的特征，同时西部和北部新城区的控制目标明显高于东部新城区。

图 5 各城区径流控制率目标值

对已划分好的 41 个街区低影响开发建设单元，依据

控规下垫面等信息，配置每个单元的低影响开发比例，计算出低影响开发径流总量控制目标约束区间（图 6）。

图 6 街区年径流总量控制目标色阶图

为检验低影响开发设施布局后的雨洪控制效果，对 20 年一遇 3 小时降雨的暴雨情境下地块外排流量进行了模拟。结果显示，实施了低影响开发理念的规划方案可有效消减外排流量，延缓并降低径流峰值（图 7）。

图 7 地块年径流总量控制效果

通过对凤凰县进行基于城市内涝模型的现状评估，本文发现旧城区面临的雨洪风险明显高于新城区，且旧城区的开发强度相对较大，其现状径流总量控制率较新城区明显偏低。由于旧城区吸纳径流的"海绵"空间挖潜难度大，不适宜进行大规模低影响开发设施建设，道路排水设施难以解决极端暴雨的内涝问题，而城区、街区以及地块等不同尺度之间的雨洪问题是关联的，因此，应从多尺度衔接的角度系统认识旧城区和新城区雨洪的关联性，协同周边区域，降低新城区向旧城区内输入径流雨水的可能性，共同减缓旧城区的内涝问题。

教师团队
Teacher team

叶强
Ye Qiang

何韶瑶
He Shaoyao

焦胜
Jiao Sheng

彭科
Peng Ke

丁国胜
Ding Guosheng

专题介绍
Presentations

　　本方向重点关注乡村振兴和精准扶贫的理论框架、空间政策和建设方法，在国内权威期刊《城市规划》《建筑学报》等发表论文 10 余篇。参与"精准扶贫首创地"十八洞村精准扶贫和规划实践，持续服务长沙市等地乡村规划与振兴工作，培训来自长沙、娄底和邵阳等地超过 2000 名乡村规划干部。在湖南隆回县虎形山乡花瑶聚居地白水洞村、崇木凼村开展花瑶乡村人居环境的建设扶贫工作。

乡建，我们准备好了吗？——乡村建设系统理论框架研究

Have We Been Ready for Rural Construction: Research on the Theoretical Framework of Rural Construction System

叶强[1] 钟炽兴[2]

1 湖南大学建筑与规划学院，教授，yeqianghn@163.com

2 湖南第一师范学院，讲师

本文发表于《地理研究》2017 年 第 36 卷

【摘要】党的十八大报告提出要实现美丽中国的目标，美丽乡村建设是实现这个目标的重要步骤。中国乡村建设无论是在村镇数量、人口规模还是产业经济方面都是一个极其庞大和结构复杂的系统工程，如果没有系统的思维和方法，就难以实现美丽乡村的建设目标。本文应用文献、系统论和类型学方法，结合当前乡建实践，从系统的要素、结构和功能层面，分析和归纳当前的乡村建设成果和现象，指出目前乡建的大系统结构清晰，但各子系统的要素重组的外部依赖化、治理结构的短期阶段化和功能实现的浅层主观化方面存在值得关注的问题；提出在总结和研究当前理论和实践的基础上，从学科发展、学术研究、政策机制和实践评估层面建立与可持续和大规模乡建相适应的系统理论已刻不容缓。

【关键词】乡建；美丽中国；系统论；类型学

引言

　　尽管我国乡村建设政策已经初步形成系统性构建，并处于政策执行与实践论证阶段，在如此庞大数量、规模、投入以及行为主体多元化的趋势下，如何搭建适用于多种行为主体的治理结构完成实践与政策执行，如何形成客观有效机制进行实践与政策监控，如何制定科学合理与规范完善的方法进行实践与政策评估，从目前现象来看，乡村建设系统政策仍需要进行理论反思，诸多环节仍需要进一步优化调整，与跨度巨大的时间与地域范围内展开的乡村建设实践相配套的系统政策、机制和理论研究势在必行。

1 乡村建设的系统理论框架研究
1.1 系统及国内外乡村建设理论研究

　　总体来看，关于新时期乡村建设的理论研究成果主要分为实践与认识、评估与治理、系统与构建等类型，呈现出类型众多与题材丰富的总体特征。从广度和深度上来看相关理论研究成果很多，但从宏观和系统层面看，实现由实践到理论多次循环验证并达成共识的系统性理论和实践成果极其缺乏。新时期大规模的乡村建设已经开始，当前这种碎片化、多点开花与整体性不足的研究现状难以形成有效指导实践的理论依据，而缺乏有效理论指导的实践不可避免地产生低效与盲目现象，并有可能在时间和经济方面付出巨大代价。

1.2 乡村建设的系统理论框架建构

　　结合当前乡村建设中的热点问题与研究，运用农村地域系统理论中的关联分析方法，提出乡村建设系统理论框架（图 1）。乡村建设主体系统分为外部行为主体与内部行为主体，外部行为主体由地方政府、工商资本、技术组织和社会团体等组成，内部行为主体则由乡村精英、村干部、村民等组成；客体系统由政策基础、技术条件与资金要素等外部要素构成，其与行为主体构成紧密关系，是乡村发展所需的外部关键要素；内核系统由政治、经济、社会、生活文化、生态文明五个一级子系统组成，

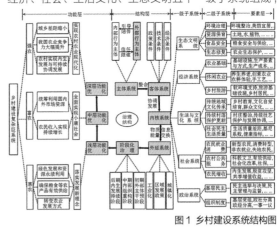

图 1 乡村建设系统结构图

再细分为若干个二级子系统和众多要素层级；外延系统由区域发展政策、城镇化和工业化发展等组成。

2 乡村建设的实证分析与对策

2.1 类型分类与案例选择

目前在乡村建设实践划分的行为主体视角上学者的主要思路有以下几种：一是基于乡村建设者视角；二是基于农村发展动力源的差异性；三是基于主体驱动力视角。本文主体系统视角将实践类型分为五类：政府主导型、资本主导型、技术团队型、乡村精英型和多元主导型。共选取六个典型案例作为研究对象，分别是南京石塘人家、广西华润希望小镇、长沙浔龙河小镇、云南沙溪古镇、河南信阳郝堂村、福建宁德屏南北村。上述案例初具成效与具备推广的典型案例，下面将基于要素—结构—功能三个层级脉络来对典型案例进行梳理分析。

2.2 案例分析

2.2.1 从要素层面分析

结合案例村镇内源与外缘要素的基本情况，从地理区位、内部要素、资金投入与驱动力四方面分析行为主体主导下的要素重组过程，发现其具有地理区位优越、内部要素良好、资金投入巨大与外部要素驱动强劲等特点。由此可见，案例乡村建设内部优越的地理区位、良好的资源要素、外部人力与资金投入合力形成强劲发展的驱动力。

2.2.2 从治理结构层面分析

从治理主体、价值取向、组织结构和参与程度四方面，梳理案例村镇外部与内部行为主体主导下的结构关系与治理过程，发现其具有治理主体与价值取向多元化、组织结构多样化与参与程度差异化等特点。（如图2~图7）总的来说，从治理层面分析，案例乡村建设的治理主体、价值取向、组织结构与参与程度呈现出多元化与差异化的特点。

2.2.3 从功能层面分析

从功能目标、实现功能、面临问题三个方面分析案例村镇功能层级的基本情况，发现行为主体治理下的功能层面具有实现目标景区化、实现功能偏重环境与收入改观层面、面临问题与治理结构具有关联性等特点。

2.3 问题与对策

从上述分析和研究来看，首先案例乡村建设中呈现出较为严重的外部依赖特点，主要体现在政府依赖、资金依赖、资源依赖与区位依赖四方面。其次，案例乡村建设过程中治理结构的短期阶段化的情况明显。最后，案例乡村建设过程中的功能实现浅层主观化是随之出现的问题，体现在缺乏深层体制思考与缺乏客观评价机制两个方面。

出现以上问题具有多方面的因素，究其主因有以下四点：第一，要素流失严重与自我修复能力缺失是乡村建设外部依赖化的内部诱因。第二，长远施政规划的环境缺失是乡村建设行为短期化的体制诱因。第三，以自体评估为主，客观与系统评估缺失是乡村建设问题阻滞化的主体诱因。第四，城市与西方偏向下的乡村发展方向迷失是乡村建设学术研究碎片化的深层诱因。

基于对以上问题和原因的分析，笔者认为需从内生型发展机制和普适性推广机制，分阶段治理机制和主体意识培育机制，功能实现分层机制和实现目标评定机制，学科合作、理论研究、实践转化及乡建管理人才培养机制四个方面着手，建立适应当前乡村建设发展的系统理论框架和治理模式。

结论

乡村建设理论体现与实践验证、政策执行与效果评估、学科融合与复合型人才的培养、乡建模式的可复制性与可持续性等许多方面都没有做好准备。建立适应当前新型城镇化阶段的乡建系统理论有着紧迫而巨大的现实指导意义。限于篇幅、时间、作者以及团队各方面水平的限制，本文搭建的乡建系统理论框架能否有效解决文中提出的问题存在未知性，还有很多细节需要进一步推敲与补充。同时，笔者正在寻找机会，尝试将研究的理论框架应用到乡村建设实践中，期待有更多的学者一起加入乡建系统理论研究的队伍中。

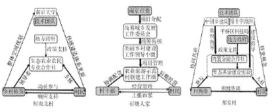

图2 内生自主型结构图　图3 塔式层级型治理结构图 图4 多主体分期型结构图

图5 技术主导型结构图　图6 资本运作型结构图 图7 多主体分期型结构图

乡村聚落建成环境与村民空间行为关系研究
——基于湖南案例分析

Research on the Relationship between the Settlement Built Environment for Rural and the Villagers' Behavior of Spatia: A Case Study in Hunan

何韶瑶[1] 唐成君[2] 刘艳莉[3] 张梦淼[4]

1 湖南大学建筑与规划学院，教授，syhe829@163.com
2 湖南大学建筑与规划学院，博士，1064804879@qq.com
3 湖南大学建筑与规划学院，硕士，519144181@qq.com
4 湖南大学设计研究院有限公司，博士

本文发表于《建筑学报》2017 年 第 17 期

【摘要】从村民空间行为这一新视角切入，以湖南省 7 个典型传统村落为例，运用比较案例研究方法，结合问卷调查和深度访谈，围绕"点—线—面—域"探究建成环境要素对村民空间行为的影响，以期为改善村落人居环境提供参考。

【关键词】乡村聚落；建成环境；邻里交往；村民空间行为

从既有研究现状来看，乡村聚落研究大多聚集在空间分布、保护发展和文化内涵等方面，其建成环境与村民空间行为间的研究甚少，特别是湖南地区的研究还鲜见报道。

本文所选案例为入选国家历史文化名村和湖南省"中国传统村落"名录的 7 个规模较相近、边界明确、形态差异明显的典型村落（图 1），运用比较案例研究方法，围绕"点—线—面—域"4 个空间维度，尝试识别对村民行为有明显促进或制约作用的建成环境形态要素。同时，以此为出发点探讨人们如何识别乡村聚落建成环境以及空间形态如何塑造村民的行为模式，进而影响村落的功能布局，以期为传统村落转型和人居环境的改善奠定实证基础。研究结果表明：

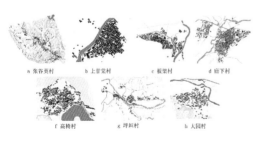

图 1 乡村聚落空间肌理与公共空间

a 张谷英村　b 上甘棠村　c 板梁村　d 庙下村

f 高椅村　g 坪坦村　h 大园村

1 点：节点空间与村民空间行为

乡村聚落点状空间类型主要具有具有明确功能意义的主题节点、小型节点空间、微节点公共空间三种。通过研究村民空间行为活动，可以发现：1）村民在文教建筑中活动所占的比例均较少，主要是儿童在此阅读或者游玩；同时由于管理方面的原因，有些建筑常年处于关闭状态。2）宗教建筑中活动人群主要是老年人，但是每个村落的情况也有差别，与当地建筑数量、村民对自然和先人崇拜程度及管理等有关。3）与文教建筑和宗教建筑相比，村民更喜欢在亭、桥空间休憩、打牌和聊天等，且桥作为村落重要的交通节点，是村民日常出行的必经之道，因此活动比较频繁。4）古井等节点空间，为村民提供水源并在此进行洗涤和玩耍等日常活动，主要为妇女和儿童使用的空间。

2 线：街巷空间与村民空间行为

在 CAD 中绘制样本村落轴线图，经实地调查复核后导入 DEPTHMAP 分析"整体结合度""局部结合度"与"平均连接度"。村落规模大小不一，轴线数量差别较大，RN、R3、CN 和 RN：R3 范围跨度较大（表 1）。

表 1 样本村落空间句法参数

	张谷英村	上甘棠村	板梁村	庙下村	高椅村	坪坦村	大园村
轴线数量N	149	164	154	326	207	124	197
平均全局整合度R.N	0.34039	0.64072	0.44319	0.44288	0.45212	0.60461	0.46721
平均局部整合度R₃CN	0.94551	1.25120	1.05152	1.11067	1.01661	1.17608	1.12373
平均连接度CN	2.12081	2.57143	2.2987	2.36196	2.23188	2.43548	2.44716
可理解度R.N:R₃	0.20193	0.44871	0.37602	0.39587	0.33342	0.50197	0.44022

通过空间句法软件分析村落轴线模型全局调整度（图 2），样本村落的轴线图形态区别较大，除张谷英村外其他村落长直轴线较少，表明村落主要街道并不突出。较长的轴线一般位于村口或村落与外部联系的主要道路上，且大致保持同一方向的线性延伸。与主要街巷相交的短轴线成十字交叉较少，多为丁字形相交；轴线组织

呈明显的零碎、轴线成十字交叉较少，多为丁字形相交，轴线组织呈明显的零碎、错位和不连续形态。

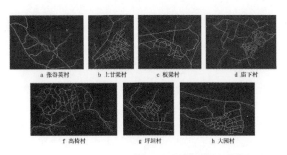

图2　村落轴线模型全局整合度分析

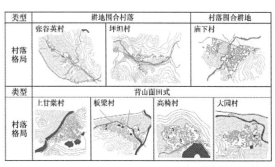

图3　样本村落空间格局

3　面：面状空间与村民空间行为

村落面状空间包括以下四种：1) 村口。其长期"公共性"与迎来送往等特定行为相关联，村口给村民带来"别离""盼归"等心理暗示。2) 祠堂、神庙等公共建筑前广场。此类广场建设之初满足祭祀庆典需求，具有纪念性质，空间界定比较明确，一般呈现轴向对称性和中心性。3) 局部放大广场空间。4) 其他面状空间，如街巷中的交叉口、转角处和古树下及村落入口景观区等。这些空间尺度感、方向感和场所识别感明显，成为老人棋牌活动、妇女拉家常、儿童嬉戏等活动场所。

4　域：经济空间与村民行为

村落经济空间与聚落的关系见图3，样本村落老年人日间劳动出行方式如表2所示。随着区域经济的发展和村民收入的提高，现阶段耕作出行由原来的畜力、步行发展为自行车和摩托车（包括轻骑、助力车）等。经济发达地区村民使用摩托车、机动三轮车等机械化耕作出行比率较高；经济欠发达地区村民采用机动化交通工具耕作出行的比率较低，主要依赖步行。

表2　样本村落空间句法参数

耕作出行方式	构成比例（%）						
	张谷英村	上甘棠村	板梁村	庙下村	高椅村	坪坦村	大园村
步行	14	21	16	17	49	58	61
自行车	5	13	8	9	35	19	24
摩托车	52	38	43	45	16	9	7
机动三轮车	21	14	17	16	10	9	6
其他	8	11	9	15	1	7	2

综上所述，村民空间行为是乡村聚落的重要组成部分，其研究忽视了与建成环境之间的关系，只有对单一影响要素深入分析才能更好地揭示各要素间的关系。本文的初步结论如下：1) 节点空间个体特征的适宜性对村民行为具有引导作用，其数量的多少和日常管理等对增加居民行为具有辅助作用；2) 街巷空间对村民行为起到了促进作用，与道路形态、轴线数量等关系不明显；3) 面状空间类型对村民行为有一定的影响，其使用功能从设置之初的人流疏散逐渐演变为集交往、家务、商业和聚会于一体的复合型功能；4) 村落空间格局对村民耕作行为影响较少，而村民收入对经济空间居民行为的作用不容忽视。

细胞视角下的村落有机体空间肌理结构解析

Analogy between the Organism Attribute and Biological Cell of Traditional Villages

江嫚[1] 何韶瑶[2] 周跃云[3] 张梦淼[4]

1 湖南大学建筑与规划学院，博士，jiangman@hnu.edu.cn
2 湖南大学建筑与规划学院，教授，syhe829@163.com
3 湖南工业大学城市与环境学院，教授
4 湖南大学建筑与规划学院，博士

本文发表于《地域研究与开发》2020 年 第 3 期

【摘要】以福建省龙岩市连城县培田村和湖南省怀化市通道县皇都侗寨为例，在对村落有机体属性进行分析的基础上，引入细胞生物学理论，将村落的空间肌理解析为形态、文化基因和关系三大部分，分别对应肌理区、肌理核和肌理链。从生物细胞的结构形态、遗传代谢、细胞联系等方面对村落空间肌理进行对比解析。结果表明：村落有机体与生命体有类似的属性，细胞视角下村落的空间肌理与细胞结构、"遗传语言和代谢控制机制"、社会联系具有类似特征。通过细胞学视角重新解构村落的空间肌理，为村落规划与设计探索新视角。

【关键词】村落；空间肌理；细胞有机属性；福建龙岩培田村；湖南怀化皇都侗寨

乡村聚落简称村落，中国的村落从其发展初期便具有相对独立的体系。村落与外界环境有效隔离，形成相对独立的封闭圈，能够在一定程度上自足自给。村落与村落、村落与外界环境相互影响，在多种因素的相互共同作用下，逐渐成为一个多重因素相互影响互相联系的有机体。生命有机体是一个生物学概念，生命有机体的细胞与细胞之间相对独立，在外部环境与内部因素的相互作用下生长代谢完成各项功能。村落就如同生命有机体的细胞。

"肌理"原为美术用词，指物体表面的纹理，是一种表达艺术的语言形式，分为自然肌理与创造肌理。自然肌理是由自然的力量形成的纹理，创造肌理是经过人工加工后形成的。有关肌理的研究成果众多，村落肌理的研究对象集中在空间、建筑、景观上。村落的空间肌理是人在村落的空间上形成的纹理，属于创造肌理的一种。村落空间肌理是由构成村落的所有要素化合的有机整体，是自然地理形态与精神文化的外在呈现。村落空间肌理包括形态、文化基因、关系三个方面的内容，有些研究将其概括为"肌理区""肌理链""肌理核"。"肌理区"指连体成片的区域，"肌理链"指各种不可见而又实际存在的关系关联，"肌理核"指集中体现精神文化的实体。

a 血缘村（福建培田村）

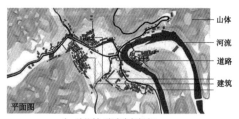

b 地缘村（湖南皇都侗寨）

图1 血缘村与地缘村对比

本文选取福建龙岩市的培田村、湖南怀化市的皇都侗寨作为典型样本（图1）。由于中国封建社会是继承男性姓氏的社会，调查从男性的姓氏入手。培田村全村男性为一个单姓，村内不允许其他姓氏的人迁入，是典型的血缘村落（图1a）。皇都侗寨男性姓氏多达11个，是多个姓氏杂居的村落，村落的布局与发展相对自由，是典型的地缘村落（图1b）。

细胞视角下的村落形态解析。细胞有着边界、主要结构、核心结构这三大特征，细胞与中国的村落都有着一个边界，这样的一个边界将村落划定在一个空间结构相对稳定封闭的环境中。村落中的一切活动都由这个环境中的主要结构产生，核心结构起到凝聚、调控、指挥的作用，这与细胞的结构具有类似性，村落空间结构形态可抽象为边界、主要结构、核心结构。

村落的形态结构特点。村落形成了一个统一的结构体，它具有三个重要的结构特征（图2）：一是具有明显的边界。由于适于耕作的面积有限，人们主要以小作坊的形式聚在一起，耕作在人的可达半径之内。二是村落分而不散。出于安全的考虑，从远古时期开始人们便集体生活，随着时间的演变，这种防卫的需要从"同居于一穴"逐渐变成一定安全距离的"分居"。村落虽"分"但并不"散"，多种因素使得村落有着错综复杂的有机联系，水是村落聚合的常见因素之一，村落的生活与耕作都需要水。三是具有核心结构。这种核心的结构或是精神核心，或是生活核心，如汉族地区村落中的祠堂、宗庙，村落中的风水池塘；少数民族中侗族的鼓楼、土家族的摆手舞场等，都往往是调控整个村落有机体的重要结构。

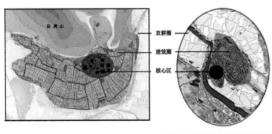

图2 村落结构特征示意图

村落的文化基因与"代谢控制机制"的对比解析。村落与细胞一样都有着"遗传语言"，地缘村以公共活动场地，血缘村以宗祠、宗庙、书院等家族象征性建筑作为重要的活动与庆典场所。

村落文化基因的特点。村落是一个有机体系，它的扩展与生长是基于多种"遗传语言"的调控，受多重因素的影响，具象的载体是实体物质，而核心指挥则是社会文化、宗法制度。

村落关系与社会联系的对比解析。村落与细胞类似，既独立封闭又与外界有着密不可分的联系（表1）。细胞是具有边界的封闭系统，但物资供应、信息传递、新陈代谢都与外界有着密切的联系，使得整个细胞的功能能够有序地进行。村落是一个相对封闭的体系，在村落的内部，有可见的连接各个建筑的道路，还有不可见但实际存在的各种社会连接。血缘村有血缘关系纽带，地缘村有人情往来作为主要社会联系，同时村落内部的物资供应、信息传递也会与外界建立联系。

表1 细胞视角下村落的社会属性特征解析

属性	细胞	血缘村	地缘村
社会属性特征	内部各种联系又受外环境的影响	内部主要以血缘产生各种联系受外环境影响	内部主要以人情往来产生各种联系受外环境影响

综上所述，将村落系统地分为血缘村与地缘村两大类，村落的空间肌理解构为肌理区、肌理核和肌理链三个方面，分别对应村落的空间结构、村落的文化基因和社会联系。从细胞视角研究村落空间肌理得出：① 村落与细胞一样都具有相似的主体结构，具有一定的边界，自成体系，有核心结构；②在遗传与代谢上，村落与细胞一致，也遵循一定的遗传规律，细胞存在生长分化到衰亡，村落也是在这样的"遗传语言"的指挥下进行着成长到衰亡的过程；③ 细胞有社会联系，村落也与细胞一样既相对独立又与外界有着密不可分的联系。乡村聚落的空间肌理从实体层面的空间结构形成的肌理区，到精神文化层面的肌理核、肌理链，三者构成了村落的有机整体。

中国乡村建设的类型学考察
——基于乡村建设者的视角

Research on the Evolutional Path of Hotspots in China's Urbanization Based on Knowledge Mapping

丁国胜[1] 彭科[2] 王伟强[3] 焦胜[1]

1 湖南大学建筑与规划学院，副教授、博士生导师

2 湖南大学建筑与规划学院，助理教授

3 同济大学建筑与城市规划学院，教授、博士生导师

本文发表于《城市发展研究》2016 年第 10 期

【摘要】在新型城镇化与美丽乡村建设等宏观背景下，如何理解存在于当前与历史中的各种乡村建设实践是一个值得探讨的问题。基于乡村建设者的视角，对中国乡村建设实践展开类型学考察，将它们划分为三个基本类型，即政府主导型乡村建设、农民内生型乡村建设和社会援助型乡村建设，并从乡村建设的目的、过程和结果等方面对各类型乡村建设的特征展开分析。在此基础上，考察各类型乡村建设的历史发展情况及现实发展面临的挑战，指出未来应走向一种合作治理的乡村建设模式，鼓励政府、农民和社会的相互合作，并提出相应的政策建议。

【关键词】中国乡村建设；类型学；政府主导型；农民内生型；社会援助型

在城乡统筹发展、新型城镇化及美丽乡村建设等宏观背景下，全国各地正在进行内容丰富的乡村建设实践。而且，随着我国城镇化进程的推进，未来乡村建设实践将日趋增多。事实上，我国历史上乡村建设实践也是层出不穷，活跃而丰富。比如，早在 20 世纪二三十年代，梁漱溟、晏阳初和卢作孚等先辈们针对当时持续衰败的乡村社会，就展开了具有深远影响的乡村建设运动。

但是，相对于极为丰富的乡村建设实践而言，我们目前对它们的理解还远远不够，需要进一步研究。作为一种分组归类方法体系，类型学是人们认识复杂事物的重要方法。因此，对中国乡村建设实践进行类型学考察有望加深对它们的理解。显然，对中国乡村建设实践进行类型学考察可以存在不同视角，如乡村建设理念、乡村建设者、地域空间以及时间年代等。考虑到乡村建设者是乡村建设实践的重要因素之一，能够对乡村建设的成效产生重要影响，笔者提出从乡村建设者的视角（也就是谁，以及他们以何种方式进行乡村建设）对中国乡村建设实践进行类型学考察。

基于这一研究视角，笔者将乡村建设实践划分为如下几个基本类型：政府主导型乡村建设、农民内生型乡村建设、社会援助型乡村建设。以下首先对各类型乡村建设的内涵进行分析；其次从乡村建设的目的、过程和结果等方面对各类型乡村建设的特征展开分析；最后，对各类型乡村建设的历史发展情况及当前面临的挑战进行分析，并就未来乡村建设提出相应建议。

笔者首先介绍了乡村建设的三种基本类型及其特征。

第一种是政府主导型乡村建设，它是由中央政府或地方政府推动，通过政策、制度、规划以及项目等手段引导乡村发展的实践类型。在政府主导型乡村建设中，政府是乡村建设实践的启动者和组织者。它通过制定政策或者发起项目，调动人力物力，组织农民与社会参与，积极推动乡村建设实践，在乡村建设中起着主导作用。比如，我国社会主义新农村建设就是典型的政府主导型乡村建设，政府在社会主义新农村建设的发起、组织、运行以及资金投入等方面都起着主导作用。总之，政府主导型乡村建设是一种自上而下、行政推动的发展模式，是乡村建设中最基础的一类实践，往往意味着乡村发展的重大制度变迁或政策创新。

第二种是农民内生型乡村建设，它是指依靠农民自身创造和乡村内生发展的乡村建设实践类型，比如改革以来涌现的华西村、滕头村、刘庄以及三元朱村等"明星村"的乡村建设实践。在农民内生型乡村建设中，乡村"能人"起着重要作用。乡村"能人"是指那些在乡村经济资源、政治地位、文化水平、社区威信及办事能力等方面具有相对优势，对当地乡村建设具有较大影响或推动作用的村民或领导，比如华西村的吴仁宝及滕头村的傅企平等。这些乡村"能人"在农民内生型乡村建设中是领导者、示范者、协调者和推动者，在乡村建设中扮演着权威性角色，关系着乡村建设实践的成败。他们通常既有经济

头脑，又有政治眼光，能够有效组织利用各类资源，能够带领村民进行乡村建设，实现本村经济社会进步。比如，华西村及滕头村等村庄就是在乡村"能人"带领下取得较好的乡村建设成果，实现乡村的综合发展。总之，农民内生型乡村建设是一类农民追求富裕和农村经济繁荣的乡村建设实践，是乡村"能人"带领村民自主创新与自我发展的结果，是一种自下而上的发展模式。

第三种是社会援助型乡村建设，它主要是指由社会精英、慈善机构、企业及教育机构等社会团体或个人推进、旨在帮扶乡村发展的一种实践类型。比如，20世纪二三十年代，由一批留学归来的知识精英发起的旨在救济和帮扶当时日益衰落的乡村社会的乡村建设运动就属于社会援助型乡村建设。在社会援助型乡村建设中，社会精英等社会力量在乡村建设的实施、资金与理念等方面起着主导作用，关系着乡村建设的成败。总之，社会援助型乡村建设是一种由社会力量参与、自下而上和民间帮扶的乡村建设模式，具有较强的试验性和探索性。

笔者介绍了各类型乡村建设的发展。从历史方面来看，以上三种乡村建设在不同时期有着不同表现，表1列举了每个历史时期各类乡村建设的重要实践。在民国时期，我国正处于现代国家建构的初始阶段，政府主导型乡村建设实际上是现代国家建构的重要内容。新中国成立后，政府通过一系列制度、政策、通知、规划以及项目等在全国范围内逐步发起了社会主义改造式的乡村建设实践，如合作化运动、人民公社制度以及农业学大寨等。改革后，政府主导型乡村建设在全国范围内实施了家庭承包责任制，逐渐废除了人民公社制度，并在广大农村建立起村民自治制度，激发了农村的经济活力。与此同时，农民内生型乡村建设得到释放，比如华西村与滕头村等"明星村"在乡村"能人"的带领下，乡村建设卓有成效。此外，社会援助型乡村建设也得到快速发展，各种社会力量参与探索乡村建设，比如杜晓山小额信贷试验及山东青州市南张楼村巴伐利亚"城乡等值"实验等。总之，改革以来，我国乡村建设逐步形成较为宽松的制度环境，

不仅政府主导型乡村建设激发了乡村发展活力，而且农民内生型乡村建设和社会援助型乡村建设也得到了快速的发展。

总之，在不同的历史条件下，各类型乡村建设的形态不尽相同。经过多年发展，三类乡村建设目前正呈现出多元而活跃的发展态势。

最后，笔者认为未来乡村建设将迈向一种合作治理的模式，政府、农民和社会相互合作。针对各类型乡村建设面临的挑战，建议如下。

第一，以农村制度变革和政策创新为乡村建设的新常态，转变政府主导和运动式乡村建设模式。未来应重点根据乡村发展自身规律进行制度变革和政策创新，迈向乡村建设的新常态。特别是在乡村土地制度、户籍制度以及乡村社会治理模式等方面进行改革，以适应当前新型城镇化建设和城乡统筹发展的需求，最终破除城乡二元结构，实现我国乡村的持续发展。

第二，营造良好的政策环境，积极培育农民内生型乡村建设。农民是未来乡村建设的主体，也是乡村建设的根本受益者。一方面，应以乡村社会治理现代化为目标，改变乡村治理结构和治理方式，克服乡村"能人"在乡村建设中的自身局限，促进村民参与乡村建设决策，从制度层面保障农民内生型乡村建设的健康发展。另一方面，在当前中西部大量农民进城务工和乡村社会空巢的背景下，应该运用一些关键的政策工具鼓励部分有志于乡村建设的新型农民精英返乡，并通过对他们的培训支持来推动落后地区乡村社会的发展。

第三，制定相应政策，鼓励和规范社会援助型乡村建设。当前，社会力量参与乡村建设已成为一种趋势。一方面，应制定相应政策，积极培育和支持社会援助型乡村建设的发展，鼓励社会团体、NGO组织和个人等参与探索乡村发展，为乡村建设注入全新活力。另一方面，应对社会援助型乡村建设加以规范与引导，对社会力量参与乡村建设进行风险评估和管控，防止损害乡村社会和农民利益的乡村建设行为，特别谨防一些"破坏性"乡村建设实验的发生。

以上尝试从乡村建设者的视角将我国近百年来的乡村建设实践划分为三个基本类型，即政府主导型乡村建设、农民内生型乡村建设及社会援助型乡村建设，并考察了各类型乡村建设的特征与发展情况。未来乡村建设应该走向一条合作治理的发展模式，迈入以体制改革和制度创新为核心的乡村建设新常态。

表1 不同时期各类型乡村建设重要实践列举

历史时期	乡村建设实践		
	政府主导型乡村建设	农民内生型乡村建设	社会援助型乡村建设
民国时期	南京国民政府乡村建设、山西村治、东北乡村改革实践、新桂系民团建设、共产党乡村根据地乡村建设		"定县模式"、"邹平模式"、"北碚模式"、"唐庄模式"、河南镇平乡村建设、徐公桥模式、无锡模式、右门坎乡族和科教乡建
新中国成立以来至改革开放	土地制度改革、合作化运动、人民公社制度、农业学大寨运动		
改革开放以来	以家庭承包制为核心的乡村建设、社会主义新农村建设（江西赣州新农村建设、江苏农村环境综合整治行动计划、浙江"千村示范、万村整治"工程、美丽乡村建设实践	小岗村、南街村、大邱庄、华西村、刘庄、三元朱村及滕头等"明星村"乡村建设实践	杜晓山小额信贷试验、山东青州南张楼村巴伐利亚"城乡等值"实验、茅于轼龙水头模式、翟城村可持续发展示范村建设、晏阳初乡村建设研究院建设主持的乡村建设实验、河南兰考实践、高级茶礼农业实验、香港乐施会绵阳社区综合发展项目、华同希望小镇乡村建设实验

城市更新与社区营造
Urban Renewal and Community Construction

教师团队
Teacher team

叶强
Ye Qiang

何韶瑶
He Shaoyao

肖艳阳
Xiao Yanyang

沈瑶
Shen Yao

陈煊
Chen Xuan

周恺
Zhou Kai

专题介绍
Presentations

　　本方向从儿童友好和非正规等视角出发，重点关注城市更新及微更新的空间策略、操作模式和社区参与方式，在《城市规划》《建筑学报》等国内权威期刊发表论文 7 篇。通过社区调查工作营，圆桌会议、讲座、出版等活动，积极探索长沙历史街区的有机更新方式。积极将研究植入城市治理和社区更新领域，探索以儿童友好社区、健康社区、日常都市主义为主题的社会服务活动。

共享短租平台的概念发展、市场影响和空间交互关系研究综述

A Review of Literature on the Concept, Impacts, and Spatial Interactions of Sharing Short-term Rental Platform

周恺[1] 和琳怡[2] 张一雯[3]

1 湖南大学建筑与规划学院，副教授，城乡规划系主任
2 湖南大学建筑与规划学院，硕士研究生
3 湖南大学建筑与规划学院，硕士研究生

本文发表于《地理科学进展》2020 年第 11 期

【摘要】基于互联网技术的"共享经济"不仅在众多新兴市场上创造出了经济增长点，还潜移默化地改变了大众消费行为，对城市经济和空间产生了巨大影响。正如以 Airbnb 为代表的共享短租平台在冲击了传统旅游住宿业与城市住房市场的同时，也引起了城市空间的变化。为了深入了解这一现象，本文首先概述了共享短租平台的发展背景、概念与现状，阐述它所带来的影响和因此引发的争论；其次探讨了共享短租平台（以 Airbnb 为例）与酒店业和住房市场的关系，以及其进一步商业化可能带来的影响与问题；最后，通过分析大量实践案例得出共享短租平台与城市空间存在的双向互动关系，即城市空间中的社会经济与物质环境因子决定了共享短租平台房源的空间分布特征，而共享短租平台会以旅游绅士化、商业结构改变和城市设施负担加重的方式逐渐改变城市社会经济和物质环境空间。

【关键词】共享经济；共享短租；市场；空间；文献综述

近年来，信息技术发展、移动通信设备普及和世界性金融危机，共同催生出一种新的经济模式——共享经济（sharing economy）。其主张利用互联网的便利性，大范围地共享物品、服务、活动甚至知识，以线上众包、众筹的方式进行共同生产、消费或交换活动。"共享短租平台"（sharing short-term rental platform）作为最典型的商业范例之一，声称可以提高闲置空间使用率、帮助中产阶级应对住房危机，然而其发展也影响了城市空间的变化。因此探讨共享短租平台的概念发展、市场影响和空间交互关系将有助于我们更加客观、正确地面对平台带来的各种影响，并为制定更有效的监管方法提供依据。

基于共享短租平台发展过程中导致城市衰败地区再

次发展、商业结构改变、游客大量涌入社区和部分房客流离失所等城市空间问题的背景，笔者探讨了以 Airbnb 为例的共享短租平台与酒店业和住房市场的关系。通过分析各国案例，一方面，共享短租平台和酒店业之间的关系并不能简单地概括为"竞争"或"补足"。随着研究的不断深入，两者之间多样、动态的复杂关系得到了初步论证。另一方面，共享短租平台对住房市场的影响主要体现在"房源争夺"和"价格浮动"两方面。共享短租平台的扩张必定会导致住房市场内的房源数量不断减少，但其是否会进一步引起价格变动则可能取决于流失房源数量与当地住房市场的影响主要体现在"房源争夺"和"价格浮动"两方面。

通过分析大量实践案例，得出共享短租平台与城市空间呈现出两个方向、多个层面上的空间互动关系（图1）。平台的市场影响正是在这一互动过程中不断重塑城市空间的。

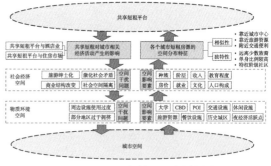

图 1 共享短租平台与城市空间的交互关系

一方面，游客相似的需求会使全球的共享短租房源都靠近某些相似的空间要素（城市中心、旅游资源和交通设施）（表1），但每个城市独特的底蕴又会使其表现出各

自的特点，即城市的物质环境与社会经济因子决定了不同案例中 Airbnb 房源的空间位置特征。另一方面，共享短租的经济影响开始在城市空间中以具体形式呈现，它既冲击了社会经济空间（人口结构变化、旅游绅士化和激化社会矛盾），又改变了部分地区的物质环境（商业空间变化、设施过度使用和拥挤）。此外，平台经济的连锁反应正在显现，在巴黎甚至出现了"亚马逊 - 爱彼迎效应"，即一些实体零售店铺受网购冲击而关门后，房东将这些原本用作仓储或零售的店铺改造为短租房，在 Airbnb 平台上进行短期租售。

希望本文可以为城市管理者有效疏导、监管共享短租平台提供部分参考，进而实现对共享经济的精细化治理。

2018 年 11 月，中国共享住宿领域发布了首个行业自律标准《共享住宿服务规范》（简称《规范》），这意味着中国已经开始对短租行业展开政策引导。虽然《规范》的出台有利于通过行业内部缓解负外部性输出，但它并不会改变此类平台逐利的本性，因此，相关部门仍然需要进行必要的监管。然而，监管共享经济有别于传统公共管理领域，其特点及难点在于：互联网经济的发展具有增殖性（proliferative），即细小事物自发地、快速地、大量地增长，并通过逐渐渗透的最终实现规模化影响。因此，如何有效监管由细小的个体商业行为累积而产生的深刻市场变化，这一问题还有待展开进一步的探索。

表 1　案例城市的短租房源空间分布特征和空间影响因素

案例国家/城市	短租房源空间分布特征	主要空间影响因素
英国/伦敦	Airbnb 主要集中于市中心及旅游景点周边区域，分布范围比酒店更分散，初期出现在城市中心，随后逐渐向周边扩散，但是需求主要分布在人口稠密的城市中心	社会经济：受教育程度、种族、房价 物质环境：水、植被、人文艺术景点、交通、大学、夜经济活跃点
西班牙/巴塞罗那	Airbnb 与酒店的空间分布关系密切，Airbnb 集中在市中心，与周边休闲和餐厅设施数量有关	物质环境：到市中心、海滩、居住区的距离，附近休闲与餐饮设施数量
美国/洛杉矶、旧金山、奥斯汀、芝加哥、波士顿	Airbnb 的空间分布有 3 种模式：中心积聚、远离少数裔聚居区和沿交通干线放射状分布	社会经济：少数族裔聚集区 物质环境：离 CBD 和景区的距离，交通便利
美国/纽约	Airbnb 主要分布在传统旅游区以及国际认可度高的社区	社会经济：文化认可度 物质环境：旅游资源
西班牙/马德里、巴塞罗那和帕尔马	Airbnb 集中在城市中心，历史城区影响较大	物质环境：离市中心和景点的距离
奥地利/维也纳	不同 Airbnb 房源类型空间分布有差异，大部分整套房源分布在距离旅游景区近和住房存量丰富的中心城区，其空间分布不均衡	物质环境：离市中心和景点的距离
美国/纽约、洛杉矶、芝加哥	受可达性影响，3 个城市中的 Airbnb 房源主要位于主城区，呈现明显的中心—外围分布模式	社会经济：年轻人数量、就业率、收入、非裔美国人占比、受教育程度 物质环境：住房单元数量、POI 组成、离城市中心的距离
保加利亚/索菲亚	Airbnb 主要聚集在商业化、中产阶级和高收入特权阶级的区域	社会经济：收入、阶级
西班牙/加那利群岛	城市内的 Airbnb 与酒店有明显的空间重合，郊野地区或者海滨附近重叠不明显	物质环境：不同类型的旅游目的地
韩国/首尔	Airbnb 大多由商业运营，会紧邻大学、地铁站以及单身人口比例较多的区域	社会经济：单身人口比例 物质环境：邻近大学、地铁站
中国/北京	高房价地段的 Airbnb 比例更高	社会经济：房价
西班牙	Airbnb 与酒店空间分布高度相关，受空置房源或二套房、传统居住区、海滨区位和国际旅游需求影响，Airbnb 主要分布在热门景区附近	物质环境：酒店位置分布、空置房源或二套房源、传统居住区、海滨区位和国际旅游的需求、离旅游资源的距离
瑞士	Airbnb 的空间分布具有多样性，主要集中在城市和阿尔卑斯山旅游度假区域	物质环境：离市中心的距离、离景区距离
欧洲/432 个城市（人口 10 万以上）	Airbnb 在欧洲分布不均衡，主要集中在大城市和重要的旅游城市	社会经济：经济发达 物质环境：离景区距离

合作生产理念下的社区实践研究
——伦敦和长沙案例分析

Research on the Community Co-production Practices: A Case Study of London and Changsha

赵群荟[1] 周恺[2]

1 湖南大学建筑与规划学院，硕士研究生

2 湖南大学建筑与规划学院，副教授，城乡规划系主任

本文发表于《景观设计学》2020 年第 5 期

【摘要】"合作生产"指公民与政府共同生产社会公共服务的过程，是公共管理领域在应对全球财政紧缩中实现国家-社会资源整合的重要模式创新。21 世纪以来，合作生产已成为国外城市治理、社区治理、城市规划等领域的热点议题。鉴于中国学界对合作生产的研究在规划实践中尚缺乏明确指向，本文认为注重全过程参与的社区规划工作中有必要引入合作生产理念。基于国内外文献梳理，本文首先引介了合作生产的概念并提炼其理论要点。其次以英国伦敦巴金-达格纳姆区和中国长沙市丰泉古井社区为例，探讨了合作生产在社区规划、社区治理实践中的作用和形式。最后，针对当前中国社区规划实践急需突破的瓶颈，提出了三点优化建议：1）将居民以"作为消费者的生产者"来培育自组织力量；2）以"内容创新"为目标展开行动赋能；3）通过包容公共价值与私人价值倡导价值互融。

【关键词】合作生产；社区实践；社区规划；社区参与；公共服务；伦敦；长沙市

合作生产即是将政府（服务提供者）和公民（服务使用者）共同的投入转化为公共产品与服务的过程，这一概念的核心内涵包括：①"合作"，即多主体之间的协调互动；②"公民主体性"，即在保障各项权利的前提下，不断提升公民的社区意识与参与能力；③"生产"，不仅涉及早期研究中聚焦的服务实施过程，还应涵盖公共服务的整个发生阶段，包括规划、设计、资助、管理、实施、监督与评估等环节／阶段；④"制度化"，即从非正式的集体行动转向有组织的、长效稳定的制度结构，形成明确的权责关系，保证有效负责的政府角色，并提升公众的责任感和公民意识。对比当下常见的政府主导、资本主导或公私合作的城市治理模式，合作生产有助于

构建更具活力、更有温度的市民社会，也与中国建设"以人民为中心"的城市和"共建共治共享"的社会治理理念契合。

为探讨合作生产具体是如何在国内外实践中发挥作用的，本文以英国伦敦巴金-达格纳姆区和中国长沙市丰泉古井社区为研究案例展开分析，前者侧重搭建由合作生产项目组成的参与式系统网络，后者则是基于"儿童友好型城市"理念的社区实践。

伦敦案例将巴金-达格纳姆区打造为一个参与式生态系统，系统中涵盖大规模且多样化的合作生产项目。它提出了名为"每人每天行动"（Every One Every Day）的合作生产倡议，建立了一种政府政策支持、专业团队负责运营、居民主动生产的模式，合作生产程度高，居民自主力量强。广泛的居民参与是项目的核心，依托支撑体系，他们从相对被动的服务接受者转变为合作项目的发起者与实施者，以自身发展和创造集体价值为导向来提出、设计、实施和评估这一系列改善日常生活、健康状况与生态环境的创新项目，达到共同创造多元活力社区的目标（图 1）。

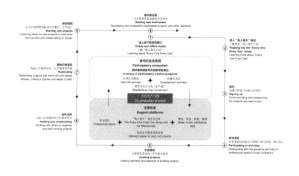

图 1 "每人每天行动"倡议的主要实践内容

长沙市丰泉古井社区党委为引导居民共建共享，引入了长沙市"共享家团队"、湖南大学儿童友好城市研究室等第三方团队，以儿童友好为核心创造微空间和服务，以社区居民一致认同的价值与话题来实现空间的改善和营造。项目的稳步运行离不开专业团队长期扎根基层的努力及社区党委、小学等委托主体的支持。然而，社区项目后续的可持续运行要求利益相关群体制定更有效的、不受干扰的、权责明晰的监督管理制度。总之，基于合作生产在社区中开展的各类平台、活动，主要手段是参与性介入，本质则是一种有组织的政府－公民合作行为（表1）。

基于本文对合作生产引导下的社区规划探讨，"专业力量退出后难以为继""形式大于内容""志愿者困境"是当下中国社区规划实践中急需突破的瓶颈。本文认为立足行动、注重实效、切实提升公众能力的合作生产理念有助于启发未来的社区规划工作。本文提出三点优化建议：①培育自组织力量：从"生产－消费分离"到"作为消费者的生产者"；②实现行动赋能：从参与"程序创新"到共谋"内容创新"；③倡导价值互融：包容公共价值与私人价值。基于此，社区规划的重心将转向行动、关系、过程和影响，进而重视本地社群及日常生活，激励人们从自身和家庭发展出发，为维持健康宜居的生活而参与进社区治理。

表1 丰泉古井社区活动项目

实践 Practice	合作主体 Entities	内容 Content
丰泉书房 Fengquan Library	社区党委、社会组织、居民共同建设 Co-built by the Party Committee, social organizations, and residents	社区党委发起，共享家团队组织居民共建空间 Initiated by the Party Committee, the Sharing Home team organizes residents to build spaces together
	社区党委、高校、社会组织、居民共同运营 Jointly-operated by the Party Committee, colleges and universities, social organizations, and residents	居民志愿者参与日常值班，专业团队不断创新服务形式，邀请儿童及家庭进行各类兼具趣味性与教育功能的活动 Residents as volunteers of daily duty; Professional teams constantly innovate service forms, and invite children and families to various fun and educational activities
"小小墙绘师，共绘丰泉梦"系列活动 Series activities of "little wall-painters, big dreams of Fengquan"	社区党委、高校、居民合作 Collaborations among the Party Committee, colleges and universities, and the residents	共同设计、实施"四季轮转"街角立体墙绘方案 Co-design and co-create "The Cycle of Four Seasons," a 3D-wall-painting project
	社区党委、高校、东茅街小学、居民合作 Collaborations among the Party Committee, colleges and universities, Dongmao Street Primary School, and residents	实施"东茅街魔术墙计划"； 邀请儿童学习社区历史，分享社区点滴； 带领儿童寻找印象深刻的空间或标志，组织儿童手绘"丰泉故事"； 提取元素、设计墙绘，最终和儿童共同完成墙绘 Implement the Dongmao Street Magic Wall Project; Invite children to learn the history of the community and share stories of community life; Guide children to find impressive spaces or signs, and organize children to draw pictures about "Fengquan Stories"; Help children extract elements, design wall painting, and finally create the painted walls
街巷游戏节 Alley Game Festival	社区党委、高校、居民合作 Collaborations among the Party Committees, colleges and universities, and residents	倡议社区居民为儿童提供"一小时无车社区"； 利用"运动+游戏"的活动形式，居民与儿童共同营造自由及安全的街巷场所 Launch the "one-hour car-free communities" for children; In the form of "sports + games," residents and children work together to create a free and safe street environment
社区口袋花园 Community pocket gardens	社区党委、高校、居民合作 Collaborations among the Party committees, colleges and universities, and residents	播种计划：发动儿童收集植物种子、木材等闲置材料和工具；儿童作为"小小设计师"，绘出心中的花园、制作趣味景观小品，最后播种改造； 维护行动（播种数月后）：组织儿童清理花园垃圾、修剪枝叶，并增加一些儿童自制的创意玩偶与标志物 The Seeding Project enables children to collect unused materials and tools such as plant seeds and wood, who can also draw the gardens what they like, as "little designers," make landscape features, and finally sow and transform; Maintenance actions (months after planting) includes organizing children to clean up the gardens, trim the branches, and add self-made creative dolls and signs

从"追求效率"走向"承载公平"
——共享城市研究进展

From the Efficiency in Sharing Economy to the Equality in Sharing Paradigm: A Literature Review on Sharing City Studies

何婧[1] 周恺[2]

1 湖南大学建筑与规划学院博士研究生，中南林业科技大学讲师
2 湖南大学建筑与规划学院，副教授，城乡规划系主任

本文发表于《城市规划》2021年第4期

【摘要】共享经济新浪潮席卷了全球生产、生活领域，对我国城市产生了广泛的经济、社会、文化甚至政治影响。为顺应共享理念带来的思想变革，塑造共享城市治理新范式，本文首先阐述了共享经济的概念定义、驱动因素及表现类型，并批判性地指出其"效率与公平"的失衡问题；其次，从"经济模式"和"社会行为"两个维度，梳理了共享范式的转型理论，阐释其"效率与公平"的协调发展主张；最后，结合国际共享城市经典案例，提出将"智慧治理"和"协同治理"分别作为未来共享城市治理的效率策略和公平策略。希望通过系统介绍共享城市相关理论与实践研究进展，提升我国城市规划和建设在践行"共享"发展理念时的治理水平。

【关键词】共享经济；共享范式；共享城市；智慧治理；协同治理

在"创新、协调、绿色、开放、共享"的发展理念促进下，共享经济(sharing economy)依托快速迭代的信息技术与日益壮大的网络社群，正在不断地挑战既有的城市经济、社会、文化甚至政治格局。同时，新的业态及其空间诉求，也成为激发城市更新、治理转型和体制创新的触媒，带动了城市空间结构、运行机理和组织模式的再组与重构。

市场主导下的共享经济以追求效率为首要目标，在带来丰厚经济收益的同时，也导致了各种各样不公平的负面社会效应。

城市如何主动引导共享经济向更加"公平"的方向演化？城市治理如何响应"共享"发展理念的要求？"共享城市"的美好愿景如何在规划工作中体现？为了厘清和辨明这些问题，本文从批判性审视共享经济出发，阐述其概念定义、驱动因素、表现类型，认为共享经济存

在范式转型的必要；结合国际共享城市治理经典案例，研究探索了我国共享城市治理的构建模式；通过以上梳理，希望系统地介绍共享城市发展进程中的相关理论与实践研究进展，提升城市规划和建设应对新"共享"现象时的治理水平（图1）。

共享经济以闲置资源"使用权"为交易内容，利用计算机算法实现了供需双方之间快速且精准的匹配，并建立平台"信誉系统"（评论、等级、积分等）来保障运行，利用市场覆盖大、短期回报高来吸引多方主体加入共享平台，进而占据市场并获利。而驱动共享经济崛起的因素主要归纳为：①信息技术创新；②经济增速放缓；③绿色生活方式；④回归集体价值观。

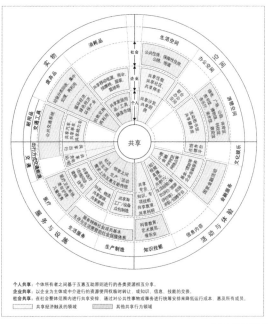

图1 共享领域

本文总结了共享经济在提升市场效率上的贡献：(1) 供需匹配效率提升；(2) 资源利用效率增强；(3) 平台交易效率提高；(4) 市场竞争机制释放。在共享市场运作效率提高的同时，共享经济的负外部性也非常明显，致使社会公平缺位：①交易分配不公平；②行业竞争不公平；③劳务关系不公平；④公共资源利用不公平。

基于共享经济中效率与公平的失衡，有学者提出"共享范式"(sharing paradigm)，倡导在"追求效率"的目标上植入"承载公平"的理念，构建未来"共享城市"(sharing city) 的建设和治理体系。共享范式转型包含"经济模式"及"社会行为"两个维度的思维变革：

从共享经济向团结经济 (solidary economy) 转型，从协同消费向合作生产 (coproduction) 转型 (图 2)。

通过以上研究，为了展开理想的共享城市治理，笔者提出：一方面，应从智慧治理的效率策略出发，充分运用新型信息技术，构建共享城市规划建设智慧平台，灵活整合、精准匹配、高效利用城市空间资源；另一方面，应从协同治理的公平策略出发，积极探索"政府 + 公众 + 企业"协同规划的新型渠道、参与方式和专题机制，充分协调共享城市多方治理主体的诉求与利益，保障社会公平发展。进而从"追求效率"走向"承载公平"，全面提升城市规划和建设应对城市新"共享"现象时的治理水平（图 3）。

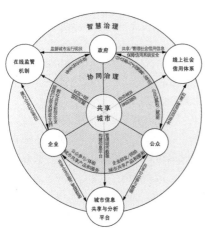

图 2 共享范式的转型

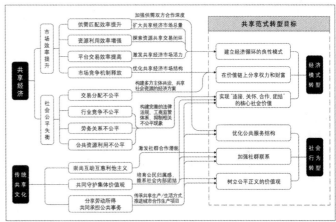

图 3 共享城市治理

儿童参与视角下"校社共建"社区花园营造模式研究

Study on the Theory and Practice of School-Community Co-construction Community Garden from the Perspective of Children's Participation

沈瑶[1] 廖堉珲[2] 晋然然[2] 叶强[3]

1 湖南大学建筑与规划学院，副教授、博士生导师

2 湖南大学建筑与规划学院，硕士研究生

3 湖南大学建筑与规划学院，教授、博士生导师

本文发表于《中国园林》2021年第5期

【摘要】在快速城市化背景下，如何在增加儿童接触自然机会的同时实现社区花园的可持续营造成为重要研究课题。通过对儿童参与理论及国内外案例的研究分析，提出将儿童参与运用到社区花园营造中的必要性和可能性。结合在长沙市八字墙社区和丰泉古井社区开展的社区花园实践，提出"校社共建"的社区花园营造模式，并从社区花园设计、参与主体意识和多方合作三个层面提出建议，总结儿童参与视角下社区花园营造的重要意义及可行性，为后续儿童参与社区花园营造提供借鉴和参考。

【关键词】风景园林; 儿童友好城市; 儿童参与; 参与式景观; 社区花园; "校社共建"

快速城市化带来了居住空间高密度化和道路机动化，挤压了大量可供儿童游戏、接触自然的户外活动空间和绿地空间，对儿童成长产生了负面影响。社区公共绿地是儿童活动频率较高的户外场所，也理应为儿童提供户外游戏和体验自然的机会。本文从儿童参与的理论出发提出社区花园的营造模式假设（图1），通过在长沙市八字墙社区和丰泉古井社区开展的社区花园实践对假设进行实证与反思，探究如何通过儿童参与的方式，在增加儿童接触自然机会的同时，引导社区儿童、居民以社区花园为基地开展种植和环境教育活动，形成更好的邻里关系和社会资本，共建可持续的社区花园。

我国对社区花园的研究起步较晚。自2014年同济大学刘悦来带领的"四叶草堂"团队在上海营造了以"创智农园"为代表的系列社区花园后，社区花园在我国的适用性被大众发现。纵观近几年实践引导下的儿童参与社区花园营造的研究，按照社区花园的营造过程可将儿童参与分为设计参与、建设参与、后期活动参与三种类型。从儿童参与理论出发，儿童可以成为社区花园这一社区公共事务的重要参与者，也是联系家庭参与社区花园建设的重要纽带。由此，笔者认为社区花园与儿童参与是相互促进、互相支持的关系。

在明确社区花园与儿童参与是相互促进、互相支持的关系的基础上，应以社区花园营造活动为切入点，激发社区儿童参与社区事务的积极性和自主性，通过儿童参与的途径加强社区花园利益方互动，使参与主体多元化; 在培养儿童参与能力的同时，增加社区公共绿地活力，强化以社区花园为核心的社会融合，提升居民的居住满意度。本文以长沙市八字墙社区和丰泉古井社区开展的儿童参与视角下的社区花园营造为例，进行实证与反思。

农心园计划通过与社区附近的湖南大学和社区内的科教小学进行联动，开展了实地场地调研，以及模型和拼贴画制作等多种形式的工作坊，全方位地调动儿童视觉、触觉等感官，激发儿童的各项能力，为儿童参与社区事务提供多种途径（图2）。

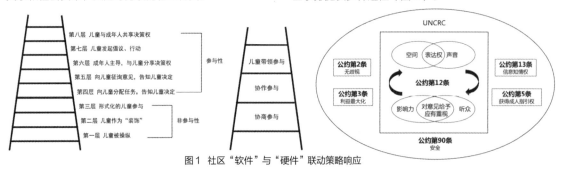

图1 社区"软件"与"硬件"联动策略响应

图2 农心园多样化的儿童参与途径   图3 丰泉古井社区街景改造

"屋顶花园"计划通过与位于社区内的东茅街小学的有效联动,结合小学色彩课堂、课外实践等形式,实现社区儿童参与屋顶花园的方案和Logo设计,并通过社区"茶话会"等形式,与儿童、家长、老年居民共同讨论社区花园后期维护制度。经过2年的培育,丰泉古井社区已出现了具有较高参与社区事务意愿的儿童,同时还出现了每次活动都会参与的忠实"粉丝家庭"和捐赠花园肥料的热心家长(图3)。

在实践过程中,由大学—社区—小学组成的"校社共建"联盟发挥了较大的作用,在建立联盟的过程中,儿童作为纽带紧密连接社区花园与多方参与者。湖南大学发挥高校特色,动员高校师生资源——湖南大学建筑与规划学院儿童友好城市研究室,为促进社区儿童参与、改善社区公共空间质量出谋划策。该模式不仅有助于社区花园的可持续运营,还可有效避免儿童无法有效参与的困境。在社区参与、学校参与的氛围中,儿童参与公共事务的信心和能力逐步加强,居民、社区组织和小学等相关力量的加入,使社区内形成了良好的参与氛围(图4)。

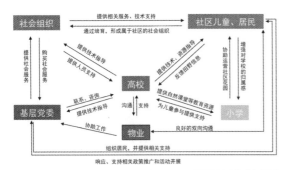

图4 "校社共建"参与模式

面向儿童友好的社区花园建设,需针对儿童群体特点深入挖掘其活动需求,结合社区花园不同背景因素提出差异化的社区花园营造模式,相关建议如下。

1)设计层面。面向低龄儿童可借助花园内的植物从视觉、嗅觉和触觉方面帮助儿童感知花园;面向大龄儿童,可将浇水、除草等作为社区花园的主要活动内容,并借助合理途径与儿童一起讨论社区花园建设的相关事项。

2)意识层面。a."成人参与"为基础的儿童参与。在相关营造活动中,成人需转变对儿童参与的认知,认可儿童的参与能力和参与权利。b.培育居民对社区公共绿地多重含义的理解。c.设计师需培养在不同年龄群体、不同尺度和不同思维模式间转换的意识。

3)合作层面。与高校、小学合作,有效利用高校志愿者、大学生社会实践项目等资源,将高校高水平人力资源输出到社区,在营造社区良好氛围的同时助力花园运营;利用小学科学课等平台,使儿童与社区花园建立起有效、可持续的链接。

社区花园是与社区居民关系紧密的户外活动空间,在八字墙社区"农心园"和丰泉古井社区屋顶花园的实践中,通过"校社联动"模式,将儿童、家长、学校和社会组织等多方联系起来,共同关注、讨论社区花园的未来发展。通过参与社区花园建设,儿童和居民认识到自身对社区公共空间负有责任,同时对社区的人文认知、交往方式和社会网络进行重新组织。儿童参与社区花园的设计、搭建等过程,可逐步脱离目前儿童参与形式化的困境,发挥儿童的主观能动性,使儿童参与进阶为"协作参与",为儿童参与更广泛的社会生活奠定基础。儿童参与的社区花园营造还有较大发展空间,儿童参与模式也有待进一步研究和探索。

基于儿童友好城市理论的公共空间规划策略
——以长沙与岳阳的民意调查与案例研究为例

Study on Urban Public Space Planning Strategy Based on Child-friendly City Theory Taking Public Opinion Surveys and Case Studies in Yueyang and Changsha as Examples

沈瑶[1] 刘晓燕[2] 刘赛[1]

1 湖南大学建筑与规划学院

2 荆门市规划勘测设计研究院

本文发表于《城市规划》2018 年第 11 期

【摘要】在解读儿童友好城市理论内涵、国内外研究动态的基础上，明确儿童友好城市在空间层面应关注街道安全、游戏场建设等方面；通过岳阳的实证调研指出街道安全及儿童游戏空间（尤其是普惠型公共室内游戏空间）建设是当前我国创建儿童友好城市应关注的重点；分析现有长沙儿童友好相关的实践案例，总结出"政府＋社会组织＋高校"联合、"商业企业＋社会组织"联合两种创建普惠型公共空间的实践方式。建议以社区空间为公共领域的重点，实行"儿童参与＋设计导则"两步走的策略，因地制宜地探索"政府引导＋社会力量协同＋社区居民自组织"的多元共建模式，构建"政策、服务、空间"三位一体地服务儿童及其家庭的社区公共空间体系。

【关键词】儿童友好城市；安全；连续；共生；多元可持续

改革开放以来住宅高层化和道路机动化等使儿童的成长空间发生巨变。如何提高城市环境对儿童、育儿家庭的友好性，是城市规划领域面临的严峻而紧迫的课题。本文尝试在解读儿童友好城市的内涵、国内外研究动态的基础上，通过对岳阳市小学阶段儿童及家长进行民意调查，分析儿童及家庭对城市公共空间的需求，明确我国儿童友好城市在空间层面当前应关注的重点；同时结合湖南长沙正在起步建设普惠型社区儿童游戏空间的案例调查，分析其形成机制和需要关注的问题，为推进我国儿童友好城市的创建提供合理化建议。

从关注普适性角度出发，本文选取儿童友好实践还未萌芽，研究数据尚未有积累的地方城市岳阳为调研对象，依托岳阳市总体规划公众参与项目展开问卷调研。调研内容包括儿童户外游戏时间、空间、儿童独立移动性以及家长对儿童友好城市建设满意度等。

调查结果显示有以下四点其一，游戏的在宅化、近宅化趋势明显。家周边公共空间，即社区层级的公共空间，是儿童日常主要的外部游戏空间。其二，室内游戏空间以消费型为主，户外游戏空间同质化明显。其三，电子游戏冲击传统游戏生态，实体游戏空间质量有待提高。为促进儿童的外出游戏活动，公共游戏空间应提供多样化的游戏资源，尤其应注重为自然接触和社交性游戏提供适宜的空间资源。其四，家长满意度。街道安全、游戏场地和设施是空间层面应关注的重点。

以上岳阳的调研表明，目前城市儿童的在宅化、近宅化趋势明显，游戏场地建设及街道安全是城市关注的重点，户外游戏空间同质化，室内公共游戏空间潜在需求凸显，岳阳等地方城市也急需在社区层级的儿童友好性方面进行提升，积极补充多样化的儿童游戏空间。在湖南长沙，也开始在社区层面探讨多元共建的实践方式，笔者从中提炼出多元模式供地方城市参考（图 1）。

空间名称	长沙市丰泉古井社区丰泉书房*	长沙王府井Park共享寨**
时间	2016年2月~	2015年~
合作机构类型	政府＋社会组织＋高校	商业企业＋社会组织
空间提供方	社区公共服务中心（主）＋社会组织与居民（共建）	商业企业（主）＋长沙居民（共建）
服务提供方	社会居委会＋高校＋社会组织	社会组织＋亲子志愿者（被孵化）
空间规模	约80㎡	约120㎡
空间功能	书房、书法室、儿童游戏房等	阅览区、游戏区、公共活动区等
服务社区名信息（名称/面积）	丰泉古井社区+0.129km²	芭叶塘社区+0.6km²
在社区中的空间位置示意图	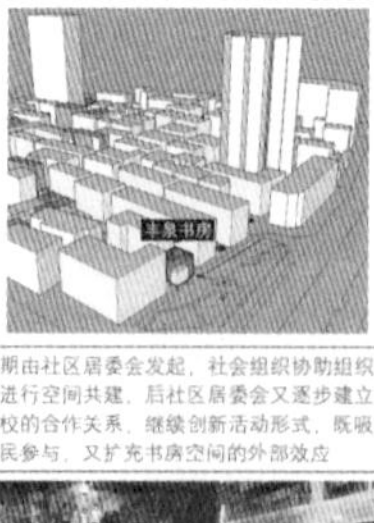	
模式特点	前期由社区居委会发起，社会组织勘测组织居民进行空间共建，后社区居委会逐步建立与高校的合作关系，继续创新活动形式，版纳式居民参与，又充实书房空间的外部激活	社会组织与商业企业实现双赢关系，可在短约内定时间内提供稳定的空间和活动，商场通过公益空间提升了品牌效应，吸引了客流
实践活动/空间照片		

图 1 我国有关儿童友好社区实践探索

基于以上的实态调研和案例分析可知当前我国 CFC 建设在空间层面上应关注的重点是游戏场地（尤其是普惠

型室内公共游戏场）建设及街道安全，需要从社区公共空间着手，从"政策＋服务＋空间"层面三位一体的落实，关于空间规划设计和实践操作的建议如下：其一为"儿童参与＋设计导则"两步走，通过政策法规保障儿童活动场地建设并进行规划管理调控是最行之有效的方法。然而我国现行有关儿童活动场地设计的法规及标准指引建设滞后，且其拟定和实施过程缺乏儿童参与。应在国家层面，按照多元共生的设计原则，从规划、设计、安全维护三个方面展开相关标准的研究，为实现全面空间普惠奠定评价基础（图2）。

其二为多元参与推动社区公共空间的儿童友好性，建议在儿童友好城市创建，尤其是在"家园—社区"这两个空间维度上，可以采取"政府主导＋社会力量协同＋带动居民自组织"多元参与的模式。一方面基层政府可通过购买专业社会组织服务，利用其社会服务专业，与青年团体和外部各类资源联系紧密，活动组织灵活的特点，让其协助社区培育本地居民的自组织，参与儿童友好公共空间建设，同时引导空间设计专业人士积极介入社区设计领域，强化规划设计阶段的儿童参与性。另一方面也可以积极探索"校社合作""商社合作"的模式，通过高校项目合作、商业空间共享等模式，灵活地引入智力资源、人力资源、空间资源等社会资本的支持，"以儿童友好"为聚力点，探索共享空间和共享经济社会资

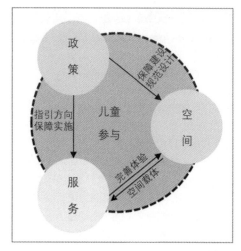

图2 我国CFC建设指南基本框架设想

本循环链，促进社区公共空间和活动品质的整体提升。

我国城市类型多样、空间资源分布差异大，城市儿童友好性的需求必然存在差异，仍需要更多城市调研数据的支撑。笔者仅提出了导则设计应具备的基本原则及维度（表1），涉及的空间类型及适用性还有待进一步研究。在操作层面，CFC建设需要政策、服务、空间三位一体共同落实，三者之间如何衔接、落实仍需要进一步探讨，这些也是未来决策者、实践者、研究者应共同关注的方向。

表1 社区公共空间设计导则要点设想

公共空间类型	交通空间（城市公共交通、社区慢行交通、交通枢纽设施）；公共开放空间（小区广场、公园、社区绿道、各类公共设施配套附属开放空间）；校园空间；医疗类公共设施；文化体育类公共设施；商业空间		
设计阶段	规　划	设　计	维　护
要　点	合理规划公交、慢行系统及快慢交通接驳体系，建立安全、连续出行网络； 结合交通体系，全域化布局公共开放空间，便于儿童开展户外活动； 合理布置各类公共服务设施，使儿童能够便捷的享受各类社会公共服务 合理设置城市家具系统，促进社区居民交往 设置地面交通引导标识系统及主动信号系统 ……	公共开放空间具有明显的界限，设计考虑全年龄段，多样化的游戏需求 考虑空间功能转化及共享的可能； 景观设计应有良好的可见度，能激发公共空间活力 游戏设施设计应具备灵活多样的游戏功能 各类公共设施中设置适宜儿童使用的卫生、饮水设施、尿布台、哺乳室 考虑无障碍设计，特定场合下有儿童专用空间，如儿童病房 材料应使用自然、符合儿童健康的环保材料，鼓励使用地方特色材料 ……	良好的儿童游戏空间管理措施 定期检查、维护游戏设施 儿童安全及防灾应急教育 规范地面停车管理系统 儿童常用空间空气质量达到国家标准 ……

儿童友好社区街道环境建构策略

Child Friendly Community Street Environment Construction Strategy

沈瑶[1] 云华杰[2] 赵苗萱[2] 刘梦寒[2]

1 湖南大学建筑与规划学院，副教授、博士生导师

2 湖南大学建筑与规划学院，硕士研究生

本文发表于《建筑学报》2020 年增刊 2

【摘要】社区街道是承载儿童日常自然接触及社会化活动的重要空间，也是建构儿童友好社区的重要功能性空间。本文基于对日本千叶大学的松户县岩濑社区的解读，对长沙市中心城区丰泉古井社区街巷进行空间观察，做出空间基础与社会基础的双重分析，提出运用活动实践尝试在社区街道环境中采用空间结构（硬件）与社会结构（软件）相融合的"双件"设计策略，最终形成空间结构和社会结构交融共生的儿童友好社区环境。

【关键词】社区街道；儿童友好城市；空间；社会；共生

社区街道是可承载儿童日常游戏与社会化活动的重要空间，也是建构儿童友好社区的重要功能性空间。社区街道环境建构需要对社区物质空间和社会层面都有所关照，并发掘二者的互动机制。笔者认为应从"政策 + 服务 + 空间"层面三位一体落实儿童友好城市公共空间建设，提出导则设计与多元参与的策略。此外，本文试图补充社区街道环境的更优建设策略，基于对日本岩濑社区设计案例的分析，选取长沙市丰泉古井社区为基地，通过调研与实践，从物质空间和社会结构双向探索社区街道环境基础，提出通过空间与社会"双件"设计建立正反馈的儿童友好社区街道环境的建构策略（图1）。

日本千叶大学木下勇教授团队在松户县岩濑社区设计并实施可食用景观绿道，与居民商议后在居民门外放置一种种植着不同品种可食用植物的黑色袋子，便携且易加工。居民可以分享黑色袋子中收获的食物。这样的空间要素既以传统融合创新的方式，创造了社区特有的景观，让人们找回了旧时的回忆与亲近自然的可能性，又是一种"连接件"，打破了社区原本的匿名性，自然而然地产生了交往。社区街道应作为一种空间基础，培育出多样的公共活动，给社区赋予真正的"社会关系"。而培育的方式，正应将空间基础的优化——更新"硬件"作为基础，植入如黑色袋子一样的"连接件"，以此逐渐完善社区的社会结构——"软件"，并与"硬件"联动产生对社区物质与社会环境的正反馈。

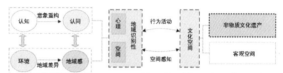

图 1　社区"软件"与"硬件"联动策略

对于丰泉古井社区的"硬件"要素，笔者从以下三个方面进行分析。一为结构成网。丰泉古井社区内线形空间主要为社区内部街巷，它一共有 7 条主要街巷，密集成网，均为人车混行道路。二为线形空间基础条件。本文从道路尺度、形式、曲折度、道路障碍、自然接触度、可停留度六个方面考量丰泉古井社区内线形空间，发现社区内某些道路综合基础良好，部分道路需要做出相应改进。三为串联的点状空间。丰泉古井社区主要有三个点状空间——科技公园、白果园、绿地 A，从上述三个角度分析其特征，绿地 A 适合自然观赏等互动性不强的活动，其余两个点状空间则相对开放与外向，有可能引入教育交流、艺术展示等多样化功能与活动（图2）。

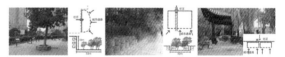

图 2　丰泉古井社区点状空间实景与分析（从左至右：科技公园、
绿地 A、白果园）

丰泉古井社区的"软件"要素，笔者主要从外部环境（儿童相关的社会环境特点与内部要素）和儿童行为模式两个角度进行分析。

丰泉古井社区内流动儿童占比 90%。儿童在社区内无法构建成熟的邻里关系，熟人网络破碎化，无法形成持续的活动路径。社区房屋建筑年代大多为 1940—1990 年代，住房密度大、基础设施配套不齐全、内部公共空间不足，社区内儿童成长需要更高水平的社会环境。

调查发现，丰泉古井社区学龄儿童最频繁的自主公共行为是通学——通学途中的主要行为是游戏与交流，且常为团体活动。学龄儿童倾向于选择人文或自然资源丰富、能够深入挖掘的、具有吸引力的场所，或是会发生

不同年龄人群的特定活动的场所。为大家所熟知的场所更容易产生集体活动，且大部分儿童会主动寻找同伴。对于不喜欢的场所大致可分为三类：环境有潜在危险使他们感到恐惧或抗拒；场所无趣或缺乏吸引力；排斥特定场所中的特定人群（图3）。

图3 丰泉古井社区被调查儿童行为特征数据分布与原因分析

基于社会结构（软件）分析的物质空间（硬件）优化策略，笔者主要从线性空间与点状空间两个方面进行阐述。

在线性空间优化方面，儿童友好社区街道应契合成人活动，而非纯粹的儿童游乐区域。增加街道整体绿化；尽量创造一条连续的通畅的明确路径以供儿童活动；限制部分道路的车辆通行，其余道路采取交通安宁化措施，控制车辆的通行速度。此外，将社区道路按照其基础特色进行公共空间设计，根据其已有要素，补充成为一个完整的街道系统。而后在此基础上增加空间要素，及连接点状空间。

在点状空间改进方面，一般社区设计过多大型点状空间难以落实，且易分散儿童活动场所，减少交流行为。故应尽量改进现有大型点状空间，使其人文或自然资源丰富，能够深入挖掘，具有吸引力，场所功能应丰富且混合，在考虑到儿童游戏安全性的情况下，也适合不同年龄层人群的活动。对"科技公园"进行优化设计，增加此点状空间的公共性，使其与丰盈西里发生联系，对儿童更加友好的同时，对社区所有居民也更加开放。此外，应选择道路沿线的合适位置，根据其尺度，添加不同类型的小型点状空间。如在苏家巷等处建"口袋花园"，创造小型自然互动空间。

在空间结构——"硬件"优化的基础上，创造具有教育意义的空间要素"连接件"，其衍生的活动能促进儿童对自然、艺术的认知，以及与更广泛人群的交往，强化社会关系，修复社会结构——"软件"。依附于空间要素，或空间要素的参与式设计过程，能产生社会活动，其形成的社会结构更具有可持续性与自生长性，创造这样的社会结构才是儿童友好社区街道的最重要的目的与价值。

丰泉古井社区曾举办许多手工建造与艺术展示、自然课堂结合的活动，均充分利用社区已有点状空间，基于空间衍生的立体墙绘与口袋花园等实体空间即为社区街道中良好的"连接件"。在这些基于"连接件"产生的社会空间与活动中，均有受到鼓励的居民在丰泉书房自发组织社区儿童参与，社区儿童对社区产生更加强烈的归属感，由此自发进行了更高频次的互动与交流，认识到自己是社区建设"主体"的角色。居民也由此形成更具关联的社区群体，逐渐打破匿名性，互相熟识并形成邻里网络（图4）。

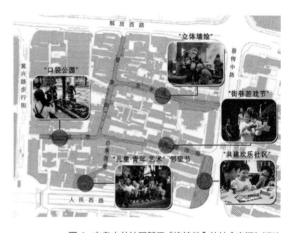

图4 丰泉古井社区基于"连接件"的社会空间与活动

本文就儿童友好社区街道的建设，提出需要将修复社会结构与优化空间结构相结合，二者相辅相成，才能建设真正具有连接功能的社区公共空间。本文所述实践由社区基层政府与高校研究者发起，逐步植入居民主体意识，调动居民参与。通过"硬件"逐步优化，"双件"设计后产生了良好效果，触发了后续的良性反应。

本文所探讨的传统社区内的儿童日常活动路径空间有代表性，但选取社区类型唯一，故研究尚有一定的局限性，今后将进一步展开不同类型社区与不同类型儿童群体的社区街道构建策略研究。

少子化、老龄化背景下日本城市收缩时代的规划对策研究

A Study on the Planning Strategies in the Urban Shrinkage of Japan Under the Background of Low Fertility Rate and Aging

沈瑶[1] 朱红飞[1] 刘梦寒[1] 木下勇[2]

1 湖南大学建筑与规划学院

2 日本千叶大学

本文发表于《国际城市规划》2020 年第 2 期

【摘要】"二战"后的日本城市经历了"城市化社会一城市型社会一城市收缩"三个阶段，其城市规划相关法律和方法也随之不断转型。本文梳理了日本在城市收缩阶段相关规划法的转型、城市变革类型、城市空间问题，着重从老龄化、少子化问题对策角度，在宏观、中观、微观三个层级分析日本的空间规划对策。宏观层级主要介绍育儿、养老支援体系和上位法规的转变；中观层级介绍面向少子老龄化的人口收缩的设计理念的转变；微观层级则以案例为核心，介绍近年来社区公共育儿支援措施、老幼共生住区、空屋激活计划、街道复兴策略等面向空间具体问题时的规划设计经验。最终比照中国近年来的老龄化、少子化趋势，从宏观、中观、微观三个层级归纳日本在城市收缩阶段可供参考的经验。

【关键词】少子化；老龄化；收缩城市；日本；识别性；可持续性

"二战"后日本城市经历了"城市化社会一城市型社会一城市收缩"三个阶段，老龄化、少子化情况在"城市化社会"中期趋势显现，而在大部分城市都进入"城市收缩"的时期愈发明显。日本城市规划相关法律和方法也随着城市发展不断转型（图1、图2）。比照中国近十年人口老龄化和少子化及城市收缩的趋势，日本经验有较强的参考价值。本文将着重从老龄化、少子化问题对策角度，以宏观、中观、微观三个层次分析日本的空间规划对策，并归纳中国应对城市收缩可参考的经验。

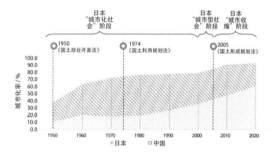

图1 日本的城市化阶段

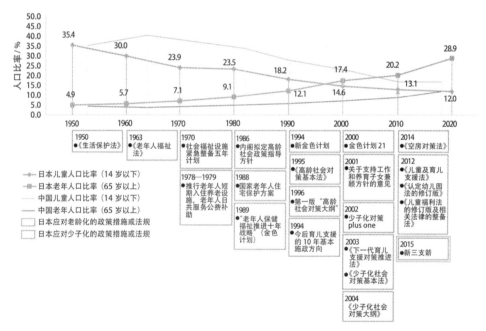

图2 少子老龄化、城市化与空间规划相关法规政策的演变维度

在宏观层面，日本自1994年起开始制定一系列育儿相关的法律和规定，完善了其育儿支援体系，从国家层面树立了全社会对儿童友好及育儿支援需求的充分认知，至今已完成从设施到服务层面较为完整的顶层设计。同样，日本也是较早建立起与生活保护相关的法律基础来保障晚年生活的国家，建构了包括居家养老、社区养老、生活圈养老在内的全方面养老服务支援体系，重视对老人本体的援助。

在中观层面，日本在城市收缩时代的城市更新规划理念产生了变革。其一是对城市识别性和可持续性的营造。收缩城市要实现可持续发展，应该建立起在城市中生活的人的归属感与可持续的社会联系。建构识别性对于重塑城市精神不可或缺，是收缩城市背景下可持续城市再开发的重要方向之一（图3、图4）。

图3　可持续性城市再开发的四个维度

图4　丰洲啦啦宝都广场的公共空间识别性（左：保留造船厂机械的广场；右：海边远景）

其二是利用空间活化，导入青年力量，填充收缩型城市因为少子老龄化所产生的"蜂窝"。吸引年轻人对空住宅、空店铺等空间进行再整理，将原有的较完备的基础设施加以改建，留住青年劳动力，加强代际交流，激活原来老龄化严重的街区。

在微观层面，政府应对少子老龄化的具体空间举措主要是建造一些公共服务设施，包括育儿支援中心、老幼共生据点等。

例如千叶市的复合型育儿支援中心"希望之球"（Qiball）以育儿支援、医疗保健等公共福祉功能为内核，将商业和政府服务等功能融为一体，吸引人口和产业的聚集，构建紧凑的城市人口联系网络（图5）。

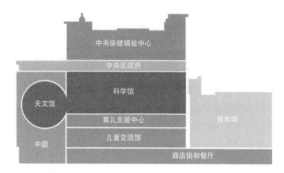

图5　"希望之球"内部功能示意

又如，横滨市的空屋激活老幼共生据点"西柴樱花茶室"，通过居民自发改造空屋，开展社区活动和老龄育儿支援，成功激活社区和街道，促进代际交往和社区融合（图6）。

图6　西柴樱花茶室的活动

参考日本的经验，我国在现阶段应首先建立以"人的支援"为核心的制度环境、加强专门支援法以及相关规划法规的建设，加强顶层设计与政策试点实验。其次，营造有识别性和归属感的生活社区，在通过地域识别性的培育与营造建立起个体与地方的联系，促进城市的可持续发展。最后，结合旧城改造计划，在收缩较为严重的城市功能中心区促进空间的多功能转型，增加街道活力，塑造老幼共生的全年龄链接活力中心区，促进目前城乡基层社会治理共同体的建设。

基于空间句法的住区公共空间开放策略研究
——以长沙三个住区为例

A Study on the Opening Strategy of Residential Public Space based on Space Syntax: Taking the Three Settlements in Changsha as an Example

何韶瑶[1] 鲁娜[2] 龚卓[3] 唐成君[4]

1 湖南大学建筑与规划学院，教授，syhe829@163.com

2 湖南大学建筑与规划学院，硕士，565769115@qq.com

3 湖南农业大学

4 湖南大学建筑与规划学院，博士，1064804879@qq.com

本文发表于《城市发展研究》2018 年第 1 期

【摘要】从住区开放到向住区融合，住区公共空间的营造对住区环境和功能有着重要影响。以长沙市三个有代表性的住区为案例，运用空间句法计算其路网和公共活动空间整合度、智能度、人流界面比较值和可理解度四项指标。并依据四项指标的因变量和自变量函数关系，用实地调研和问卷调查印证其计算结果，由此得出不同路网结构对四项指标的影响机理。进而以社区自组织发展和智能化监管趋势为视角对住区公共空间的交通、商业、景观、监管四方面提出开放策略。以期为路网整合度较高区域有效开放和将路网整合度较低区域智能监管找到科学、合理的方法逐步推动住区开放。

【关键词】空间句法；住区开放；社区公共空间；自组织发展；智能监管

本文选择位于长沙市岳麓区的三个居住小区作为分析案例，拟通过对典型居住区路网的整合度、智能度等指标进行句法计算，结合住区公共空间的交通、景观、商业以及安全状况，探求适合现行封闭住区公共空间形态结构、功能组构以及活动布局的逐步开放策略。

案例位于长沙市岳麓区市政府东北侧长 700m、宽 520m 的范围内，在含光路以南、杜鹃路以北、银杉路以西、岳华路以东三个样本住区从北向南紧密排列。其中橘洲新苑为网格状半封闭式住区，建于 2007 年，容积率为 2.36，总户数 1217 户；枫林绿洲为树枝状封闭小区，建于 2006 年，容积率为 1.26，总户数 1455 户；枫林美景带状为封闭小区，建于 2006 年，容积率为 1.5，总户数 1300 户。随时间的增长和因管理的不到位，三个社区品质呈现衰落，高收入住户逃离，低收入者进入，作为长沙市现有普通商品房代表的样本住区社区自组织发展逐渐形成。

本文在 Depth map 中，将处理过的 CAD 路网转为轴线图，检验 node count 数值后可以进行轴线分析。先计算拓扑深度基础数据和整合度核心数据，然后选择两组合适的数据进行散点图分析得到智能度、人流界面比较值和可理解度，笔者为更准确地反映不同路网下的

表 1 案例住区指标统计表

	枫林美景	枫林绿洲	橘洲新苑	整体
路网类型	带状路网	树枝状路网	网格状路网	
全局整合度	平均值: 0.84067 方差: 0.212553	平均值: 0.64211 方差: 0.13458	平均值: 1.08624 方差: 0.202438	平均值: 0.824302 方差: 0.182339
智能度	$R^2 = 0.712138$ $Y = 1.44794x + 0.0435719$	$R^2 = 0.447063$ $Y = 1.65063x + 0.199317$	$R^2 = 0.821632$ $Y = 1.95074x - 0.57406$	$R^2 = 0.548574$ $Y = 1.78984x - 0.044178$
人流界面比较	$R^2 = 0.517409$ $Y = 838.772x - 511.457$	$R^2 = 0.370754$ $Y = 8863.24x - 4308.25$	$R^2 = 0.442214$ $Y = 2397.89x - 2053.79$	$R^2 = 0.25505$ $Y = 12193.5x - 7418.73$
可理解度	$R^2 = 0.409418$ $Y = 3.42831x - 0.14738$	$R^2 = 0.158068$ $Y = 3.3851x + 0.458575$	$R^2 = 0.43263$ $Y = 4.83918x - 2.06272$	$R^2 = 0.232584$ $Y = 3.86549x - 0.210659$

各个指标数值特征将三个住区分别计算，再把整体路网计算一次，结果如表 1 所示。

经检验，实际人流状况和街道情景基本符合软件测算。笔者在三个居住区内进行了实地调研，并对住区交通、商业基础服务设施、景观和安全四方面进行了问卷调查，结合指标的因变量和自变量函数关系其结果可进一步解释数据差异和分析路网对各指标的影响机制，构建开放策略系统（图 1）。

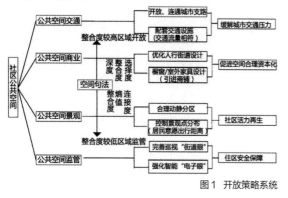

图1 开放策略系统

（1）开放城市支路、配套交通设施

通过空间句法分析先将在轴线模型全局深度中较低、整合度较高的城市支路逐渐开放来缓解城市交通压力。此外，也可以结合实际情况连通几段拓扑深度低且整合度高的断续的道路（图 2），并设置与交通流量配套的交通尺度空间，同时完善人行和车行空间形态及设施。这两种方法都可以提高道路的整体整合度和局部整合度，从而有效地减少城市交通压力。

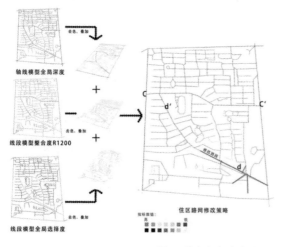

图2 策略（1）（2）分析图

（2）优化特定人行街道、吸引商铺

选择在线段模型中以 1200m 为半径进行整合度分析和全局选择度分析（图 2），其中两者都较高的连续道路具有人流较大而且持续时间较长的特点。再通过优化人行街道空间设计以及橱窗和室外家具设计，这样的灰空间就能吸引商铺发展，最后可利用街道合理资本化发展得到的税收来弥补居民物权损失，解决住区开放的问题。

（3）控制景观点分布、合理动静分区

调查得知居民点到公共空间的频率受到路程中转角次数的重要影响。轴线模型的熵分布图反映出区域获得信息的难度，图3表明熵值较大但整合度较低的区域适合设置为老年人休息的静区；相反熵值低且整合度高适合发展为球场、广场等动区。这样可以基于空间更合理地完成动静分区，最终创造具有活力的社区景象。

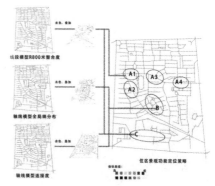

图3 策略（3）（4）分析图

（4）完善巡视"街道眼"、强化智能"电子眼"

依据胡乃彦、王国斌结合的 CPTED 理论的空间句法分析住区街道犯罪可知高连接值路网有过多的街道交接，易造成犯罪人员的快速逃逸。加之静区景观栽植乔灌木较多较茂盛，所以整合度较低同时连接度也较高的区域需要进行智能化的定点监控，从而显著提高监控系统的效率并保障全住区的安全环境。

综上所述，从"开放住区与封闭住区之争"到国务院正式提出不再建设封闭小区，"大开放、小封闭"的住区管理办法渐渐进入专家视野。运用空间句法是把住区路网与交通设施、景观活动、商业设施和安全监管作为一个整体公共空间，研究空间组织与人类生活之间的关系并探究封闭住区逐步开放的方法。这种以空间句法路网整合度为基础，立足于空间本体和人类活动之间联系的研究，可提出有效缓解城市交通压力，促进空间合理资本化，激发住区街道活力，保障住区安全的策略。

日常都市主义理论发展及其对当代中国城市设计的挑战

Development of Everyday Urbanism and Its Challenges to Contemporary Chinese Urban Design

陈煊[1] 玛格丽特·克劳福德[2]

1 加州伯克利大学环境设计学院博士后，湖南大学建筑与规划学院副教授，chenxuan@hnu.edu.cn
2 加州伯克利大学环境设计学院终身教授，美国城市与区域规划史学会主席，mcrawfor@berkeley.edu

国家自然科学基金：基于自建街市及其邻域功能动态特征的协同规划方法研究（51808205），2019 年湖南省普通高等学校教学改革研究（湘教通【2019】436），湖南大学本科教育教学改革和教材改革专项（中央高校基本科研业务费专项资金资助）（531111000002）

本文发表于《国际城市规划》2019 年第 6 期

【摘要】现实中的城市设计是渐进的，是城市经济、社会、文化活动过程中所呈现的形式。当代中国城市设计的技术理性框架源自早期西方城市形态学理论，经过多年的实践在管控方法上取得了令人瞩目的成果。然而区别于技术理性，西方城市设计中人文内涵的意义表达和创作一直未能得到实质性的关注，导致设计一味地对纯粹抽象概念的理性追求，与高度具体多样的现实生活形成巨大反差。针对上述中国城市设计的基本矛盾点，"日常"与"都市主义"这两个词—— 一个普通常见，另一个晦涩难懂——被结合起来创造了一个通过城市生活来接近城市设计的新起点。本文结合文献分析和实践案例调查来探讨日常都市主义在美国发展和在中国实践的现状，试图将西方理论与中国城市的日常生活联系起来。结论指出中国蕴含了大量丰富的日常实践知识库，这些知识远远超越现有技术专业知识的研究范畴，值得欣赏和分析。日常都市主义是对当前中国城市设计的补充，在为现有的城市设计提供灵感的同时也提出了新挑战。

【关键词】日常都市主义；城市设计；城市人文；日常生活；公共空间

2017 年住房和城乡建设部颁布《城市设计管理办法》，明确提出了开展城市设计工作应尊重城市发展规律，坚持以人为本逐步推进的方针。在当下增量规划向存量规划转化的时代语境中，城市设计在人文、社会、艺术交互空间中的作用将日益凸显。但在传统的城市设计方法下"以人为本"常常在"综合设计"的过程中沦为口号。从"上帝视角"转向"蚂蚁视角"，基于人本主义的城市设计要求反射了城市在地域文化、风土民俗、生活习惯上的差异，亟须增强对中国城市公共空间的关注。这些内容如何通过城市设计实践来完成，需进一步加强对日常都市主义的理解。

当代中国城市设计对城市日常生活的摒弃。从思想研究和实践活动整体发展情况来看，中国当代城市设计经历了从新中国成立初期都市计划、苏联模式、欧美模式，再到本土实践、制度化等一系列宏观历程。结合其引介欧美思想的本源来看，价值维度始终绕不开空间美学语言，又与现代技术理性发展息息相关；与此同时，公共空间的一部分又被普通民众参与创作。因此想要理解我们已经清楚看到的真实场景，需要基于上述"技术—价值"维度，并将其嵌入欧美思想源头去阐述其中的缺失。其具体表现在城市设计聚焦审美目标与地域性生活冲突不断以及数据驱动的城市设计纯理性技术难以反映空间差异上。

"日常生活"作为一个哲学概念最早由胡塞尔（Husserl）在 1936 年《欧洲科学的危机及先验现象学》中提出，他认为站在科学对立面的日常生活是针对欧洲科学危机的解决药方。随后这一概念被马克思主义哲学家兼社会学家亨利·列斐伏尔（Henri Lefebvre）、先锋导演和潜在的革命者盖德·德博（Guy Debord）、人类学家兼史学家米歇尔·德·塞图（Michel de Certeau）所关注和发展成为世纪性话题。玛格丽特·克劳福德对 1990 年代洛杉矶城市空间变化的观察和实践调查——这些被设计完好的空间不断地被居民以新的方式重新居住、重新创造，她认为洛杉矶的民众以一种建设性的方式参与其中，似乎在控诉着对现行城市设计论述局限性的不满，挑战着设计的专家和学者。基于此，她将"日常"与"都市主义"这两个词结合起来，为理解城市化建立了一个新的角度，试图与其他众多的都市主义区别开来，用以表达一种地域性城市生活所带来的社会语言和地方文化，也概述了一个广为流传但尚未系统化的城市设计态度。

我们可从平凡和现代的二元关系下潜在维度的挖掘、

差异性和模糊性的呈现、时间的动态切换三个维度去解读日常生活。首先日常生活平凡和现代的二元关系强调寻找过去被遗忘的潜在维度，努力挖掘仍存在于日常生活中的深刻人性要素，重现那些被隐藏在城市角落和缝隙中的平凡品质。这些要素的品质常常与日常生活一起隐藏在街道、人行道、城市空地、城市公园或者相交的边界地带。其次日常生活像一个现实屏幕，社会将人们无意识或者潜意识的自发性活动都投射在这块屏幕上，它常常发生在个人、群体以及城市的交汇点。日常都市主义认为差异相互碰撞或相互影响的交汇点往往就是释放城市生活活力的地点。它在中国广泛存在但并未被完全理解，或被现有的空间秩序所认可，从而使得城市真实生活呈现出差异性和模糊性。最后日常生活是思想、实践在不同时间灵活的集合，可根据特定的环境重新配置，并通过具体事件得以呈现。在这些非常日常的行为背后隐藏了由社会实践所建构的复杂领域——具有时空特征的意外、欲望和习惯的结合。

美国城市的"日常"实践特点体现在实践场所多主体的参与、打破固有边界的适时积累重组和地方集体生活文化的行动呼吁上。首先近年纽约街道的表演（图1）俨然已成为城市空间利用的新形式，这些街头表演者、摊贩、小孩、城市移民、小型的企业、家庭主妇等都成为其实践的主体。这些实践主体之间的合作的重要意义在于其跨越了单一的部门和空间，从而使得其具有社会的含义。其次与大多数城市设计技巧不同，日常都市主义认为设计作为一种积累性的方法，在没有自己独特身份的情况下，这些空间可以通过其适应现实短暂活动来塑造和重新定义，如举办车库销售活动（图2）等。这些尝试首先会打破公私产权边界，或在一定的时间段内重新界定产权、管理边界、社会形态和经济形式，对原有空间再发现，并使其彼此之间发生对话。最后日常生活是重复性的潜在意识活动，可以被理解为当地民众长久以来约定俗成的行为习惯，包含地方文化风俗。它通过行动进行呼吁，迈向米哈伊尔·巴赫京（Mikhail Bakhtin）所谓的"对话主义"。城市对话主义作为城市文化分析的一种模式，

图1　洛杉矶街头售卖　　图2　洛杉矶车库销售

需通过不断相互作用和影响的观点来形成特定的认知，使其形成具有地方集体生活的文化。

日常都市主义对当代中国城市设计的挑战。首先接受"无序"的中间地带，促成城市对话。近年来中国城市公共空间建设内容包含城市广场、公园、绿地、街道、公共建筑以及私人产权所有者提供的公共空间等，除街道外它们分别有着清晰的空间边界和明确的行政治理主体。而伴随日常生活而生的现实公共空间是真实的、琐碎的、丰富的、变化的，常跨越了不同的功能分区、不同的产权主体，并在不断变化的时间中产生或者临时性地存在，因不同城市人群的对话而精彩。而对于这样的中间地带很少有设计理论会涉及，同时在具体的行政治理框架中因找不到对应的行政责任主体而无从深入。基于此，接受视觉的"无序"性并不断尝试促进城市对话非常重要。其次固定的空间设计框架无法积极发挥人的动态能动性。区别于一般城市设计的简要框架，日常都市主义认为城市设计的共同基础应该是人，并要求设计师研究人们如何生活、工作，图绘（mapping）出城市的社会地理形态，将其作为设计的起点去建构设计的维度，寻找普通场所未被预见的可能性，通过创造释放日常生活中已经存在的创造力和想象力。现有固定的空间理想模型常无法支持城市的"自发展"，更遑论创造出高质量的建筑环境。因此城市设计可能需要一个模糊动态的设计框架——根据不同时间和地点做出多样化的反应。

日常都市主义在中国的未来。如果说日常都市主义仍然被当作一种设计策略，那么它在极具生活智慧的中国城市却是广泛存在的，并可以成为未来开展城市设计的切入点。本文的目的是发出对城市行动的呼吁：理解在过去以及当下一直以矛盾的、不稳定的方式发生，尚未定型甚至难以察觉的空间类型，积极面对被社会行动和被社会想象力激活的空间。从这一点来说，日常都市主义实际上可能比任何其他形式的当代城市主义都更有远见，因而也更加迫切需要被引介，尤其是通过对空间"人文"的关注，在实践创作过程中寻到设计项目的特殊含义并为使用者赋权。这需要在中国找到比现有城市设计方法更为灵活的实施机制，允许其在一些地方不受限于原有规划、建筑形式、条例等规范性规定，因为当代中国城市设计所发生的一切故事都告诉我们：灵活性和模糊性是在一个不断变化的世界中运行的根本需要。

街边市场的多目标协同规划治理：以美国波特兰街边市场建设为例

Multi-objective Cooperative Planning Governance of Street Market: A Case Study of Street Market Construction in Portland, the US

陈煊[1] 袁涛[2] 杨婕[3]

1 加州伯克利大学环境设计学院博士后，湖南大学建筑与规划学院副教授，chenxuan@hnu.edu.cn

2 湖南大学建筑与规划学院，硕士，572063911@qq.com

3 湖南大学建筑与规划学院，博士在读，604418658@qq.com

国家自然科学基金：基于自建街市及其邻域功能动态特征的协同规划方法研究（51808205），2018 年湖南省普通高等学校教学改革研究（湘教通【2018】436），湖南大学本科教育教学改革和教材改革专项（中央高校基本科研业务费专项资金资助）（531111000002）

本文发表于《国际城市规划》2019 年第 6 期

【摘要】街边市场以基本相似的临时流动性形式充斥在全球的每一个国家。在春秋战国时期（公元前 770 —前 221）的著作《周礼》中已有关于"夕市，夕时而市，贩夫贩妇为主"的记载。其特定的空间和社群延续至今有着中国自身独特的形式和内容，但其生存境地一直堪忧。尤其是近年在单一目标式管理方法下，对街边市场实行了大面积的"取缔、驱逐、监控"等相关政策，导致一系列的"社会冲突事件"频频发生，摊贩治理问题反反复复一直困扰着地方政府及相关管理部门。本文聚焦于美国波特兰政府以多目标协同规划治理的街边市场，以及以此形成的都市生活文化，发现波特兰街市治理背后无不体现了其城市政府的价值观。结论指出，城市公共空间的管理政策需要更大的弹性和包容性，重新评估中国现行管理实施效果，而这需要肯定街边市场在城市发展中的意义，寻求地方政府多部门协同规划治理的系统整合方法；此外，公众应该关注草根街市文化。

【关键词】街边市场；波特兰；摊贩；协同规划治理；草根文化；食物车

早在我国古代的《周礼·地官·司市》中就出现了"朝市，朝时而市，商贾为主；夕市，夕时而市，贩夫贩妇为主"的记载。目前，我国大量摊贩以自我雇佣的形式临时或以固定周期集聚在特定的街道空间内，以销售食物、衣物、书籍等日常用品为主，并提供理发、维修等日常服务，从而形成街边市场（后简称街市）。街市因其低收入、低报酬、无组织、无结构且生产、服务规模微小的特征被认为是一种典型的非正规经济活动。街市为众多摊贩这一城市弱势群体提供了重要的就业机会和场所，因此拥有经久不衰的活力；但同时它也给城市带来了很多问题，包括影响市容、堵塞交通、污染环境、食品安全问题、

逃税漏税、治安隐患等，引起了城市管理部门和学者的关注。街市也普遍出现在纽约曼哈顿、洛杉矶商务中心区、波特兰办公区、巴黎塞纳河边等发达国家城市中心（图 1），已成为一种重要的城市生活形态，并在目前已经形成了一个多方治理的局面。本文立足波特兰，详细阐述了其街边市场——食物车集聚区的多目标协同规划治理经验，结论呼吁我国应重新认识街市的价值，转单一目标的管理观念为多部门多目标协同治理，从而实现以人为本的城市治理目标。

图 1　纽约曼哈顿、洛杉矶、波特兰、巴黎（从左至右）

目前中国街市管理处于城市空间净化的街市管理目标、层级监控的"运动式"街市管理手段以及摊贩问题反复的街市管理困境中。首先，政府为应对摊贩带来的挑战和城市治理顽疾，于 1997 年 4 月经国务院批准，北京市宣武区城市管理监察大队成立，从而开启了我国城市的全面管理工作。但目前政府对街市"净化空间，美化城市"的管理目标实质是为了提升城市形象进而提高国际竞争力，吸引全球资本，因此体现了城市管理服务于经济发展的单一政治目标。同时，通过转移、驱逐、替代的空间策略"净化"公共空间，其根本却是以牺牲边缘群体为代价来促进新一轮的资本发展。其次我国的城管部门建立了"属地管理"制度，即将管理权下放街道，形成市—区（县）—街道（镇）的层级式管理体系，常采用日常执法与集中整治相结合的管理手段。因为日常

执法中存在许多难以应对的重症顽疾，上级领导会协调各部门抽调人员，进行集中的整治，也称"运动式治理"。其特征是治理基本发生于城市"大事件"（如大型国际会议、运动会、文明城市评估、上级领导视察重要节点等）的前夕。最后日常性驱逐和运动式驱逐虽能起到暂时的"净化空间"效果，但是一旦管控减弱，摊贩势必会"卷土重来"，并且与城管玩"猫鼠游戏"，在城市的公共空间中"打游击战"，禁之不绝。城管部门的管理工作难以走出"整治—反复—再整治—再反复"的怪圈，不仅没有解决街市的管理问题，反而消耗了大量的城市公共管理资源，并进一步降低了政府治理公信力。

美国波特兰街市通过街市法治化和分地段多部门协同的审批管理制度形成了多目标协同规划治理。相对于美国其他以移民为主的城市，据统计2017年波特兰的常住人口中有77.4%是白种人，其人口结构与中国相类似，因此，波特兰的管理经验对人口背景相对一致的中国极具借鉴意义。波特兰政府对食物车的"宽松式"管理取得了经济、社会和文化上的多重效益，可以说一举多得。首先从街市法治化的发展历程来看，波特兰食物车产业是在摊贩、市民与政府的不断协商中慢慢走向成熟的。波特兰的食物车原型源自1912年出现的马车售卖，1965年在波特兰市政大厅附近出现了第一辆现代化的食物车——由摊贩莫里·德拉贡（Maury Dragoon）经营且只售卖热狗，市长和其他官员试吃后对其表达了认可之意，从而奠定了日后波特兰食物车产业发展的基础。1976年颁布的法规使得食物车在商业区的售卖活动合法化。1997年俄勒冈州政府将食物车纳入餐厅管理范畴，并促成了环境健康局对食物车的参与管理。发展至今，波特兰95%的食物车为定点售卖，其审批管理程序日趋完善，并形成了一套完整的治理服务机制，涉及食物车设计、审批许可、运营监管、年检等环节，推动和保障了波特兰食物车行业的发展。其次从审批管理来看，食物车售卖审批内容包括安全、技术、选址、商业活动申报、监督许可等，涉及的审批管理部门主要有环境、交通、财政、公园更新、消防等。同时根据售卖地点的不同，可将售卖审批分为街道、人行道审批，公园附近审批和私人领地审批三种类型。根据波特兰区划条例，这三种地段为零售密集区，人流量较大，因而逐步变成食物车售卖审批的三个主要地段，不同地段的售卖审批由不同部门牵头管理（图2）。波特兰的街市治理不仅促进了经济发展和社会融合，而且形成了特色的草根街市文化。回顾历史，街市作为一种非正规经济形式为很多国家经

济的发展和就业做出了巨大贡献，尤其是在经济不景气、战争等特殊时期，其强大的韧性为城市经济的稳定、城市弱势群体就业等提供了保障，维护了社会稳定。长期在街道上经营的摊贩会与居住在附近的居民、过往的行人、顾客以及其他摊贩形成社会关系网络，使得街道变成一个"大家庭"，逐步改变街道的文化，实现社会文化价值的叠加。另外，波特兰街市的文化根植于波特兰的草根文化城市价值观。波特兰人民自立、团结和诚实，支持本土等价值观使他们自发联合起来抵制1970年代开始壮大的经济全球化。波特兰市长萨姆·亚当斯（Sam Adams）在接受媒体采访时曾说"政府一直在不阻挡食物车的发展上努力"，从而给予了食物车一个较为宽松的政策环境。同时，波特兰政府、市民与社会组织等一起通过完善公共设施、举办节庆活动、推广宣传活动等促进街市文化的形成。

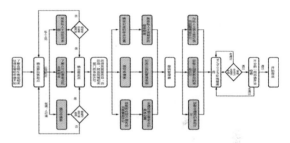

图2　公共审批流程

波特兰食物车治理对中国街市规划治理的启示。首先需要尊重街市底层文化，我国对街市管理的政策历经了数千年，它伴随着城市的发展而发展，并在某些时期产生了特殊空间从而形成了当今的街市文化。然而地方政府在管理过程中，因为缺乏对街市经济运行逻辑、文化价值、社会价值的认知，而在认知层面存在歧视，并人为地将摊贩经济视为城市不发达的标志或将其贴上"脏、乱、差"的标签，进而进行"理所应当"的取缔。重新认识其公共权益和劳动价值，将有效帮助我国管理部门消除对摊贩的偏见，制定出有效的管理措施，为多部门多目标协同规划治理街市打下基石。其次需要多目标协同的街市规划治理，我国政府对于摊贩事务的管理从古至今多为单一目标式的管理，其实忽略了街市的经济、社会与文化价值。多目标协同的街市规划治理要求更加关注切合城市居民切身利益的食品健康、摊贩群体的社会就业及社群文化、城市休闲品牌和文化等价值，从而转变以往粗暴取缔街边摊点的管控思路，真正实现以社会发展、人文关怀、社会就业等为目标的城市治理。

街市型菜市场的动态特征及其规划治理转型
——以长沙市活力街市为例（1980—2018）

Dynamic Characteristics and Planning Management Transformation of Street Market: A Case Study of Huoli Street Vegetable Market of Changsha City(1980-2018)

陈煊[1] 杨薇芬[2] 刘奕含[3] 宋佳倪[4]

1 加州伯克利大学环境设计学院博士后，湖南大学建筑与规划学院副教授，chenxuan@hnu.edu.cn

2 湖南大学建筑与规划学院，硕士，

3 湖南大学建筑与规划学院，硕士，

4 湖南大学建筑与规划学院，硕士，

本文发表于《现代城市研究》2021 年第 2 期

【摘要】街市型菜市场是传统马路市场历经 3 次正规化升级改造后仍然广泛存在的空间形态。它的发展陷入了"整改一侵街一整改"的反复循环之中，这个过程实际隐含了其在规划、商务、市场监察、城市管理等多部门治理下的真空地带。本文选取 1980 年以来长沙市菜市场空间变迁作为案例，采用扎根方法着重分析规划治理和摊贩群体侵街动态路径的互动过程，从而洞察街市型菜市场在发展与演变过程中的内在运行逻辑。本文指出，地方政府各职能部门对名目繁多的管制条例不断回应是导致现代标配秩序化空间规划产品的主要动因，而基于摊贩自评的社区基层自治、"及时性响应"实施路径，可以促进菜市场规划治理向人本位发展转型。

【关键词】街市型菜市场; 动态特征；规划治理; 基层自治; 摊贩

菜市场是居民日常生活必需的社区民生设施，它为城市中低收入人群提供了大量的工作岗位，并成了当地文化的一部分。然而在现实中，一方面是强制拆除以便迅速展开标配化空间升级的规划。另一方面，作为街道系统典型代表的街市型菜市场以非正规占用、游离于"正规"制度之外、自下而上的方式回收和再利用城市空间，回应市场需求。而地方政府运动式管控，使得在集中规范化菜市场附近常常衍生出大量的街市型菜市场，再次挑战规划产品和管制规范，其背后所隐藏的经验规律包含社会日常实践所建构的复杂领域，亟待开展实证研究。

1 标准化建设倒逼街市型菜市场非正规化发展

首先，菜市场集中建设和管理加剧了摊贩群体边缘化。菜市场从我国 1980 年代初出现经历了大型集贸市场建设、现代化超市和标准化菜市场建设、围绕菜市场及其他公共服务设施的便民生活圈建设等三个规划建设阶段。其次，长沙市街市型菜市场正规升级与非正规实践的冲突化解。街市型菜市场在历经上述三个阶段正规化升级

中的取缔、拆迁、专项整治后，仍存在于"规则"与"情理"之间的灰色地带中。城市管理者作为执法部门常在法律约束的基础上，通过权利收缩、人情往来等非正规契约方式实现默许式吸纳，从而有了多人一店、划线入街的结果。街头摊贩也会选择在管理部门非工作时间实现公共空间错时利用。街道办对条件合适的非正规菜市场，也会向商务局提出正规化登录，从而促成其在提质改造中通过人行道等空间顶棚的加建来促使其向正规化转变。

2 研究方法与案例选取

本文将街市型菜市场定义为：实行属地管理的，依托社区底层商业、停车场、宅间绿地、闲置公共空间、集中市场出入口等零散空间为空间载体，并形成线性通道，以外来务工人员、下岗职工及城郊失地农民为主要经营人群，集中出售蔬菜、肉、蛋、水果、副食品等农副产品的市场。本文选取长沙市侯家塘街道的活力社区街市型菜市场（后文简称"活力街市"）作为案例，该街市形成于 1980 年代，其发展经历过上述菜市场发展的 3个阶段（图 1）。研究通过问卷访谈（发放问卷 100 份，回收有效问卷 94 份）和针对性访谈（5 次），结合城市实验调查（3 次）和近 4 年的参与式观察、田野调查完成。

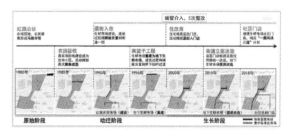

图 1 活力街市的发展历史

3 街市型菜市场的动态性特征分析

首先，流动的"摊"形成了伸缩的街。按照所处街道两侧的房屋布局，活动街市可分成 3 个部分，包括红旗活动广场部分（A）、宅间绿地部分（B）、社区主干道部分（C），均不同程度地采用了"摊"空间占领街头公共空间的形式（表 1）。其次，"摊"空间的潮汐变化。活力街市摊贩工作时间段主要集中在 5:30am—7:30pm。在一天的经营过程中，摊贩会以食物销售效率为中心，根据自身经验弹性调整摊位面积及食品总量，寻找城市管理者工作的盲点，见缝插针地应对街道人流的"潮汐"变化（表 2），这种空间的构建与回应时间节奏的解构现象已经成为活力街市摊贩参与街道日常生活的一种仪式。

表 1 活力街市街道空间使用情况

分区	街道面积 / ㎡	摊位面积 / ㎡	摊位面积占街道面积比率 /%	边界类型	经营方式
社区广场片区（A）	560	8	1.4	广场、建筑、底商	流动摊位为主、少量非正规门店
宅间绿地片区（B）	1300	490	37.7	宅间绿地、建筑、底商	非正规门店 + 流动摊位
社区主干道片区（C）	2940	697	23.7	街道、电线杆、植被、建筑、底商	非正规门店 + 流动摊位
总计	4800	1195	24.9	/	

表 2 活力街市的日常时间节奏

分时	空间调整	摊位形式	食物状态	主要成因
5:30am—8:30am	流动摊贩占领街道、固定摊贩增加露天摊位面积	固定门店 + 固定露天摊位 + 流动摊位	批发进货，食品新鲜	管制空缺时段
5:30pm—7:30pm	流动摊贩占领街道（早间摆放最新鲜食物、傍晚摆放降价销售区）		食品新鲜度减弱，可销售时限到达终点	降价组团销售
8:30am—5:30pm	流动摊贩撤离、固定摊贩缩小露天摊位面积	固定门店 + 固定露天摊位	食物总量下降	日常分批管制

4 街市型菜市场发展困境

首先，摊贩身份认知障碍。摊贩因职业身份及工作形式一直未受到建设管理主体与居民方的认可，在整治过程中地方政府往往因政策波动以及对执法效率的追求忽略摊贩群体的真实诉求。本文采用城市实验的方法（图 2）介入摊贩群体，旨在唤醒他们认知身份的同时表达真实诉求，最终引导其正确面对日常生活空间。实验期间引发了摊贩群体对"运动式"执法方式的情感共鸣和讨论，他们认为自身缺乏合法空间竞争权利而不敢发声，周边居民的热议也给自身造成了很大的压力。其次，不稳定的权力空间管制边界。在非正规场合赋予摊贩的空间权利往往面临多方制约的可能，在上级政府、当地居民、集中菜场承包商等多方压力增大的情况下，各职能部门可以随时更改或剥夺街道办和社区的自主权，从而引发管制边界的不稳定变化。摊贩在面临空间竞争权利的反

复"失效"时，在不影响交通的情况下会进一步扩大销售范围，形成弹性的"摊贩边界"。当城管巡查时，摊贩只需将商品收回到"管理边界"内，营造一种摊贩遵守契约的假象，这样相同的程序每天都会反复执行。

图 2 城市实验过程

5 街市型菜市场规划治理策略

首先，建立基于摊贩自评的社区自治组织。可以通过建设"职能部门—摊贩—居民"公平对话平台，成立摊贩自主的社会组织等，保证摊贩能有参与空间建设和评价的权利。让每一名摊主都能成为社区街道管理组织的成员，采用摊贩评价系统匿名对摊位进行评比，并在不断的评比互动过程中自觉成为规则制定的参与者与空间秩序的维护者，管理方可以依托自治组织反馈摊贩群体的日常生活轨迹，及时应对"违约"现象的发生。其次，采用"及时性响应"规划实施路径。以自治组织替代城管，在"综合交织地带"应对不同时空动态、不同食品销售需求时不断与其他权力部门进行相互渗透与融合的过程（图 3）。

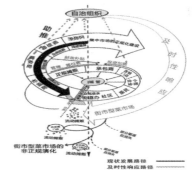

图 3 街市型菜市场及时响应路径模型

结语

我们习惯地认为街市型菜市场是脏乱的，忽略了其作为一种极具中国特色的在地食物销售的社会和商业空间价值，它通过空间多样化、组合多元化的食物交易实体，成功地在当地社区中开辟了自己的空间，在促进街道公共生活的同时逐步融入地方城市文化，很难通过计量的理性规划对其进行感知、思考、设计、服务。因此针对菜市场规划建设目标，我们不能仅仅停留在选点建设和空间上的认知，而忽略对其背后隐藏的社会经济交流、商业关系、食物交互、非正式的社会网络等问题的思考。

基于战术的非示范型社区适老化规划路径研究
——以湖南长沙市中心老年人高聚集区为例（2014—2020）

Path of Planing for Ordinary Senior-friendly Communities Based on Tactics:A Case Study of the Seniors Concentration Area in the Center of Changsha City, Hunan Province(2014-2020)

陈煊[1] 杨婕[2] 杨薇芬[3]

1 加州大学伯克利分校环境设计学院，博士后，湖南大学建筑与规划学院副教授，chenxuan@hnu.edu.cn
2 湖南大学建筑与规划学院，博士在读，604418658@qq.com
3 中国电建集团中南勘测设计研究院有限公司

本文发表于《城市规划》2021 年第 6 期

【摘要】积极应对老龄化已成为国家战略，而现有依托数字指标和示范点评估的养老设施规划路径难以推广也无法回应健康低龄老人的需求。本文通过长沙市中心 49 个社区的养老设施建设和老年人在地老化现状的调查，发现因社区资源和能力差异，示范社区设施建设路径在短期内无法推广。但差异之外老年人非正式群体参与和空间建构的在地老化战术具有明显共性，其经验对非示范型社区适老化建设具有借鉴意义。结论指出适老化规划需要统筹社区差异和老年人的能动性：首先将空间建构战术纳入社区微治理以提升空间变通潜力来减少社区资源差异。其次对非示范型社区进行多维度潜力评估建构以规避原有单一空间指标验收的局限。本文的主要贡献在于探讨低级别、弱条件非示范社区的实践经验如何被接纳以帮助其进行适老化转化和提升。

【关键词】在地老化；战术；非示范型普通社区；老年人；再社会化

引言：过度依赖养老设施不足以应对老龄化

根据 2018 年国家统计局统计，我国老年人口已达 2.54 亿，未来将以 800 多万人／年的速度增长，其中有 33.1％ 的老年人存在高抑郁风险，这与当前社会空间环境的建设有着紧密的关系。现有养老设施规划主要为老年人提供照料场所，较适合"圈养"行动无法自理者，无法解决"在地"所面临老年人日常生活空间的连续性和包容性的问题。追其根本，当下的规划理念仍旧停留在如何"养"的层面，而忽略了如何挖掘、培育社区能人以形成稳定的社会互助机制调动老年人力资源，以及如何在空间资源极度紧张地区进行公共空间的适老化转化。因此，本文从老年人的自主实践经验出发，试图探讨其如何应用于非示范区型社区的适老化规划。

1 研究范围和研究方法

基于长沙市老年人口分布现状和密度分析，本文选取了长沙市中心城区老年人口密度最高的 7 个街道、49 个社区作为调研对象。其中示范社区 2 个，非示范型社区 47 个。研究区域的面积约 10.2 平方千米，计 28.2 万人，老年人口 5.3 万人，老龄化率为 18.7%。研究内容包括街道、社区级养老设施共 23 个，400 位老年人的日常生活特征和空间实践内容，12 个社会组织和 8 位社区能人的工作方法。研究以扎根理论研究方法为主，结合问卷调查（发放问卷 300 份，回收有效问卷 277 份）、针对性访谈（13 次），和近 7 年的参与观察、田野调查等完成。

2 数字指标规划路径下养老设施示范点的示范失效

首先我国目前实行养老设施数字指标规划及"以点带面"的实施路径。养老设施规划主要依据国家标准、地方条例、专项规划的数字指标进行设施空间布局，以行政管理单位的个数及其人口规模为计量单位来推算如数量、类型、尺度等具体数字以回应养老规划标准和要求。实施路径优先选择资源优势明显的示范社区进行建设，然后向低级别、弱条件的非示范型普通社区推广，并以示范点建设情况"以点带面"地评估养老设施建设的整体实施成效。其次，养老设施建设形成了优势资源的示范"点"和大量弱条件的非示范"面"。养老设施的实际建设与规划数字指标存在巨大的数据差额（表 1），这

表 1 49 个社区养老设施实施现状（2019）

类型	指标内容	数字指标规划	建设实施	总完成度（%）	空置率（%）
街道养老设施	设施数（个）	7	5	71.42	0
	总床位数（张）	≥ 35	39	100	67
	单个设施建筑面积（㎡／个）	≥ 400	380	95	90.8
社区养老设施	设施数（个）	49	11	22.45	18.2
	总躺椅数（张）	≥ 245	40	16.33	100
	单个设施建筑面积（㎡／个）	200~400	20~40	3.96	63.7
注：实际建设实施数据不包含挂牌方式建设的养老设施					

些差额需要依赖养老专项资金来填补，但对比长沙 GDP 的增长速度短时间内很难完成。从近 7 年的实施成效来看，除市级、区级养老设施示范点建设相对完整外，大部分非示范型社区无法完成建设。最后，非示范型社区因设施供给困境而流于形式主义应对。大量非示范型社区面对选评的绩效标准和基于对社区自身条件和问题的精准定位，多数会进行理性的折中选择，通过选择性实施应付检查而并非真正投入时间和资源提高服务质量，最终通过挂牌、假建（空置）和改建的方式来填补巨大的数据漏洞。

3 非示范型社区老年人的在地老化战术

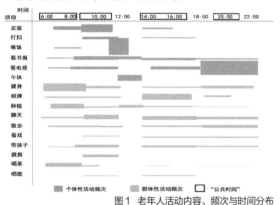

图 1　老年人活动内容、频次与时间分布

首先，依托非正式群体参与基层微治理的战术。社区老年能人基于公共时间（图 1）组织形成了多样的老年非正式群体，调动老年人依据自身需求和能力主动参与社区公共事务，老年人非正式群体的形成提升了社区的社会力，弥补了非示范型社区设施运营的缺陷。其次，自主的临时性空间建构战术。老年人户外日常生活时间达 8 小时以上，常无意识地群体性占用微小型闲置空间进行临时性空间建构。自建和共建空间建构战术进一步表达了老年人对空间的喜好（图 2），其在日常使用和邻里交流中共同形成对空间使用形式的认知，促成其非正式邻里关系建构。老年人自主的临时性空间建构战术填补了非示范型社区因空间匮乏无法建设养老设施的困境，为

图 2　老年人的"在地"生活和空间利用

老年人提供了公共生活的场所也促成其社会关系的建构，其权属呈现出公私混合的特征、使用方式上呈现出私人与公众共同使用的特征。

4 非示范型社区适老化规划优化路径

首先将空间建构战术纳入社区微治理以提升空间变通力。基于空间建构战术，依据老年人的日常生活规律及其自主参与性特征，能够引导能人触发非正式群体的形成，有效链接老年人与社区居民、社会企业和单位组织等社会力量，进而发挥其基于邻里认可和协商建构空间的能动性，临时性活化菜市场、广场、骑廊、社区门店、宅间空地等空间。其次从单维度空间指标验收走向空间—社会—经济三维度的社区适老化建设评估。适老化建设评估应修改街道、社区标配化建设养老设施的路径，识别并尊重不同社区社会经济发展情况、人口构成、应对问题的意愿、能力和资源状况等诸多方面的差异，建构基于空间力、社会力、经济力三维度的评估（图 3）。

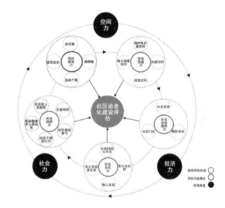

图 3　社区适老化建设评估内容

结语：适老化规划需要依据在地老化战术经验

本文最终选择在地老化战术是希望在中国寻找到自上而下和自下而上的汇合路径，并纳入老年友好型社区的制度建设中，从而可以用更"快速""便宜""简便""创意"和"真实有效"的方法回收和重新利用城市空间。战术城市主义在欧美规划主流界被定义为由普通的老百姓主导的小规模、功能强、临时性、创意性强、针对特定地点恢复城市空间活力的城市规划干预措施。其中，城市居民是改善和创造城市空间的积极推动者，积极缓解因不同产权而形成的空间分割问题，共同推动项目生成，改进了公众参与规划的现实环境，其以人为本的创造性参与精神更是我国长期自上而下的固化规划思维方式所稀缺的。

中心商住区道路空间优化研究
——以长沙市五一商圈为例

Research on Optimization of Road Space in Central Business District-Taking Wuyi Business Circle in Changsha City as an Example

陈星安[1] 肖艳阳[2] 水馨[1] 雷雨田[1] 赵宇[1]

1 湖南大学建筑与规划学院，硕士研究生
2 湖南大学建筑与规划学院，副教授

本文发表于《建筑与文化》2019 年第 4 期

【摘要】随着相关文件、若干意见的提出，各大城市都在推广建设开放街区，提倡街区制。传统的中心商住区用地高度开发、交通拥挤、堵塞日趋严重，而其街道空间对城市整体环境有着重要影响。因此本文提出从街道的交通功能和空间功能两方面来综合衡量街道，利用大数据对交通拥堵状况进行科学的分析，通过研究交通方面的车流量和服务水平、空间方面的可达性和可视性，对两者进行等级量化，根据级别的不同，来选择开放街区打造优化的时间顺序以及力度，明确何种级别的街道需要何种改进方式，为开放街区的实施提供科学性和准确性。

【关键词】中心商住区；五一商圈；开放街区；交通链路；城市空间；等级量化

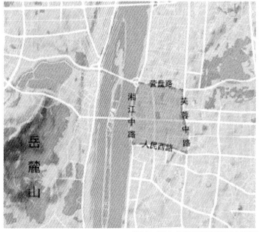

图1 研究范围区位图资料来源

随着街区制的大力推行，随着城市功能的不断丰富和完善，以商务商业为主要功能并辅以一定的居住等其他功能的开放式混合街区在我国城市中越来越普遍，长沙市旧城区在近十年间该类型街区数量逐渐攀升，并呈现出功能类型不断完善、商务功能比重逐步增加、空间紧凑度显著提高的趋势。

城市街道在功能上，分为满足交通通行的链路功能和承载城市活动的空间功能，这种分类方式简单并且准确地概括了街道的一切属性。由于中心商住街区人员密集且流动性大，其步行空间对城市整体的功能效率与环境品质有着显著的影响，所以该项内容也是衡量城市整体宜居性的重要指标之一。在我国推行开放街区的大趋势下，定量地分析与评价城市中心商住区的街道空间，对城市开放街区空间形态优化以及步行空间开放程度设计具有一定的参考应用价值。本文将饱和度评估与空间句法评估相结合，找到高人流量和高交通量的道路或路段，预测交通问题多发的地段，进一步加强城市空间与道路

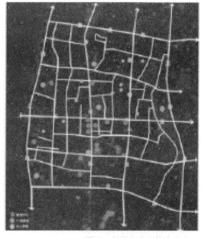

图2 大型人流设施点分布图

的互动关系，从供给和需求两个方面及其互动关系入手优化开放程度。

以湖南省长沙市五一商圈为例，此区域是由营盘路、人民路、湘江路、芙蓉路围合而成的一个3平方公里的区域，形成于20世纪50年代，主要为居住、商业、文教类用地，是城市历史最悠久的区域（图1）。经过漫长岁月的发展，已经成为长沙市城市开发强度最大、交通运行最为繁忙的片区，具有高密集的人流，空间发展较为成熟，能够较好地体现城市开放程度与居民出行之间的动态关系，对街道能够进一步量化评估，确定街道开放的优先顺序。为深入研究中心商住区中不同街道宽度与不同用地影响下的开放差异，笔者进行实地调研，对区域内总体道路宽度、大型人流设施点进行了整理（图2）。

选取周一至周五的平均系数可知，根据道路状况的预测可以得出研究范围在上午9点时，道路的平均服务水平处于中等水平，中山路一带拥堵指数位于1.0~1.5之间，属于缓行状态；个别路段的拥堵延时指数超过了2，属于严重拥堵状态，由于上班交通高峰期，主干路和次干路承载了主要交通量。研究范围在13点时，整体的服务水平处于中等水平，中山路一带拥堵延时指数仍然很高；部分支路呈现缓行状态，尤其可见太平街一带。区域在18点时，整体服务水平较差，大部分路段呈现拥堵状态，拥堵指数高于1.5。在9点与18点从区域内的袁家岭出发，能在20分钟内到达范围内的任意一点，符合20分钟通勤圈；在12点时，20分钟通勤圈范围扩大。

综合三个不同时间段的拥堵状况分析，可知研究范围内多条道路拥堵指数在1以上。包括中山路、五一大道、芙蓉中路、解放西路、教育街，特别是中山路在三个时间段都处于拥堵缓行状态。由于个别支路通向地块内部的学校，所以会在18点左右呈现缓行状态，接送孩子的家长流与下班流汇集在一条道路上（图3）。

由于所处区域土地利用开发较成熟，道路网容量提升空间较小，为确保人流量的疏散，缓解交通压力的关键在于提高慢行和公交出行比例。因此为完善街区开放可能的空间优化策略包括：

（1）针对交通延时指数较高的路段，首先进行优化，提高公交分担比例，优化公交线路，在高流量道路布局高频率常规公交线路；对于中山路口的环岛需进行下一步的模拟实验，选择更为合适，更能缓解交通压力的交叉口设计。

（2）针对拥堵状况多变，功能模糊的道路进行优化，如区域内连接小学、中学的道路，增加慢行设施，减少车辆的进入，严格控制道路两侧的停车数量。

（3）控制范围内的居住、商业、办公建筑的新增量。

通过集成度的分析方法，对道路的可达性进行研究，在此基础上判断出各道路的协同度数值，根据数值的不同采取不同级别的优化策略，如下：

（1）找出全局集成度和局部集成度都很低的街道，对其进行空间优化。这样的道路可达性非常差，是犯罪事故多发地段，需要从保障所有使用者的安全，从街道的卫生设施出发、提供基本的交通设施。

（2）找出全局集成度与局部集成度数值一个极高、一个极低，对其进行空间优化，在满足交通通行的前提下，对街道活动和休闲娱乐的空间进行改造。

（3）对协同度相对较高的街道进行活力场所的营造，激活街道的经济价值鼓励各种活动、增强社区归属感。

（4）针对全局集成度与局部集成度都最高的街道，进行城市形象的打造，城市品牌的宣传。

利用大数据对交通拥堵状况进行科学的分析，可以协同交通、规划管理部门制定适合城市发展的统筹与协调方案，不光可以减少各部门运营的人力和物力，还能提升道路交通资源的合理利用率。空间句法的使用可避免建立在人们的感知和行为简化的主观假设上的定性分析所产生的风险，以确切的定量分析预测空间的使用效果，将预测结果与实际使用情况结合考虑，提出调整建议。

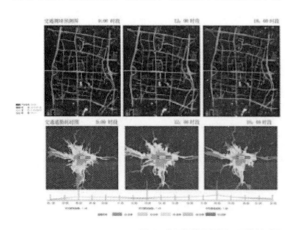

图3 交通拥堵预测图、通勤耗时图

日常生活视角下开放式住区交通安全规划策略

Traffic Safety Planning Strategy for Open Residential Areas from the Perspective of Everyday Life

赵一凡[1] 肖艳阳[2]

1 湖南大学建筑与规划学院，硕士研究生
2 湖南大学建筑与规划学院，副教授、注册规划师

本文发表于《建筑与文化》2019 年第 3 期

【摘要】随着我国交通规划逐渐步入存量优化阶段，街区制理念下的开放式住区交通安全规划建设已被提上议程。本文阐述了日常生活视角下的住区交通规划内涵，总结、评述了国内外住区交通安全相关研究成果，最后针对提高开放式住区交通安全性议题，从理念转型、方法探索、内容架构、公共参与协同四个关键层面提出了可参考的策略意见，以期构建安全、可持续的住区人居环境。

【关键词】交通规划；交通安全；日常生活视角；开放式住区

表 1　关键人物关于日常生活视角理论回顾、梳理

人物	理论内容	特征
胡塞尔	提出哲学术语"日常生活世界"，将其分为"原始生活世界"两层次建立哲学意义上的"内在目的论"[2]。	"日常生活世界"特征有：非主题化、非客观化、非抽象[2]。
列斐伏尔	提出"日常生活批判"，将社会学的视角日常生活化，指出社会学必须从日常生活的角度来反思和批判现代社会[3]。	日常生活作为"层次"具有基础性、中介性[3]。
哈贝马斯	提出"交往行为理论"，旨在以交往合理性来重建生活世界，个人通过相互理解的语言交往互动形成群体的归属和认同感，进而加强社会整合[4]。	生活世界信念知识特征：隐含的非论题性、整体性、直接可靠性[5]。
简·雅各布斯	《美国大城市的死与生》立足日常生活经验，抨击了现代机械理性规划理念下的功能分区等规划内容。构想了功能多样化、各类人的各种需求都能得到妥贴安顿的回归日常生活的有活力的大城市——雅各布斯之城[6]。	呼唤规划人本主义回归，强调规划多样性、模糊性、复杂性等。
扬·盖尔	《交往与空间》、《人性化的城市》等著作立足人的日常活动，探索人的活动和空间的显、隐性联系。如在《人性化的城市》中提出住区居民日常活动的三种类型——必要性活动、自发性活动和社会性活动[7]。	强调人性化维度的空间营造，社会生活对空间活力、安全等方面的影响等。
Margaret Crawford、John Kaliski等	《Everyday Urbanism》立足于强调日常生活的平凡性和现实感，而且并不在于追求完美的理想城市这种可能性[8]。	定义为共同、重复、自发的行为发生在邻里空间；聚焦城市边缘区以及街区活力营造。

2016 年 2 月 6 日，《中共中央国务院关于进一步加强城市规划建设管理工作的若干意见》提出"新建住宅要推广街区制，原则上不再建设封闭住宅小区"。近两年我国一直在致力于街区制模式下开放式住区理论和实践探索，住区内部交通公共化后带来的交通安全问题已被提上议程。随着新常态下交通规划由增量转为存量建设，交通规划理念亦面临从"以车为本"到"以人为本"的转型，针对城市人居生活基本单元——"住区"，其在道路交通规划方面更应注重道路安全性规划、道路空间环境人性化设计方法、策略探索。

纵观日常生活理念，哲学、社会学方面胡塞尔、列斐伏尔、哈贝马斯等人提出了"生活世界""日常生活批判""交往行为理论"等理论，广泛地批判了实用、机械理性科学，工具理性、现代技术等带来的社会异化现象，从不同角度阐释了广义的日常生活视角理论；城市规划专业理论和实践方面简·雅各布斯、扬·盖尔、Margaret Crawford 等人以城市观察者、城市体验者的角色分析了传统机械理性，现代功能主义规划建设带来的种种弊端，在回归人本规划建设方面做了诸多理论与实践尝试（表 1）。

总而言之，在宏观层面日常生活视角回归了城市复杂巨系统的人本内核，结合社会学维度，以人的需求（参考马斯洛需求层次①）为规划着眼点构建人—社会—空间的系统规划体系。同样针对中、微观层面的住区交通

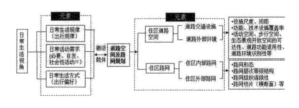

图 1　日常生活视角下住区道路空间及路网规划路径

规划，日常生活视角契合当前从"以车为本"转向"以人为本"的交通规划理念，其从本质上尝试基于人的日常生活需求，探讨提高开放式住区交通安全性的道路空间及路网规划路径。

20世纪初，佩里提出的"邻里单位"概念以及后期的"雷德朋方案"，针对住区的道路交通规划都强调以住区内部交通限制对外过境交通穿越，采用近端路的交通设计方法以保证住区内部的交通安全；20世纪60年代，西方国家对小汽车时代暴露的住区交通安全等方面的问题进行反思，开始倡导"交通安宁"运动(Traffic Calming)。荷兰开展交通生活化街道改造运动，提出人车共存的"居住庭院式交通"(Woonerf)设计方案，并于1983年首次引入30km/h限速区理念，其成为交通安宁化理论的成功实践案例；20世纪80年代以来，德国的城市复兴计划也从大力发展公共交通逐渐转移到限制小汽车交通上，提出安宁化街道概念（verkehrsberuhigung），其后德国经历了从街道到住区（verkehrsberuhigter bereich）、更为灵活简化的限速区（tempo 30或tempo 40）以及无车住区的发展；20世纪90年代以来，在新城市主义规划思潮影响下住区交通规划理论与实践以公共交通和步行为主导体系，在传统邻里（简称TND）、步行地块（简称PP）等理念的引导下，住区交通规划采用以步行、公交为主导的栅格状街道网络体系，其在交通设计手法上更加注重住区道路使用者的安全性。具体体现在：住区交通横断面设计中采用两条3m宽车道、2m宽路边停车带并拓宽街道两边人行道；住区道路交叉口设计中采用3m的交通转弯半径，降低车速同时缩短行人过马路的时间；住区交通安全设施对人行道设计颇为重视，重视弱势交通使用者（vulnerability road user）的安全需求等。

我国传统住区经历了从闾里制、里坊制到街巷制的住区形态演变，现代典型的实例有北京胡同与上海里弄，其住区道路交通组织规划注重人性化设计，街巷通达性高且巷内少有机动车穿行，以保证住区安宁化。改革开放前期，我国居住区理论早期受邻里单位以及苏联大街坊住区模式的影响，典型的住区实例有上海曹杨新村与北京棉纺厂，其在住区交通规划层面上存在诸多问题，包括住区内部交通与外部交通分离、住区内部交通组织人车混行、道路组织结构混乱、交通安全性差等。从20世纪80年代以来到20世纪90年代后期，我国逐渐形成了封闭式住区规划建设模式，住区道路组织结构系统化、分级化，但住区内外交通组织通达性差，道路交通

设计更多倾向满足住区内部居民机动化出行，普遍缺乏适应、满足住区道路安全功能的道路空间环境人性化设计。20世纪90年代后期至今，面对我国封闭式小区带来的诸多问题，住区规划回归开放、和谐的街区制住宅建设，其中住区道路安宁化、人性化设计已受到部分学者重视。

国外住区交通规划组织经历了从"人车混行"（1920年以前）、"人分流"（1920—1960）再到"人车混行"（1960年至今）的三个阶段，其在街区与住区层面都探索了提高交通安全性的理论、实践策略。其中交通安宁理论经过数十年的发展，已得到了较为全面的完善，并且在一些国家已进入立法阶段，成为指导住区交通建设的规划导则及法律依据。我国在住区层面较少或几乎未曾关注道路交通安全规划的相关内容，包括《城市交通工程设计规范》《城市居住区规划设计规范》在内的一系列规范和设计标准中都普遍缺乏存量更新背景下交通安全改造控制、引导措施，对于我国尚处于推行阶段的开放式住区道路交通安全实施体系更是较少涉及。

综上所述，我国亟待顺应街区制政策背景，探索系统的中微观层面开放式住区道路交通安全性规划策略。

开放式住区交通安全性规划设计全过程中需充分发挥社区规划师的职责，重视公众参与。具体包括在开放式住区交通安全规划调研阶段，针对开放式住区居民出行的交通安全感以及不同年龄阶段的道路使用者的交通安全情景体验感受进行访谈记录；在开放式住区安全交通规划导则编制过程中，需向居民广泛征求街道安全设计意见，包括居民日常活动安全设施需求（街道夜间照明设施、交通稳静化设施等），住区居民步行、骑行安全线路规划等；开放式住区安全交通规划导则成果提交后，在规划实施过程中社区规划师可根据公众反馈情况从导则调整等方面开展公众参与下的开放式住区交通安全治理。将居民的日常生活感受与安全需求内容落实到公众参与中，注重道路使用者的日常生活行为、日常生活体验感受在开放式住区交通规划决策、管理中的应用（图1）。

本文从日常生活视角出发，阐释了开放式住区交通规划内涵，提出提高开放式住区交通安全性的相关策略，其重要价值导向在于构建以人为本的住区交通环境。针对文中论述的提高开放式住区交通安全性方法、内容层面仍需基于实践深入拓展；同样，针对不同类型的开放式住区，需深入关注差异化的交通环境以及居民的日常安全性需求，并应用到开放式住区交通安全体系规划中。

规划部分
Urban Planning
专题五

丘陵地区规划技术方法
Technical Methods for Planning in Hilly Area

教师团队
Teacher team

许乙青
Xu Yiqing

叶强
Ye Qiang

沈瑶
Shen Yao

周恺
Zhou Kai

冉静
Ran Jing

专题介绍
Presentations

　　基于南方丘陵和夏热冬冷地区，总结出适用于我省及南方丘陵地区的规划技术方法，研究成果发表在《经济地理》《城市规划》《规划师》等高水平杂志上，其中 2015 年发表的《南方多雨地区海绵城市建设研究》被《经济地理》杂志评为 1981 年创刊以来下载量排名第一的文章，为规划实践、地域风貌和特色的塑造做出了突出贡献。

基于"容量测算－形态修正"的张家界城市建筑高度定量控制研究

Research on Urban Building Height Control Based on"Capacity Measurement-Morphological Correction"

许乙青[1] 陈丹阳[2] 栗梦悦[3]

1 湖南大学建筑与规划学院副教授、硕士生导师，湖南大学设计研究院有限公司总规划师

2 通信作者，湖南大学建筑与规划学院硕士研究生

3 广州市城市规划勘测设计研究院城市设计策划所，硕士、规划师

本文发表于《规划师》2020 年 第 1 期

【摘要】建筑高度是影响城市山水格局和空间形态的关键要素之一。在新一轮国土空间规划"控量－提质"的转型趋势下，对城市建筑高度的定量控制迫在眉睫。本文在归纳国内外相关理论与实践的基础上，总结当前城市建筑高度控制方法的经验与不足，探索基于"容量测算－形态修正"的城市建筑高度定量控制方法，并应用于张家界的规划实践中。首先，"容量测算"是指通过用地潜力评价和开发规模量化两个步骤构建城市建筑高度基准模型；其次，"形态修正"则是根据生态、市政等方面的刚性管控因子以及视线廊道、文脉地标等城市设计因子对城市建筑高度基准模型进行修正；最后，通过"刚柔并济"的分级管控机制实现城市建筑高度定量控制从规划控制到实施管理的有效传递。

【关键词】建筑高度；定量控制；容量测算；形态修正；张家界

目前，许多城市在进行开发建设之前对自身空间容量的研究不够，对空间品质的重视不足，过高过密的"钢铁森林"一方面造成了城市建设规模、开发强度等"量"的超标，另一方面也导致了城市山水格局和空间形态等"质"的破坏。本文结合《张家界市中心城区城市设计导则》的编制经验与项目实践，探索城市建筑高度的定量控制方法，以期对张家界的城市发展建设有所裨益，并为其他城市的建筑高度控制提供借鉴。

本文首先梳理了国内外城市建筑高度控制方法综述，并分析其局限性。①定量化分析不足。近年来应用得最广泛的多因子评价叠加分析法只能得到建筑高度的等级分区，对各高度等级区的具体赋值往往是凭借经验来确定的，缺乏根据人口、用地、产业等数据的进一步定量化计算和推导。②方法的综合性不足。城市建筑高度作为整体空间形态的内核要素，其核心价值包含经济性、公益性和美学性 3 个层面，而当前对于城市建筑高度控制更多是从单一的经济或美学视角考虑，难以满足城市综合性、全面性发展的需求。③管控的层次性不足。当前城市建筑高度控制仅依据控规中的建筑限高指标来进行，缺乏"刚柔并济"的控制策略和多层次的指标体系，难以满足特殊地区和一般地区的差异化管控需求。

其次，本文梳理了"容量测算－形态修正"的城市建筑高度定量控制技术路线。其借助天际线分析工具、AHP 层次分析法和 GIS 叠加分析等数字分析工具，通过用地潜力评定、开发规模量化、刚性因子限定和城市设计修正 4 个步骤，实现建筑高度控制的定量化和综合性，进而建立分区分级的管控体系来保证实施。经过"容量测算"和"形态修正"后得到城市建筑高度控制模型，满足了"控量提质"的城市发展需求。然而，要保证规划成果的有效实施，必须通过分级分区的"刚柔管控"机制，将城市建筑高度控制模型转译为多样化的管理语言和多层次的管理指标，并纳入法定规划中。

最后，本文以张家界中心城区为例，进行城市建筑高度控制实践。"旅游建市、旅游兴市"是近年来张家界城市发展的特征，旅游业在带来巨大发展潜力的同时，也对城市空间形态特色造成了破坏。本文在考虑张家界城市发展需求和空间形态特色营造的前提下，对其中心城区城市建筑高度定量化控制进行了实践探索，同时采用了城市建筑高度定量控制方法路线：①用地潜力评价。本文从服务支撑、交通支撑和资源支撑 3 个方面选取了6 个因子来构建评价体系，对张家界整体容量进行分级评价，分别考量每个因子对城市用地开发潜力的影响，根据影响力的强弱将周边的街区进行赋值。最终得到城区容量分级模型（图 1）。该模型表明，由永定一南庄坪一官黎坪 3 个组团形成的核心区、高铁站前区及官黎坪中

具有较高的开发价值。

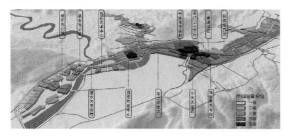

图1 张家界容量分级模型

②开发规模量化。对于张家界9个片区内不同性质用地的容量赋值，可以结合用地簇群分类来量化不同用地的开发规模。基于"竞租"理论和城市土地利用现状，基于社会经济发展的空间需求将不同性质的用地进行梳理和整合，划分为四类用地簇群——R类（居住用地）、B类（商业服务设施用地）、A类（公共管理与公共服务设施用地）、O类（其他设施用地），推测其容积率。再通过对张家界的建设现状及总规、控规进行分析，按密度分区将对中心城区进行规划控制。结合容积率分区和建筑密度分区控制值，可以测算城市建筑高度分区控制值，并构建城市高度基准模型（图2）。

图2 张家界城市建筑与高度基准模型

③刚性因子限定。本文筛选四类刚性管控因子，包括机场净空管控、生态安全管控、市政设施管控和既有建筑限制。综合以上因子提出的限高要求，进一步优化城市建筑高度基准模型，得到城市建筑高度修正模型（图3）。

④城市设计修正。规划结合张家界独特的自然山水格局和历史人文资源，提出了"显山、露水、承脉、定标"的城市设计理念，从"山体视线显现、滨水廊道控制、历史资源保护和地标体系构建"4个方面对城市建筑高度模型进行城市设计修正。a."显山"——山体视线显现。"显山"是指通过控制建筑高度来保证城市重要景观节点眺望天门山等山景的视线不受遮挡。b."露水"——滨水廊

具有较高的开发价值。央商务区

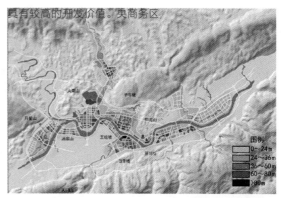

图3 张家界城市建筑高度修正模型

道控制。"露水"是指对张家界"一河七溪"的叶脉状水系两侧的廊道空间进行建筑高度控制。c."承脉"——历史资源保护。历史资源保护对建筑高度的控制主要体现在对张家界古城区（"大庸城"）和重要文物古迹风貌的保护两个方面。d."定标"——地标体系构建。标志性建筑物是城市天际线的视觉感知焦点，使张家界形成主次有序、层次分明及城景相映的城市天际线。最终，将"山体视线显现、滨水廊道控制、历史资源保护和地标体系构建"4个方面的建筑高度控制结果进行叠加，对上一阶段的城市建筑高度修正模型再次进行修正，得到最终的城市建筑高度模型（图4）。

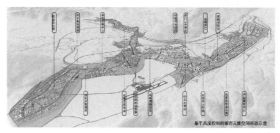

图4 张家界城市建筑高度模型

最后研判建筑高度控制成果实施机制。通过构建张家界城市高度模型，可以为各个地块的建筑高度控制提供依据。本文基于"刚柔并济"的实操原则，将强制性管控和引导性管控的区域进行区分。此外，应将刚柔管控指标与控规有效衔接，将建筑高度控制纳入法定规划中，保证其法定性。

研究不足方面，本文由于所研究的城市具有一定的指向性，在构建相关因子评价指标及指标的定量计算方法方面仍存在一定的局限和不足，未来还需要更丰富的研究和实践来进一步完善，同时在技术成果与规划管理的衔接方面也值得继续深入探索。

中国城市绿地建设的空间溢出效应研究
——基于 286 个地级及以上城市的数据

Research on Spatial Spillover Effect of Urban Green Space Construction in China: Based on the Data of 286 Cities at Prefecture Level or Above

许乙青[1] 成雨萍[2]

1 湖南大学建筑与规划学院硕士生导师，湖南大学设计研究院有限公司总规划师

2 湖南大学建筑与规划学院，硕士研究生

本文发表于《生态经济》2018 年 第 6 期

【摘要】现阶段，中国城市绿地建设更多地属于自上而下的政府推动型，分析中国城市绿地建设问题离不开对地方政府公共品供给决策的讨论。基于公共经济学视角，利用中国 286 个地级及以上城市数据建立空间自回归模型，对市辖区绿地覆盖率、公园绿地覆盖率、建成区绿地覆盖率、人均公园绿地面积与建成区人均绿地面积等城市绿地建设指标的空间溢出效应进行检验。实证结果表明，城市绿地建设的正向空间溢出效应广泛存在，地方政府会根据其邻近城市的绿地建设水平来提供本辖区内的绿地建设。以此为基础，提出了完善绿色政绩考核体系、缩小区域差异、加强对外开放、建立多元投资体系等政策建议，以推动我国城市绿地建设。

【关键词】城市绿地；空间溢出效应；空间自回归模型；政绩考核；地级市

目前，在政治集权与经济分权的制度背景下，中国现阶段的城市绿地建设更多地属于自上而下的政府推动型，这就有可能使得中国城市绿地建设面临中央政策与地方政府的发展动机不相容的问题。本文认为，在中国现行的地方官员晋升锦标赛治理模式下，地方政府具有进行绿地建设投资的内在动力，并且地方政府会倾向于根据其邻近城市的绿地建设水平来提供本辖区内的绿地建设，即城市绿地建设存在空间溢出效应。因此，本文将利用中国 286 个地级及以上城市的相关统计数据建立空间计量模型，对城市绿地建设的空间溢出效应进行检验。这对于推进城市绿地合理建设和提高城市土地资源利用效率具有一定的理论与现实意义。

首先，针对城市绿地建设进行综述研究，大多集中于以下几个方面：一是探讨城市绿地建设的途径和方法；二是讨论城市绿地建设中存在的问题及对策；三是分析城市绿地建设水平的区域差异。同时在中国地方官员晋升考核机制下，地方政府具有进行城市绿地建设投资的激励。为验证绿地建设的空间溢出效应在中国各城市普遍存在，本文接下来将分别以市辖区绿地覆盖率、公园绿地覆盖率、建成区绿地覆盖率、人均公园绿地面积与建成区人均绿地面积等指标衡量城市绿地建设水平，利用中国 286 个地级及以上城市数据建立空间自回归模型进行实证检验。

其次，构建计量模型。空间计量模型的最大特征在于充分考虑了横截面单位之间的空间依赖性。空间依赖性可体现在因变量与误差项上，分别为空间实质相关和空间扰动相关。实质相关反映现实中存在的空间交互影响，当被解释变量之间的空间依赖性对模型显得非常关键而导致了空间相关时，即为空间自回归模型（Spatial Auto-regression，SAR）。扰动相关则是由归入随机扰动项，没有作为解释变量的影响因素的空间相关性所引起的，可采用空间误差模型（Spatial Errors Model，SEM）进行描述。SAR 模型可写成：

$$y_{i,t} = \rho \sum\nolimits_{j=1}^{N} w_{i,j} y_{j,t} + X_{i,t}\beta + \varepsilon_{i,t}$$

$w_{i,j}$ 为空间权重矩阵 W 的 (i, j) 元素，空间权重矩阵 W 是空间计量模型的核心，具体表达为：

$$W = \begin{bmatrix} 0 & w_{12} & \cdots & w_{1n} \\ w_{21} & 0 & \cdots & w_{2n} \\ \vdots & \vdots & \ddots & \vdots \\ w_{n1} & w_{n2} & \cdots & 0 \end{bmatrix}$$

SEM 模型可写成：

$$y_{i,t} = X_{i,t}\beta + u_{i,t}$$

$$u_{i,t} = \lambda \sum\nolimits_{j=1}^{N} w_{i,j} u_{j,t} + \varepsilon_{i,t}$$

本文被解释变量为中国地级及以上城市绿地建设水平。为综合全面反映城市绿地建设水平，本文分别采用如下指标：市辖区绿地覆盖率 GS_1；市辖区公园绿地覆盖率 GS_2；建成区绿地覆盖率 GS_3；市辖区人均绿地面积 GS_4；人均公园绿地面积 GS_5；建成区人均绿地面积

GS_6。同时本文采用二进制空间邻接权重矩阵 W_1 和欧式距离权重矩阵 W_2。最后参考国内外相关文献以及考虑到数据的可得性，本文最终选用的可能影响中国地级市绿地建设的解释变量包括：人口密度（pop）；人均地区生产总值（rgdp）；财政支出比重（govern）；工业化水平（industry）；对外开放程度（foreign）。本文所采用的基础数据来自《中国城市统计年鉴 2015》。《中国城市统计年鉴 2015》社会经济发展方面的主要统计数据，包括中国 286 个地级及以上城市的统计数据（表 1）。

表 1　各变量描述性统计结果

变量符号	变量名称	均值	标准差	最小值	最大值
GS_1	市辖区绿地覆盖率 /%	4.132	5.432	0.008	48.794
GS_2	市辖区公园绿地覆盖率 /%	1.004	1.162	0.003	9.090
GS_3	建成区绿地覆盖率 /%	39.735	8.741	1.018	95.250
GS_4	市辖区人均绿地面积 /（平方米 / 人）	47.007	51.185	1.974	434.380
GS_5	人均公园绿地面积 /（平方米 / 人）	10.674	7.375	0.568	66.314
GS_6	建成区人均绿地面积 /（平方米 / 人）	39.984	24.867	0.782	218.009
pop	人口密度 /(人 / 平方千米)	885.734	767.032	14.910	5 279.210
rgdp	人均 GDP/（万元 / 人）	6.285	3.798	1.395	37.251
govern	财政支出比重 /%	17.175	10.174	3.539	124.157
industry	工业化水平 /%	158.551	126.356	11.936	1 927.777
foreign	对外开放程度 /%	15.696	16.626	0	72.257

最后，进行计量分析与结果讨论。①全局空间自相关分析。确定使用空间计量方法的前提是数据存在空间依赖性。Moran's I 指数是度量全局空间自相关的常用方法，其计算公式为：

$$Moran's\ I_t = \frac{\sum_{i=1}^{N}\sum_{j=1}^{N} w_{ij,t}(x_{i,t}-\bar{x}_t)(x_{j,t}-\bar{x}_t)}{S_t^2 \sum_{i=1}^{N}\sum_{j=1}^{N} w_{ij,t}}$$

$$S_t^2 = \sum_{i=1}^{N}(x_i-\bar{x})^2 / n$$

通过 Moran's I 计算，中国地级及以上城市绿地建设存在显著的正向空间相关特征，市辖区人均绿地面积的 Moran's I 统计量虽为正，但未通过 10% 的显著性检验，由此剔除 GS_4。②空间计量模型形式检验。由于 Moran's I 统计量只能确定是否存在空间效应，不能确定存在空间相关性的空间计量经济学模型的具体形式。本文进一步借助 LM（Lagrange Multiplier）检验和 RLM（Robust Lagrange Multiplier）检验来确定空间效应是空间自回归还是空间误差相关。首先，采用 OLS 方法估计不引入空间效应的普通计量模型。接下来，根据 OLS 估计结果构建 LM 检验和 RLM 检验的检验统计量。计算结果得出，不同空间权重矩阵下，在分别以市辖区绿地覆盖率与建成区绿地覆盖率衡量地级及以上城市绿地建设的结果中，LM(lag) 检验较 LM(error) 检验更加显著。在分别以市辖区公园绿地覆盖率与人均公园绿地面积衡量地级及以上城市绿地建设的结果中，R-LM(lag) 检验显著，而 R-LM(error) 检验不显著。可以断定，相比 SEM 模型，采用 SAR 模型可以更好地反映中国 286 个地级及以上城市绿地建设是如何通过空间效应作用于其他邻近城市的绿地建设的。③空间自回归模型估计结果与分析。本文采用 MLE 估计 SAR 模型。二进制空间邻接权重矩阵下的 SAR 模型估计结果如表 2。

表 2　空间邻接矩阵下中国地级及以上城市绿地建设影响因素的回归结果

自变量	因变量				
	GS_1	GS_2	GS_3	GS_5	GS_5
$W \cdot GS$	0.754** (2.17)	0.206* (1.78)	0.300*** (2.92)	0.373*** (3.33)	0.518** (2.92)
pop	0.003*** (11.74)	0.001*** (21.29)	0.001*** (11.32)	0.001 (0.79)	0.001 (0.31)
rgdp	0.468*** (9.49)	0.048*** (4.30)	0.224** (2.07)	0.667*** (5.87)	2.371*** (5.99)
govern	0.066*** (2.77)	0.010** (2.28)	-0.023 (-0.43)	0.010** (2.28)	0.003 (0.73)
industry	0.001 (0.41)	-0.001 (-0.89)	0.011 (0.32)	-0.001 (-0.96)	-0.001 (-0.19)
foreign	0.040*** (2.90)	0.009*** (3.51)	0.015** (2.43)	0.044** (1.65)	0.172* (1.92)
常数项	-0.736 (-0.49)	-0.258 (-0.88)	-6.640 (-0.95)	-0.576** (-2.00)	0.493 (0.17)
调整后的 R^2	0.637	0.794	0.626	0.640	0.639
log-Likilihood	-781.40	-278.82	-107.49	-240.03	-293.36

研究结果表明，中国地级及以上城市绿地建设确实存在空间溢出效应，地方政府会倾向于根据其邻近城市的绿地建设水平来提供本辖区内的绿地建设，某城市绿地建设投资水平的提高会促进邻近城市绿地建设的相应提高。在分别以 GS_1、GS_2 与 GS_3 衡量绿地建设水平的回归结果中，说明在控制一系列可能影响地方政府绿地建设投资因素的条件下，辖区内人口越多，地方政府绿地建设投资水平越高。GS_5 和 GS_6 的结果表明，其他条件不变的情况下，辖区内人口变动与人口变动所引发的绿地建设之间并非简单的线性关系。同时其他条件不变的情况下，人均 GDP 越高，地方政府的绿地建设投资水平越高，而地方政府财政支出对城市绿地建设的主导作用将有所弱化。空间滞后因变量与其他解释变量的回归系数在正负号与显著性方面与空间邻接中的回归结果基本保持一致，表明具有一定的稳健性。

最后，本文的结论对于科学推动我国城市绿地建设具有如下政策启示。①建立差异化的政绩考核体系。②政府应因地制宜、科学合理地制定城市绿地发展政策和加大对经济欠发达地区绿地建设的资金投入和政策支持。③地方政府应加大对外开放力度，促进当地经济，从而形成绿地建设和经济发展的良性循环。④建立多渠道和多元主体的投资体系，充分发挥市场机制作用。

南方丘陵地区城市规划地域性应对策略

Regional Planning in Hilly Area of South China

许乙青[1] 刘 博[2] 黄 娇[3]

1 湖南大学建筑与规划学院硕士生导师，湖南大学设计研究院有限公司总规划师
2 广东省城乡规划设计研究院城市发展研究中心，规划师、硕士
3 湖南大学建筑与规划学院，硕士研究生

本文发表于《规划师》2017 年 第 11 期

【摘要】因地形、气候等影响形成的地表自然径流是南方丘陵地区的基本生态特征。丘陵地区传统的城市规划模式导致地表自然径流被破坏甚至消失，而目前丘陵地区城市规划研究缺少较完整的地域性规划理论体系。本文从保护地表自然径流出发，从城市结构、城市道路、城市绿廊、城市排水、城市竖向和城市空间六个方面探讨丘陵城市规划策略体系。

【关键词】地表自然径流；丘陵城市；城市结构；规划策略

丘陵地区约占我国国土面积的十分之一，是我国经济发达、城市分布数量较多与城市化水平较高的地区。以雨水径流和自然水体相连接形成的地表自然径流系统是南方丘陵地区的重要自然特征和生态支撑体系。在城市化进程中，丘陵城市盲目模仿平原城市的开发方式，导致地表自然径流在粗放的发展模式中逐渐消失，城市洪涝等一系列城市问题也随之而来。随着海绵城市和生态城市等理念的提出，个性化和生态化成了未来城市发展的主要方向。

本文首先分析丘陵地区城市规划的相关研究，发现目前关于丘陵地区城市规划的研究主要围绕丘陵地貌、丘陵水文和丘陵景观格局等自然特点展开，缺少全面的以自然径流为研究主体的丘陵城市地域性应对策略体系。在丘陵城市结构方面，主要是研究受地形和水系影响的城市用地发展模式和城市功能区的空间组织方式，缺少以径流作为城市结构骨架、以流域作为城市发展基本特征的系统性研究。在城市道路方面，主要是研究如何解决丘陵地形与道路的矛盾，但没有对城市道路与水系结构的契合方式进行相关研究。在丘陵城市排水方面，本文以通过工程技术手段提高城市管网建设标准为主，但在污水排放及雨污联动方面缺少相关研究。在城市竖向

方面，本文以传统的竖向方式改善为主，对基于丘陵城市的水系特征和重要作用的城市水系—道路—排水一体化竖向控制研究较少。在城市绿色廊道规划方面，本文以围绕山体、水体的绿地系统规划为主，对丘陵绿色廊道布局以及与自然径流融合方面的研究较少。在城市地域特色规划方面，"山水城市"的格局在南方城市规划中的认可度较高，但对山水格局的研究仅局限在城市宏观维度上，对于多维度格局的研究和基于视域的控制研究较少。

其次，本文总结了丘陵地表自然径流特征。其是指受丘陵地形影响，雨水在地面、壤中流动，将已存在或需要修复的河流、湖泊等具有统一归宿的集水区串联起来的汇水路径，属于典型的树枝状结构。而丘陵地区城市规划的关键是协调城市用地与自然径流的关系，二者有机结合组成了流域。以不同等级地表自然径流为划分依据，形成了丘陵的基本地形单元——流域。

再次，本文探讨了地表自然径流与城市的和谐共生关系，并通过规划策略建立这种关系是本文的研究重点。本文选择与丘陵城市发展密切相关的城市结构、城市道路、城市绿廊、城市排水、城市竖向、城市空间这六个方面进行研究，旨在形成一套适用于南方丘陵地形的地域性应对策略体系 。

最后，制定基于地表自然径流保护的城市规划地域性应对策略。

①与流域水系等级相对应的城市结构规划策略。丘陵城市结构由早期的紧凑型和带型，发展为组团-树枝型结构，是一种以流域作为基本用地单位、将城市的结构层级和丘陵水系流域的自然层级进行结合，形成等级明确的结构形式。丘陵城市的空间结构层次按照尺度从大到小依次为区域—市域—功能分区—邻里组团。以丘陵地表自然径流为依托的城市空间结构，应在满足城市基本的

内在空间秩序的前提下，实现城市空间与地表自然径流在相同等级上的融合（图1）。

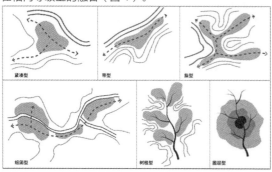

图1 城市结构发展演变图

②结合丘陵树枝状水系肌理的城市道路网策略。丘陵城市道路设计应尽量减少冲突点，将树枝状径流结构与城市道路结构结合。采用兼具通达性和生态性的"规则+自由"的混合式路网形式，以及道路设计要注意对水文节点的避让和道路密度控制（图2）。

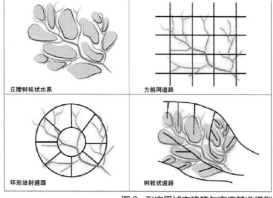

图2 张家界城市建筑与高度基准模型

③基于丘陵地表自然径流的城市树枝状绿道策略。构建依水而建的绿色廊道，绿色廊道作为城市发展的生态骨架和开放空间，能有效地调节城市的气候环境、改善景观破碎化、为物种多样性提供生存空间。同时将"绿廊+绿道+开放空间"多功能融合，以丘陵的地表自然径流为骨架，以径流缓冲绿地、大型绿地斑块和道路绿地为绿色廊道，形成"点一线一面"的多层次系统和连续的生态空间网络。

④与丘陵地形相适应的污水分散式处理与排放策略。进行分散式生态排水策略和污水生态排放策略，分散式雨水生态排水类似雨水的自然水循环过程，保留自然径流通道作为排水路径，通过生态基础设施收集雨水，雨水受地形影响，最终汇集至流域单元的自然径流中。分散式污水处理采用"生态处理模块+生物二级处理"的

方法，从源头上控制污水。

⑤基于地表自然径流保护的城市竖向设计策略。丘陵城市竖向规划设计应在满足城市排水规划和道路规划要求的基础上，保护地表自然径流和丘陵地形，形成排水与道路竖向一体化控制策略。采用分台地的竖向处理办法，将地形分为谷底低地和西侧丘陵两个台地，道路随山就势，两个台地各成系统，避免了东西向道路的肆意拉通。同时将排水与道路竖向一体化控制，以地表自然径流的竖向为依据，道路和场地由两侧向中间径流逐渐降低，将雨水汇集至径流（图3）。

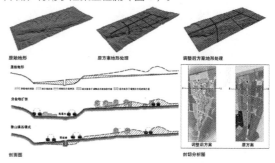

图3 分台地处理丘陵城市道路示意图

⑥基于丘陵山水的城市空间格局策略。背山面水、山环水绕是丘陵城市理想的城市空间格局。首先进行格局视觉控制，保留城市的山水肌理，确定格局主体。其次采用多维山水格局与城市空间的融合，以各级不同等级山水格局关系形成的空间体系作为城市空间的骨架，即水文节点作为城市空间的"核"，汇水廊道作为城市空间的"轴"，地表径流作为城市空间的"架"（图4）。

图4 山水格局构成城市空间骨架示意图

地表自然径流是丘陵城市特有的自然与生态特征，本文基于此提出了六个城市规划方面的地域性应对策略，这些规划策略体系对南方丘陵城市相当有针对性，能有效保护并突出其生态特点，但丘陵地区城市规划策略并不仅限于这六点，有些策略目前还没有得出数学模型或进行数理检验，希望在未来的探索中进一步丰富、完善这些方面，真正做到对丘陵地区城市规划的精细化研究。

基于流域协同的国土空间雨洪安全格局构建方法

Watershed-based Policy Integration Approach to Constructing Territorial Rainstorm Flood Security Pattern

许乙青[1,2] 喻丁一[1,3] 冉　静[1]

1 湖南大学建筑与规划学院，长沙 410082
2 湖南大学设计研究院有限公司，长沙 410006
3 广东省建筑设计研究院有限公司，广州 510010

本文发表于《自然资源学报》2021 年 第 9 期

【摘要】近年来愈发频繁的洪涝灾害暴露出城市建设与雨洪安全之间的矛盾已不容忽视，以防洪基础设施为核心的防灾规划和以各类景观生态基础设施为核心的海绵城市规划，需要内涵和方法的转变。本文以"多规协同"为理论基础，提出在国土空间规划背景下，雨洪安全格局构建的核心内涵应为"协同关系"的构建，即不同规划要素之间不仅在空间布局上协调无冲突，更重要的是能够导向同一的目标与结果。基于该内涵，提出了国土空间雨洪安全格局构建方法的理论框架，应以雨洪安全要素的识别为前提，通过强制性约束措施和引导性联动措施构建雨洪安全要素与国土空间结构、资源用途和支撑系统的协同关系，最终实现不同空间尺度上雨洪安全目标的落实、格局的形成。为更好地诠释该理论框架，本文以江西省万载县镇域国土空间规划为案例，探索并检验该理论框架在实践中的可操作性及应用价值。本文为落实国土空间雨洪安全格局的目标提供了新的思路和理论依据。

【关键词】国土空间规划；雨洪安全格局；多规合一；政策协同；洪涝灾害；FLO-2D 模型

国土空间规划的改革，强调"多规合一"、解决条块分割的问题，以全域的规划管理为目标，扩大了规划的空间尺度，因此，国土空间规划在对安全格局提出新要求的同时，也为全域内构建雨洪安全格局创造了条件和机会。本文重点以洪涝灾害为研究对象，探讨国土空间规划语境下，雨洪安全格局构建的内涵及方法。

首先，本文介绍了国土空间雨洪安全格局的内涵。在景观视角下，雨洪安全格局的研究主要以景观学、生态学的理论思想和技术手段为基础，其定位是景观安全格局和生态安全格局的子内容，因此可统称为雨洪景观安全格局。基于景观生态学的雨洪景观安全格局构建方法，

存在一定的局限性，即使在严格控制其他规划要素与景观安全格局规划无冲突的情况下，仍无法保证雨洪安全目标的最终实现。因此，在国土空间规划背景下，基于协同内涵的雨洪安全格局构建，需要将雨洪安全的目标与其他规划目标相统一，将刚性管控与弹性引导相结合，使雨洪安全要素与其他规划要素形成联动，以结果为导向。

其次，本文构建了国土空间雨洪安全格局的理论框架（图 1）。基于"协同"内涵的雨洪安全格局构建，并不是要在国土空间规划中增加一个独立的雨洪安全格局设计过程或一张图件，而是应该把雨洪安全目标与理念嵌入各级规划要素中，形成雨洪安全与规划的协同关系。实现该目标的基础是雨洪安全要素的识别，途径是通过强制性约束措施和引导性联动措施构建雨洪安全要素与国土空间结构、用途和空间支撑系统的协同关系，最终实现不同空间尺度上雨洪安全目标的落实和格局的形成。

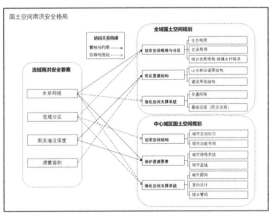

图 1　国土空间雨洪安全格局构建的理论框架

再次，本文试以江西省万载县龙河流域（186 km²）为案例，尝试提取雨洪安全要素，构建雨洪安全要素与国土空间规划要素的协同关系，并协调全域与中心城区

的规划。一方面，本文基于雨洪淹没模型、水文分析、调蓄容积计算等方法，提取出雨洪安全的四个关键要素。一是基于 ArcGIS 平台的水文分析构建水系网络；二是在河网水系的基础上，划分三个流域等级单元，即流域、小流域、集水区；三是基于对百年一遇的降雨事件进行雨洪淹没模拟，运用 FLO-2D 模拟软件，确定雨洪淹没深度；四是调蓄容积的计算，包括现状调蓄容积和目标调蓄容积，目标调蓄容积即产流量，根据公式 $V=10 \times H \times \phi \times F$ 计算得出，V 为汇水区的目标调蓄容积（单位），H 为设计降雨量（mm），ϕ 为综合径流系数，F 为汇水区面积（hm^2）。

另一方面，本文构建了镇域国土空间雨洪安全格局（图 2）。在镇域国土空间规划要素与雨洪安全要素的协同层面：①空间格局中，在南部三个小流域的上游布局较大规模的生态用地，形成由水系廊道分隔的农业格局；对于生态格局，在北部的三个小流域内，布局规模较小的生态用地，并通过水系廊道与城市内部的生态公园连接；在龙河主流域内布局镇中心城区，在集水区内结合各村落的发展现状和规模布局中心村，形成镇—村发展体系与水系、流域等级和谐的格局。

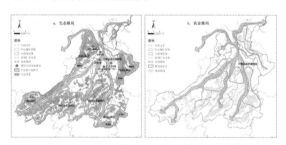

图 2 生态格局（左）与农业格局（右）

②资源用途结构中，依据该低影响开发理念，对总调蓄容积，在各小流域中进行分配，具体指标分配结果如表 1 所示。和用途结构管控一样，该调蓄容积也可以作为管控和传导的一个指标依据，实现用地结构管控与调蓄目标的协同。

在雨洪安全要素与中心城区规划要素的协同层面：
①空间结构中，万载县城关镇的中心城区，整体位于龙河流域下游、与锦江交汇的地带。由水系流域结构分析可知，其老城区的等级是与龙河流域等级相对应的，因而在城镇北部形成了一个城市中心；而城市南部龙河的三条主要支流的汇合地带，可以承载与龙河老城区等级相当的第二城市中心，最终形成两轴两中心的城市空间结构。在此结构上，可构建一个北部商业居住片区，南部三个小流域分割出三个不同功能的生活、行政、商住片区结构（图 3）。

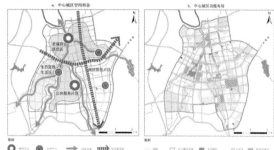

图 3 城镇空间形态（左）与功能布局（右）

②在资源要素保护中，本文在具体划定蓝线时考虑现状水系、低洼地带以及暴雨事件中洪涝灾害的淹没深度综合分析划定蓝线。而布局城市绿地的方法，主要针对城市内涝，或较低等级水系的小规模洪灾；而对于较大规模的洪灾，则需要利用全流域的生态、农业空间进行调蓄。

③对城市内资源要素的保护，只有通过与空间支撑系统的联动，才能在实践建设中落地。首先，本文调整道路的走向和布局，采用"规则+自由"的混合式路网布局模式，减少东西向横跨水系的主次干道；其次，对水系与道路交汇的一些关键点的道路竖向标高要进行控制，考虑雨洪安全要以地表原有径流保护作为关键控制要素，避免出现道路与水系产生较大高差的现象；最后，沿地表自然径流铺设污水干管，依据自然的流域分区确定排水分区，并将传统雨水用地下管网排放的方式改为地面排放，采用渗、滤等措施对其进行净化。

最后，"规划协同"在任何国家和体制下都非易事，在实践中受规划体制、编制流程、组织架构、经济技术条件、利益权衡乃至地方文化历史等诸多因素的影响。国土空间规划的改革，是实现雨洪安全格局目标的良好契机，本文提出的国土空间雨洪安全格局构建理论框架，为实现国土空间安全和谐提供了一个新的思路和理论依据。

表 1 雨洪调蓄容积调整表

容积	2018 基期		2035 规划期	
小流域	已实现调蓄容积	2018 产流量	2035 产流量	需增补调蓄容积
洞口小流域	580.33	628.35	635.28	6.93
慕下小流域	296.44	367.54	383.29	15.74
布城小流域	421.80	578.61	606.47	27.85
中心城区小流域—西	76.82	147.79	151.73	3.95
中心城区小流域—中	65.43	152.24	154.34	2.10
中心城区小流域—东	65.14	132.30	139.20	6.90
合计	1505.95	2006.83	2070.30	63.47

湖南丘陵城市土地生态敏感性评价及景观生态格局优化研究

Research on Ecological Sensitivity Evaluation and Landscape Ecological Pattern Optimization of Hilly City in Hunan

翟端强[1] 叶强[2] 何玮琪[3]

1 湖南大学建筑与城市规划学院，硕士

2 湖南大学建筑与规划学院，教授，yeqianghn@163.com

3 湖南大学建筑与城市规划学院，硕士

本文发表于《中国园林》2021年 第35卷

【摘要】以地处湖南丘陵地区的浏阳市为例，选取自然环境、社会经济、生态安全三方面要素10个生态敏感性因子作为评价指标，获得浏阳市生态敏感性空间分布。在生态敏感性综合评价的基础上，对浏阳市景观格局进行分析，应用最小累积耗费距离模型进行市域景观格局优化，并将优化成果应用于浏阳市中心城区景观绿地系统规划。结果表明：1) 浏阳市生态敏感性总体较高，总体分布规律为城镇区域较低，市域中西部区域偏低，东北部区域相对较高；2) 浏阳市域内优势景观类型明显、异质性差，景观形状复杂、破碎化程度较高，景观生态系统不稳定。结合敏感性景观格局分析结果，构建生态源地、廊道和节点等景观要素，并利用优化成果对浏阳市中心城区景观绿地系统进行规划设计，实现丘陵城市土地利用生态安全。

【关键词】风景园林；湖南丘陵地区；生态敏感性；最小耗费距离模型；景观格局分析优化；浏阳市

国外相关研究更偏重气候变化等生态环境问题。国内研究对丘陵城市景观格局优化很少涉及，针对生态脆弱的湖南丘陵地区研究更加稀少。对于地形复杂的丘陵城市来说，生态敏感性应充分考虑地形、环境、社会活动等多方面因素。本文在总结国内外生态敏感性研究成果的基础上，以地处湖南丘陵区的浏阳市为例，进行生态敏感性评价。

1 研究区域概况

浏阳市隶属湖南长沙市，位于湖南省东北部、湘江支流浏阳河流域（北纬27°51'~28°34'，东经113°10'~114°15'），地处湘赣交界处及长沙、株洲、湘潭"金三角"区域。海拔为37.5~1608m。全市土地总面积约5 000km²，总人口149.1万。

2 数据来源与研究方法

数据来源选取浏阳市2016年5月地面分辨率为30m×30m的TM遥感影像和空间分辨率为30m的

表1 生态敏感性评价指标体系

准则层	单因子	生态敏感性分级			
		高度敏感	中度敏感	低度敏感	非敏感
自然环境	高程	>1 000m	500~1 000m	200~500m	<200m
	坡度	>25°	15~25°	8~15°	0~8°
	坡向	阴坡	半阴坡	半阳坡	平地阳坡
	水域	<50m缓冲区	50~100m缓冲区	100~200m缓冲区	>200m缓冲区
社会经济	道路交通	高速公路、国道、省道>1 000m缓冲区；县道、乡镇道路>500m缓冲区	高速公路、国道、省道500~1 000m缓冲区；县道、乡镇道路300~500m缓冲区	高速公路、国道、省道200~500m缓冲区；县道、乡镇道路100~300m缓冲区	高速公路、国道、省道<200m缓冲区；县道、乡镇道路<100m缓冲区
	土地利用	水域、林地	耕地	草地、园地	建设用地、未利用地
	经济水平	GDP<10亿元	10亿元<GDP<30亿元	30亿元<GDP<100亿元	GDP>100亿元
生态安全	生物多样性	林地	草地、水域	耕地	建设用地、未利用地
	地质灾害	地质灾害点0~200m缓冲区	地质灾害点200~500m缓冲区	地质灾害点500~1 000m缓冲区	地质灾害点大于1 000m缓冲区
	景源	国家级景源	省级景源	市级景源	其他地区
分级赋值		7	5	3	1

DEM 数据作为基础数据源。

评价因子的选取与等级划分兼顾丘陵城市生态特殊性、动态性、代表性以及可操作性等原则，选取以上自然环境、社会经济、生态安全三方面要素 10 个因子构建指标体系，指标体系如表 1 所示。本文采用德尔菲法对 10 个评价因子进行权重设置，获取单因子与准则层内各因子的相对重要值并进行评价因子权重设置和空间叠加分析。同时 ArcGIS 平台中将浏阳市市域范围划分为 30m×30m 的栅格，并赋予各类景观阻力值，搭建最小耗费距离模型。

3 浏阳市生态敏感性评价分析

3.1 单因子生态敏感性分析

浏阳市自然要素敏感性整体偏低，市域自然要素敏感性分布规律表现为东北高、西南低，主要是因为西南部地势较低，而东北部地势较高（图 1）。浏阳市自然要素敏感性整体较高，中、高敏感区主要分布在市域的中西部。非、低敏感性区面积共有 1 058.11km²，占比为 21.16%，主要分布在市域的东部。浏阳市为生态宜居城市，自然景观较多，生态价值较大（图 2）。浏阳市生态安全敏感性整体偏高，中、高敏感性面积占比达70.02%，非、低敏感区大部分分布在市域的西部及中部部分区域。生态安全敏感性对浏阳市的总体敏感性影响较大，所以必须做好生物多样性保护和地质灾害的防护（图 3）。

3.2 生态敏感性综合分析

见浏阳市综合生态敏感性评价图（图 4）。浏阳市生态敏感性总体较高，总的分布规律为市域建成区敏感性较低，市域东北部敏感性较高，中、西部部分区域敏感性较低。市域整体开发力度中，东部较强、西部较弱，西部生态敏感性较高，浏阳市当前城市空间开发是由东部向西部延伸，这也和生态敏感性评价结果基本相符。浏阳市是生态宜居城市，林地景观面积较大，自然景观较丰富。根据浏阳市敏感性评价结果，可知浏阳市的低敏感区基本分布在省道周围，但是这些区域内有浏阳河、捞刀河等生态价值较高的河流景观穿过，城镇的开发建设必然会对其产生破坏，所以必须协调好城镇的开发建设与生态保护。

4 浏阳市景观生态格局分析与优化

从各景观指数来看，浏阳市景观斑块密度和最大斑块指数较大，平均斑块面积较小，表明市域范围存在优势景观，且景观破碎化程度较高。从整体来看，浏阳市市域内优势景观类型明显、异质性差、景观形状复杂、破碎化程度较高、整体连通性差、景观生态系统不稳定，不利于现状景观空间格局的维持（图 5、图 6）。

5 结论

浏阳市生态敏感性在空间分布上呈现显著差异性，浏阳市生态敏感性总体较高，总的分布规律为城镇周围较低，市域中西部偏低，东北部相对较高。浏阳市域内优势景观类型明显、异质性差，景观形状复杂、破碎化程度较高，整体连通性差，景观生态系统不稳定，不利于现状景观空间格局的维持。结合浏阳市生态敏感性评价结果，依据"斑块—廊道—基质"理论，进行浏阳市景观绿地系统规划设计，实现市域土地利用的生态安全。

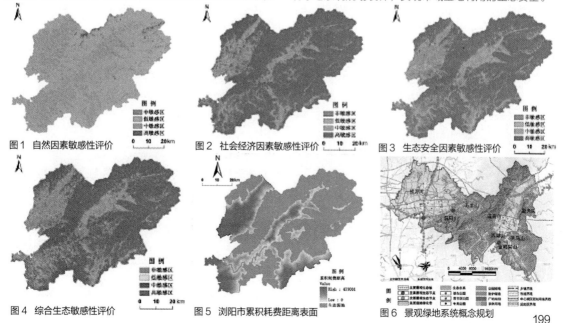

图 1 自然因素敏感性评价　　　图 2 社会经济因素敏感性评价　　　图 3 生态安全因素敏感性评价

图 4 综合生态敏感性评价　　　图 5 浏阳市累积耗费距离表面　　　图 6 景观绿地系统概念规划

国土空间规划下城市收缩与复兴中的空间形态调整

Spatial Adjustment of Shrinking Cities in the Territorial Spatial Planning

周恺[1] 涂婳[2] 戴燕归[3]

1 湖南大学建筑与规划学院，副教授、城乡规划系主任

2 湖南大学建筑与规划学院，硕士研究生

3 湖南大学建筑与规划学院，硕士研究生

本文发表于《经济地理》2021 年 第 4 期

【摘要】在国土空间规划体系的构建过程中，市级国土空间总体规划在战略引导城市空间可持续发展方面，担负着处理城市和区域的空间关系、探索城市空间发展模式、进行空间结构优化的职责。在我国城镇化发展出现局部人口收缩的新背景下，部分区域和城市的收缩与复兴对其空间布局调整和结构优化将产生决定性影响。因此，本文基于收缩城市研究中的空间形态调整规律，探讨其在国土空间规划背景之下的规划应对策略。首先，从区域收缩（广义收缩）和城市收缩（狭义收缩）两个层面对现有人口收缩的空间模式进行概括，总结区域和城市在收缩与复兴过程中的形态演化规律，归纳区域衰退、中心区衰退、次中心衰退、居住用地空置、产业用地弃置五种形态类型特征。其次，基于国土空间总体规划的编制内容，从已见成效的城市复兴案例入手，分别归纳收缩期区域和城市层面的空间形态调整策略。最后，基于以上空间调整策略的梳理和总结，对国土空间总体规划下的空间形态优化策略进行探讨。

【关键词】国土空间规划；空间结构优化；收缩城市；城市复兴；城市形态；城镇开发边界；资源环境底线

随着我国城镇化由"高速增长"走向"高质量发展"，部分城市开发建设也逐渐进入集约、高效、提质、减量的新阶段。在我国东北地区和长江中游省市、京津冀城市群、长三角城市群和珠三角城市群等区域都出现了局部收缩现象。人口收缩情境下，在吸引增量人口的同时也需要提高存量人口的生活品质，城市治理政策将转向"量质并举"。目前，国土空间规划的组织和编制工作正积极展开，如何科学地编制市级国土空间总体规划成为当下的热点话题。《市级国土空间总体规划编制指南（试行）》将"资源枯竭、人口收缩城市振兴发展的空间策略"列为该层次规划的重大专题研究之一，并在主要内容上

与收缩城市的空间策略相互呼应。因此，本文基于"收缩城市"的相关案例经验，试图通过分析城市收缩与复兴中的空间形态调整方式，探索此类市级国土空间总体规划的空间规划方法。

本文梳理收缩区域和收缩城市的人口收缩的空间模式，归纳其形态演化规律和类型特征。"区域收缩"（或广义收缩），即直辖市、副省级市和地级市、县市、乡镇或村的"行政地域"范围内的人口收缩，可进一步细分为"全域型收缩"和"局部型收缩"。"城市收缩"（狭义收缩）即行政区内的市辖区、县市街道或街区等"城市实体地域"经济衰退或房屋土地空置。城市尺度下的收缩包括"圈层"和"穿孔"两种空间模式（图 1）。

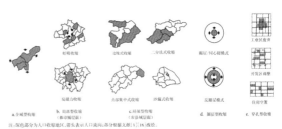

注：深色部分为人口收缩地区，箭头表示人口流向；部分根据文献[1][16]改绘。

图 1　收缩的空间模式

笔者根据全球城镇化经验总结得出收缩的形态演化规律。区域尺度下，城镇空间在经历"集聚发展阶段"和"空间相对均衡阶段"之后，可能由于区域人口经济发展停滞和衰退，进入"收缩调整阶段"，出现中心城市的收缩和城镇体系结构的再调整（图 2）。在城市尺度下，城镇在经历研究者熟知的"萌芽期"和"增长扩张期"后，可能在"结构性危机"影响下进入"衰退期"，而后在规划政策引导下进入"收缩调整期"（图 3）。依据区域和城市收缩的形态演化规律，本文进一步确定了区域收缩、中心区收缩、次中心收缩、居住用地空置、产业用地弃置五种形态类型。

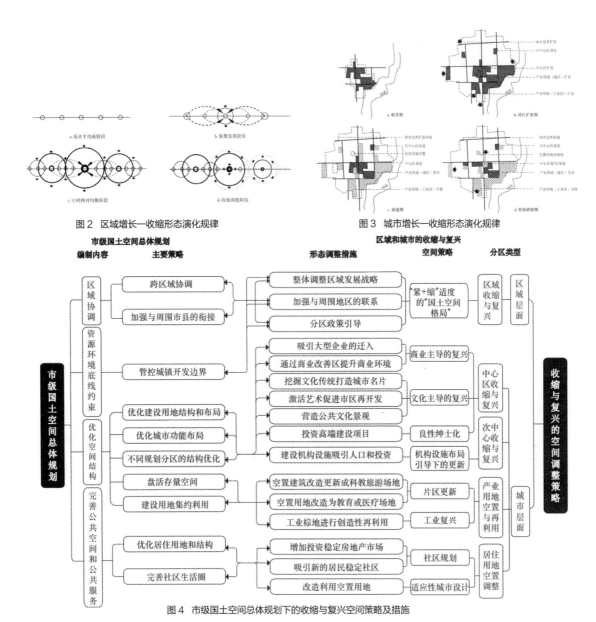

图2　区域增长—收缩形态演化规律　　　　　图3　城市增长—收缩形态演化规律

图4　市级国土空间总体规划下的收缩与复兴空间策略及措施

在收缩与增长情境并存的城镇化新格局之下，国土空间总体规划也需要同时关注收缩与复兴的空间形态调整策略。依据国土空间总体规划的编制要求，笔者提出国土空间总体规划的战略引领框架：①在"促进区域协调"的发展理念之下，跨区域协调"增长和收缩"；②基于"收缩的形态演化规律和类型特征"，分区实现"空间结构优化"；③围绕"底线约束"，建立"紧＋缩"适度的"国土空间格局"。

对应于区域和城市收缩的空间模式和形态特征，笔者提出收缩的空间优化策略：①区域的集聚发展与收缩调整；②中心区的衰退、复兴和更新；③次中心的增长、衰退与更新；④居住用地的空置和再利用；⑤产业用地的废弃空置和调整更新。

将区域和城市收缩空间形态调整与国土空间总体规划编制相匹配，总结了市级国土空间总体规划空间优化策略（图4），以期为编制国土空间总体规划的空间结构优化提供参考。①弹性控制城镇开发边界，合理确定中心城区规模；②精准优化城市功能结构，分区引导收缩城市形态调整；③利用城市收缩期，改善生活空间品质。

基于地域识别性视角的非遗文化空间构建策略研究
——以长沙湘江古镇群等为例

Study on Strategies of Constructing Intangible Cultural Heritage Space from the Perspective of Regional Identification: Taking Xiangjiang Ancient Town Groups in Changsha as an Example

沈瑶[1] 徐诗卉[1]

1 湖南大学建筑与规划学院

本文发表于《建筑学报》2019 年 增刊 1

【摘要】针对快速城镇化进程中地域识别性丧失和承载非物质文化遗产的文化空间如何存续的问题，本文在深入解读地域识别性与文化空间内涵的基础上，认为非遗主导的文化空间建设是提升地域识别性的有效手段；并研究了长沙湘江古镇群建设等非遗资源应用于提升地域识别性的相关实践经验与问题，提出"多层次"管控模式创新、"主题式"文化空间打造与"类型化"文化空间加载三大策略，推动非遗在文化空间设计与运营上的积极应用，以提升地域识别性。

【关键词】非物质文化遗产；文化空间；地域识别性；城乡规划

在快速城镇化进程中，非物质文化遗产作为地域文化资源，其空间载体和社会环境不断受到破坏；现今的城乡空间建设注重于物质更新，相似的现代化和全球化建设理念导致了地域文化的流失。城乡空间的个性特征在钢筋混凝土的框架下已经失去了原生性和地域识别性。非物质文化遗产是一种活态文化，非遗的现代化传承首先要解决的就是存续的文化空间与城镇化发展之间的矛盾，并利用其软性的、活态的文化优势提升地域识别性，探索城乡空间的创新传承和建设路径。本文着重进行了长沙市非遗资源应用于地域识别性提升实践研究，提出"多层次"管控模式创新、"主题式"文化空间打造与"类型化"文化空间加载三大策略，推动非遗在文化空间设计与运营上的积极应用，以提升地域识别性。

地域识别性与文化空间的主要构成均包括空间环境和心理行为活动，本质是互通的，并通过人的行为活动和空间感知进行连接。非遗的地域性又与地域识别性产生的前提——差异性相吻合，提取其地域符号并应用于环境特征，可强化文化空间的识别认知。所以塑造具有地域识别性的文化空间，应以非遗的活态性为媒介，利用在该环境下进行的非遗活动形成人和空间的互动，达

成"个体性"和"社会性"的统一，赋予物质空间内涵和社会意义，进而达到提升地域识别性的目的（图1）。

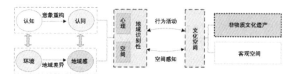

图1 提升地域识别性的文化空间塑造

1 "多层次"管控模式

规划部门管理非遗的目的在于利用其空间管控和城市定位属性，对非遗资源相关的用地、空间布局、建设控制等空间属性进行确定和管理。其他管理部门以此为基础和参考，从不同角度和层次对非遗资源进行策划和布局，创造具有地域识别性的城乡文化空间。

简化行政程序以及为"人"规划的理念正在逐渐渗透，文化空间的构建需要在各方进行衔接和互动，包括从顶层自然资源部规划编制到基层社区治理的纵向衔接，也包括同级部门如文物部门、旅游部门等职责互动。可引入多部门协作与多元参与的"多层次"管控模式，在非遗渗透各层级空间建设的前提下，营造人和空间的良性互动，加强地域识别性的心理和空间认知，对纳入非遗的城乡文化遗产在资源共享和规划编制实施等方面打破行政和地域壁垒。

管理部门在对非遗资源进行宏观管理利用以外，也可引导达成自下而上的社区治理理念下的创新型公众参与模式。有研究表明，适合居住的紧凑的城市和社区，可使行政管理和民间有更紧密的合作，实现非遗在文化空间中的活态传承。在管理部门权责和精力有限的情况下，与社会组织合作是一种快速有效的引导途径，如长沙 NPO 组织共享家社区发展中心曾于 2015 年在长沙西湖公园举办"非遗文化节"，通过集结海内外志愿者，与市民"练摊"互动，展示非遗的文化价值及传承意义，提升居民的归属感，让非遗走进社区和现代生活（图2）。

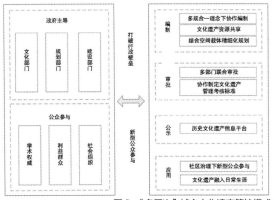

图2 "多层次"城乡文化遗产管控模式

2 "主题式"文化空间打造

在进行文化空间建设时,首先可对地域内的非遗资源进行"清底式"调查,把所有相关的非遗资源统一收录和挖掘,整合分析其地域共性和特性。在权衡非遗资源保持完整度、开发利用价值、地域特色契合度等方面后,再提取相应的主题元素,利用非遗的地域性特点,进行主题定制和精准应用,作为旅游开发和塑造地域识别性的有效方法。在湘江古镇群的建设中,总体文化资源调查实际上滞后于各古镇的规划建设过程,是政府部门为了更好地指导古镇群的总体建设而发起的"补救"措施,如果按照"主题式"文化空间打造的理想步骤,在对古镇文化遗产有较强理解和掌握的基础上进行开发,可减少大量时间和资源损耗。所以本文认为,"清底式"遗产调查是重要的主题文化空间构建手段,是政府部门强化自我认知、摸清底牌的必要程序。它应当作为文化空间构建的第一步,这一步选择可突出地域内的重要非遗资源,往往奠定了文化空间的总体基调,也是后续进行城乡规划和建设的依据(图3)。

图3 "主题式"文化空间打造过程

3 "类型化"文化空间加载

文化空间中的非物质文化遗产构建是基于用地和建设管理,其对于非遗的识别、保护、展示和利用,为城乡空间建设的一部分。与有明确的空间归属的物质文化遗产不同,要使非遗在文化空间建设中明确权责,可根据各类资源的属性,对其通过人和空间互动产生地域识别性的不同表现形式进行梳理,加载成相应的文化空间,再将其类型化为现有空间规划和建设使用的宏观空间利用层次,并对其利用频次进行区分,便于清晰和指向性的城乡空间建设。可发现不同类型的非遗资源加载的文化空间各不相同,广场、公园、博物馆等是可容纳多种非遗资源生存的复合文化空间。在对应的宏观空间中,历史街区是最适合非遗资源建设的空间,这也符合非遗的历史特征和地域特征。除了单纯的物质空间加载,非遗还可以作用于提升"人"对地域的归属感和认同感,进行心理空间加载。可在城市居民尤其是青少年的日常生活中,融入长期延续的非遗资源,保持社会结构稳定,培养居民对乡土的情感。此外,在城市更新中,也要考虑原住民迁出引起的人口置换对老城区非遗延续的影响,能够容纳原住民的城市更新,才是延续地域认同感的良性循环路径(图4)。

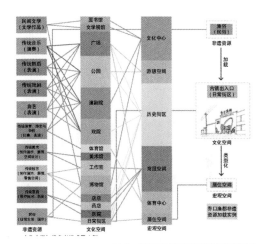

图4 文化空间加载参考模式及实例

本文以长沙市从城市文化特点考虑进行的湘江古镇群建设和非遗资源管控等实践为例,把各类非遗资源在文化空间建设中可采取的策略如管控模式创新、主题式文化空间建设、类型化文化空间加载均进行了探索,但其在落实层面仍然存在责权部门缺乏互动、针对性较弱的问题,除了已有广泛认知度的历史文化资源,其余小众的、尚未发掘的非遗资源更需要重视,在调查中体现出来的部门认知和重视程度不均、同质品牌恶性竞争等问题也提示了进一步工作的重点,在今后的研究中也将进行持续跟踪和发掘。

附件——英文摘要与关键词
Annex——English Abstract and Key Words

建筑部分 / Architecture

Poetic Indigenization ——On the Design of Tian Han Cultural Park

Wei Chunyu, Gu Ziwei, Huang Bin

【Abstract】In the planning and architectural design of TianHan Cultural Park, the Regional Studio is rooted in the spatial relationship between the field and the village's original nature, and uses the construction method of scatter perspective to respond to the disadvantages of the site, while embedding various functions adaptively according to the elements of the site. The design has always been through the transformation and balance of the binary relationship between "daily" and "ceremony", and stimulates the collision between the characteristics of place and spatial prototype to construct a cultural park that integrates display and display of drama performances and local drama training which commemorates Mr. Tian Han's great artistic achievements and unyielding spirit. The design has completed a poetic local construction with the integration and transformation of ritual and daily scene and scenery.

【Keywords】virgin nature; daily; ceremony; adaptability; poetic; local construction; Tian Han Cultural Park

The Schema of Metaphors——The Design of Xie Zilong Photography Museum

Wei Chunyu, Zhang Guang, Liu Haili

【Abstract】In the architectural design of Xie Zilong's Image Museum, the Regional Studio explored the prototype in the architectural ontology and found the psychological schema behind it through the continuous research and practice of regional typology which allows the building site path to create a form that can accommodate the different functions due to the change of time. The designers use familiar objects in daily life to construct a metaphor and a maze of time stagnation, while combining the white concrete, " sandwich" insulation structure and prefabricated formwork system. In terms of design, it seeks for the most primitive and simple self-generating way to pay attention to the origin of architecture. In terms of form, it weakens the daily flashy modeling in normal memory and chooses pure Platonic language, so that the architecture presents a minimalism form.

【Keywords】regional typology; prototype; psychological schema; metaphor; minimalism form; Xie Zilong Photography Museum

The Archetypal and the Fractal——On the Design of Zhangjiajie Museum

Wei Chunyu, Liu Haili, Qi Jing

【Abstract】 Zhangjiajie Museum is a regional creation practice in western Hunan. The Regional studio tries to find the architectural prototype from the folk houses and find the topographic characteristics from the geomorphologic landscape of quartz sand and peak forest by applying the fractal theory of architectural typology and topographic methods. The designers use the fractal method to reconstruct and integrate the two to generate the volume; and use the landscape bionics to interpret the terrain features of the surrounding environment, emphasizing the continuity of the landscape texture; and choose stone as the surface material of the building, so as to establish the relationship between the building and the local cultural and natural features. In addition, the Regional Studio elaborates the semantic of architectural form with abstract architectural language, and naturally generated and deduced a narrative space with strong publicity and participation.

【Keywords】 retail business; spatial structure; agglomeration; spatial heterogeneity; GWR; Changsha

"Layering" and "Overlapping" : Study on Creative Expression of Cubist Architecture

Chen Hui Dulu Yuanfang Xu Haohao

【Abstract】At the beginning of the 20th century, creative expression of layering and overlapping commonly used in cubist painting was applied to architectural creation, and gradually led to architectural design methods of facade layering, spatial layering and grid overlapping in the plane. Facade layering was mainly manifested in the extraction and application of symbols of ornamental facade in cubism. Spatial layering was the replacement of planes with spaces,that is, the perception of the interstitial space that advanced or receded in reference to a point of view or a direction of motion. Grid overlapping in the plane referred to the relationship of mutual penetration and interaction, in which the grids with multiple and different directions intersected. This paper attempts to explore and interpret the creative ideas and design methods of cubist architecture through the analysis of a number of cubist architectural examples which were popular in the Czech Republic at the beginning of the 20th century.

【Keywords】cubist architecture; facade layering; spatial laying; grid overlapping in the plane

Regional Modernism in the Tropics ——Vladimir Ossipoff and His Three Design

Yan Tao Wei chunyu Li Xin

【Abstract】Focusing on the design philosophy and works of his American architect Vladimir Ossipoff, this paper introduces the life experience and educational background that contribute to his design methods of synthesizing Eastern and Western architectural culture on the basis of the conditions of Hawaii. It offers an analysis of his three designs with an emphasis on the architectural language of "regional modernism" based on climate and place, and maintains that Ossipoff's designs falls in the category of tropical modernist movement characterized by a vibrant and glamorous architectural integration of modernity and locality, as a valuable reference for contemporary Chinese architecture.

【Keywords】Vladimir Ossipof; Hawaii; regional modernism; climate; place; locality

The Oriental Tradition as Modernist Manifesto: Three Western Architects and Katsura Imperial Villa

Yan Tao　Wei Chunyu　Li Xin

【Abstract】Focusing on the connections between three influential Western architects and Katsura Imperial Villa, this paper examines the historical relationship between Katsura and the development of modern architecture. It also explicates the biases of modernism and architects' subjectivity within the interpretations of Katsura, and Katsura's influence on contemporary Japanese and Western architecture. In conclusion, this study offers insights for critical architectural strategies an several levels: a dialectical interpretation of tradition, a selective recognition of Western value system, and the cultural re-creation from a local perspective.

【Keywords 】Katsura Imperial Villa; modernity; Bruno Taut; Walter Gropius; Le Corbusier; Japanese architecture

Difference and Compatibility: A Comparison of the Research between Architectural Sociology and Architectural Anthropology

Ou Xiongquan　Wang Wei

【Abstract】 Architectural sociology and architectural anthropology are two emerging fields of interdisciplinary research in architecture. Both of them study the relationship between architecture, society and human beings.They have similar concepts and are often confusing. Based on the analysis of architectural sociology and architectural anthropology and the comparison of their research characteristics, this study concludes that architectural sociology and architectural anthropology are more inclined to a research paradigm in the context of contemporary research, and there are differences and certain compatibility between them.

【Keywords 】architectural sociology, architectural anthropology, characteristic of research, difference , compatibility

Schema Language: From Metaphysical Painting and New Rationalism to Regional Architectural Practice

WEI Chunyu, LIU Haili

【Abstract】Departing from the Schema Theory, by proposing and articulating the concept of schema representation, the article presents the thoughts on the formation and expression of architectural idea: by revealing the relationship between the Metaphysical Painting represented by Giorgio de Chirico and New Rationalism advocated by Aldo Rossi, it analyzes and compares the psychological schema hidden in these two's works, from which revelations are derived. Finally, through the local architectural practice of the Regional Studio, the concept is interpreted and reproduced.

【Keywords】schema representation; metaphysical painting; new rationalism; regional architecture practice

Construction strategy of the Digital Age —— Structural Design of Nonlinear Skin

Zhaohui Yuan, Boyi Wei

【Abstract】Because of the factors such as technological progress and aesthetic transformation, the skin was recognized by the public as an independent architectural design element, architectural skin as the most direct communication medium between the designer and the audience, because some designers blindly seek novelty or abuse technology, the bizarre "form mask" of construction caused great misleading to the viewer in reading space and designers' ideas. Disciplinary differentiation amplifies practitioners' differences in thinking, leading architects to focus on form while engineers to focus on performance, even leading to design process disjointed phenomenon. The nonlinear structure skin advocates the active combination of skin form and structure system, with the help of increasingly developed digital design methods and construction techniques, under the background of digital era, the architectural works that present the nonlinear trend can realize the mutual redemption of form and structure.

【Keywords】architectural form, structural characteristics, digital age, non-linear structural skin

Diversified Exploration and Case Practice of Participatory Co-construction of Contemporary Collective Housing in China

LiLi, Lu Jiansong

【Abstract】In recent years, residential models such as "Share house/Co-housing", "Self-built house", and "Cooperative housing" have continuously emerged, and have interpreted the evolution and future development trends of collective housing from different perspectives. In essence, it is a manifestation of "participatory co-construction". On the background of diversified residential supply of China, "participatory co-construction" has become one of the new focus directions of collective housing. This research analyzes the architectural characteristics and realization forms of some completed cases of "participatory co-construction" in China, and proposes a new concept of collective housing design oriented by "participatory co-construction" in China.

【Keywords】collective housing; participatory co-construction; co-housing; spontaneous construction; cooperative housing

夏热冬冷地区建筑设计标准、指南和技术规范

Architectural Design Standards, Guidelines and Technical Specifications in Hot Summer and Cold Winter Areas

Research on Optimal Matching of Solar-Assisted Ground-Coupled Heat Pump Domestic Hot Water System

Xiaorui Zou, Jin Zhou, Xingyong Deng, Guoqiang-Zhang;

【 Abstract 】 The hubrid system of conventional solar domestic hot water system and ground source heat pump domestic hot water system was established through the coupling of these two kinds of systems mentioned above. In this paper, research was concentrated on the hybrid system of a certain university dormitory located in Changsha, China. Based on monthly changes in the load of hot water usage, the selection ranges of equipment parameters of the hybrid system were attained,which was then used to determine the levels of each factor in the following orthogonalization analysis. Then the optimal matching of major equipment and control parameters in the hybrid system was obtained by dynamic simulation and statistical analysis, where optimal economic efficiency could be achieved. The conclusion was capable to be utilized as a reference for actual project in equipment parameters and control settings of the hybrid system.

【 Keywords 】 solar-assisted ground-coupled heat pump domestic hot water system; hourly dynamic simulation; orthogonalization procedure; optimization analysis

An Exploration on the Application of UHPC Components of Prefabricated Buildings Based on CCST Low—energy Assembly Residential Demonstration Building

An Exploration on the Application of UHPC Components of Prefabricated Buildings Based on CCST Low—energy Assembly Residential Demonstration Building

An Exploration on the Application of UHPC Components of Prefabricated Buildings Based on CCST Low—energy Assembly Residential Demonstration Building

An Exploration on the Application of UHPC Components of Prefabricated Buildings Based on CCST Low—energy Assembly Residential Demonstration Building

An Exploration on the Application of UHPC Components of Prefabricated Buildings Based on CCST Low—energy Assembly Residential Demonstration Building

Guang Deng Zijie Weng Guoqiang Zhang Quan Zhou

【Abstract】At present, there are many problems in the development of precast concrete (PC) assembled buildings in our country, but ultra-high performance concrete (UHPC) has the advantages of lightness, high strength, high toughness, durability, aesthetics and easy maintenance. By introducing the application of UHPC in the prefabricated demonstration building, this paper discusses and examines its feasibility and design method from the aspects of structural safety simulation, full size-scale component test and cost analysis. By analyzing the advantages of UHPC, this paper puts forward that UHPC lightweight components can be used as the starting point in the initial stage of UHPC application in assembled buildings, and analyzes the relevant design strategies and promotion methods.

【Keywords】ultra-high performance concrete, assembled building, feasibility, building components, detail design, simulation test

A Study on the Sustainable Design of Modular Container House in Shunyi, Beijing

Wei Wang Ding He Qing Gao

【Abstract】Because the domestic living environment is becoming worse, "sustainable design"has been attached more importance and building new sustainable communities has become a top priority. This paper studies Lettuce House, Shunyi Distrct, Bejing, a sustanabl living lab,and introduces sustainable design and construction system or this. Through analyzing and clarifying design concept, material selection, implementation strtegies, spatial combination, physical simulation environment, construct on management and other aspects of Lettuce House, it points out that the container modular housing is indeed a kind of green and low carbon, convenient mobile. It can provoke a reference or the luure sulan laule community development.

【Keywords】container house, modular design, sustainable design, construction system

Study on Development Status and Technology Section of Green Buildings in Hunan Province

XuFeng, Wang Wi, Zhou Jin, Yao Haoyi, Wang Baijun

【Abstract】This paper reviews the development status of green buildings in Hunan province from 2011 to 2016,which are analyzed through quantity, floorage, star level proportion and geographical distribution. It also focuses on the incremental cost of different star levels and the usage situation of technologies of green buildings in Hunan province, especially renewable energy technology through the analysis of green building schemes which have obtained Green Buildling Labelling. Meanwhile, based on the analysis of the usage situation of technologies in green building schemes and the provisions like "Basic Regulations for Design of Green Buildings in Changsha (TIrial)","Design Standard for Energy Conservation of Public Buildings in Hunan Province", "Design Standard for Energy Conservation of Residential Buildlings in Hunan Province " and"Design Guidelines of Green Buildings in Hunan Province", a reference is provided to green buildings in Hunan Province to determine the primer level and to select suitable technologies according to star levels' expectation.

【Keywords】green buildings, development status, incremental cost, technology selection

Exploring Sustainable Architectural Design in Ubiquitous Ecologies: Recognition of Placeness, Complexity, Systems Thinking

Fei Xie

【Abstract】After decades of development, cyberspace has well been integrated into the world around us to make ubiquitous ecologies. In such context, architectural design is situated in a more complex built environment and therefore facing greater challenges than before. This paper puts forward a preliminary set of suggestive design strategies to response to the changes of the time. Based on this, three important perspectives of sustainable design in ubiquitous ecologies are further discussed and recognized via the case study of three designs. The paper underlines the value of scientific and innovative nature of architectural design in this ubiquitous information era, and provides suggestions for the future development and transformation of Chinese sustainable architecture and design research.

【Keywords】ubiquitous ecologies, sustainable architectural design,placeness,complexity, systems thinking, recognition

Study on the Residential Thermal Environment and Energy Consumption Based on Human Occupancy

Jin Zhou   Yalun Song

【Abstract】Occupancy of different family members in residential building is quite different because of discrepancies in age, living habit and nature of work, so that different kinds of people have different indoor thermal comfort feeling in the same building, resulting in diverse air conditioning (AC) activity and energy consumption. This paper launched the survey and analysis regarding hourly occupancy of three different kinds of people in Changsha, amending the existing indoor long-term thermal environment and energy consumption indicators with the indoor occupancy coefficient. On the basis of the study, indoor thermal environment and energy consumption in a typical residential building for four kinds of typical family structures in Changsha were simulated and comparatively analyzed. The result revealed that occupancy of different kinds of people was significantly different during the day. Besides, the higher the occupancy, the more obvious of the importance of indoor thermal comfort and the higher of the energy consumption. Therefore, we should make special emphasis on the passive design strategy of buildings for different family structures. The research result of this article can shed some light on the design of energy efficiency of residential building.

【Keywords】residential building, occupancy, family structure, thermal environment, energy consumption

Research on atrium form of Changsha University Library Based on Natural Ventilation

Yuan Zhaohui   Zhou Yanbin   Cui Jiaying   Zhang Guoqiang

【Abstract】 In order to study the influence of library atrium form on natural ventilation, through the field research of university libraries in Changsha area, systematically analyzed are the characteristics and problems of natural ventilation of university libraries in the area, and the basic prototype of university library atrium in the region is extracted. Based on the major data of the library obtained from the survey, a basic physical model is established. Using Phoenics software, considering the solar radiation and the indoor and outdoor thermal environment, the parameters of the library prototypes of different atrium orientations, numbers and profiles are simulated. Combined with the natural ventilation theory, the results of the data analysis are compared, and finally the orientation from the atrium is in the three aspects of the number of atriums and the atrium profile, this paper proposes a space shape that is conducive to the natural ventilation of university libraries in Changsha, and provides a reference for the passive low energy design of university libraries in the region.

【Keywords】Changsha area; University Library; Natural ventilation; Simulation; Atrium form

HuaYao Kitchen: Kitchen Renew of the Farmers' Self-built House in Chongmudang Village

Jiansong Lu, Yan Su, Feng Xu, Min Jiang

【Abstract】In this study, the kitchen in the self-built house of rural residential house in Chongmudang village in the Tiger mountain of Longhui, Hunan province was taken as the main case to study the quality improvement method of rural kitchen in poverty-stricken areas of ethnic minorities. From 2013 to 2017, we completed the study on the evolution process of "Fire place to kitchen". Kitchen renovation and renovation of 13 rural residential houses; The two key reform demonstration cases were supervised and controlled on site, and the ways of system renewal (lighting, water supply and drainage, smoke exhaust and steam exhaust, material storage, garbage disposal and cooking) of rural kitchens were summarized. It also points out the importance of improving the quality of rural demonstration cases and improving the publicity of kitchens to the development of villages.

【Keywords】Hua Yao district, farmer house, Kitchen, fire place

Village Implicit Public Space: Case Study in Hunan

Jiansong Lu, Min Jiang, Yan Su, Zhuowu Jiang

【Abstract】According to the theory of modern public and public space, the village public space should consists of explicit and implicit public space systems. The latter consisted of the production and the daily life public space. The self-evolution of nodes of daily life implicit public space, based on residential distribution and terrain factors. The function changes of productive implicit public space, based on the operating, distribution and function of the explicit public space. In a certain stage of development, the village implicit public space can affect the operational efficiency of explicit public space, and even transformed into explicit public space and influent the evolution of whole village forms. In a village planning, the layout of the nodes and the property of the public space can be the guide and control method for the village self-organization evolution.

【Keywords】village, public space, implicit, Self-organization

Japanese Practices and Implications from the Residential Participation Co-operative Housing

LILi

【Abstract】Based on the policy orientation of encouraging the participation of multiple subjects in our society, the demand for housing supply diversification is also expanding, which has positive significance for the exploration of cooperative housing construction mechanism. This paper introduces the cases of Japanese co-operative housing, analyzes its types and characteristics. In order to provide reference for the practice of multi-agent participation housing construction from the aspects of planning process, organization, participation type and management in China.

【Keywords】 co-operative housing; supply diversification; participatory design; resident participation; autonomous management

The Knowledge Map of the Research on Rural Construction During the Initial Stage of New China

Yang Wenzhao , Liu Su , Xiao Can

【Abstract】Under abibliomnetrc perspectve with the documents about rural construction citing from 6 journals as ArchitsctoralJournal, the different periods of the research on rural construction over time could been dentified via the information visualyzation technologi – CiteSpace. Sting the time slice ranging from 1949 to 1979, the knowledge map of the research on rural constructon during the intil stage of new China hasbeen created. The paper sunmaizes the evolution of the research on rural construction, and analyzes its contents and evol tion mechanism with historcalinformatio in thsperiod,then highights is problems, preseting the significance of theoretical research to architectural design on rural construction.

【Keywords】 research on rural construction; bibliometric; knowledge map; CiteSpace; initial stage of New China

A Review on the Evolution of Resilient City Theory: concept, Developments and Directions

Ouyang Hongbin; Ye Qiang

【Abstract】Resilient City is becoming an important theory of city planning. A variety of definitions of "Resilience" as the core of the theory, resulting from interdisciplinary research and research development, have made it difficult to understand the theory. By using the literature to review the evolution of the concept of "Resilience", it is found 3 phases were included which are Engineering Resilience, Ecological Resilience and Social- Ecological Resilience based on the differences of such concept connotations as research scope, core properties and key indicators and the different concept connotations led to the corresponding research developments. As a result, a theory tree of Resilient City formed, with the evolution clue of the concept connotation of Resilience as the tree trunk and the research developments as the branches. It is suggested that the Context Resilience will be at the core of the Resilient City theory as the future direction of the "tree", taking the city (or region) context as the research scope, the integrative transformability as the core property and the proper innovation as the key indicator, to deepen the theory researches and to promote the theory to practices.

【Keywords】 Resilient City; Engineering Resilience; Ecological Resilience; Social–Ecological Resilience; Context Resilience

The Comparative Research on the Plane Patterns of Auckland and Changsha Core Area from the Perspective of Urban Morphology

Song Mingxing   Mao Yongtai

【Abstract】With the rapid expansion of Chinese cities, the urban form of Changsha is undergoing drastic change, but the urban form of Auckland, New Zealand, has maintained steady and gradual development, emphasizing on the construction of urban form. Based on Conzen's theory of urban morphology, this paper selects the core area of Auckland and Changsha as the research object and starts the study from the "ground plan". The purpose is to make a comparative analysis of the urban street systems, plot patterns, layout of composite buildings organization and other morphological elements, and establish the link between urban plot patterns and urban form. Learning from Auckland's model of orderly development of plot scale, it could provide some ideas for the construction of urban morphology according to the actual situation of our country.

【Keywords】Auckland; Changsha; street system; plot pattern; urban form

Site Semantics: From Functional Relations to Structural Relations Planning and Architectural Design of the New Tianma Campus of Hunan University

WEI Chunyu, HUANG Bin, LI Xu, SONG Mingxing

【Abstract】 The paper introduces the production of planning and architectural design of the new Tianma Campus of Hunan University: structuralism and the schemata idea were adopted as under girding principles to resolve conventional functional constraints, and internal and external semantics were generated through the use of architectural grouping and landscape strategies, derivation of geographical types and creation of ritualized spaces. It aims to create a collegiate environment of unique atmospheres, and to explore the order deep behind the surface, so as to form an intrinsic resistance against drastic socio-cultural conditions nowadays.

【Keywords】function; structure; diagram; architectural grouping; landscape; type; site semantics; Tianma campus of Hunan University

A study on Modern Detached Houses in Changsha within the Scope of Spatial Configuration

Zhang Wei , Tang Dagang

【Abstract】This paper analyzed the spatial configuration characteristics evolution rule of modern detached houses in Changsha based on the perspective of spatial configuration.The cultural influence factors behind the change of spatial syntax attribute value are discussed from the relationship between material space and spiritual culture.In combination with the spatial configuration characteristics evolution trend of modern houses, the smart strategy of protecting and renewing them is put forward. Furthermore, this paper discusses how to inherit and innovate in modern urban residential design, so as to achieve the purpose of continuing urban local and temporal characteristics.

【Keywords】 Modern detached houses; Spatial Configuration; Evolvement; Smart Protection

Analysis of Influencing Factors of Rural Planning in Hunan Province Based on Sustainable Development of Agriculture

Yan Xiangqi , Song Mingxing , Xiang Hui , Chen Na

【Abstract】From the angle of rural planning, this paper explores the influencing factors of rural planning from the angle of sustainable development of agriculture under the guidance of strategic planning of rural revitalization, in order to provide reasonable reference and suggestions for the phased planning of rural areas in Hunan province. The influencing factors of rural planning in Hunan province were identified qualitatively by DEMATE method and quantitatively evaluated by entropy method. 1. The urbanization rate has the greatest influence on the rural planning, which is the most influential degree in all the factors, followed by the third industry employees, agricultural financial expenditure, scale agricultural operation. 2. The urbanization rate has the greatest influence on the rural planning, and the influence degree are the largest among all factors. Based on the analysis of centrality and reason degree, this paper identifies the important influencing factors of rural planning in Hunan province, including urbanization rate, agricultural financial expenditure, scale agricultural management and tertiary industry employees. Five factors of water-saving irrigation area are the important factors influencing the implementation of rural planning in Hunan Province. 1. Economic factors are the leading factors in rural planning under the background of agricultural sustainable development. The key factors in the implementation of rural planning are leisure agricultural output value, large-scale agricultural management and agricultural fiscal expenditure. The promotion of economic benefits plays an important role in promoting rural planning and construction in Hunan Province. 2. As a result, the incidence of poverty, the output value of leisure agriculture and the per capita income ratio of urban and rural residents are greatly affected by the mode of agricultural production, the distribution of urban and rural resources and the integration of industries. It is the key to consolidate the benefit of the results of rural planning in Hunan province to fully grasp the relationship between the important factors. 3. Population and social factors are the restricting factors for the implementation of rural planning in Hunan Province. In accordance with the general requirements of prosperous industry, ecological livable, civilized rural style, effective governance and rich life, we should speed up the promotion of science and technology in Hunan Province and the strengthening of agriculture with special characteristics. It is the key to improve the ability of sustainable development of agriculture and the implementation of rural planning to strengthen the quality of agriculture and the construction of open agriculture.

【Keywords 】Sustainable development of agriculture; Hunan Province; Rural planning; Influencing factor; DEMATE

The Differences of Spatial Combination of Traditional Waterfront Villages in Hu'nan Province

Xu Feng , Deng Yuan , Xu Nuo , Song Limei

【Abstract 】Hu'nan has abundant rainfall, dense river networks, diverse landforms, and belongs to multi- ethnic region.The spatial combination of Hunan's waterfront villages with distinctive regional characteristics is affected by different factors in varying degrees. From longitudinal analysis we found that the waterfront villages in Hu'nan have similar choices of water shape and have obvious differences in water scale and distance selection.The layout presents the combined characteristics of development along the water axis, limited mountain enclosure, combined with terrain in the waterfront space, and has close relations with residents and cultural integration.

We analyze the spatial combination of villages from the horizontal aspect and compare three regions including southern Hunan, central Hunan and western Hunan, then we dig the differences and causes of spatial combinations ,grasp the internal laws, so as to provide targeted ideas for future village protection and development.

【Keywords 】Waterfront village; Space combination; Village location; Plane layout

地方建筑遗产 保护与活化的理论与方法
Theory and Method of Protection and Activation of
Local Architectural Heritage

Comparative Analysis of the Color of Ritual Architecture in Traditional Villages: The Han, Tujia and Dong Ethnic Groups in Hunan

He Shaoyao , Zang Chengcheng , Zhang Mengmiao
Tang Chengjun

【Abstract】 With Chinese Architectural Color Card and Munsell's color system as basic research tools, and through both qualitative analysis method and quantitative analysis method, this paper aims to investigate and analyze the ritual architecture colors of Han, Tujia, Dong in Hunan. It concludes that building material is an important factor that affects the main color and auxiliary color of ritual architecture. Although they share the same cultural background, the decorative colors of Tujia and Dong ritual architecture still follow the traditional cultural customs of their own nation, while the Han ethnic group is deeply influenced by the Taoist culture integrated in Hunan culture. In addition, the ethnic aesthetics also influences the use of color. Finally, this paper summarizes that people should attach importance to traditional color and continue the color habit of traditional villages in the future. It also provides a basis for scientific repair and maintenance, or building new ritual architectures.

【Keywords】 Hunan Province, traditional villages, ritual architecture, architecture color

A Study on Indigenization Characteristics of Modern Church Buildings in Changsha

Xu Li , Zeyu Li

【Abstract】This paper makes a study on the existing modern churches in Changsha in terms of the development process, spatial distribution and usage status. On the basis of field investigation and textual research, these churches are analyzed in four aspects, namely spatial layout, architectural form, construction mode and detail decoration. Finally, indigenization characteristics of them are summed up. It is found that the churches in Changsha weakened the original square spaces which were important. The internal space scale and proportion of them were weakened to varying degrees. The churches simplified the Western-style church common sculpture, doors and windows detail, spire and other structural elements. They also applied the decorative art form of local architecture to construct the details.

【Keywords】church; architectural space; differences between China and the West; indigenization

"Civilization" of a Kind of Traditional Architecture: Modern Cultural Influences on Ci-tang in Rural Areas of Hunan

Li Yuwei, Liu Su

【Abstract】Since the beginning of the 20th century, with the eastward spread of western culture, the influence of foreign culture has gradually appeared on Chinese vernacular architectures. Although known as the province that is most antipathy to all things foreign, in Hunan, Western-styled Ci-tang (ancestral hall), began to emerge in many remoted areas, and were called "civilized buildings" by the locals. In this paper, a survey is carried out among these Ci-tang. Based on a wide range of literary sources along with field investigation, the evolution patterns of these Ci-tang were studied. Other than just focusing on the imitating appearance, the ideology and modernity behind this phenomenon of vernacular architecture's "civilizing" is discussed, in order to enrich the study on early modern Chinese architecture, and also provide a new perspective for the study of modern architectural history about those of spontaneity in less urbanized areas.

【Keywords】Hunan vernacular architecture, Hunan modern architecture, Hunan Ancestral halls (Ci-tang), civilize, civilized buildings

The Component and Self-adaptive of the Cube-House in Hongjiang

Lu Jiansong, Zhu Yong, Guo Qiuyan, Min Jiang

【Abstract】Base on the case study of Hongjiang Cube- Houses, by the surveying and mapping, numerical analysis, comparative studies, this paper researches on the self-adaptive mechanism of the folk housing. From the view of complex system theory, the paper analysis of regional architecture as a system, discusses the homogeneity, specificity, randomness of the regional architecture, and points out the hierarchy and self-restriction relationship in the regional architecture system. The paper provides a theoretical basis for the inheritance and protection of the traditional settlements and buildings, and provides a reference method for the regional architectural innovation design.

【Keywords 】Hongjiang, Cube-Houses, self-adaptive, hierarchy , self-restriction

Contemporary Transformation of Traditional Introverted Consciousness in Spatial Design

Chen Hui , Sun Chuhan , Ning Cuiying , Jia Xilun

【Abstract】In view of the increasingly single outward oriented urban spatial development model and its exposed material and spiritual crisis, from the spatial introversion consciousness of traditional city and architecture construction and with some representative design cases, this paper investigates the transformation method of inward spatial design ideas in contemporary urban development. It also highlights four transformation aspects of development consciousness, service content, space value and core cognition, and discusses the possibility of solving the problems resulting from the urban outward expansion through introverted design thinking.

【Keywords 】introverted; transformation; complementary; tradition and the contemporary; city

LiuShiying's Ideas of Social Improvement and His Propositions and Practices on Residential Remedy

Yi Yv, Ping Chen

【Abstract】In order to explore the architectural theories of the early- modern architect Liu Shiying, this paper introduces Liu's essay Remedies for Residences Nowadays published in 1934, and analyzes the formation backgrounds of his ideas of Residential Remedy from personal experiences, political situations and other perspectives. Then it studies his relevant practices of the mentioned ideas taking the residential buildings in Hunan University as cases. By focusing on Residential Remedy, which may be a less renowned part in his career, it is revealed that Liu had committed his whole life to the ideas of Social Improvement, which is considered as the core of his architectural thoughts.

【Keywords】LiuShiying,Social improvement, Residential remedy, Modern residence, Hunan University campus

Study on the Change of Defense System and Spatial Characteristics of Ancient Towns in the Upper Reaches of Hanshui River: Take the Ancient City of Hanzhong in Sichuan–Shanxi War Zone as an Example

Wei Zhang , Gengen Hu

【Abstract】The period of confrontation between the north and the south in ancient Chinese history has gone through a long time. The boundary of confrontation mostly occurred in Han River and other places, and went on between the north and the south. Founded in the Han Dynasty, Hanzhong is not only the core of urban defense in the upper reaches of Hanshui River, but also the regional political center in the Sichuan- Shanxi war zone. The Adaptability Evolution of military garrison and air defense in its ancient towns has important enlightenment for the renewal and growth of modern ancient cities. This paper focuses on the process of adaptability change of Hanzhong ancient city, which is the core of regional defense in the upper reaches of Hanshui River. On the basis of clarifying the historical evolution of Hanzhong ancient city and the formation process of regional defense, this paper further interprets the elements of Defense Space of Hanzhong ancient town as material and non-material elements including natural and artificial elements, and interprets the site selection of ancient town hierarchically. Evolution model of spatial characteristics of layout, geographical environment and city defense, street defense, building defense and military strategy, and evaluation of the value and significance of the defensive spatial adaptability evolution of Hanzhong ancient city in the upper reaches of Sichuan- Shanxi and Hanshui River for its renewal and growth.

【Keywords】upstream of Hanjiang river, Sichuan-Shanxi war zone, ancient city of Hanzhong, adaptive change, defense space

The Remains of Ancient Chu Culture in Huxiang Architectural Art

Su LIU

【Abstract】Chu culture is an important branch of ancient Chinese culture. Its artistic style takes romanticism as a basic feature that contrasts with the realistic culture of the Central Plains. Qin eradicated the six countries (230—221 BC) and unified tianxia (land under heaven), bringing destruction to the state of Chu and leading to the decline of Chu culture. However, traces of the romantic Chu culture can still be found in the traditional buildings of present-day Hunan Province and the surrounding provinces (Huxiang), and are completely different from the northern architectural styles. These are the clear remains of ancient Chu culture. This paper sorts out the differences between Chu culture and the culture of the Central Plains, discussing the essential characteristics of Chu architecture and art. It also analyses the reasons for the decline of Chu culture and the remains of this culture in the architecture of the Huxiang area, as well as in southern China.

【Keywords】 Chu culture; romanticism; cultural characteristics; southern architecture; heritage remains

Constructing an Architectural Heritage Corridor along the Zishui River of the Ancient Tea Road in Hunan Province

Chen Hui , Cao Dong , Zou Yuan , Meng Sicheng

【Abstract】The concept of a heritage corridor originated in the United States and is a new method for the regional protection of linear cultural heritage sites. Constructing heritage corridors accurately is of great significance for the protection of the integrity and authenticity of the Ancient Tea Road's architectural heritage. This study explores a rational construction of the architectural heritage corridor along the Zishui River in Hunan Province through an in-depth analysis of the distribution, heritage relevance and spatial structure of the heritage sites. Thus, it provides a new thought for the protection of cultural heritage and advances the work in applying for World Heritage Site status for the Ancient Tea Road.

【Keywords】 Ancient Tea Road; Hunan Province; Zishui River; linear cultural heritage; heritage corridor

Arguments Based on Yuelu Qin Bamboo Slips for the Market Architectural Style during Qin Dynasty

Xiao Can , Tang Mengtian

【Abstract】According to the Tactics Existing in a Larceny Case of Qin Dynasty, which had been Archived in Qin Bamboo slice provided by Yuelu Academy,this paper argues such aspects as the definition, the architectural style, the planning principle for the following concepts, market, individual store, commercial land and Ting in Qin Dynasty gradually.Besides the Bamboo Slice,several recent archaeological finding and literature are adopted as reference to support the argument.

【Keywords】Bamboo slips in Qin Dynasty collected by Yuelu Academy; market; architecture

规划部分 / Urban Planning

可持续发展的城市空间结构
Sustainable Urban Spatial Structure

Research on Retail Commercial Space Agglomeration and Its Influencing Mechanism Based on Spatial Heterogeneity:A Case Study of Changsha

Ye Qiang, Zhao Yao, Hu Zanying, Pan Ruochun

【Abstract】Significant spatial heterogeneity exists in commercial aggregation and its influencing factors. The study of its objective laws is an essential part of the study of commercial geography, and it is an inevitable requirement to promote the scientific formulation of urban commercial network planning and city management. However, there was sill no enough research on the spatial heterogeneity of influencing factors in the direct of commercial agglomeration. Therefore, our work took Changsha, a central city in central China, as an example, and used the GWR model to analyze the spatial heterogeneity of the factors affecting retail commercial space agglomeration. The research indicates that: (1) Changsha still maintains the commercial space structure of "municipal-regional-community". Spatial heterogeneity exist in the strength and direction of the influences of different urban spatial elements on the spatial agglomeration of retail business. Meanwhile, the overall structure presents a "center-periphery" structure. (2) City-level commercial centers are highly dependent on factors such as traffic flow, subway construction, business office, and scenic spots; Factors that positively affect regional commercial centers are: flow > residential > business office > subway > schools; The positive driving factors of community-level commercial centers are mainly public transportation and living space. (3)There is spatial complementarity between the influence of subway and public transport on commercial agglomeration.

【Keywords】retail business; spatial structure; agglomeration; spatial heterogeneity; GWR; Changsha

Research on Commercial Spatial Structure and Spatial Service Capability of Provincial Capital Cities along the Yellow River in the New Period

Ye Qiang, Zhao Yao, Tan Chang, Ma Ming-yi, Chen Na

【Abstract】Under the dual background of the "Yellow River Strategy" and the promotion of supply-side structural reform, it is important to investigate spatial structure of urban commerce of capital cities along the Yellow River so as to promote the high-quality development of the Yellow River Basin's urban economy. This paper takes the provincial capital cities along the Yellow River as an example, analyzes their commercial space structure through the kernel density estimation and the standard deviation ellipse method, and explores the level of commercial space service capabilities through overlay analysis. The results show that: (1) The total sales of social retail products per capita in the urban area shows an increasing trend from the upper to the lower reaches of the Yellow River Basin. Along the river, Jinan is a typical active consumer city. (2) The commercial spatial structure of the capital cities along the Yellow River shows beaded type, single core type, basic network type and mature network type. (3) The more mature the urban commercial spatial structure becomes, the stronger its spatial service capability is. Jinan has the most significant commercial spatial service capacity, and Zhengzhou has the worst. The research results can provide a scientific reference for the high-quality development of the Yellow River Basin and land spatial planning in the new period.

【Keywords】urban commerce; spatial structure; commercial service capability; development model; Yellow River Basin; provincial capital cities

Review of the Interaction between Information Communication Technology and City in Geographic Perspective

Mo Zhengxi, Ye Qiang

【Abstract】In the era of globalization and informatization, information communication technology (ICT) has penetrated into all aspects of society and has a significant impact on our city and life. Based on the scientific measurement software (HistCite and CiteSpace) and traditional literature method, this paper analyzes the hotspots of information technology and city since 1990. And transformation of research paradigm, technology diffusion and "digital divide", innovation network and industrial agglomeration, retail globalization, e-commerce, urban spatial structure and strategies, human spatial-temporal behavior, were specifically reviewed. And this study summarizes literature progress from temporal dimension, spatial dimension and content dimension. Based on the former analysis, main trend and deficiency about these issues were put forward from the breadth and depth, perspectives, areas and method of research. The research showed that we should pay more attention to the ICT influence on urban system and emphasize the interdisciplinary integration on the connotation, spatial characteristics, development model, dynamic evolution, operation mechanism, effect evaluation, and other aspects of research.

【Keywords】information communication technology (ICT); informatization; city; geography; progress; CiteSpace; HistCite

Analysis on the Characteristics of Temporal and Spatial Evolution of Rural Settlements in Changzhutan Ecological "Green Heart" Under Land-Use Regulation

Ye Qiang, Pan Ruochun, Zhao Yao

【Abstract】Land use control is not only the core of land space planning at the present stage but also the exogenous key factor of the evolution of rural settlements. To clarify the spatial and temporal evolution of rural settlements under the influence of land-use control is of great significance to improve the method of land space planning and rural revitalization. ArcGIS spatial analysis method and statistical analysis method were used to study the spatial temporal evolution characteristics of rural settlements in Changzhutan ecological "Green Heart" before and after land use control. The results show that: (1) influenced by land use control, Changzhutan ecological "Green Heart" number and area of rural settlements show the increase—decrease increase trend, the turning points were 2013 and 2016 assembling pattern shifted from uniform type low density in the spatial distribution of the core to the centralized high density core mutation, gathering core shifted from prohibited development zones and restricted development zones to these coordinated areas quickly migration (2) the degree of intervention of land use control in the evolution of rural settlements is not significant in 2018 the number of rural settlements in the forbidden development zones. restricted development zones and coordinated construction zones increased by 11.35%, 16.74% and 53.36%, respectively, compared with 2016, and the area of rural settlements increased by 35.67 %, 30.93% and 13.35%, respectively; with the increase of the number of years of land use control, rural settlements in the forbidden deve-lopment zones broke through the control targets and formed small-scale clusters; (3) space control planning method in the new era is more conducive to the overall planning and optimization of land uses but it still needs to be implemented under the guarantee of corresponding supporting policies. These research results can provide some data reference for improving the control scheme of land space use and promoting ecological environmental protection and high-quality economic development in this region.

【Keywords】rural settlements; land use control; spatiotemporal evolution; evolution characteristics; Changzhutan ecological 'Green Heart'

The Expansion and Driving Forces of the Functional Spaceland: A Case Study of Changsha from 1979 to 2014

Ye Qiang, Mo Zhengxi, Xu Yiqing

【Abstract】The expansion of urban functional space has always been a core issue in the study of urban geography and urban planning. In this paper, we mainly focus on the following three types of urban functional spaces: residential space, industrial spaces and service space, and we take the central city of Changsha as our study area. Based on the land use map covering the years of 1979, 1989, 2003, 2011 and 2014 as well as corresponding statistical yearbooks, in combination of taking GIS and SPSS statistical tools, this article analyzed the dynamic features and driving forces of the functional space evolution of Changsha by citing a variety of models such as sector fractal, "center-periphery" spheres density, expansion intensity, coupling degree and axial sprawl index. The results were obtained as follows: (1) The urban functional space of Changsha's central city expanded rapidly between 1979 and 2014. And the pattern of extension was still displaying the "circle mode" and "axis belt mode", but gradually transited to "polycentric structure". In the process of quick external expansion, the urban land also filled internally in the study period. The direction of functional transformation presented a phase difference clearly, which had experienced the process of "east, south and southeast" from 1979 to 1989 to the "northwest, east, southeast and north" during 2011 to 2014. Meanwhile, it showed some differentiation of different types of functional land. (2) Residential space showed excessive expansion and guided other spaces extension, which was incompatible with other functional urban spaces, causing an imbalance in urban functional space. Some zones even showed serious contradiction with city planning during the process of expansion. (3) Functional spaces coupling showed significant "core-peripheral" geographic differentiation, and mainly focused on the core area. Functional space types in peripheral area were relatively single, which means that the level of alignment was insufficient. To strengthen urban comprehensive competitiveness, local government should improve service function and promote functional integration. (4) This study also probes the dynamic driving forces of the evolution of the functional space in Changsha City, mainly including economic, administrative, ecological and social factors. And the administrative factor played a significant role in the evolution. (5) We propose the basic research framework for the study of urban functional land expansion from "problem orientation – phenomenon induction – essential analysis – strategy response", which can provide theoretical guidance for optimizing the internal space structure and improve the functional efficiency of the central city.

【Keywords】 urban functional land; expansion characteristics; driving force; Changsha

The Network Characteristics of Urban Agglomerations in the Middle Research of the Yangtze River Based on Baidu Migration Data

Ye Qiang, Zhang Lixuan, Peng Peng,
Huang Junlin

Law As It Ought To Be And Law As It Is: Integration of Urban Rural Planning Law

Ye Qiang, Li Mengyu

【Abstract】 The Middle Yangtze River Valley has become more significant in China's regional development pattern due to the reply of the Development Planning of Urban Agglomerations in the Middle Reaches of the Yangtze River So, studying its network structure and discussing the orderly development mechanism is becoming a focal point in the society. Based on Baidu migration data, this paper studies the network characteristics of the urban agglomerations in the middle reaches of the Yangtze River and by the social network analysis method. The results shows:(1) The whole network density of the urban agglomerations in the middle reaches of the Yangtze River is only 0.4315 Connections between the cities is not high (2)The centrality of Changsha, Wuhan, Nanchang is relatively high, which means more power and influence. (3) The urban agglomerations in the middle reaches of the Yangtze River has the obvious trend of the core and edge, which shows the "Pyramid" structure. The driving roll of Changsha and Nanchang to the surrounding cities is remarkable, while Wuhan is not (4) The urban core degree based on the stream of people has a positive correlation with the strength of the city center.

【Abstract】 Urban rural planning law has encountered some problems since enactment. Based on the relationship of law as it ought to be and law as it is, the paper studies the discrepancy between the vision and reality of legislation. Legislative institutions are passive in response to the legal status of urban design, and absence of urban planning evaluation has resulted in obscurity of responsible subjects. The legislature shall improve efficiency to enact, amend, and repeal laws, define the legal status of urban design, establish the third party evaluation system, guarantee public participation in urban planning decision-making and surveillance, and realize integration of urban rural planning law from law as it is to law as it ought to be.

【Keywords】 Urban rural planning law, As it ought to be, As it is, Legislation

【Keywords】 Territorial Planning; flood security pattern; Planning integration; Policy integration; Flood hazard; Flo-2D model

To Regulate the Urban Form of Shrinking City: A Coupling Framework of Transect Models and Smart Shrinkage

Zhou Kai, Dai Yangui, Tu Hua

【Abstract】The transformation of landscape/townscape from the rural area to an urban area is a continuous and phased process, for which a transect model is used in the smart growth strategy to depict as well as to regulate the changing urban form, ensuring a smooth transition between different ecological zones. Inspired by this, we try to apply the "transect model" to "smart shrinkage", using the abilities of the former to "allocate spatial elements" and to "smooth transition between ecology zones", in order to fulfill the needs of the latter (i.e. "to optimize the spatial pattern" and "to rightsizing the city"). Firstly, this paper introduces the concepts and meanings of the transect model and the smart shrinkage and builds a coupling framework based on their similar aims, objects, and operations. Secondly, this paper analyzes three case studies in the USA, where the framework was partially implemented in the specific planning practices of these shrinking cities. Using the coupling framework and case studies, this research aims to develop a method/theory for the control of urban form in both growing and shrinking cities. By doing so, it prepares the urban planners and decision-makers with effective tools to manage growth and shrinkage using the same model for both urban and rural areas, ensuring a sustainable urban form in either positive (regional growth) or reversed (regional shrinkage) evolution of the ecological transects in urbanization.

【Keywords】Transect Model; Smart Shrinkage; Smart Growth; Shrinking City; Urban Form

The Governance of Urban Shrinkage: Theoretical Models, International Comparisons and Key Policy Issues

Zhou Kai, Liu Liluan, Dai Yangui

【Abstract】How to secure a smooth transition of city in the time of depopulation has become one of the key issues in urban governance researches. The growth and shrinkage of urban population are "the two sides of the same coin" if looking at the global urbanization process through wider geographic scope orby longer historical time span. Recognizing the importance of governance in shrinking cities, this paper firstly introduces three theoretical models that were frequently cited in the literatures: the life-cycle model, the heuristic model, and the political economy model. Each model provides a unique perspective on understanding, interpreting, and conceptualizing the governance of urban shrinkage. Secondly, it reviews literatures on a wide range of case studies and produces international comparisons among the modes of governance of shrinking cities in the USA, Germany, France, Japan and several countries in Central and Eastern Europe. Last but not least, this paper suggests three policy responses for the governance of Chinese shrinking cities: welfare governance, urban form, and residential attractiveness, which are key policy issues and need to be also shared with most shrinking cities around the world.

【Keywords】Urban Governance; Shrinking City; Smart Shrinkage; Urban Policy; Urban and Rural Planning

Seeking Sustainable Development Policies at the Municipal Level Based on the Triad of City, Economy and Environment: Evidence from Hunan Province, China

Han Zongwei, Jiao Sheng, Zhang Xiang,
Xie Fei, Ran Jing, Jin Rui, Xu Shan

【Abstract】Keeping urbanization, economy and eco-environment in harmony is a core issue for attaining Sustainable Development Goals (SDGs) in any complex geographical regions. Previous studies mainly focused on seeking the balance between urban expansion levels, eco-environment quality and socioeconomic degree. But the challenges still exist in solving the negative influence of urban expansion that affects eco-environmental and economic development. Based on the Environmental Kuznets Curve theory, we involved inclusive indexes to analyze the interlinkages of eco-environment quality, economic level, and urban expansion degree, which closely relate to urban sustainable development goals and spatial complexity, as well as using available data corresponding to waterfront cities. Cities in Hunan were taken as a study-case, and the study period of 2006-2016 covers the last 10 years of the millennium development goals agenda and the first 2 years of SDGs agenda. The key indicators of city-economy-environment relationships were different at the provincial level, urban level and urbanization grade. According to the regression models and inverted N shape curve, urban expansion resulted in high positive effects on economic development level and negative effects on ecological environment quality, partically higher at high urbanization level than that of the low ones. But the overall trends were that the environmental quality of the cities was undergoing slowly improving processes both at low and high urban expansion levels. Promoting adaptations with the eco-environmental capacity when formulating policies and taking actions is necessary for realizing sustainable cities and communities (SDG11), life on land (SDG15), decent work and economic growth (SDG8) and responsible consumption and production (SDG12) at the same time. Regulating citizens' density, urban expansion speed in area, the quantity of enterprises with heavy pollution, and the structure of industry to the suitable urbanization stages is an important way for achieving SDGs at provincial and municipal levels.

【Keywords】Environmental Kuznets curve; Urban expansion; Eco-environment; Panel data model; Hunan province

Study on the Function System of Internal Roads in Commercial and Residential Blocks in Urban Centers

Shui Xin, Xiao Yanyang, Chen Xingan, Lei Yutian

【Abstract】The case of ten residential and commercial districts in typical urban centers in China is selected to analyze the types of traffic in the district. The road traffic inside the block is divided into: external traffic, connected traffic in the district, and service traffic within the group. In this way, the roads in the block are divided into three categories: the external roads in the district, the district-level connecting roads, and the group-level service roads. Further research found that the group-level service roads occupy an important position in the internal road function system of commercial and residential blocks in urban centers, summarizing the key points of different types of group-level service road planning, and establishing an orderly road function system within the urban center commercial and residential areas. Finally, take the commercial and residential area in the center of Changsha Wanda Plaza as an example to optimize the internal roads of the block and strengthen the application of research.

【Keywords】urban center; commercial and residential area; internal road; functional system

Planning Response of Sustainable Development City in AI v2.0 Era

Wu Huiun, Qiu Canhong

【Abstract】The paper reviews the frontier theories and technologies of AI v2.0 era, explores the impact of AI on the morphology, operation, governance, and culture of cities, and proposes sustainable planning shall include a set of measures: full course, intelligent, and dynamic planning; detailed and humanistic spatial governance; multiple stakeholders in planning governance; mixed and shared communities; systematic and safe database platform,etc.

【Keywords】AI v2.0, Technological change, Sustainable development city, Planning response

Establishment of a Multiscale Sponge System in Hilly Cities Based on Rainwater Corridor

Jiao Sheng; Zhou Min; Dai Yanjiao; Yin Yicheng; Han Jingyan

【Abstract】Large-scaled development and construction activities have intensified the hardening of urban underlying surface, and the constructions such as "three supplies and one leveling"(supply of water, electricity, and road, and leveling ground) have blocked the natural process of rainfall runoff. In this regard, appropriate sponge city planning methods should be explored in various regions according to their own "source and confluence" characteristics and hydrological conditions. Considering the features of intensively developed gullies in hilly regions, this paper puts forward the thought and method to establish a multiscale urban sponge system based on rainwater corridor. In detail, the system should first identify the multiscale rainwater corridors according to terrain characteristics and use them as ecological drainage corridors, and then connect the low-impact facilities in the city through those corridors correspondingly; furthermore, the system should divide the catchment units properly in order to control rainwater hierarchically. After those steps, an ecological drainage network can be established to solve the problem of waterlogging in the city which is caused by the rainstorm-prone climatic conditions. Simultaneously, by integrating the sponge system establishment with the compilation of urban planning, this paper explores the planning path of implementing the sponge system in different planning systems such as spatial layout planning, green space system planning, drainage system planning, index planning, etc., 50 as to realize multi-plan integration.

【Keywords】sponge system; rainwater corridor; hilly region; multiscale; multi-plan integration

Low-impact Urban Development Mode Based on Waterlogging Security Pattern

Jiao Sheng, Han Jingyan, Zhou Min, Cai Yong, Han Zongwei, Li Bei

【Abstract】The main causes of urban waterlogging are decrease of urban storage land, the spillway network fragmented by construction land, overlap of stormwater storage and construction land, and so on. This paper, based on the three levels of substrate (source of runoff), corridor (runoff pathway) and patch (confluence land), attempts to set up a low-impact urban development mode to absorb extreme storm water through its inherent storage capacity of natural hydrological system: Suyuyuan, a typical area of Changsha in southern China was taken as an example to build the low-impact development mode by spatial analysis tools ArcGIS and in hydrological analysis module in soil conservation service (SCS) based on geomorphologic and hydrometeorological data. The waterlogging security pattern was built according to the flood submergence scope and runoff path simulation of extreme rainfall According to the construction target of sponge city with annual runoff control rate of 85%, the source control water volume and corridor control water quantity were determined respectively and then the patch control water quantity was obtained. It is estimated that the area should preserve 228.2 hm² stormwater storage regulation patch and 1.075 million m³ controlled water volume, and 51.5 ha waterlogging corridors and 0.101 million m³ controlled water volume after the development. This method can provide a reference for exploring the new model of sponge city construction based on extreme climate waterlogging prevention and control.

【Keywords】waterlogging security pattern; waterlogging corridors and patches; low- impact development mode; Suyuyuan

A Review of Chinese Land Suitability Assessment from the Rainfall-waterlogging Perspective: Evidence from the Su Yu Yuan Area

Jiao Sheng, Zhang Xiaoling, Xu Ying

【Abstract】Land suitability assessment is a fundamental process in various types of space control planning and land development, due to its effects on proper land use and reasonable urban layout. However, this form of assessment has also received much criticism for its theoretical and empirical deficiencies. This study aims to review Chinese land suitability assessment from the perspective of rainfall-waterlogging focusing on the Su Yu Yuan area in Changsha. It finds that more than half of the land in the Su Yu Yuan area that is assessed as (very) suitable for urban development has high risk of rainfall-waterlogging. The prevailing Chinese land suitability assessment method is therefore deficient as it cannot accurately reflect the rainfall-waterlogging risk of land use. To refine the land suitability assessment, it is suggested that either (1) the indictor "inundation degree of flood" is replaced with "rainfall-waterlogging risk" or (2) rainfall-waterlogging risk assessment results are superimposed onto land suitability assessment results for regions with plentiful rainfall and low-lying terrain.

【Keywords】Land suitability assessment; Rainfall-waterlogging risk; China

Construction of Ecological Security Pattern Based on Coordination Between Corridors and Sources in National Territorial Space

Han Zong-wei, Jiao sheng, Hu Liang, Yang Yu-min, Cai Qing, Li Bei, Zhou Min

【Abstract】Constructing an ecological security pattern with closer ecological connections and less ecological disturbance is an important way to make contributions to the balance between ecological protection and economic development in national territorial planning. This paper aims to establish an ecological security pattern, which should take into account the coordination and protection of sources and corridors in the ecological system in an integrated manner. Taking 33 counties(districts)around Dongting Lake as examples, it puts forward the ecological pattern formed by the ecological essential source areas and natural corridors, and the urbanization pattern formed by economic society source areas and artificial corridors. Then, we reveal the spatial characteristics of the ecological positive points and ecological disturbing points between the ecological pattern and urbanization pattern, and offer artificial and natural countermeasures for the problems in particular areas of the ecological environment. The main conclusions can be drawn as follows: (1)There should be 1537 identified ecological corridors in the ecological security pattern and 908 key points urged to be protected, which takes up 0.48% of economic society areas for returning to the ecological core source area, so as to promote the spatial relationship between ecological elements; (2)There are 8800 ecological disturbing points,1.36% of ecological essential source areas and 12.95% of the length of natural corridors are in disturbance. In order to collaboratively develop the natural and artificial systems, the interference areas should be managed by means of creating buffers, establishing an early-warning system, and so on; (3)Natural corridors of the first to third levels in non-essential patches can be measured as 203.22 km², 125.67 km² and 35.59 km², respectively, which can be defined as protected area of future ecological security pattern separately to meet a continuous increasing demand for ecological protection land. The results can provide a reference for the coordination of ecological land and urban construction land in the national territorial planning system.

【Keywords】national territorial space; ecological security pattern; ecological corridors and sources protection, ecological strategy point, Dongting Lake

Study on the Key Point of Sponge City Concept in Urban Overall Plan

Zeng ZhaoJun, Ye Qiang, Li Mingyi

【Abstract】The Ministry of Housing and Urban-Rural Development of the People´s Republic of China（MOHURD）issued the Provisional Regulations on Sponge City Object Planning Preparation, which indicated that the sponge city concept had been included in the city planning legal system. However, the delay of specific content in the overall plan, e.g. an upper plan of the object plan, would lead to the fact that there is no specific referential basis for the sponge city object planning. So it is very necessary to in-corporate the concept of sponge city into the overall plan. Through the systematic investigation of relative projects abroad, this study summarizes the common experiences about overall plan preparation, with consideration of the muti-disciplinary and multi-role cooperation. This study divides the stormwater management process into three levels, namely general aims, strategies and specific measures. This study aims to inspire domestic practice of incorporating the sponge city concept into the overall plan, and provides possible reference for the new-period overall plan determination.

【Keywords】sponge city; city overall plan; stormwater management; sponge system; plan determination

Research on Internal Planning Strategy of Open Community under Security Perspective—Taking Four Communities in Changsha as an Example

Lei Yutian, Xiao Yanyang, Shui Xin, Chen Xingan, Zhao Yu

【Abstract】In view of the many safety issues such as the collision of people and vehicles brought about by the internal publicity of open communities, this paper selects four typical open communities in Baijiatang Community, Chenjiahu Community, Shennong Tea Capital and Hunan University South Campus of Changsha City. Investigate and explore the main factors affecting the road safety within the community under the current mode; from the safe and comfortable road network layout, the transportation tranquilization facility guidance, the integration of commercial space along the line, and the humanized design of the intersection, propose a security perspective. The optimization strategy of the road planning mode within the open community. It is hoped that the open community will provide security for community life while solving urban traffic congestion and facilitating residents' travel.

【Keywords】security perspective; open community; internal road planning; optimization strategy

The Path of Integrating Health into Urban Master Plan by Health Impact Assessment: Case Study of Oklahoma City

Ding Guosheng, Wang Zhanyong

【Abstract】In the context of Healthy China strategy and "Health Integration into All Policies", how to integrate health into urban planning currently has become one o f frontier research. Literatures show that HIA can provide an innovative way to integrate health into urban planning decision-making and process in practices. The value of this work has been recognized in China, however it is still in the exploratory stage, especially lacking the in-depth discussion of HIA on urban master plans. This article firstly explains the meaning and value of HIA and HIA on urban master plan. Meanwhile, it tries to establish the framework and path of integrating health into urban master plan. Then, taking Oklahoma City's practices as case study, it discusses and evaluates the specific process, key technologies and operational mechanisms of integrating health into urban master plan by HIA. Considering the current reform of territory spatial planning system, it emphasizes again the importance of HIA on territory space master plan and points out some key preparations for this work in the future.

【Keywords】Health Impact Assessment; Urban Master Plan; Integrating Health into Plans; Practices of Oklahoma City; Constructing Paths

Healthy Cities' Construction in the Past 30 Years in China: Reviews on Practice and Research

Ding Guosheng, Zeng Shenghong

【Abstract】In the context of building "Healthy China", the healthy cities' construction has become one of the hotspots of interdisciplinary research. From the hygienic city movement in 1989, the healthy cities' construction has been going on for 30 years in China, thus, it is of great value to review the overall practice and relative studies. This paper divides the process of health cities' construction into three stages: preliminary exploration, rapid advancement and comprehensive deepening, and analyses them from three aspects: objectives, strategies and mechanisms, indicating that it has developed from scratch, from simple to comprehensive. At the same time, with the help of the CiteSpace software, this paper reviews studies about the healthy cities' construction in China, and find that they have been improved greatly both in quantity and quality in the past 30 years, and the subjects, content and hotspots involved have become comprehensive and diversified. Finally, on this basis, the corresponding extended discussion is carried out.

【Keywords】Health Impact Assessment; Urban Master Plan; Integrating Health into Plans; Practices of Oklahoma City; Constructing Paths

Discussions on Health Impact Assessment and Its Application in Urban Planning: Case Study of San Francisco's Eastern Neighborhoods Community

Ding Guosheng, Huang Yekun, Zeng Kejing

【Abstract】At the background of severe public health challenges and the policy of Building Healthy China, how to integrate the concept of health into urban planning is one of the frontier issues in the planning circle. Health impact assessment on urban planning has been demonstrated as an innovative and practical way to help planners realize the goal of integrating health into urban planning. The importance of applying health impact assessment on urban planning has been recognized, but the related research work in China is still in the exploratory stage, with lots of key issues to be further studied. This paper firstly theoretically illustrates the connotation of health impact assessment and its application on urban planning. Then, it carries out the case study of Health Impact Assessment on the Eastern Neighborhood Community Plans, which is a classic and has a reference value for China, to discuss some specific issues of health impact assessment on urban planning, such as goals, principles, procedures, process, tools and the mechanisms of assessment. On the basis of those observations, it further discusses how to invent the assessment technology and design the assessment mechanism, which are considered to be two key issues of health impact assessment on urban planning. Finally, some suggestions are proposed for developing health impact assessment on urban planning in China.

【Keywords】Health Impact Assessment; Assessment Connotation; Assessment Technology; Assessment Mechanism; ENCHIA Practice

Planning for Public Health: Health Impact Assessment on Urban Planning

Ding Guosheng, Wei Chunyu, Jiao Sheng

【Abstract】As a long and new thing, how to promote public health through urban planning has become one of the frontier issues in China's planning academia. Studies have shown that the planning and design of a city can have a potential impact on the public health. Therefore, it is convinced that health impact assessment on urban planning decisions and projects is an important way to promote public health through urban planning. The paper firstly shows how urban planning influences public health theoretically. Then, it illustrates the concept, procedure, and tool of health impact assessment on urban planning. After that, it studies the experience of the town of Davidson in North Carolina in the US to show how to build healthy communities and develop the healthy urban planning strategies through the health impact assessment on urban planning. Finally, in view of the serious challenges in public health of China, the paper further points out the significance of health impact assessment on urban planning in the future and puts forward some recommendations.

【Keywords】 health impact assessment; urban planning; public health; the town of Davidson; case study

Availability of Neighbourhood Supermarkets and Convenience Stores, Broader Built Environment Context, and the Purchase of Fruits and Vegetables in US Households

Ke Peng, Nikhil Kaza

【Abstract】Objective: To determine whether neighbourhood supermarket and convenience store availability and broader built environment context are associated with food purchasing behaviour in a national population.

Design: We used observational data to perform a cross-sectional study of food purchases for US households in 2010. We used three-level mixed-effect regression models to determine whether the associations between the number of neighbourhood supermarkets and convenience stores and the self-reported annual household expenditures for fruits and vegetables were affected by regional destination accessibility, neighbourhood destination diversity, availability of neighbourhood destinations and neighbourhood street connectivity.

Setting: Metropolitan statistical areas (n 378) in the USA.

Participants: Households (n 22 448).

Results: When we controlled for broader built environment context, there was no significant association between availability of neighbourhood supermarkets and expenditures on fruits and vegetables; instead, we observed an inverse association between the number of convenience stores and expenditures for fruits (P = 0 · 001).

The broader built environment context was associated with food purchase, although the magnitude was small: (i) higher regional destination accessibility was associated with higher expenditures for fruits (P < 0 · 001); (ii) higher neighbourhood destination diversity was associated with lower expenditures for vegetables (P = 0 · 002); and (iii) higher neighbourhood street connectivity was associated with higher expenditures for fruits (P < 0 · 001).

Conclusions: The broader built environment factors contributed to understanding how people use neighbourhood food stores. However, there was only a small relationship between the broader environment context and fruit and vegetable expenditures. Policy interventions that focus exclusively on increasing the availability of neighbourhood supermarkets likely will not promote fruit and vegetable consumption.

【Keywords】Food purchase; Expenditure Street connectivity; Regional accessibility; Diversity

The Significances, Issues, and Challenges of Food Environment Research

Peng Ke, Liu Jianyang, Li Chaosu

【Abstract】 Changes in nutrition problem, the impact of food environment, and especially the impact of neighborhood food environment on diet quality suggest the necessity of intervening food environment research by spatial planning. Three important issues in the field of food environment research are proposed, which are food deserts caused by lack of access to fresh and healthy food,food swamp caused by excessive junk food, and food mirage related to food prices and freshness.Four types of challenges and opportunities the food environment faced are proposed too, which areinterdisciplinary collaborative research on causal chain between food environment and diet quality,out of the market's rational misunderstanding, clear space to grasp, and self-protection of the food industry.

【Keywords】 Food Environment; Diet Quality; Food Desert; Food Swamp; Food Mirage; Food Purchase

The Application of Frameworks for Measuring Social Vulnerability and Resilience to Geophysical Hazards Within Developing Countries: A Systematic Review and Narrative Synthesis

Jing Ran, Brian H MacGillivray, Yi Gong, Tristram C Hales

【Abstract】 Quantifying and mapping resilience and social vulnerability is a widely used technique to support risk management, with recent years seeing a proliferation of applications across the Global South. To synthesize this emerging literature, we conducted a systematic review of applications of social vulnerability and resilience frameworks in Lower and Middle Income Countries (LMICs) using the PRISMA methodology. 2152 papers were extracted from 15 databases and then screened according to our pre-defined criteria, leaving 68 studies for full text analysis. Our analysis revealed that: (1) Most studies consider vulnerability or resilience to be generic properties of social systems; (2) Few papers measured vulnerability or resilience in a way that tests whether they are relatively stable or dynamic features of social systems; (3) Many applications rely on stock applications of existing frameworks, with little adaptation to specific cultural, societal or economic contexts; (4) There is a lack of systematic validation; (5) More hypothesis-driven studies (as opposed to descriptive mapping exercises) are required in order to develop a better understanding of the mechanisms through which vulnerability and resilience shape the capacity to prepare for, respond and recover from disasters.

【Keywords】 social vulnerability; resilience; measurement; systematic literature review

Stormwater management path in Fenghuang, Hunan

Chen Na, Ren Anzhi, Ma Bo, Li Jingyu, Xiang Hui

【 Abstract 】 Practices in developed countries reveal that low impact development based on rainfall flooding control measures can effectively alleviate rainfall flooding. Focusing on the relevance of new and old towns in the development of sponge cities in China, we try to put forward a stormwater management path of "present situation appraisal-decomposition of low impact development indicators-simulation and verification of construction result". A case study is unfolded on Fenghuang County, Hunan Province. On the basis of urban waterlogging model, the rainfall flooding risk evaluation and renewal feasibility evaluation is conducted on the new and old towns;based on the evaluation of the present situation, a low impact development control indicator decomposition system is established accordingly to implement low impact development conceptually and technically from macro control strategy to detailed planning, and the validity of this path is verified through simulation of the water accumulating volume of the stagnant point. The results indicate that the old towns of Fenghuang County have a higher rainfall flooding risk and an evidently lower current annual runoff volume control rate than the new towns, however, the old towns have a much lower transformation feasibility than the new towns due to large historical and cultural preservation areas and a lower terrain. From the perspective of the integrity of new and old towns, more runoff discharge and peak runoff can be reduced by establishing a three-level(Proper-Block-Plot) indicator decomposition system so as to lighten the pressure of flood disaster in the lower old towns. However, under the circumstance of heavy rainstorm, it is still very difficult to solve the problem of waterlogging only by low impact development facilities, and grey infrastructures based on water accumulating volume calculation are also needed in order to efficiently control water logging caused by short intense rainfall.

【 Keywords 】 new and old towns; sponge city; low impact development; stormwater management

乡村规划
Rural Planning

Have We Been Ready for Rural Construction: Research on the Theoretical Framework of Rural Construction System

Ye Qiang, Zhong Chixing

【Abstract】The goal of building a beautiful country was proposed in the 18th CPC National Congress Report, and beautiful rural construction is an important step to realize the goal. Rural construction is a huge and structure-complicated system for the quantity of its villages and towns, population and industry economics. If there are no comprehensive thinking and systematic approaches, it is hard to realize the objective of building beautiful countryside. With the help of documents collected, typological methodology, systematic theory and previous practical experience in building beautiful countryside, the authors analyze and summarize the fruits and facts from aspects of system elements, structure and function. It is pointed out that the current system of rural construction is clear. However, there are some problems in subsystems which should be paid attention to, such as relying on external assistance to regroup construction elements short-term and stage-phased governance structure, superficial and subjective function implementation. After summarizing and studying the current theory and practice, we believe that there is an urgent need to set up a sustainable and large-scale rural area construction-related theoretical system from perspectives of disciplinary development, academic research, policy mechanism and practice evaluation.

【Keywords】rural construction; beautiful China construction; system theory; typology

Research on the Relationship Between the Settlement Built Environment for Rural and the Villagers' Behavior of Spatia: A Case Study in Hunan

He Shaoyao, Tang Chengjun, Liu Yanli, Zhang Mengmiao

【Abstract】From the new perspective of residents' behavior, taking the 7 typical traditional villages in Hunan province as examples, using the comparative case study method combined with the questionnaire survey and the in-depth interview, this research on the influences of environmental factors on villagers spatial behavior through the "point-line-plane-domain" approach, in order to provide some references for improving the living environment of villages.

【Keywords】rural settlements; built environment, villagers, spatial behavior; neighborhood contacts

Analogy Between the Organism Attribute and Biological Cell of Traditional Villages

Jiang Man, He Shaoyao, Zhou Yueyun, Zhang Mengmiao

【Abstract】Taking Peitian Village of Longyan in Fujian and Huangdudongzhai of Huaihua in Hunan for examples, on the basis of analyzing the properties of the village organism, this study introduces the theory of cell biology and analyzes the spatial texture of the village into form, cultural gene and relationship, which correspond to the texture area, texture core, and texture chain. The spatial texture of the village is compared and analyzed from the aspects of the structure, genetic metabolism, and cell connection of biological cells. The results show that village organisms and living organisms have similar properties. From a cellular perspective, village spatial texture has similar characteristics to cell structure, "genetic language and metabolic control mechanisms", and social connections. Reconstruct the spatial mechanism of the village through the cytology perspective, and explore a new perspective for the planning and design of the village.

【Keywords】traditional villages; spatial texture; cytological; organic properties; Village of Longyan in Fu jian; Huangdudongzhai of Huaihua in Hunan

Research on the Evolutional Path of Hotspots in China's Urbanization Based on Knowledge Mapping

Ding Guosheng, Peng Ke, Wang Weigiang,
Jiao Sheng

【 Abstract 】 At the background of New Urbanization and Beautiful Rural Construction, how to understand practices of rural development existed in the history and the current is one issue worthy of further study. This paper aims to research on the typology of practices of rural development from the perspective of builders. From this perspective, practices of rural development in China are divided into three types government-ed type, framer's endogenous type and society-Aided type. Then, characteristics of each type of rural development are analyzed from aspects of their purposes, their process and their effects. Furthermore, their history and their challenges nowadays are revealed. Finally, this paper points out that the cooperative governance of rural development should be encouraged and the government, farmers and the society should work together on rural development in the future, and some detailed suggestions are proposed.

【 Keywords 】 Rural Development in China; Typology; Government-ed Type; Framer's Endogenous Type; Society-Aided Type

城市更新与社区营造
Urban Renewal and Community Construction

A review of Literature on the Concept, Impacts, and Spatial Interactions of Sharing Short-term Rental Platform

Zhou Kai, He Linyi, Zhang Yiwen

【Abstract】The concept of sharing economy that is based on the new information and communication technologies has spread all over the world in recent decades. By changing the consumers' behavior in massive scale, the sharing economy also has a great impact on the urban economy and space. The rising of sharing economy and its various forms of business will surely impose a great impact on urban development. Being a typical sector of the sharing economy, the sharing short-term rental platform(SSRP), represented by Airbnb, is reshaping the traditional tourism and urban housing market since its early stage of development. To deliver a review of literature on the topic, this article first recalls the emergence and development of the concept SSRE, as well as the controversies caused by it. Second, by placing SSRP in the context of the traditional domains of hotel industry and urban housing market, the article explains the overlapping areas of the three domains, and what the impact of its further commercialization might be. Finally, through the analysis of a large number of empirical cases, the interactive relationship between SSEP and urban space is revealed. On the one hand, the socioeconomic and environmental factors in urban space determine the spatial distribution characteristics of the SSRP listings, on the other hand, the SSRP will gradually change the ban socioeconomic and environment space by tourism gentrification, the change of commercial structure, and the increased burden on urban facilities.

【Keywords】sharing economy, short-term rental, market, space, literature review

Research on the Community Co-production Practices: A Case Study of London and Changsha

Zhao Qunhui, Zhou Kai

【Abstract】Co-production, the process where the citizens and the government co-produce the public services, is an essential innovative model on national-social resources integration in the field of Public Administration, responding to the global fiscal austerity. Since the beginning of the 21st century, co-production has become the research hotspot abroad in such fields as urban governance, community governance, and urban planning. There is an absence of studies on the application of coproduction in the community planning practices in China. Thus, in-depth exploration on the coproduction valuing the whole-process participation is expected. After reviewing the domestic and foreign literature, the author first introduces the connotation of co-production, reviews its key theory implications, and then discusses the roles and forms of co-production in the community planning and community governance practices based on the case study of the London Borough of Barking and Dagenham and the Fengquan Gujing Community in Changsha City. The research comes up with three suggestions to the current problems in China's community planning practices: 1) fostering the self-organizations by viewing "the producers as consumers"; 2) empowering communities with "content innovations"; and 3) encouraging value integration with inclusiveness of public values and private values.

【Keywords】Co-production; Community Practices; Community Planning; Community Participation; Public Services; London; Changsha City

From the Efficiency in Sharing Economy to the Equality in Sharing Paradigm: a Literature Review on Sharing City Studies

He Jing, Zhou Kai

【Abstract】The new wave of sharing economy has swept the global production and life areas, and has exerted extensive influences on the economic, social, cultural, and even political aspects of Chinese cities. In order to adapt to the ideological changes brought about by the concept of sharing and to establish a new paradigm of sharing city governance, this paper first expounds on the definition, driving factors, and performance types of the sharing economy and points out the imbalance between its "efficiency and equality" from a critical perspective. Then, the paper analyzes the sharing paradigm shift theory and puts forward the coordinated development of "efficiency and equality" from the two dimensions of "economic model" and "social behavior". Finally, through studying the classic cases of sharing city in the world, the paper proposes to take "smart governance" as the strategy for efficiency and "collaborative governance" as the strategy for equality in the sharing city governance in the future. By systematically introducing the related theoretical research and practical progress of sharing cities, this paper hopes to improve the governance level of urban planning and construction in the development of "sharing" concept in China.

【Keywords】sharing economy; sharing paradigm; sharing city; smart governance; collaborative governance

Study on the Theory and Practice of School-Community Go-construction Community Garden from the Perspective of Children's Participation

Shen Yao, Liao Yuhui, Jin Ranran, Ye Qiang

【Abstract】In the context of rapid urbanization, how to achieve sustainable development of community gardens while increasing children's opportunities to access to nature, through the analysis of the theory of children's participation and the cases in China and abroad, this paper puts forward the necessity and possibility of applying children's participation to the construction of community garden, and carries on the demonstration through the community garden practice carried out in Changsha's Bazigiang Community and Fengquan Gujing Community, and finally puts forward the participation mode of "school-community co-construction" based on the practice, and from the community garden design level, the participation subject consciousness level, and the multi-party cooperation level, relevant suggestions are put forward. At the same time, it summarizes the significance and feasibility of community garden construction from the perspective of children's participation, so as to provide reference for the follow-up children's participation in community garden construction.

【Keywords】landscape architecture; Child Friendly Cities; children participation; participatory landscape, community garden, school-community co-construction

Study on Urban Public Space Planning Strategy Based on Child-friendly City Theory Taking Public Opinion Surveys and Case Studies in Yueyang and Changsha as Examples

Shen Yao; Liu Xiaoyan; Liu Sai

【Abstract】Based on an in-depth analysis of the connotation of Child-Friendly City (CFC) and latest international and domestic researches, this paper points out that in order to establish CFC, more attention should be paid to street safety, playground construction, and other aspects at the space level. The empirical research in Yueyang shows that street safety and construction of children's playing space (especially inclusive indoor game space for children) are the key points for construction of CFC in China. Two practical models for construction of inclusive public space a - "government + social organization + college" or "commercial enterprises + social organization" cooperation are proposed in the paper after studying the cases of CFC construction in Changsha. The paper suggests that the establishment of CFC should focus on community public space, apply the two-step strategy of "children's participation + design guideline, and explore the joint construction model with multiple stakeholders composed of "government guidance+social organization collaboration + community residents self-organization" based on local conditions in order to set up a community public space system providing services for children and their family from the perspectives of "policy, service, and space".

【Keywords】Child-Friendly City (CFC); safety; continuous; symbiosis; diversity and sustainability

Child Friendly Community Street Environment Construction Strategy

Shen Yao, Yun Huajie, Zhao Miaoxuan, Liu Menghan

【Abstract】From the theoretical analysis of the child friendly city, the community street is not only an important space that can carry children's daily natural contact and social activities, but also an important functional space to construct the child friendly community. This paper analyzes the case of Yanki community in Matsudo by Chiba University in Japan. Based on the spatial observation of streets in Fengguan Guling Community where is located in the central area of Changsha City, the author makes a dual analysis of spatial basis and social basis, and tries to use the "co-ware" design strategy of integrating the spatial structure (hardware) and social structure (software) in the community street environment by using the activity practice, and finally forms a child friendly community environment where spatial structure and social structure blending and co- exist.

【Keywords】community street; child- friendly city; space; social; co- exist

A Study on the Planning Strategies in the Urban Shrinkage of Japan Under the Background of Low Fertility Rate and Aging

Shen Yao, Zhu Hongfei, Liu Menghan, Kinoshita Isami

【Abstract】After World War II , Japanese cities experienced three periods of "urbanization society - urban society - urban shrinkage" with their laws and methods of urhan planning changed. Summarizing the transformation of relevant planning laws, types of urban transformation and urban spatial problems in the stage of urban shrinkage in Japan, this paper focuses on the analysis of Japanese spatial planning strategies from the perspective of countermeasures for solving problems of aging and low fertility rate in the macroscopic, medium and microcosmic levels. In the macroscopic level, it mainly introduces the system of parenting support, the transformation of planning method and upper planning of supporting system for the aged population. In the medium level, it introduces the new urban design methods aiming at the identity and sustainability of the public space. In the microcosmic level, it introduces planning experience which faces space specific problems in the area of the public childcare support facilities, the old and young living areas, the empty house activation plan and the streets renaissance strategy in recent years. Finally, this paper summarizes the experience that China can refer to in the stage of urban shrinkage from macroscopic, medium and microcosmic levels after comparing the recent trends of aging and declining birth-rate in China.

【Keywords】low fertility rate; aging population; urban shrinkage; Japan; identity; sustainability

A Study on the Opening Strategy of Residential Public Space based on Space Syntax: Taking the Three Settlements in Changsha as an Example

He Shaoyao. Lu Na. Gong Zhuo. Tang Chengjun

【Abstract】From the open area to the integration of residential areas, residential public space to create a residential environment and function has an important impact. This paper chooses three representative settlements in Changsha as an example, and uses spatial syntax to calculate the four indicators of road network and public space integration, intelligence, flow rate comparison and comprehension. Based on the relationship between the independent variables and the independent variables, the results are verified by field investigation and questionnaire, and the influence mechanism of different network structure on the four indexes is obtained. In this paper, two open strategies are put forward from the perspective of community self-organization development and intelligent supervision trend in four aspects : transportation, business, landscape and supervision of residential public space. The road network integration will be more efficient regional open and the road network integration of the lower regional intelligent supervision in order to find a scientific and reasonable way to gradually promote the open area. Four open strategies of community self-organization development and intelligent supervision are put forward in four aspects: transportation, business, landscape and supervision of residential public space.

【Keywords】Spatial Syntax; Residential Openness; Self-Organization Development ; Intelligent Supervision

Development of Everyday Urbanism and Its Challenges to Contemporary Chinese Urban Design

Chen Xuan, Margaret Crawford

【Abstract】Urban design in reality is gradual and is the form presented in the process of urban economic and social activities The technical rational framework of contemporary Chinese urban design originated from the early Western urban morphology theory. However, different from technical rationality, the meaning expression and creation of humanistic connotation in Western urban design has not been able to receive substantial attention. They have neglected some fundamental dimensions of urbanism such as China's rich civic and social life and its regional cultural characteristics The design pursues the rational pursuit of pure abstract concepts, and the everyday life is highly specific and universe, which has become a basic contradiction in Chinese urban design. In response to this, the words "everyday" and "urbanism" that one common and the other difficult to understand, create a new starting point for urban design. This study combines literature to analyze the contextual map of daily urbanism generated and developed in the United States, combines field research into the current state of urban design in China, trying to link Western theory with the daily life practices of Chinese cites. The conclusion points out that China contains a large amount of everyday practice knowledge, which is worthy of appreciation and analysis. Everyday urbanism is a complement to current Chinese urban design, providing inspiration for existing urban design, while also presenting new challenges.

【Keywords】Everyday Urbanism; Urban Design; Humanities; Everyday Life; Public Space

Multi-objective Cooperative Planning Governance of Street Market: A Case Study of Street Market Construction in Portland, the US

Chen Xingan, Xiao Yanyang, Shui Xin, Lei Yutian, Zhao Yu

【Abstract】Street Market is flooded in every country in the world as a basically similar temporary mobility form. Since the Spring and Autumn Period and the Warring States Period(770 BC – 221 BC)in China, there have been recorded about the management of the street vendors in "The Rites of Zhou". Its specific space and community continues to have its own unique form and content but its living condition is worrying for a long time. Especially after implementing the single objective management and the policy of "banning, expelling and monitoring", many social conflicts have occurred frequently and repeated backtracking of street vendors has been plaguing local governments and relevant authorities. The study focuses on the multi-objective collaborative planning governance that implemented in street market managed in Portland, and the urban life culture formed by it. Tracing back to the origin of Portland's market governance reflects the Portland government's open and inclusive values. The conclusion calls for more flexibility and inclusiveness in urban public space management policies, re-evaluating existing implementation effects in China need to affirm the value of street market in the process of urban development, and seeking a systematic integration method of multi department management for local governments, calls on the public to pay attention to grassroots market culture.

【Keywords】 Street Market; Portland; Vendor; Cooperative Planning Governance; Grassroots Culture; Food Cart

Research on Optimization of Road Space in Central Business District-Taking Wuyi Business Circle in Changsha City as an Example

Shen Yao, Zhu Hongfei, Liu Menghan, Kinoshita Isami

【Abstract】With the submission of relevant documents and several opinions, major cities are promoting the construction of open blocks and promoting the block system. The traditional central commercial and residential areas have highly developmental land traffic congestion, and blockages, and their street space has an important impact on the overall environment of the city. Therefore, this paper proposes to comprehensively measure the street from the traffic function and spatial function of the street, and use the big data to analyze the traffic congestion situation scientifically, and to study the traffic visibility and service level in the traffic, and the accessibility visibility in the space. To quantify the two, according to the different levels, choose the open time to create an optimized time sequence and intensity, to determine what level of street needs improvement to provide scientific and accurate implementation of the open block.

【Keywords】central commercial and residential area; Wuyi business district; open block; transportation link; urban space; level quantification

Dynamic Characteristics and Planning Management Transformation of Street Market: A Case Study of Huoli Street Vegetable Market of Changsha City(1980-2018)

Chen Xuan, Yang Weifen, Liu Yihan, Song Jiani

【Abstract】The street vegetable market is the space form that the traditional road market still exists widely after three times of regularization upgrade and transformation. At the same time as it appears to trapped in the cycle of repeated rectification, street invasion and rectification, the street vendor is increasingly marginalized, which actually implies the vacuum zone under the management of planning, commerce, market supervision, urban management and other departments. This paper intercepts the spatial change process of Changsha vegetable market since 1980, and adopts the rooted method to analyze the interaction process between planning and management and dynamic path of street invasion by street vendors, so as to understand the internal operational logic of street vegetable market being informal market in the process of being informal. Research indicates that the constant response of various functional departments of local government to the multiple regulation is the main cause of modern standard distribution of orderly spatial planning products, and through the community autonomy based on self-evaluation of vendors, " real-time response" implementation path, can promote transformation of planning and management from market to human-centered market development.

【Keywords】street vegetable market; dynamic characteristics; planning and management; grassroots self-governing; vendors

Path of Planing for Ordinary Senior-friendly Communities Based on Tactics:a Case Study of the Seniors Concentration Area in the Center of Changsha City, Hunan Province(2014-2020)

Chen Xuan, Yang Jie, Yang Weifen

【Abstract】Active response to aging has become China's national strategy. However, the existing planning for senior care facilities based on digital indicators and pilot community evaluation can neither be widely applied to other communities nor respond to the needs of the younger seniors. Therefore, this paper conducts a survey on the current status of senior care facilities and the "aging in place" demands in 49 communities in the center of Changsha City, finding that the construction path of senior care facilities in pilot communities is hard to be applied in other communities in a short term due to differences in community resources and capacity. Despite all these differences, the similarity lies in the aging-in-place tactics that the seniors adopt through joining informal organizations and participating in space construction, which is of great reference significance for ordinary communities to become more senior-friendly. The paper concludes that the government should take into consideration both the characteristics of community and the dynamic role of the seniors. Specifically, spatial construction tactics should be incorporated into the community micro-governance to enhance spatial flexibility and thus to reduce difference in community resources; then ordinary communities should be evaluated from multiple dimensions to avoid the limitations by using a single spatial index. The main contribution of this study is its exploration on how the practical experience of ordinary communities at low level and in poor condition can be adopted, to improve their suitability for seniors.

【Keywords】aging in place; tactics; ordinary community; seniors; resocialization

Traffic Safety Planning Strategy for Open Residential Areas from the Perspective of Everyday Life

Zhao Yifan, Xiao Yanyang

【Abstract】As China's transportation planning gradually enters the inventory optimization stage, the open residential traffic safety planning and construction under the concept of the block system has been put on the agenda. The article expounds the connotation of residential transportation planning from the perspective of daily life, summarizes and reviews the research results of traffic safety in residential areas at home and abroad, and finally aims at improving the safety of open residential areas, from concept transformation, method exploration, content structure, public participation in the four key aspects of collaboration and propose strategic advice to build a safe and sustainable residential environment.

【Keywords】transportation planning; traffic safety; daily life perspective; open residential area

丘陵地区规划技术方法
Technical Methods for Planning in Hilly Area

Research on Urban Building Height Control Based on "Capacity Measurement-Morphological Correction"

Xu Yiqing, Chen Danyang, Li Mengyue

【Abstract】Building height is a key factor affecting the urban landscape pattern and spatial form. Under the new round of national land space planning "control volume – quality improvement", the quantitative control of urban building height is imminent. Based on a view of relevant theories and practices at home and abroad, this paper concludes the current experience and shortcomings of urban building height control methods, and explores the quantitative control method of urban building height based on "capacity measurement-morphological correction". The method is applied to the planning practice of Zhangjiajie city. Capacity measurement refers to the construction of a high-level model through two steps: land potential assessment and development scale quantification; "morphological correction" is based on ecological control factors such as ecological and municipal rigid control factors, visual corridors, and cultural landmarks. The baseline model is revised. Finally, through the hierarchical " rigid and flexible" control mechanism, the effective transfer of building height from planning control to implementation management is realized.

【Keywords】Building height, Guantitative control, Capacity measurement, Morphological correction, Zhangjiajie

Research on Spatial Spillover Effect of Urban Green Space Construction in China: Based on the Data of 286 Cities at Prefecture Level or Above

Xu Yiging, Cheng Yuping

【Abstract】At the present stage, construction of urban green space in China is more of the type of top-down government promoting. So the analysis of the construction of urban green space in China cannot be separated from the discussion on the supply of local public goods. Based on the perspective of public economics, we establish a space autoregressive model by using the data of 286 cities in China, and test the spatial spillover effects of urban green space construction indexes including green coverage rate of municipal district, public recreational green coverage rate of municipal district, green coverage rate of built district, public recreational green per capita and green area per capita of built district. The empirical results indicate that the positive spatial spillover effect of urban green space construction exists widely, and municipalities tend to provide urban green space according to the green space construction level of its neighboring cities. On that basis, the paper puts forward some suggestions on improving the green performance evaluation system, reducing regional differences, strengthening the opening up of the outside world, and establishing a diversified investment system with the purpose of promoting urban green space construction in China.

【Keywords】urban green space; spatial spillovers, space autoregressive model; performance evaluation; prefective level cities

Regional Planning in Hilly Area of South China

Xu Yiqing, Liu Bo, Huang Jiao

【Abstract】Surface runoff which is influenced by natural terrain and climate is the basic ecological character in the hilly area of southern China. The traditional plan has destroyed the surface runoff and the existing planning research is weak about the regionalism. In order to protect the surface runoff, the paper explores a regional planning system from urban structure, roads, drainage, vertical design, and urban space viewpoints.

【Keywords】Surface runoff; Hilly city; Urban structure; Planning strategy

Watershed-based Policy Integration Approach to Constructing Territorial Rainstorm Flood Security Pattern

Xu Yiqing, Yu Dingyi, Ran Jing

【Abstract】The increasing frequency of flood hazards in recent years highlighted the contradiction between urban construction and flood safety. It is important to re-examine the core principles and methods of disaster prevention planning that focused on flood prevention infrastructure and sponge city planning which focused on landscape ecological infrastructure. This paper proposes that, in the context of territorial spatial planning, the core principle of rainstorm flood security pattern should be "policy integration". The integrated policies mean they are not conflicting in spatial layout, but more importantly, they can lead to the same goal and result. Based on this core principle we proposed a theoretical framework of rainstorm flood safety pattern in land space. Under this framework, the identification of stormwater safety elements is the prerequisite, and the key approach is to establish an integration relationship between stormwater safety elements and land use spatial structure, resource use, and infrastructure systems through controlling measures and guiding measures. Eventually, it aims at realizing the safety goals and the formation of spatial patterns on different spatial scales. To better interpret the theoretical framework, this paper takes the Wanzai County, Jiangxi Province as a case study to explore and test the operationality and application value of the theoretical framework in practice. This research provides a new perspective and theoretical basis to achieve flood safety pattern.

【Keywords】Territorial Planning; flood security pattern; Planning integration; Policy integration; Flood hazard; Flo-2D model

Research on Ecological Sensitivity Evaluation and Landscape Ecological Pattern Optimization of Hilly City in Hunan

Zhai Duanqiang, Ye Qiang, He Weiqi

【Abstract】Taking Liuyang city in Hunan hilly area as an example,10 ecological sensitive factors were selected from 3 aspects of natural environment, social economy and ecological security. And the spatial distribution of the ecological sensitivity of Liuyang city was figured out based on multi- factor overlay analysis and GIS spatial analysis method. On the basis of ecological sensitivity comprehensive evaluation, according to the minimum cumulative consumption distance model, the city field landscape spatial pattern was optimized, and the results of the optimization applied to the central city of Liuyang landscape green space system planning. The results showed that: 1) the ecological sensitivity in Liuyang city totally was higher. The overall distribution law were lower for the urban arca, and the central and western regions of the city were lower, but the northeast region is relatively high. And the highly sensitive, moderately sensitive, low sensitive, and insensitive areas occupied 52.99%, 18.20%, 18.79% and 10.02%. 2) The characteristics of the city field's overall landscape pattern were shown in complex landscape shape, low diversity, small heterogeneity, poor connectivity, high fragmentation degree, and unstable landscape ecological system which went against to the maintenance of current landscape utilization pattern. Combined with sensitivity analysis results, a landscape ecological functional network with sources, corridors and ecological function nodes was constructed, of which patches mainly are constituted by woodland and green spaces, landscape corridors mainly made up of greenbelts and rivers, land use as landscape base. The results of the optimization was applied to the central city of Liuyang landscape green space system planning, so as to achieve the ecological security of land use in hilly cities.

【Keywords】landscape architecture; hilly city in Hunan, ecological sensitivity, least-cost distance model, analysis and optimization of the landscape pattern; urban green space system; Liuyang city

Spatial Adjustment of Shrinking Cities in the Territorial Spatial Planning

Zhou Kai, Tu Hua, Dai Yangui

【Abstract】In the process of establishing the territorial spatial planning system, the territorial spatial master planning at the city level has been given the responsibility for securing the sustainable development of urban space, balancing the relationship between cities and regions, exploring good morphology for urban space and optimizing the spatial structure of the existing urban layout. Considering the inevitable scenario of depopulation of some areas in the future, the urban shrinkage and revival in some regions could have a decisive impact on the spatial adjustment and structural optimization of the morphology at both city and regional scales. Therefore, based on the spatial changes of shrinking cities. this paper discusses the coping strategics of shrinking cities in the context of the territorial spatial master planning. First of all, this study summarizes the spatial patterns of the population shrinkage at the regional and urban scale, from which the morphological patterns in the regional /urban growth and shrinkage have been summarized. The spatial patterns of shrinking cities are summarized as five morphological characteristics which are city-level shrinking, shrinking in city center, shrinking in subcenter, idle residential areas, and abandoned industrial areas. Secondly. learning from the successful cases of urban redevelopment, this paper summarizes the spatial (re)development strategies at the regional and city level, with reference to the territorial spatial master plan. Finally, based on the strategies discussed above, the policy measurements for spatial adjustment and optimization in the territorial spatial planning are discussed. To sum up, this paper provides references for the optimization of spatial morphology through the analysis of spatial patterns in urban(regional) shrinking and reviving.

【Keywords】territorial spatial master planning; spatial structure optimization; shrinking cities; urban revitalization; urban morphology: boundary of urban development; baseline of resources and environment

Study on Strategies of Constructing Intangible Cultural Heritage Space from the Perspective of Regional Identification: Taking Xiangjiang Ancient Town Groups in Changsha as an Example

Shen Yao, Xu Shihui

【Abstract】In the process of rapid urbanization, regional identity is losing and the cultural space carrying intangible cultural heritage is difficult to survive. On the basis of interpreting the connotation of regional identity and cultural space, this paper considers that the construction of cultural space dominated by intangible cultural heritage is an effective means to enhance regional identity, studies the practical experience and problems related to the application of intangible cultural heritage such as the construction of Xiangjiang Ancient Town Groups in Changsha to the promotion of regional identity. Three strategies are put forward: innovation of "multi-level" management and control mode, creation of "thematic" cultural space and loading of "typified" cultural space. Promote the active application of intangible cultural heritage in the design and operation of cultural space, in order to enhance the regional identity.

【Keywords】intangible cultural heritage; cultural space; regional identity; urban and rural planning

湖南大学建筑与规划学院优秀研究论文汇编
指导老师汇总（排序不分先后）

魏春雨
Wei Chunyu

B.1963，中国
东南大学博士
湖南大学教授

B. 1963, China
PHD, Southeast
University
Professor of Hunan
University

柳肃
Liu Su

B.1956，中国
日本鹿儿岛大学博士
湖南大学教授

B. 1979, China
PHD, Kagoshima
University
Professor of Hunan
University

徐峰
Xu Feng

B.1971，中国
湖南大学硕士
湖南大学教授

B. 1971, China
MArch, Hunan
University
Professor of Hunan
University

袁朝晖
Yuan Zhaohui

B.1970，中国
湖南大学硕士
湖南大学副教授

B. 1970, China
MArch, Hunan
University
Associate professor of
Hunan University

叶强
Ye Qiang

B.1964，中国
南京大学博士
湖南大学教授

B. 1964, China
PHD, Nanjing
University
Professor of Hunan
University

卢健松
Lu Jiansong

B.1975，中国
清华大学博士
湖南大学教授

B. 1964, China
PHD,Tsinghua
University
Professor of Hunan
University

陈翚
Chen Hui

B.1971，中国
捷克技术大学博士
湖南大学副教授

B. 1971, China
PHD, Czech Technical
University
Professor of Hunan
University

焦胜
Jiao Sheng

B.1973，中国
湖南大学博士
湖南大学副教授

B. 1973, China
PHD, Hunan
University
Associate professor of
Hunan University

李旭
Li Xu

B.1975，中国
湖南大学博士
湖南大学副教授

B. 1975, China
PHD, Hunan
University
Associate professor of
Hunan University

杨涛
Yang Tao

B.1988，中国
美国夏威夷大学博士
湖南大学副教授

B. 1988, China
PHD, University of
Hawaii
Associate professor of
Hunan University

彭科
Peng Ke

B.1980，中国
美国北卡罗来纳大学教堂
山分校博士
湖南大学助理教授

B. 1980, China
PHD,University of North
Carolina Chapel Hill
Assistant Professor, Hunan
University

姜敏
Jiang Min

B.1977，中国
湖南大学博士
湖南大学副教授

B. 1977, China
PHD, Hunan
University
Associate professor of
Hunan University

何韶瑶
He Shaoyao

B.1958，中国
湖南大学硕士
湖南大学教授

B. 1958, China
MArch, Hunan
University
Professor of Hunan
University

张卫
Zhang Wei

B.1967，中国
湖南大学硕士
湖南大学教授

B. 1967, China
MArch, Hunan
University
Professor of Hunan
University

邱灿红
Qiu Canhong

B.1965，中国
湖南大学硕士
湖南大学教授

B. 1965, China
MArch, Hunan
University
Professor of Hunan
University

沈瑶
Shen Yao

B.1981，中国
日本千叶大学博士
湖南大学副教授

B. 1981, China
PHD,Chiba University
Associate professor of
Hunan University

齐靖
Qi Jing

B.1977，中国
湖南大学博士
湖南大学副教授

B. 1977, China
PHD, Hunan
University
Associate professor of
Hunan University

许昊皓
Xu Haohao

B.1985，中国
湖南大学博士
东南大学博士后
湖南大学助理教授

B. 1985, China
PHD, Hunan
University
PD,Southeast University
Assistant Professor, Hunan
University

邓广
Deng Guang

B.1970，中国
湖南大学硕士
湖南大学副教授

B. 1970, China
MArch, Hunan
University
Associate professor of
Hunan University

谢菲
Xie Fei

B.1973，中国
英国诺丁汉大学博士
湖南大学副教授

B. 1964, China
PHD, The University of
Nottingham
Associate professor of
Hunan University

周晋
Zhou Jin

西安交通大学博士
湖南大学副教授

PHD, Xi' an Jiaotong
University
Associate professor of
Hunan University

陈煊
Chen Xuan

B.1981，中国
华中科技大学博士
湖南大学副教授

B. 1981, China
PHD, Huazhong
University of science and
technology
Associate professor of
Hunan University

严湘琦
Yan Xiangqi

B.1979，中国
湖南大学博士
湖南大学副教授

B. 1964, China
PHD, Hunan
University
Associate professor of
Hunan University

宋明星
Song Mingxing

B.1978，中国
湖南大学博士
湖南大学副教授

B. 1978, China
PHD, Hunan
University
Associate professor of
Hunan University

Compilation of excellent research papers of School of Architecture Instructor summary
(in no order)

余燚
Yu Yi

B.1984, 中国
都灵理工大学博士
湖南大学助理教授

B. 1984, China
PHD, Polytechnic
University of Turin
Assistant Professor, Hunan
University

李理
Li Li

B.1988, 中国
日本千叶大学博士
湖南大学助理教授

B. 1988, China
PHD, Chiba University
Assistant Professor, Hunan
University

肖艳阳
Xiao Yanyang

B.1969, 中国
湖南大学硕士
湖南大学副教授

B. 1969, China
MArch, Hunan
University
Associate professor of
Hunan University

丁国胜
Ding Guosheng

B.1983, 中国
同济大学博士
湖南大学副教授

B. 1983, China
PHD, Tongji
University
Associate professor of
Hunan University

王蔚
Wang Wei

B.1982, 中国
湖南大学博士
湖南大学助理教授

B. 1982, China
PHD, Hunan
University
Assistant Professor, Hunan
University

田真
Tian Zhen

B.1975, 中国
加拿大卡尔加里大学博士
湖南大学教授

PHD, University of Calgary
Professor of Hunan
University

章为
Zhang Wei

B.1974, 中国
湖南大学硕士
湖南大学助理教授

B. 1974, China
MArch, Hunan
University
Assistant Professor, Hunan
University

欧阳虹彬
OuYang Hongbin

湖南大学博士
湖南大学助理教授

PHD, Hunan
University
Associate professor of
Hunan University

肖灿
Xiao Can

B.1976, 中国
湖南大学博士
湖南大学教授

B. 1976, China
PHD, Hunan
University
Professor of Hunan
University

许乙青
Xu Yiqing

B.1966, 中国
武汉城市建设学院硕士
湖南大学副教授

B. 1966, China
MArch, Huazhong University
Of Science And
Technology Associate
Associate professor of
Hunan University

金瑞
Jin Rui

B.1989, 中国
中南大学博士
湖南大学助理教授

B. 1989, China
PHD, Central South
University
Assistant Professor, Hunan
University

陈娜
Chen Na

B.1979, 中国
德国魏玛包豪斯大学硕士
湖南大学助理教授

B. 1979, China
MArch, Bauhaus
Assistant Professor, Hunan
University

周恺
Zhou Kai

B.1981, 中国
英国曼彻斯特大学博士
湖南大学副教授

B. 1981, China
PHD, The University
of Manchester
Associate professor of
Hunan University

冉静
Ran Jing

B.1988, 中国
都柏林大学博士
湖南大学副教授

B. 1988, China
PHD, University
College Dublin
Associate professor of
Hunan University